W0346771

LINDER BIOLOGIE

Baden-Württemberg

2

herausgegeben von
Wolfgang Jungbauer

Schroedel

LINDER BIOLOGIE 2 Baden-Württemberg

Herausgeber
Dr. Wolfgang Jungbauer, Gunzenhausen

In Teilen ist dieses Werk eine Bearbeitung von
978-3-507-86582-2
978-3-507-86584-6
978-3-507-86586-0
978-3-507-86606-5
978-3-507-86608-9

© 2011 Bildungshaus Schulbuchverlage
Westermann Schroedel Diesterweg
Schöningh Winklers GmbH, Braunschweig
www.schroedel.de

Das Werk und seine Teile sind urheberrechtlich geschützt. Jede Nutzung in anderen als den gesetzlich zugelassenen Fällen bedarf der vorherigen schriftlichen Einwilligung des Verlages.
Hinweis zu § 52 a UrhG: Weder das Werk noch seine Teile dürfen ohne eine solche Einwilligung gescannt und in ein Netzwerk eingestellt werden. Dies gilt auch für Intranets von Schulen und sonstigen Bildungseinrichtungen.
Auf verschiedenen Seiten dieses Buches befinden sich Verweise (Links) auf Internet-Adressen. Haftungshinweis: Trotz sorgfältiger inhaltlicher Kontrolle wird die Haftung für die Inhalte der externen Seiten ausgeschlossen. Für den Inhalt dieser externen Seiten sind ausschließlich deren Betreiber verantwortlich. Sollten Sie bei dem angegebenen Inhalt des Anbieters dieser Seite auf kostenpflichtige, illegale oder anstößige Inhalte treffen, so bedauern wir dies ausdrücklich und bitten Sie, uns umgehend per E-Mail davon in Kenntnis zu setzen, damit beim Nachdruck der Verweis gelöscht wird.

Druck A¹/ Jahr 2011
Alle Drucke der Serie A sind im Unterricht parallel verwendbar.

Redaktion Marcel Tiffert
Illustrationen
Birgitt Biermann-Schickling, Brigitte Karnath, Liselotte Lüddecke, Karin Mall, Tom Menzel
Einbandgestaltung
Janssen Kahlert Design & Kommunikation GmbH
Typografisches Konzept
Farnschläder & Mahlstedt GmbH, Hamburg
Satz
Grepect GmbH, Garbsen
Druck und Bindung
westermann druck GmbH, Braunschweig

ISBN 978-3-507-**86724**-6

Inhalt

Der Körper des Menschen und seine Gesunderhaltung 50

Sexualität des Menschen 102

Infektionskrankheiten und Immunsystem 128

Gesundheitsgefährdung durch Drogen 154

Wie arbeite ich mit meinem Biologiebuch?

Dieses Biologiebuch bietet viel mehr als nur Informationen. Beim ersten Durchblättern fallen unterschiedlich gestaltete Seiten auf. Es ist gut, sich bereits hier mit dem Aufbau des Biologiebuches vertraut zu machen.

Einstiegsseiten. Jedes Hauptkapitel beginnt mit Materialien bzw. Aufgaben, die zum Thema passen und wichtige Anregungen geben. Diese Seiten sollen »Appetit« machen auf das, was in dem jeweiligen Kapitel kommt.

Grundseiten. Hier erhält man die wesentlichen Informationen zu einem Thema, also das Grundwissen. Mit den Aufgaben am Ende des Textes kann man prüfen, ob die Informationen verstanden wurden und ob sie angewendet werden können.

Methode. Auf diesen Seiten werden sowohl allgemeine Arbeitsmethoden, zum Beispiel Durchführung einer Internetrecherche, als auch fachspezifische Methoden, zum Beispiel das Mikroskopieren, beschrieben.

Aufgaben und Versuche. Hier sind Experimente und Aufgaben zu finden, die selbstständig oder in Gruppenarbeit zu bewältigen sind.

Streifzug. Hier werden Verknüpfungen zu anderen Fächern und Wissenschaften, zum Beispiel Chemie, Physik oder Medizin, hergestellt.

Wissen kompakt. Wie in einem Lexikon sind hier Steckbriefe mit Abbildungen zu interessanten Tier- und Pflanzenarten zu finden. Durch diese Informationen wird das Grundwissen sinnvoll erweitert.

Zusammenfassung. Auf diesen Seiten werden die wichtigsten Inhalte eines Hauptkapitels vor dem Hintergrund der jeweiligen Basiskonzepte wiederholt.

Wissen vernetzt. Diese Aufgaben dienen der Festigung und Vernetzung der vermittelten Inhalte über das jeweilige Hauptkapitel hinaus.

Der Körper des Menschen und seine Gesunderhaltung

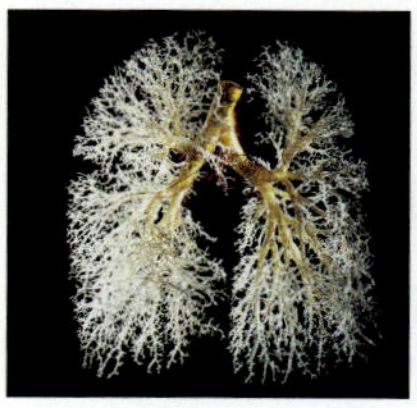

Der Bronchialbaum

In manchen Biologiesammlungen gibt es einen »Bronchialbaum«. Recherchiert, wie man ein solches Präparat herstellt. Beschreibt seinen Aufbau und geht auf den Zusammenhang zwischen Struktur und Funktion ein.

Eine Kerze brennt

Führt das Experiment wie abgebildet durch. Beschreibt die Ergebnisse. Stellt selbst Fragen und sucht Erklärungen. Stellt einen Zusammenhang zwischen diesem Experiment und der Atmung her.

Kann man sich von Schokolade

Zusammensetzung des mensch-

Zusammensetzung von Schoko-

Streifzug durch die Chemie | Enzyme

Kohlenhydrate, Proteine und Fette sind komplexe Verbindungen, die aus vielen kleinen Bausteinen zusammengesetzt sind. Im Laufe der Verdauung werden diese Verbindungen in bestimmte Einheiten zerlegt. Dafür sind in den Verdauungssäften ganz spezielle Proteine enthalten, die man **Enzyme** nennt.

Oft wird für den Abbau eines Stoffes mehr als ein Enzym benötigt. So zerlegt zum Beispiel die *Amylase* die Riesenketten der Stärke zunächst in Malzzuckermoleküle. Jedes Malzzuckermolekül besteht aus zwei Bausteinen Traubenzucker. Zur Zerlegung des Malzzuckers wird ein anderes Enzym, die *Maltase*, benötigt. Warum kann die Amylase Stärke nicht sofort in die Traubenzuckermoleküle zerlegen?

Jedes Enzym hat einen besonders gestalteten räumlichen Aufbau, der von der Mineralsalzkonzentration, Temperatur und dem sauren oder alkalischen pH-Wert der Umgebung abhängt. Für eine besonders gute Wirkungsweise des Enzyms sind deshalb optimale Bedingungen notwendig. Zur räumlichen Struktur der Amylase passt nur die Stärkekette als *Substrat*, so wie ein Schlüssel in das Schloss. Jedes Enzym ist demnach spezifisch für sein Substrat. Sobald der »Schlüssel im Schloss« steckt, verändert sich die Raumstruktur des »Schlosses« vorübergehend. Es hat sich ein *Enzym-Substrat-Komplex* aus Amylase und Stärke gebildet.

Dabei wird die Kette an zwei Stellen zerteilt. Das geschieht so lange, bis die gesamte Stärkekette in alle ihre Malzzuckermoleküle zerlegt ist. Im Dünndarm erfolgt die Zerlegung des Malzzuckers. Das Enzym Maltase ist spezifisch für das Substrat Malzzucker. Es spaltet die Malzzuckermoleküle in die beiden Traubenzuckermoleküle, aus denen dieser Zweifachzucker aufgebaut ist. Die Traubenzuckermoleküle werden vom Blut aufgenommen und in die Körperzellen transportiert. Hier wird Traubenzucker zur Freisetzung von Energie benötigt. Dabei entstehen Kohlenstoffdioxid und Wasser. Auch an diesem Vorgang, der Zellatmung, sind Enzyme beteiligt. Andere Enzyme können die Traubenzuckermoleküle aber auch zu einem Reservestoff, dem Glykogen, zusammensetzen, der in der Muskulatur und in der Leber gespeichert wird.

Für jede Reaktion, die im Stoffwechsel von Lebewesen stattfindet, ist ein bestimmtes Enzym zuständig. Es ist immer nur an einer der möglichen Umwandlungen des Substrates beteiligt und deshalb spezifisch in seiner Wirkung. Das Enzym wirkt als Katalysator für diese spezielle Reaktion. Enzyme ermöglichen Reaktionen bei Körpertemperatur und werden deshalb auch als *Biokatalysatoren* bezeichnet.

1 Erläutere mit Hilfe der Abbildung 1 den Stärkeabbau im menschlichen Körper.

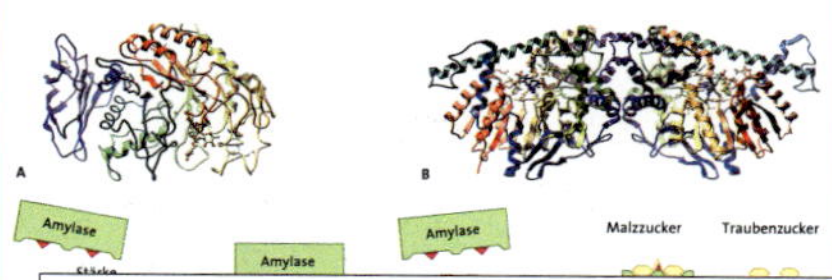

Methode | Lernen lernen

Viele Lern- und Arbeitsprobleme lassen sich vermeiden, wenn wir die Eigenheiten unseres Lernorgans richtig nutzen: Unser Gehirn lernt leichter in entspannter Atmosphäre und wenn es auf Erfolg hoffen darf.

Auch speichert es solche Informationen besser, di… als wichtig, sinnvoll und verständlich beurteilt. D… Gehirn verarbeitet Informationen dann besonder… gut, wenn diese strukturiert sind und sich mit be… Gelerntem verknüpfen lassen. Wiederholungen u… ausreichend Schlaf festigen das Gelernte.

Dagegen führt ein falscher Umgang mit der Zeit … zu Lernproblemen. Fängst du beispielsweise erst … Tag vor einer Klassenarbeit an zu lernen, musst d… oft stundenlang Stoff »einpauken«. Dein Gehirn ist überfordert. Es schützt sich vor dieser Reizflut, indem es einen Teil des Stoffes nicht aufnimmt.

Dein Körper beginnt unter dem Zeitdruck Stresshormone auszuschütten. Dadurch können Denkblockaden entstehen. Es ist daher wichtig, seine Zeit sinnvoll zu planen. Lege dir zum Beispiel eine Woche vorher einen **Zeitplan** an, der dir bei der Vorbereitung einer Klassenarbeit zum Thema »Stoff- und Energiewechsel des Menschen« hilft. Trage angekündigte Arbeiten in einen Terminplaner ein.

1 Entwirf einen Zeitplan für die Vorbereitung der Klassenarbeit.

Wissen kompakt | Durch Viren verursachte Infektionen

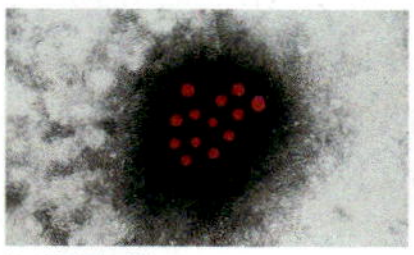

Hepatitis (Gelbsucht)
Erreger: *Hepatovirus*
Übertragung: vor allem verunreinigte Lebensmittel
Inkubationszeit: 2 Wochen bis 2 Monate
Verlauf: Entzündung der Leber; Fieber, Schwäche, Appetitlosigkeit, Erbrechen, Gelbfärbung der Haut; Leber kann Gallenflüssigkeit nicht verarbeiten und Gallenfarbstoff tritt ins Blut über; bei Kindern verläuft diese Erkrankung oft unbemerkt
Besonderheit: man unterscheidet mehrere Formen; Hepatitis B schädigt Leber dauerhaft und kann zu Krebs führen

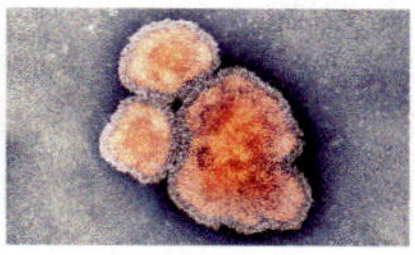

Masern
Erreger: *Morbillivirus*
Übertragung: Tröpfcheninfektion
Inkubationszeit: 1 bis 2 Wochen
Verlauf: hohes Fieber; Schnupfen; Bronchitis; Bildung von grau-weißen Flecken im Rachenraum; später am Körper rote Flecken
Besonderheiten: kann bei Befall der inneren Organe zum Tode führen

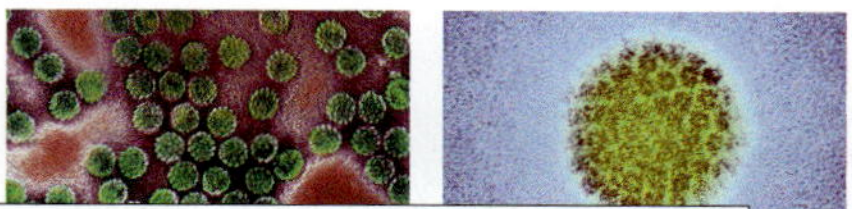

Aufgaben und Versuche | Mädchen und Jungen

V1 Traumpartner

Material: Zeichenkarton; Bleistift

Durchführung: Zeichne ein Haus mit Fundament, zwei Stockwerken, Dach, Türen und Fenstern. Trage dann in alle Teile eine oder zwei Eigenschaften deines zukünftigen Partners ein, die sie oder er unbedingt erfüllen sollen. Sei ehrlich zu dir selbst. Wichtige Dinge stehen im Fundament.

Aufgabe: Vergleiche dein Haus mit dem deiner Mitschülerinnen und Mitschüler. Ihr könnt auch alle Häuser miteinander vergleichen. Gibt es grundlegende Dinge, die häufig eingetragen wurden? Ermittelt, wenn möglich, eine Art Rangliste.

V2 Partnersuche

Schriftsteller, ökon. + zeitl. unabh. (51 Jahre, 1,78 m, 75 kg, 180 PS, 1 Rad, 14 Kochtöp., 6100 Büch., zzt. 24 Gläs. Eingemacht.) s. klu. + schö. Frau, ca. 35, für Liebes-Leben (+Kind?)

Wo ist mein Kuschelbär? Attraktive und feminine Sie, 43 J. jung, sehnt sich nach einer liebevollen Partnerschaft mit einem humorvollen und kultivierten männlichen Wesen. (Akad./Unternehmer, bis 50 J., ab 180 cm), Dein Brief + Foto erreicht mich in …

Material: Anzeigen zur Heirats- und Partnersuche aus Tageszeitungen, Wochenzeitungen oder dem Internet; Schere; Kopierpapier; Klebstift

Durchführung: Arbeitet in Gruppen zu drei bis vier Schülern. Schneidet pro Schüler je vier ausgewählte Anzeigen, die euch ansprechen, aus und klebt diese auf. Kopiert das Blatt für die anderen Arbeitsgruppen. Vergleicht dann die Anzeigen und findet heraus, welche Erwartungen die Suchenden von ihrem Partner haben und was ihnen für eine gemeinsame Partnerschaft besonders wichtig ist. Wählt die eurer Meinung nach gelungenste Anzeige einer Frau und eines Mannes aus.

Aufgaben:

a) Begründet eure Auswahl und diskutiert in der Klasse.
b) Untersucht, ob es Unterschiede darin gibt, was Frauen bzw. Männer von sich preisgeben.

A3 Körperhaltungen

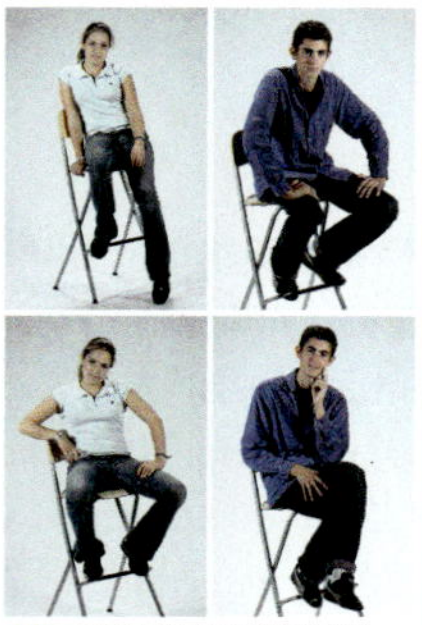

Aufgabe: Betrachte die oben abgebildeten Fotos. Beschreibe sowohl die Bilder als auch die Reaktionen und Gedanken, die sie hervorrufen können.

V4 Jungen und Mädchen sind unterschiedlich

Material: Fragebogen; Schreibzeug

Durchführung: Entwirf einen eigenen Fragebogen, mit dem du herausfinden kannst, welche Spiele Jungen und Mädchen verschiedenen Alters bevorzugen und welche Berufswünsche sie haben. Befrage dann mindestens zehn Testpersonen von sechs bis achtzehn Jahren.

Aufgaben:

a) Werte die Befragungsergebnisse in geeigneter Form aus.
b) Stelle fest, ob es geschlechtstypische Unterschiede gibt.
c) Erläutere, ob sich die Ergebnisse mit zunehmendem Alter verändern.

218

Zusammenfassung | Infektionskrankheiten und Immunsystem

Biologisches Prinzip Variabilität

Wegen der großen Vielfalt an Erregern gibt es viele Infektionskrankheiten, die den Menschen betreffen können. Diese Vielfalt ist auch dafür verantwortlich, dass sich viele Erreger nur mit ganz spezifischen Medikamenten bekämpfen lassen. Allerdings sind manche Antibiotika gegen fast alle Bakterien wirksam.

Biologisches Prinzip Information und Kommunikation

Damit das Immunsystem Krankheitserreger abwehren kann, ist es auf Informationen angewiesen. Diese beruhen auf der Basis chemischer Verbindungen.

Bestimmte Leukozyten tasten jede Struktur ab, mit der sie in Kontakt kommen, und erkennen am chemischen Aufbau, ob sie zum eigenen Körper gehört oder körperfremd ist. Körperfremde Strukturen werden als Antigene bezeichnet. Sind sie erkannt worden, wird durch Botenstoffe und direkten Kontakt zwischen verschiedenen Zelltypen des Immunsystems eine Informationskette in Gang gesetzt und dadurch die Abwehr eingeleitet. Dazu gehört die Produktion von Antikörpern, die sich mit Antigenen zum Beispiel auf der Oberfläche von Bakterienzellen verbinden und diese dadurch unschädlich machen. Von Viren befallene Zellen können von der körpereigenen Abwehr ebenfalls erkannt und zerstört werden. Die langfristige Informationsspeicherung über die Struktur von Antigenen und Antikörpern erfolgt in Gedächtniszellen.

Biologisches Prinzip Wechselwirkung zwischen Lebewesen

Die meisten Infektionskrankheiten werden durch Einzeller mit Zellkern, Bakterien oder Viren verursacht. In der Regel nutzt jeder Erreger bestimmte Zellen oder Organe des Wirtes, um sich zu ernähren und fortzupflanzen. So parasitiert der Malaria-Erreger unter anderem in Leber- und Blutzellen des Menschen, Tuberkulose-Bakterien kommen vorwiegend in der Lunge vor, HI-Viren vermehren sich vor allem in T-Helferzellen des Immunsystems.

Durch die Infektion mit einem Erreger kommt es bei den Betroffenen als Wechselwirkung zur Ausbildung der Krankheit. Die Beschwerden sind eine Reaktion auf die Abgabe von Stoffwechselgiften durch den Erreger oder die Zerstörung von Zellen, Geweben und Organen.

Biologisches Prinzip Struktur und Funktion

Die chemische Struktur der Antikörper passt exakt zu einer bestimmten Antigen-Struktur. Bei der Antigen-Antikörper-Reaktion verbinden sich die Antikörper mit den Antigenen und inaktivieren auf diese Weise Krankheitserreger.

Um Impfstoffe herzustellen, müssen Erreger so verändert werden, dass sie keine Erkrankung mehr auslösen können. Die Struktur der Antigene muss jedoch erhalten bleiben, um in den Gedächtniszellen eine aktive Immunisierung aufzubauen.

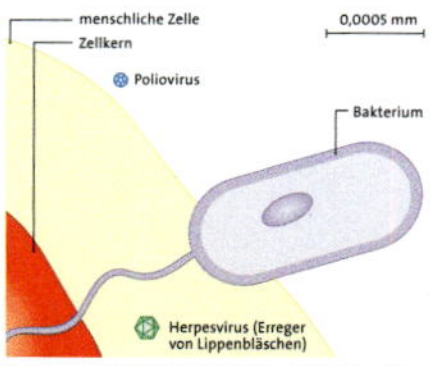

1 Größenvergleich menschliche Zelle – Bakterien – Viren

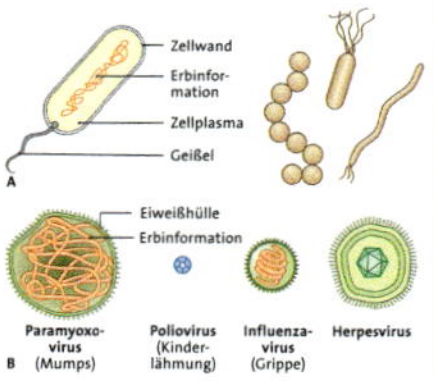

2 Aufbau von Bakterien (A) und Viren (B) im Vergleich

152

Die Zelle – kleinste Funktionseinheit des Lebens

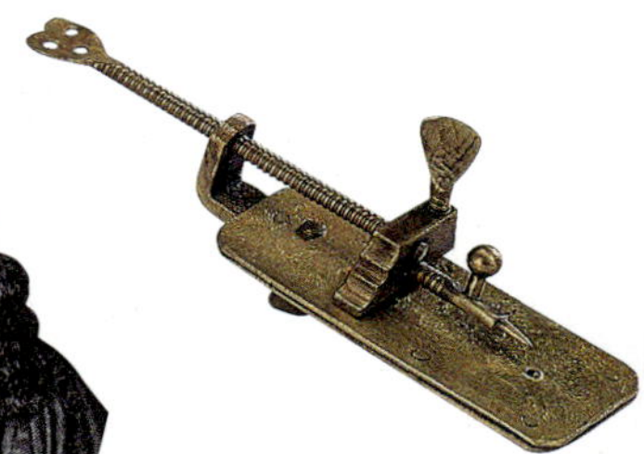

Außenschale einer Küchenzwiebel

Die trockene Außenschale einer Küchenzwiebel besteht aus mehreren Schichten ausgetrockneter, ehemaliger Zellen. Die braune oder rote Färbung wird durch Gerbstoffe bewirkt, die für Bakterien giftig sind. Im Innenraum dieser Zellen sind ziegelsteinartige Kristalle entstanden, die mikroskopisch gut zu erkennen sind.

Diskutiert in der Gruppe die mögliche biologische Funktion der Außenschale der Küchenzwiebel.

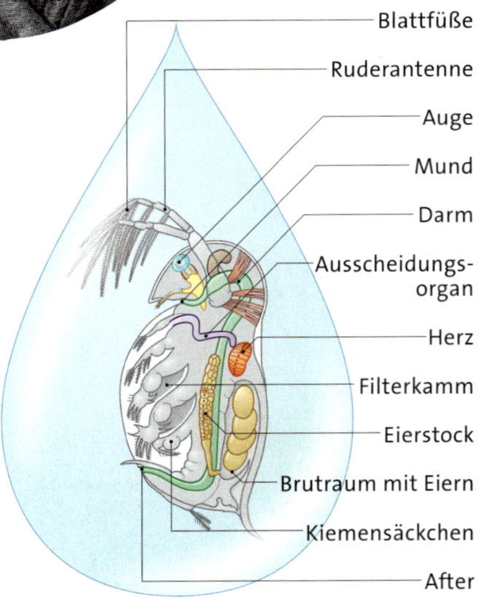

Die Wasserpest – ein beliebtes mikroskopisches Untersuchungsobjekt

In Teichen und langsam fließenden Bächen wächst die Wasserpest. Ihre Blätter sind zart ausgebildet und können leicht mikroskopiert werden.

Recherchiere Herkunft und Aufbau dieser Pflanze sowie die Funktion der kleinen, grünen Körperchen in Abbildung C.

Entdecke verborgene Welten!

Der Holländer Antoni van LEEUWENHOEK (1632–1723) war eigentlich Tuchmacher. In seiner Freizeit bastelte er einfache Mikroskope, die eine stark vergrößernde Linse besaßen. Zum Teil konnte er schon eine Vergrößerung um das 270-fache erreichen. Für fast jedes Objekt stellte LEEUWENHOEK ein neues Mikroskop her. Mit der Zeit wurden es mehrere hundert Stück.

Erkundet, welche Objekte der Hobbyforscher entdeckte, zeichnete und beschrieb.

Begebt euch auf die Spuren von LEEUWENHOEK und mikroskopiert einen lebenden Wasserfloh. Beschreibt mit Hilfe der Abbildung, welche Teile ihr erkennen konntet. Zählt die Herzschläge eines Wasserflohs pro Minute.

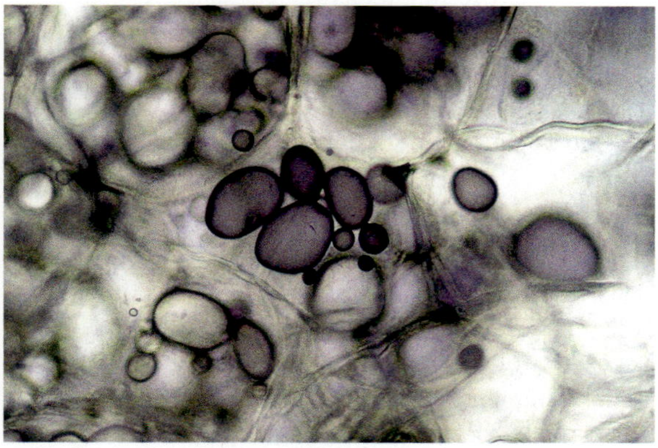

Mikroskopische Untersuchung einer Kartoffel

Schneidet eine Kartoffel mit dem Messer in zwei Hälften. Schabt von einer der Schnittflächen etwas Material ab und stellt davon ein Präparat her. Haltet euch dabei an die Vorschrift auf Seite 13.

Unter dem Mikroskop sind nun eiförmige Gebilde zu erkennen. Stellt begründete Vermutungen an, ob es sich hier um Zellen handeln könnte.

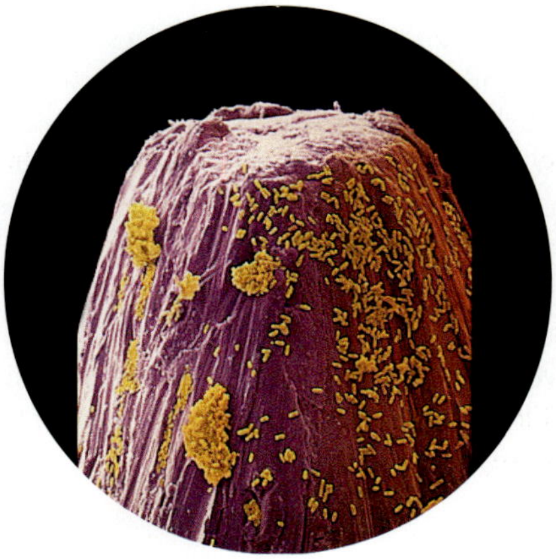

Leben auf der Nadelspitze

Wir können sie nicht sehen, nicht riechen und sie sind auch nicht zu fassen. Trotzdem umgeben uns diese Lebewesen in einer unvorstellbar großen Zahl. Es sind Bakterien. Erst mit dem Mikroskop konnte man sie zum Beispiel als winzige Kugeln oder Stäbchen entdecken. Allein in unserem Mund sind mehr Bakterien zu Hause als jemals Menschen auf der Erde leben werden.

Findet heraus, welche Merkmale Bakterien von Tier- und Pflanzenzellen unterscheiden. Stellt eure Ergebnisse in einer Tabelle dar und besprecht diese in der Klasse.

Recherchiert in Partnerarbeit verschiedene Bedeutungen der Bakterien für den Menschen.

Kreidefelsen auf Rügen

Die berühmten Kreidefelsen von Rügen oder Dover bestehen zum größten Teil aus den Kalkschalen von Foraminiferen, einer Gruppe von Einzellern. Dagegen wird Tafelkreide, wie sie in der Schule verwendet wird, aus Gips (= Calciumsulfat) oder Magnesiumoxid hergestellt.

Schlagt verschiedene Möglichkeiten vor, wie man natürliche Kreide mit ziemlicher Wahrscheinlichkeit von Schulkreide unterscheiden kann.

1 Die Zelle – Grundbaustein aller Lebewesen

Sehr kleine Gegenstände und Lebewesen sind mit dem menschlichen Auge oder einer Lupe nicht mehr zu erkennen. Deshalb blieb die Welt des Mikrokosmos lange Zeit verborgen. Erst mit Hilfe von **Mikroskopen** gelang es, das bis dahin unsichtbare Winzige sichtbar zu machen. Die ersten einfachen Mikroskope wurden von niederländischen Optikern gebaut. Um 1590 soll Zacharias Janssen als Kind zufällig zwei Glaslinsen so übereinander angeordnet haben, dass er ein vergrößertes Bild einer Spinne erhielt. Sein Vater, Optiker von Beruf, baute daraufhin einfache Mikroskope mit zwei hintereinander angeordneten Vergrößerungslinsen. Sie dienten noch keinen wissenschaftlichen Zwecken, sondern ausschließlich der Unterhaltung. Mit ihnen machte man sehr kleine Objekte wie zum Beispiel Flöhe sichtbar. Deshalb wurden die ersten Mikroskope bald als »Flohgläser« bekannt.

Die erste Nutzung von Mikroskopen zu naturwissenschaftlichen Zwecken wird dem Niederländer Antoni van Leeuwenhoek zugeschrieben. In der ersten Hälfte des 17. Jahrhunderts baute er zahlreiche Mikroskope, die aus einer Metallplatte bestanden, in die eine Linse eingelassen war. Mit ihnen waren bis zu 270-fache Vergrößerungen möglich. Damit konnte Leeuwenhoek erstmals Regenwasser, Haare, Haut, Blut und Sperma untersuchen. Im Regenwasser entdeckte er zum Beispiel zahlreiche Kleinstlebewesen, im Blut die Roten Blutzellen und im Sperma die Spermienzellen.

Robert Hooke, ein englischer Forscher, kombinierte mehrere Linsen miteinander und erreichte so stärkere Vergrößerungen. Bei der Untersuchung der Rinde von Korkeichen entdeckte er luftgefüllte Kammern, die er **Zellen** nannte. Seine Erkenntnisse fasste er zum ersten Lehrbuch der Zellbiologie zusammen. Es erschien bereits 1665 und enthielt zahlreiche Zeichnungen von Pflanzen- und Tierzellen. Zu seiner Entdeckung schrieb er: »Von einem sauberen Kork schnitt ich mit einem rasiermesserscharfen Messer ein Stückchen ab; so erzielte ich eine äußerst glatte Schnittfläche. Dann betrachtete ich das Korkstück sehr genau durch ein MIKROSKOP. ... Ich konnte deutlich erkennen, dass es überall durchlöchert und po-

1 Verwendung eines »Flohglases«

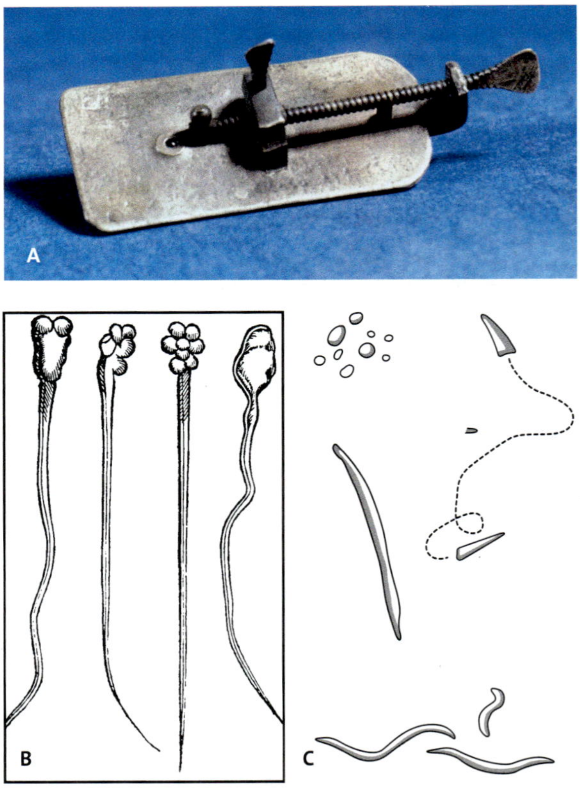

2 Zeichnungen von Antony van Leeuwenhoek.
A Mikroskop; **B** Spermien; **C** Bakterien

rös war, es sah aus wie eine Honigwabe, nur dass die Poren unregelmäßig waren. … Durch das Mikroskop erkennen wir, dass der Korkstoff ganz und gar mit Luft gefüllt ist, die in kleinen, voneinander getrennten Schachteln oder Zellen vollkommen eingeschlossen ist. …«

In den folgenden Jahren wurden die Mikroskope immer leistungsfähiger, weil die Linsen stark verbessert wurden und verzerrungsfreie Bilder lieferten. Mit einem solchen Mikroskop entdeckte der britische Botaniker Robert BROWN 1831 den Zellkern von Pflanzenzellen. Die deutschen Biologen Theodor SCHWANN und Matthias Jacob SCHLEIDEN arbeiteten sehr erfolgreich auf dem neu entstandenen Teilgebiet der Biologie, der **Zellbiologie.** Durch Vergleich verschiedener pflanzlicher und tierischer Objekte gelangten sie zu der Erkenntnis, dass alle Lebewesen aus den gleichen kleinsten Bauelementen, den Zellen, bestehen. Die Teilung und Vermehrung von Zellen wurde erstmals 1855 von dem deutschen Arzt Rudolf VIRCHOW beschrieben. Er erkannte, dass sich Zellen zunächst teilen und danach zu ihrer endgültigen Größe heranwachsen.

Mit Lichtmikroskopen erreicht man heute bis zu 2000-fache Vergrößerungen. 1931 wurde von den deutschen Physikern Max KNOLL und Ernst RUSKA ein Mikroskop entwickelt, das nicht mit Lichtstrahlen sondern mit Elektronenstrahlen arbeitet. Mit diesem **Elektronenmikroskop** sind bis zu 100 000-fache Vergrößerungen möglich. Damit kann auch der Feinbau von Zellen untersucht werden. Dies erfordert jedoch besondere Päparationstechniken und sehr dünne Schnitte. Weil im Inneren eines Elektronenmikroskops ein luftleerer Raum, ein Vakuum, vorliegt, können nur abgetötete und speziell behandelte Präparate untersucht werden. Bis heute wird das Elektronenmikroskop ständig verbessert und ist aus der Zellforschung nicht mehr wegzudenken.

Die Erkenntnisse der Zellbiologie ermöglichen ein tieferes Verständnis für die Vorgänge in lebenden Organismen. Deshalb lässt sich das grundlegende biologische Prinzip **Zelluläre Organisation** anwenden.

1 Recherchiere den Aufbau einer menschlichen Spermienzelle. Vergleiche diese heutige Darstellung mit der Zeichnung der Spermien in Abbildung 2 B. Ziehe Schlussfolgerungen.

2 Das Elektronenmikroskop ist kein »besseres« Mikoskop als das Lichtmikroskop, sondern wird für andere Aufgaben hreangezogen.
Erläutere diese Aussage und nenn Beispiele.

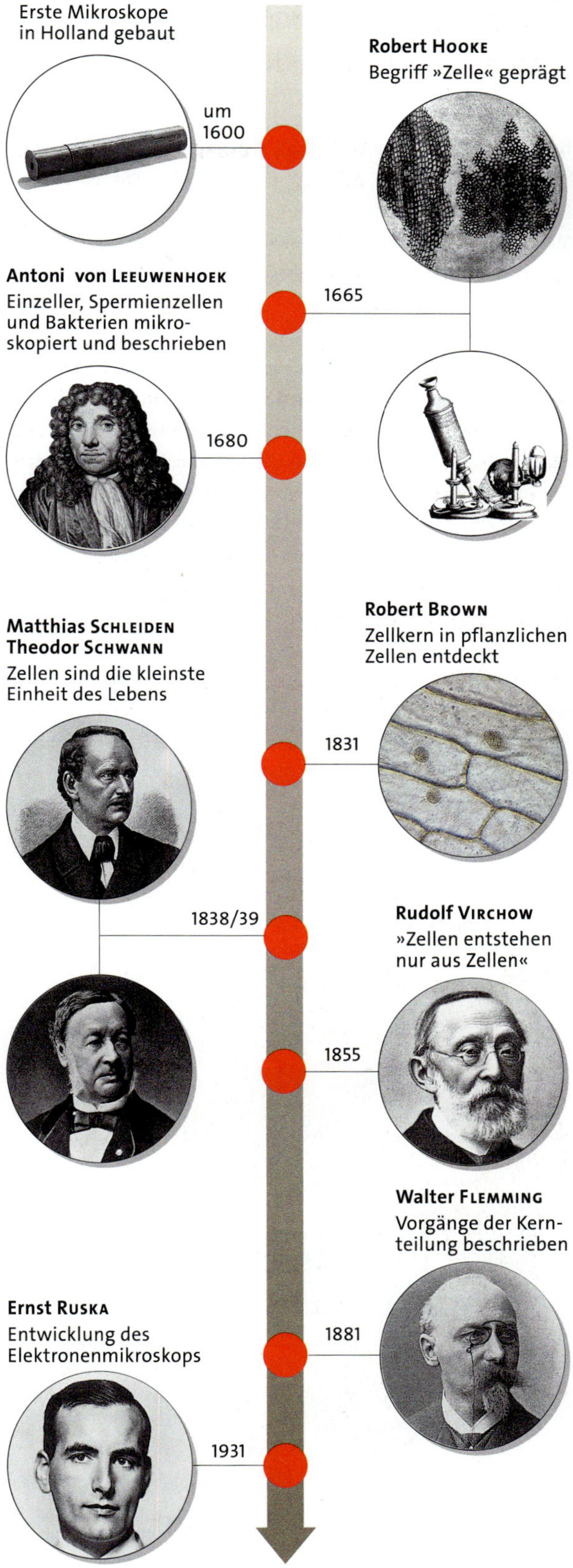

2 **Entwicklung der Mikroskopie**

2 Bau und Funktion des Lichtmikroskops

Betrachtet man ein Blatt mit der Lupe, werden bereits Strukturen sichtbar, die mit dem Auge nicht zu sehen sind. Weitere Details werden sichtbar, wenn das Blatt unter einem Lichtmikroskop beobachtet wird. Durch ein Lichtmikroskop werden bis zu 2000-fache Vergrößerungen erreicht.

Das Lichtmikroskop besteht aus einem *Stativ*, das einen sicheren Stand garantiert und zur Befestigung der anderen Teile des Mikroskops dient. Wichtigster Bestandteil eines jeden Mikroskops sind die Linsen. Je hochwertiger sie sind, umso mehr Einzelheiten sind erkennbar. Eine der Linsen ist am oberen Ende eines Metallrohres angebracht, welches *Tubus* genannt wird. Da diese Seite des Rohres dem Auge des Betrachters zugewandt ist, bezeichnet man diese Linse als *Okular* (lat. *oculus*, Auge). Die andere Linse befindet sich am anderen Ende des Rohres und ist dem *Objekt* zugewandt. Sie wird deshalb als *Objektiv* bezeichnet. Das Objekt wird auf einen dünnen Glasstreifen, den Objektträger, gelegt und auf dem *Objekttisch* festgeklemmt.

Die gewünschte Vergrößerung erreicht man durch eine geeignete Kombination von Okular und Objektiv. Hier sind jeweils die Vergrößerungsfaktoren eingraviert, zum Beispiel 5×, 10× oder 15×. Die Gesamtvergrößerung erhält man, wenn man die Vergrößerungen von Okular und Objektiv multipliziert, wie $10 \times 40 = 400$-fach. Viele Mikroskope haben einen so genannten Objektivrevolver, an dem sich mehrere Objektive mit unterschiedlicher Vergrößerung befinden. Durch Drehen des Objektivrevolvers kann man das Objektiv wechseln.

Lichtmikroskope verfügen in der Regel über eine eingebaute *Lichtquelle* oder einen Spiegel, mit dessen Hilfe Licht gebündelt auf das Objekt geleitet werden kann. Durch eine *Blende* lässt sich die einfallende Lichtmenge regulieren und so der Kontrast verändern. Häufig ist das Objekt beim Blick durch das Okular nicht oder nur undeutlich zu erkennen. Das liegt daran, dass ein scharfes Bild nur dann entsteht, wenn Objekt und Objektiv einen bestimmten Abstand zueinander haben. Mit Hilfe von *Grob-* und *Feintrieb* kann ein scharfes Bild eingestellt werden.

1 Berechne die jeweiligen Vergrößerungen, wenn man Okulare, die 5×, 10× und 15× vergrößern mit einem 75-fach vergrößernden Objektiv kombiniert.

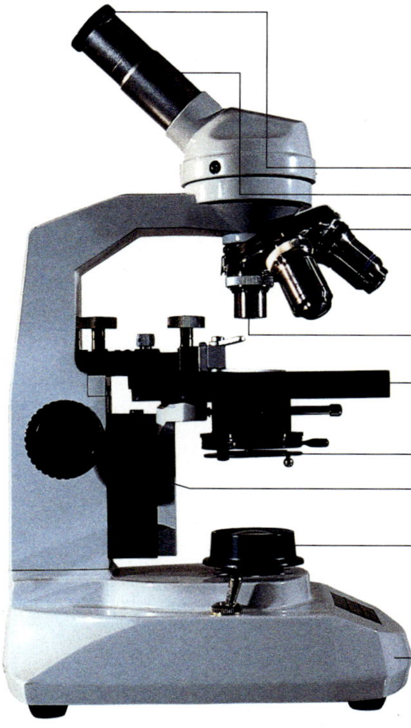

1 Aufbau des Lichtmikroskops

Richtige Bedienung des Mikroskops

1. Zu Beginn des Mikroskopierens ist die kleinste Vergrößerung eingestellt.
2. Lege das Präparat mitten über die Objekttischöffnung und klammere es fest.
3. Schalte die Mikroskoplampe ein.
4. Schaue durch das Okular. Stelle durch vorsichtiges Drehen des Triebrades das Objekt scharf ein.
5. Reguliere gegebenenfalls mit der Blende Helligkeit und Kontrast.
6. Willst du die Vergrößerung ändern, vergrößere zunächst den Abstand zwischen Objektiv und Objekttisch.
7. Stelle eine stärkere Vergrößerung durch Drehen des Objektivrevolvers ein.
8. Bewege Objekttisch und Objektiv mit Hilfe des Triebrades vorsichtig aufeinander zu. Kontrolliere von der Seite, dass das Objektiv nicht das Präparat berührt. Verfahre weiter nach 5.
9. Schaue nun durch das Okular und drehe das Triebrad so lange nach unten, bis das Objekt scharf zu sehen ist.
10. Fasse nie mit den Fingern auf die Linsen. Säubere die Linsen mit einem weichen Lappen.
11. Stelle nach dem Mikroskopieren die kleinste Vergrößerung ein. Nimm das Präparat vom Objekttisch. Schalte die Lampe aus.

2 Grundregeln für das Mikroskopieren

Methode Herstellen mikroskopischer Präparate

Anfänger, die zum ersten Mal mit einem Mikroskop arbeiten, werden meist zunächst ein Haar in der Vergrößerung betrachten. Dazu bringt man zuerst mit einer Pipette einen Wassertropfen auf einen Objektträger. Anschließend werden einige Stücke des Haares in das Wasser gelegt und mit einem Deckglas abgedeckt. Ein solches Präparat wird als **Frischpräparat** bezeichnet. Es ist wird zur sofortigen Untersuchung angefertigt und kann nicht aufbewahrt werden. Auf diese Weise können zum Beispiel winzige Proben von Erde aus einem Blumentopf oder ein Wassertropfen aus einem Gartenteich untersucht werden. Hier sind häufig kleinste Lebewesen zu finden, die beim Eintrocknen des Präparates zugrunde gehen.

Sollen Objekte längere Zeit aufbewahrt werden können, müssen sie fixiert und konserviert werden. Man spricht dann von **Dauerpräparaten**. Sie können von Lehrmittelfirmen gekauft oder mit etwas Aufwand auch selbst hergestellt werden.

Frischpräparate benötigen eine bestimmte Menge an Wasser unter dem Deckgläschen. Ist zuviel Wasser vorhanden, schwimmt das Deckgläschen auf. So wird beispielsweise der Objektivwechsel behindert. Überschüssiges Wasser wird mit einem Stück Filtrierpapier unter dem Deckgläschen abgesaugt, bis es flach und fest auf dem Objekt aufliegt. Befindet sich zu wenig Wasser unter dem Deckglas entstehen Luftränder. Diese brechen das Licht unterschiedlich, was das betrachten des Objekts unter dem Mikroskop behindert. Mit einer Pipette kann in diesem Fall etwas Wasser unter das Deckgläschen gegeben werden.

Manche Präparate sollten vor der Untersuchung gefärbt werden. Dazu bringt man einen Tropfen einer Farbstofflösung an einen Rand des Deckglases und saugt den Farbstoff mit einem Filtrierpapier durch das Präparat.

1 Beschreibe die Vorgehensweise bei der Erstellung eines Frischpräparats in Stichworten.

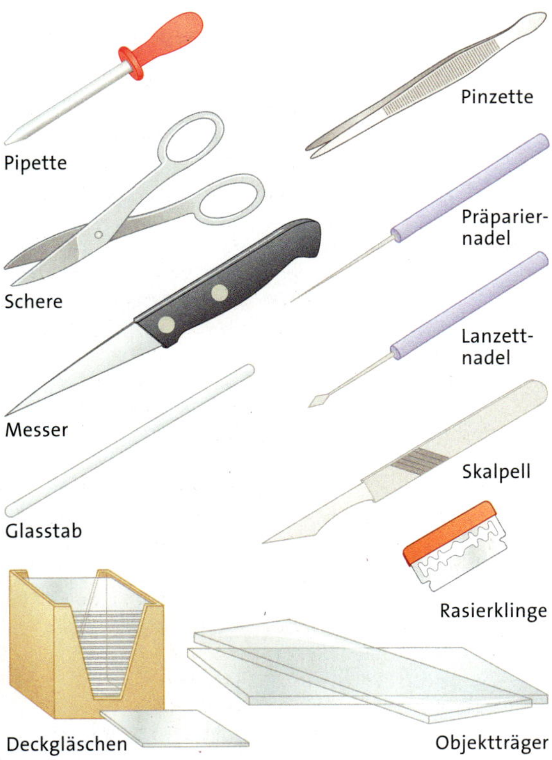

1 Geräte zum Mikroskopieren

2 Auflegen des Deckglases

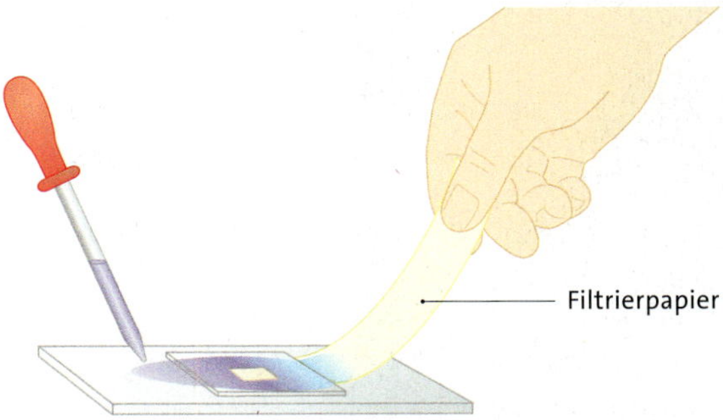

3 Durchsaugen der Farbstofflösung

3 Zellen unterscheiden sich

3.1 Pflanzenzellen

Bringt man ein Blättchen der Wasserpest auf einen Objektträger und betrachtet dieses Präparat unter dem **Lichtmikroskop,** kann man bereits bei kleiner Vergrößerung einzelne Zellen erkennen. Sie sehen gleichartig aus und liegen eng aneinander.

Nach außen ist jede Zelle durch eine starre **Zellwand** abgegrenzt. Sie dient der Festigung der Zelle und gibt ihr die charakteristische Form. Die Zellwand besteht aus dem Stoff Zellulose und ist durch winzige Poren, die Tüpfel, unterbrochen. Benachbarte Zellen stehen über diese Poren untereinander in Verbindung.

Nach innen schließt sich an die Zellwand die sehr dünne **Zellmembran** an. Durch sie können Wasser und darin gelöste Stoffe wie Traubenzucker oder Mineralstoffe in die Zelle aufgenommen werden.

Im Inneren der Zelle befindet sich das **Zellplasma,** eine zähe und klare Flüssigkeit. Es besteht hauptsächlich aus Eiweißstoffen und Wasser.

Jede Zelle enthält auch einen **Zellkern.** Er steuert alle Lebensvorgänge und ist Träger der Erbsubstanz. Solche Zellbestandteile, die ähnlich wie Organe eine klar umrissene Struktur und Funktion haben, werden auch als *Zellorganellen* bezeichnet. Zellen, die einen Zellkern besitzen, bezeichnet man als **Eucyten.**

Zu den Zellorganellen gehören die **Chloroplasten.** Sie enthalten den grünen Blattfarbstoff *Chlorophyll.* In den Chloroplasten läuft die Fotosynthese ab. Bei diesem Vorgang stellen Pflanzen mit Hilfe des Sonnenlichtes aus Kohlenstoffdioxid und Wasser Traubenzucker her. Dabei spielt Chlorophyll zur Aufnahme der Lichtenergie eine wichtige Rolle. Zellen mit Chloroplasten kommen vorwiegend in den Blättern vor.

In vielen älteren und ausgewachsenen Pflanzenzellen findet man große Hohlräume, die mit Zellsaft gefüllt und von einer Membran umgeben sind. Sie werden als **Vakuolen** bezeichnet. In den Vakuolen können Farbstoffe, Gifte oder Abfallprodukte des Zellstoffwechsels gespeichert werden.

Mit einem Lichtmikroskop erreicht man keine so starken Vergrößerungen, dass alle Einzelheiten der Pflanzenzelle entdeckt werden können. Erst das **elektronenmikroskopische** Bild einer Pflanzenzelle lässt weitere Details erkennen. Dazu gehören sehr kleine ovale Gebilde, die als **Mitochondrien** bezeichnet werden. In ihnen findet die Zellatmung statt. Bei diesem Prozess werden energiereiche organische Stoffe zu energiearmen anorganischen Stoffen abgebaut. Bei diesem Vorgang wird viel Energie

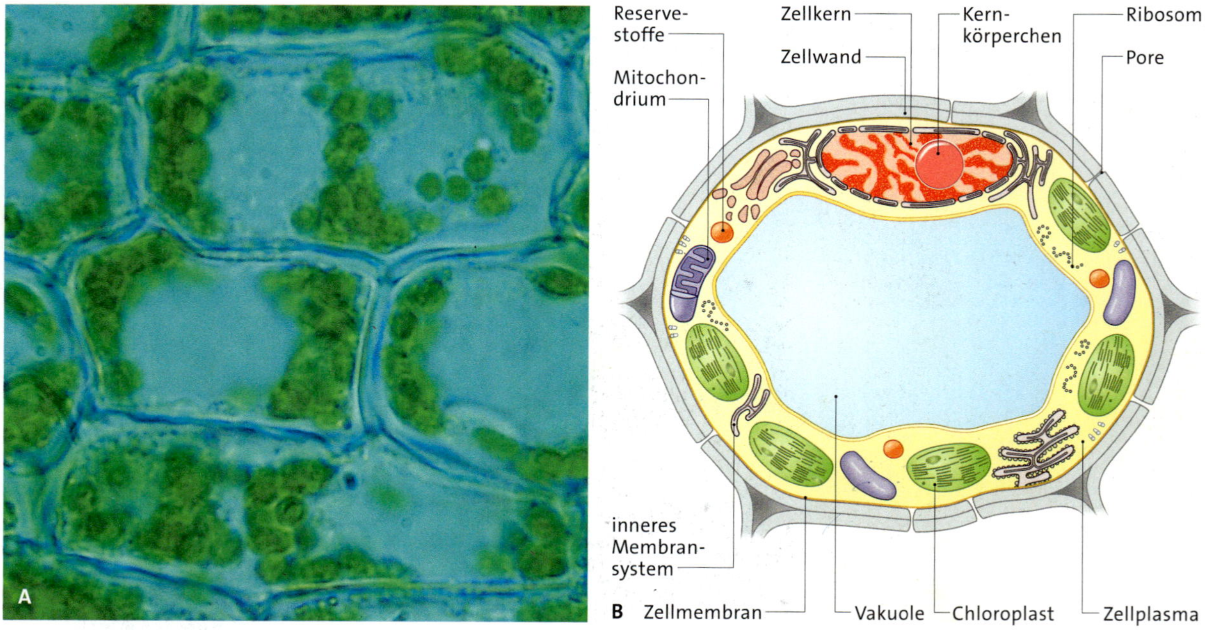

1 Pflanzenzellen. A Blattzellen der Wasserpest (lichtmikroskopisches Bild); **B** Schema

frei, sodass man die Mitochondrien auch als »Kraftwerke der Zelle« bezeichnen kann.

Die ganze Zelle wird von feinen Membranen durchzogen und gegliedert. Die Membranen umschließen Räume, in denen bestimmte chemische Reaktionen und Stoffwechselvorgänge ablaufen. Deshalb spricht man auch von sogenannten *Reaktionsräumen.* Zu den Stoffen, die dort gebildet werden, gehören zum Beispiel Membranbausteine und Farbstoffe. Auf der Oberfläche dieses Membransystems befinden sich häufig kleine Kügelchen, die **Ribosomen.** Sie spielen eine wichtige Rolle bei der Herstellung von Eiweißstoffen.

Alle Pflanzenzellen haben prinzipiell den gleichen Aufbau. Dennoch gibt es zahlreiche Abwandlungen von diesem Grundbauplan, da die Zellen unterschiedliche Aufgaben erfüllen müssen. Ein Beispiel dafür sind die Zellen der Wasserpest. Sie haben häufig große Vakuolen und viele Chloroplasten. Dadurch können sie intensiv Fotosynthese betreiben und somit viel Traubenzucker produzieren.

Andere Zellen dienen der Speicherung von Stoffen. Fette, Eiweißstoffe und Kohlenhydrate werden oft gespeichert. Ein Beispiel für die Speicherung von Stärke sind die Speicherzellen in der Kartoffelknolle. Sie sind prall mit Stärkekörnchen angefüllt. Ähnliche Stärkekörner besitzen Banane, Weizen und Roggen.

Speicherzellen für Eiweiße findet man dagegen bei vielen Hülsenfrüchten wie zum Beispiel Bohnen und Erbsen. Öle werden beispielsweise in den Zellen von Raps oder Zitrusfrüchten gespeichert. Andere Zellformen dienen der Verbreitung von Samen. Ein Beispiel dafür sind die Haarzellen der Baumwollpflanze. Jedes etwa fünf Zentimeter lange Samenhaar ist eine einzelne, tote Zelle. Sie hat eine starre Zellwand aus Zellulose. Bis zu 5000 dieser Samenhaare befinden sich an einem Samen und dienen der Verbreitung durch den Wind.

Bei der Brennnessel findet man Brennhaare. Sie haben verdickte Zellwände und ein Köpfchen, das bei Berührung sehr leicht abbricht. Innen ist das Haar mit ätzender Ameisensäure gefüllt. Ist das Köpfchen abgebrochen, bohrt sich das Haar in die Haut und gibt die Ameisensäure frei. Zellen, die ständig der Sonneneinstrahlung ausgesetzt sind, benötigen oft einen Schutz gegen zu starke Verdunstung. Hier können zum Beispiel verdickte Zellwände den Wasserverlust eingrenzen. Die Abwandlungen bestimmter Zellen vom einheitlichen Grundbauplan zur Erfüllung bestimmter Aufgaben nennt man **Zelldifferenzierung.**

1 Beschreibe den Aufbau einer Pflanzenzelle. Verwende dazu Abbildung 1.

2 Stelle einen Struktur-Funktions-Zusammenhang für die Zellwand her.

3 Erläutere Beispiele für Zelldifferenzierungen bei Pflanzen. Nutze Abbildung 2.

2 Zelldifferenzierung. **A** Stärkespeicherzelle der Kartoffel; **B** Haarzelle der Baumwolle; **C** Brennhaar der Brennnessel

3.2 Zellen von Menschen und Tieren

Die Zellen der Mundschleimhaut kleiden die Mundhöhle aus. Sie eignen sich gut, um ein Präparat herzustellen und erste Informationen über den Bau von tierischen Zellen zu erhalten. Dazu bringt man einen Abstrich von Mundschleimhautzellen in einem Wassertropfen auf einen Objektträger. Dann färbt man das Präparat mit einem Farbstoff an und betrachtet es unter dem Mikroskop.

Die Zellen bilden einen Zellverband und liegen flächig nebeneinander. Sie haben eine unregelmäßige Form und sind von einer *Zellmembran* umgeben. Diese begrenzt die Zelle nach außen. Da sie gleichzeitig fest und elastisch ist, schützt sie das Zellinnere. Eine starre Zellwand, wie sie Pflanzenzellen haben, findet man bei Tierzellen dagegen nicht. Die gesamte Zelle ist von einer zähflüssigen Masse, dem *Zellplasma,* ausgefüllt. Hier laufen die Reaktionen des Zellstoffwechsels ab. Außerdem werden Stoffe wie Traubenzucker und Wasser transportiert. Tierzellen haben auch einen Zellkern und zählen damit wie Pflanzenzellen zu den **Eucyten.** Außerdem findet man Mitochondrien sowie ein Membransystem. Chloroplasten und Vakuolen kommen dagegen in tierischen Zellen nicht vor.

Auch wenn alle Tierzellen prinzipiell den gleichen Grundbauplan haben, können sie sich doch im Aufbau unterscheiden und auf diese Weise unterschiedliche Aufgaben im Körper erfüllen. *Nervenzellen* findet man nahezu im ganzen Körper. Besonders häufig sind sie im Gehirn vorhanden. Viele Nervenzellen sind lang gestreckt und an ihren Enden verzweigt. Im Gehirn liegen sie eng aneinander. Dadurch können sie Informationen in Form von elektrischen Impulsen von Nervenzelle zu Nervenzelle weiterleiten. Es ist aber auch möglich, die Information auf einen Muskel zu übertragen. Dieser führt dann eine gewünschte Reaktion aus.

Drüsenzellen findet man etwa in der Bauchspeicheldrüse. Sie sind durch Membransysteme reich gegliedert und besitzen viele Mitochondrien. Dort werden die beiden Hormone Insulin und Glukagon produziert. Sie regulieren den Blutzuckerspiegel. *Muskelzellen* sind dagegen lang gestreckt. In ihrem Zellplasma liegen längs verlaufende Eiweißfäden, die sogenannten Fibrillen. Sie können sich aktiv verkürzen und so Bewegungen ausführen.

In der Netzhaut des menschlichen Auges findet man zwei weitere Zelltypen. Es handelt sich um die *Sinneszellen* Stäbchen und Zäpfchen. Sie können Hell-Dunkel-Reize beziehungsweise Farbreize registrieren und sind eng mit Nervenzellen verbunden. *Knochenzellen* bestehen aus elastischen Eiweißfasern und festen, harten Kalziumverbindungen. Sie sind damit elastisch und gleichzeitig hart. Sie bilden das Skelett.

1 Vergleiche Pflanzen- und Tierzellen in einer Tabelle miteinander.

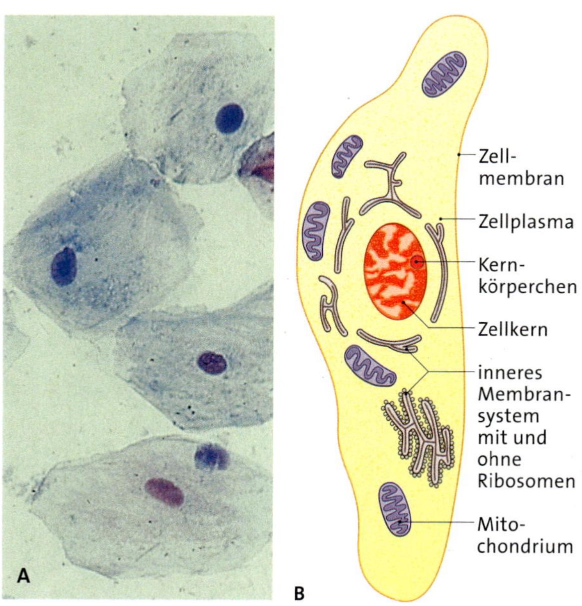

1 Mundschleimhautzellen.
A Lichtmikroskopisches Bild; **B** Schema

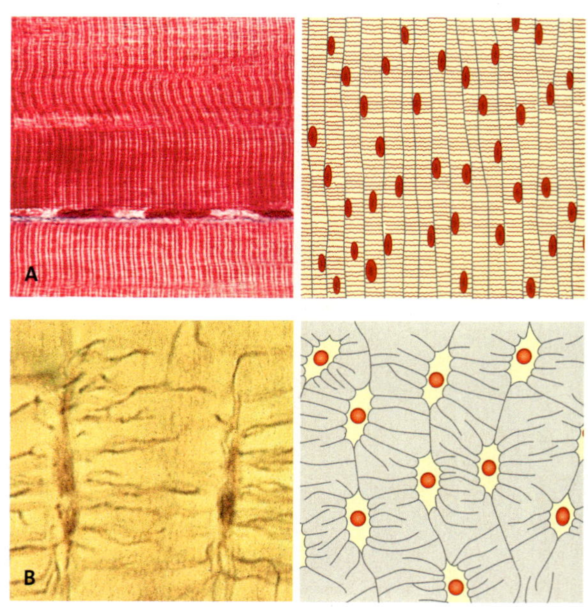

2 Zelldifferenzierungen.
A Muskel; **B** Knochen

3.3 Von der Zelle zum Organismus

Eine einzelne Zelle ist nicht in der Lage, komplexe Aufgaben zu erfüllen. So kann zum Beispiel eine Drüsenzelle der Magenschleimhaut allein keine Verdauungsvorgänge durchführen. Erst im Verband mit vielen anderen Drüsenzellen kann die Verdauung ablaufen. Einen solchen Zellverband bezeichnet man als **Gewebe.** Neben dem Drüsengewebe aus der Magenschleimhaut liegt das Bindegewebe. Seine Zellen sind durch eine ausgeschiedene Interzellularsubstanz voneinander getrennt. Bindegewebsfasern durchziehen diese Grundsubstanz und verleihen dem Gewebe Festigkeit. Schließen sich mehrere Gewebetypen zusammen, spricht man von einem **Organ.** Beim Magen arbeiten zum Beispiel Drüsen- und Bindegewebe und andere Gewebearten zusammen mit Blutgefäßen und Muskelgewebe.

Auch die Mundhöhle mit den Speicheldrüsen, die Bauchspeicheldrüse, der Dick- und Dünndarm sind Organe, die Nährstoffe verdauen. Sie bilden zusammen mit dem Magen ein **Organsystem,** das Verdauungssystem.

In einem **Organismus** gibt es viele einzelne Organsysteme, die alle unterschiedliche Aufgaben erfüllen. So findet man im menschlichen Körper neben dem Verdauungssystem zum Beispiel das Nervensystem und das Blutkreislaufsystem.

1 Nenne Aufgaben von Zellgeweben im menschlichen Körper und ordne sie einzelnen Organen zu.

2 Informiere dich, welche Aufgaben das Drüsengewebe in der Magenschleimhaut hat.

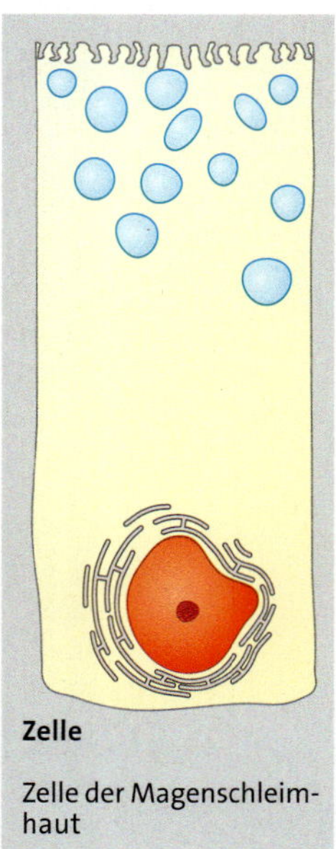

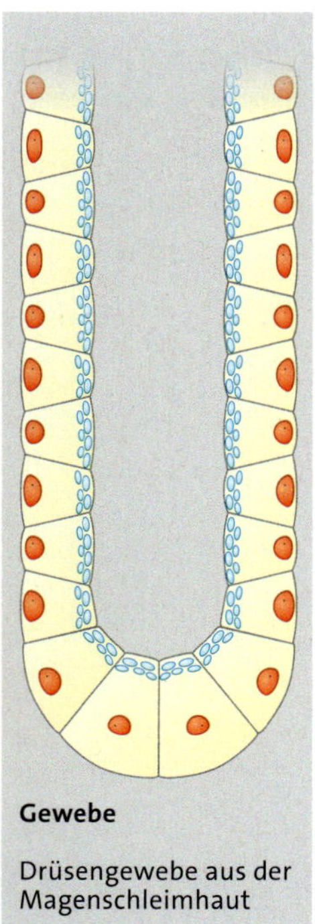

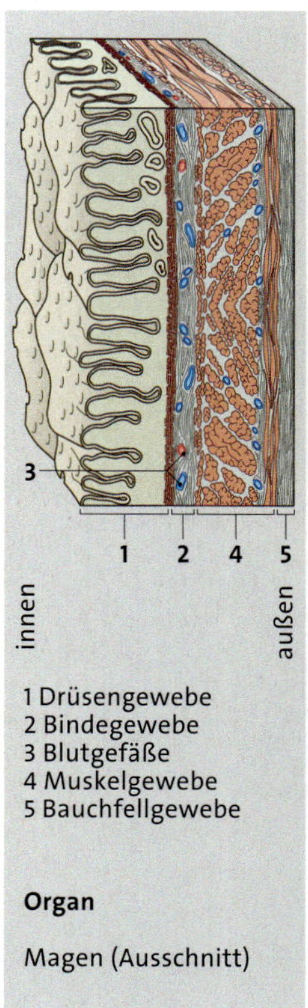

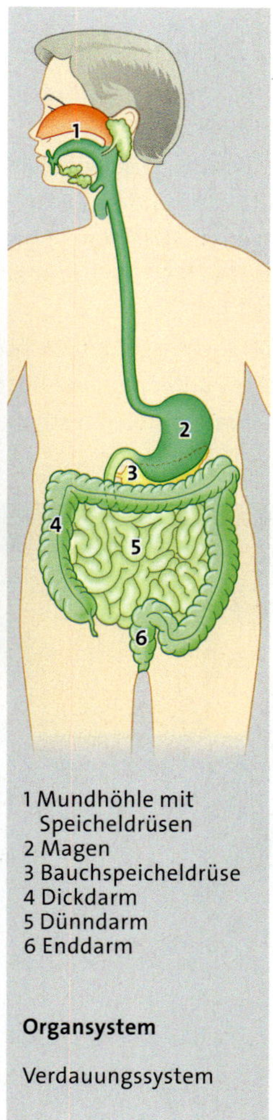

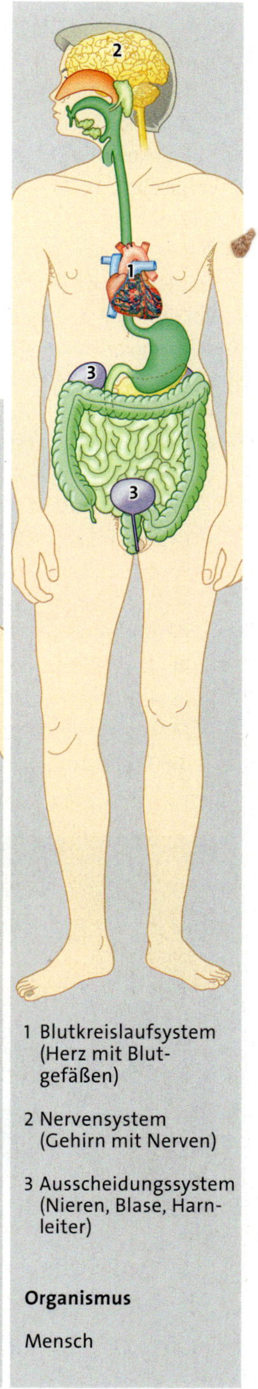

1 Ebenen des Organismus Mensch

Methode Mikroskopisches Zeichnen

Das Mikroskop gehört zu den wichtigsten und am weitesten verbreiteten Geräten des Biologen. Beim Blick durch das Mikroskop erhält man völlig neue Eindrücke vom faszinierenden Mikrokosmos, der uns umgibt.
Bis zu tausendfache Vergrößerungen sind mit einem guten Lichtmikroskop bei sachgerechter Handhabung problemlos möglich. Die Gesamtvergrößerung am Mikroskop berechnet sich aus dem Produkt der Okularvergrößerung und der Objektivvergrößerung.

Die Ergebnisse mikroskopischer Untersuchungen werden häufig in Form mikroskopischer Zeichnungen dokumentiert. Die Zeichnung ist eine Form des Beobachtungsprotokolls. Beim Zeichnen sind einige Regeln zu beachten, um zu guten Ergebnissen gelangen zu können:

- Eine mikroskopische Zeichnung sollte mit einem mittelharten Bleistift auf einem weißen Blatt Papier im Format DIN A4 erstellt werden.
- Die mikroskopische Zeichnung soll das Objekt nach Form, Größenverhältnissen und im Zusammenhang mit der Umgebung genau darstellen und etwa ²/₃ des Blattes ausfüllen. Der Rest bleibt zunächst für die Beschriftung frei.
- In einem ersten Arbeitsgang werden wichtige Merkmale des Objektes unter genauer Beachtung der Proportionen in dünnen Linien festgehalten. Durch vorsichtiges Bewegen des Feintriebes werden die verschiedenen Objektebenen erfasst. Im zweiten Arbeitsgang werden alle Linien glatt nachgezogen, sodass ein klares Bild entsteht.
- Mikroskopische Zeichnungen werden nicht farbig ausgemalt.
- Die Beschriftung besteht aus einer Überschrift, in der der Name des Objektes, der Name des Organs, die mikroskopische Vergrößerung und gegebenenfalls weitere Hinweise, zum Beispiel über Färbungen, angegeben werden. Zur Beschriftung der Zeichnung werden mit dem Lineal Linien von den zu beschriftenden Strukturen in das Umfeld der Zeichnung gezogen und die jeweiligen Fachbegriffe eingefügt.

Ergänzend zu den mikroskopischen Zeichnungen kann man Fotos erstellen und Beobachtungen in Textform festhalten. Abschließend wird das Gesehene ausgewertet und die Ergebnisse werden festgehalten.

1 Das Mikroskop in Abbildung 1 hat Objektive mit den Vergrößerungen 4-fach, 10-fach und 40-fach sowie Okulare mit den Vergrößerungen 8-fach, 10-fach und 15-fach. Berechne alle Gesamtvergrößerungen, die sich an dem Gerät einstellen lassen.

2 Erstelle ein Präparat von der Schnittfläche einer Kartoffelknolle. Mikroskopiere und zeichne.

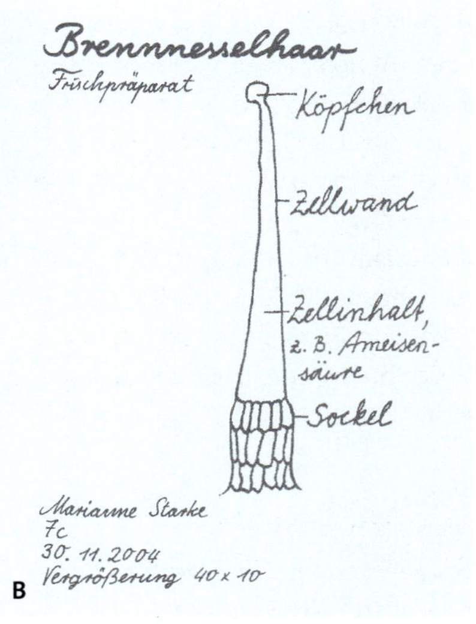

1 Mikroskopische Technik. **A** Arbeit am Lichtmikroskop; **B** Schülerzeichnung eines Brennnesselhaares

Aufgaben und Versuche — Pflanzliche und tierische Zellen

V1 Wir mikroskopieren Zwiebelhautzellen

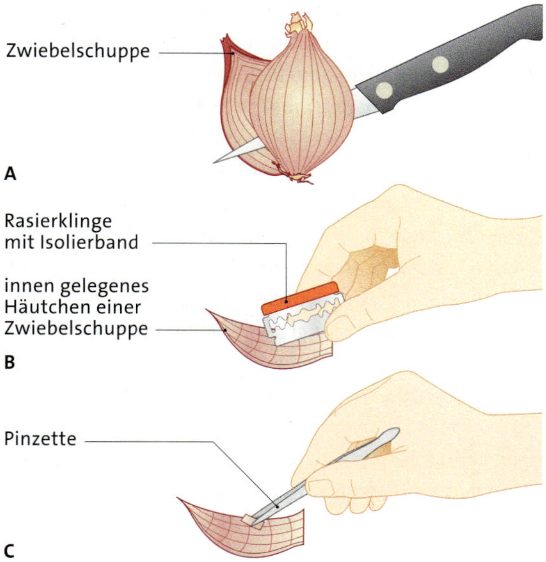

Material: Messer; Rasierklinge mit Korkhalterung; Pinzette; Objektträger; Deckglas; Pipette; Becherglas mit Wasser; Mikroskop; Zeichenmaterial; Küchenzwiebel

Durchführung: Zur Untersuchung von Zwiebelzellen eignet sich die Außenhaut des Zwiebelschuppenblattes. Du erhältst ein Stückchen Zwiebelschuppenblatt, wie in der Abbildung dargestellt.
Gib dann einen Tropfen Wasser mit der Pipette auf die Mitte eines Objektträgers. Lege das Zwiebelhautstück auf den Tropfen. Gib noch einen Tropfen Wasser darauf. Setze ein Deckgläschen seitlich an den Wassertropfen und lege es vorsichtig auf. Auf diese Weise soll verhindert werden, dass Luftblasen in das Präparat kommen.

Aufgabe: Gib das Präparat auf den Objekttisch deines Mikroskops. Betrachte das Objekt zunächst bei kleinster Vergrößerung. Fertige bei stärkerer Vergrößerung eine Zeichnung einer Zwiebelhautzelle an und beschrifte sie.

V2 Wir mikroskopieren Blattzellen

Material: Objektträger; Deckglas; Becherglas mit Wasser, Pipette; Pinzette; Zeichenmaterial; Mikroskop; Sternmoospflanze

Durchführung: Zupfe mit einer Pinzette von dem Stängel einer Sternmoospflanze ein Blättchen ab. Fertige ein Präparat an, wie es in V1 beschrieben wird.

Aufgabe: Lege das Präparat auf den Objekttisch deines Mikroskops. Betrachte das Objekt zunächst bei kleiner Vergrößerung. Fertige bei stärkerer Vergrößerung eine Zeichnung einer Blattzelle an. Beschrifte.

V3 Mikroskopieren von Mundschleimhautzellen

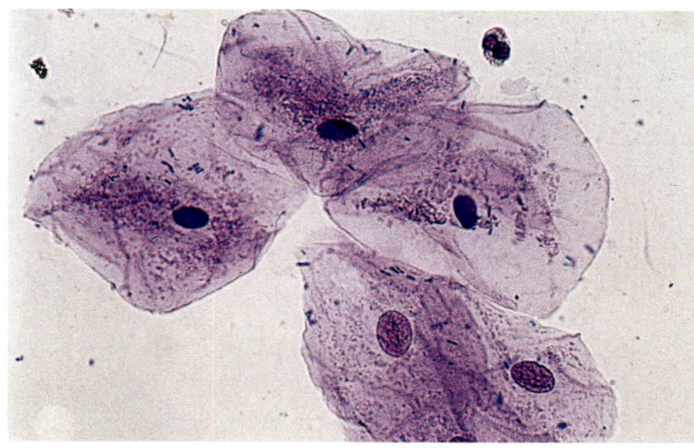

Material: Mikroskop und Zubehör; Zeichenpapier; Zeichenmaterial; steriler Holzspatel oder Teelöffel; Pipette; Glasstab; Methylenblau-Lösung (verdünnt); Filtrierpapierstreifen

Durchführung: Gib einen Tropfen Wasser auf einen Objektträger. Schabe mit einem sterilen Holzspatel von der Innenseite deiner Wange etwas Schleimhaut ab. Übertrage sie in den Wassertropfen auf dem Objektträger. Vermische mit einem Glasstab die Schleimhautstückchen vorsichtig mit dem Wasser. Lege ein Deckglas auf.

Aufgaben:

a) Mikroskopiere und zeichne das Präparat bei starker Vergrößerung und kleiner Blende.

b) Färbe das Objekt mit Methylenblau: Gib dazu mit einer Pipette einen Tropfen Methylenblau-Lösung an den Rand des Deckgläschens. Halte den Filtrierpapierstreifen an den gegenüberliegenden Rand. Sauge auf diese Weise den Farbstoff so lange durch das Präparat, bis es sichtbar angefärbt ist. Mikroskopiere bei starker Vergrößerung. Beschreibe den Unterschied zwischen dem gefärbten und dem ungefärbten Präparat.

Aufgaben und Versuche | Untersuchungen von Pflanzenorganen

V1 Wurzeln mikroskopieren

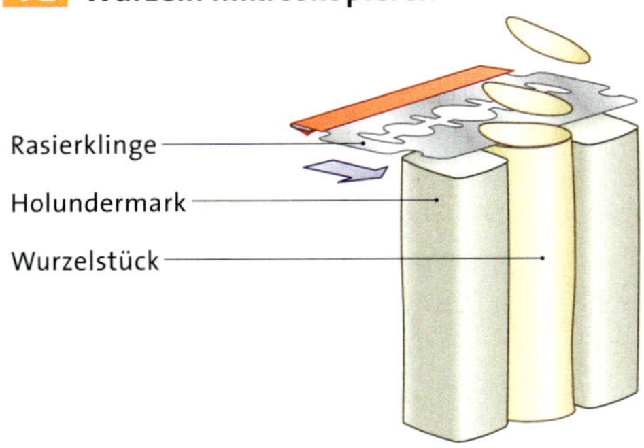

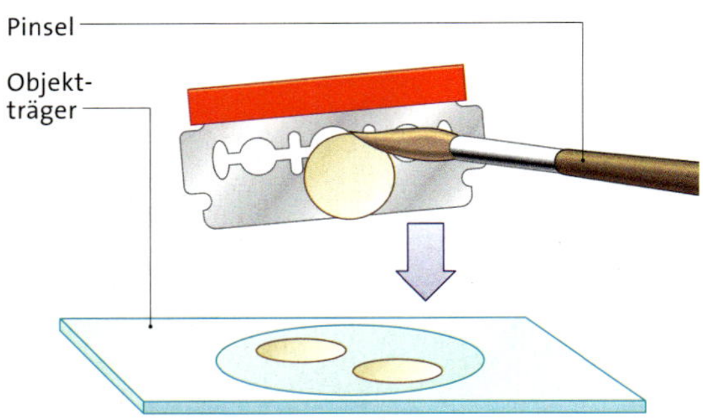

Material: Wurzel einer austreibenden Zwiebel; Sojabohne oder Erbse; Styropor oder Holundermark; Küchenmesser; einseitig abgeklebte Rasierklinge; Pinsel oder Präpariernadel; Pipette; Wasser; Objektträger; Deckgläschen; Lichtmikroskop und Zubehör; Zeichenmaterial

Durchführung: Fertige zunächst eine Haltevorrichtung zum Schneiden des Objektes an. Schneide dazu ein Stück Holundermark oder einen kleinen Styroporblock der Länge nach ein. In diesen Spalt kannst du nun das Wurzelstück einklemmen. Es sollte etwa 2 mm über das Ende der Halterung herausragen. Feuchte nun das Objekt und die Rasierklinge mit etwa Wasser an. Lege die Klinge auf die Halterung und schneide vorsichtig waagerecht mehrere dünne Scheiben ab. Den dünnsten Schnitt wählst du aus und überträgst ihn mit dem Pinsel oder der Präpariernadel in einen Wassertropfen auf den Objektträger. Setze anschließend ein Deckgläschen auf.

Aufgabe: Betrachte dein Frischpräparat bei kleiner und später bei stärkerer Vergrößerung. Fertige von einem Ausschnitt eine mikroskopische Zeichnung an und beschrifte sie.

V2 Sprossachsen mikroskopieren

Material: Stängel von Tulpe und Taubnessel; Sprossstück von Flieder oder Efeu; Styropor oder Holundermark; einseitig abgeklebte Rasierklinge; Pinsel oder Präpariernadel; Pipette; Wasser; Objektträger; Deckgläschen; Lichtmikroskop und Zubehör; Phloroglucin-Salzsäure-Lösung (Nachweismittel für Holz; Vorsicht ätzend!); Zeichenmaterial

Durchführung: Stelle dir zuerst eine Haltevorrichtung zum Schneiden sehr dünner Präparate her. Orientiere dich dabei an V1. Klemme dann ein Sprossachsenstück der Tulpe ein und stelle mehrere, möglichst dünne Schnitte des Stängels her. Wähle den dünnsten Schnitt aus und stelle mit ihm ein Frischpräparat her. Stelle genauso ein zweites Präparat vom Stängel der Taubnessel her. Mikroskopiere beide Präparate bei einer mittleren Vergrößerung und achte auf Gemeinsamkeiten und Unterschiede zwischen beiden Präparaten.

Stelle zum Schluss ein Präparat der Sprossachse von Flieder oder Efeu her. Lege diesen Schnitt jedoch nicht in einen Tropfen Wasser, sondern in einen Tropfen Phloroglucin-Salzsäure-Lösung. Warte etwa fünf Minuten. Das Nachweismittel färbt verholzte Sprossachsenteile rötlich. Mikroskopiere dein Präparat und überprüfe, welche Teile gefärbt wurden.

Aufgaben:

a) Vergleiche die Sprossachsen der einkeimblättrigen Tulpe und der zweikeimblättrigen Taubnessel miteinander. Lege dazu eine Tabelle an.

b) Erkläre, welche Funktion Holz in der Sprossachse einer Pflanze hat.

c) Zeichne und beschrifte mit Hilfe der Abbildung unten einen Ausschnitt aus dem Stängelquerschnitt der Taubnessel.

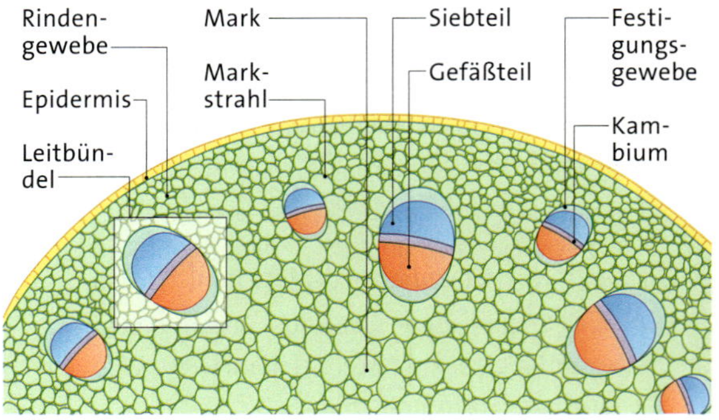

V3 Die Sprossachse leitet Wasser

Material: frisch abgeschnittener blühender Spross von Springkraut, Fleißigem Lieschen oder Weißer Taubnessel; Glaszylinder; Eosinlösung oder rote Tinte

Durchführung: Gib Wasser und etwas Farbstoff in den Glaszylinder. Stelle dann einen der oben genannten Sprosse in die Farbstofflösung und lass den Versuch ein bis zwei Tage an einem hellen Ort stehen.

Aufgaben:

a) Betrachte Stängel, Blattadern und die Blüten am Ende des Versuches. Notiere deine Beobachtungen.

b) Erläutere das Versuchsergebnis.

V4 Die Sprossachse leitet Zucker und Mineralstoffe

Material: frische Sprosse von Tulpe oder Taubnessel; Küchenmesser; Glucoseteststreifen; Nitratteststreifen; Düngerlösung; Wasser; Glaszylinder

Durchführung: Schneide einen Pflanzenstängel frisch durch und drücke auf die Schnittstelle einen Glucose- und Nitratteststreifen. Notiere deine Beobachtungen. Stelle eine zweite Tulpe für einen Tag in eine handelsübliche Düngerlösung. Schneide dann auch diesen Stängel frisch durch und überprüfe die Schnittstelle mit je einem weiteren Glucose- und Nitratteststreifen.

Aufgaben:

a) Werte die beiden Teilversuche aus.

b) Erläutere, in welchen Teilen der Sprossachse die nachgewiesenen Stoffe transportiert werden.

V5 Orte der Transpiration

Material: frisch gepflückte Blätter vom Alpenveilchen, zwei Objektträger, Wäscheklammern, Cobaltchloridpapier, Pinzette, Mikroskop, Objektträger, Deckgläschen, Zeichenmaterial

Durchführung: Lege ein Alpenveilchenblatt zwischen zwei Cobaltchloridpapiere. Decke sie oben und unten mit zwei Objektträgern ab, ohne das Blatt zu pressen. Befestige das Ganze mit zwei Wäscheklammern. Beobachte und protokolliere die Veränderungen des Papiers in den nächsten 10 min. Beachte, dass sich Cobaltchloridpapier bei Anwesenheit von Wasserdampf verfärbt.

Ziehe von einem zweiten Blatt mit der Pinzette ein Stück der oberen und unteren Blattepidermis ab. Übertrage beide Objekte in einen Wassertropfen und stelle zwei Frischpräparate her.

Aufgaben:

a) Mikroskopiere die beiden Präparate. Zeichne jeweils einen Ausschnitt aus der oberen und unteren Epidermis. Beschrifte beide Zeichnungen.

b) Erläutere den Zusammenhang zwischen deinen experimentellen Ergebnissen und den beiden Zeichnungen. Nutze den Zusammenhang zwischen Struktur und Funktion.

A6 Mit Blättern auf Insektenfang

Die Abbildung zeigt die speziellen Fangblätter einer Kannenpflanze aus dem Regenwald Ostasiens.

Aufgaben:

a) Recherchiere in Fachbüchern oder im Internet zur Kannenpflanze. Erläutere, inwieweit die spezielle Ernährungsweise der Kannenpflanze eine Angepasstheit an ihren Lebensraum darstellt.

b) Recherchiere zu einer weiteren tierfangenden Pflanze. Wähle zum Beispiel die Schlauchpflanze *Sarracenia* aus Nordamerika. Stelle Informationen zum Bau und zur Funktion der speziellen Fangblätter zusammen. Zeichne eine schematische Abbildung eines Fangblattes und beschrifte diese Zeichnung.

3.4 Pflanzen welken bei Wassermangel

Stängel, Blätter und Blüten von abgeschnittenen Tulpen werden schnell schlaff und verwelken. Bringt man die Blumen rechtzeitig in eine mit Wasser gefüllte Vase, werden die Pflanzengewebe wieder fest. Verstreicht jedoch zu viel Zeit, bis man die Pflanzen mit Wasser versorgt, erholen sie sich nicht mehr und sterben ab.

Unter dem Mikroskop kann man beobachten, was beim Welken in den Pflanzenzellen passiert. Am besten eignet sich dazu eine rote Küchenzwiebel. Man präpariert eine Zwiebelschuppenhaut und legt ein Hautstückchen auf einen Objektträger. Das Präparat wird offen ohne Deckgläschen liegengelassen, sodass aus ein Teil des Wassers verdunstet. In wenigen Minuten verändern sich die Pflanzenzellen deutlich. Vorher füllten die Vakuolen den Innenraum der Zellen fast vollständig aus. Jetzt schrumpft jede Vakuole wie ein Luftballon, dem die Luft ausgeht. Das Plasma, das die Vakuole in einer dünnen Schicht umschließt, löst sich von der Zellwand ab. Zwischen Zellwand und Plasma bildet sich ein mit Wasser gefüllter Zwischenraum. Die Zellwand dagegen verändert ihre Größe und Form nicht. Tropft man auf das Präparat etwas Wasser, schwellen die Vakuolen wieder an, die sichtbaren Zwischenräume verschwinden.

Die experimentelle Untersuchung zeigt, dass das Zellplasma nach außen durch eine Haut abgegrenzt wird. Sie ist so dünn, dass sie im Lichtmikroskop nicht zu sehen ist. Diese Haut wird als **Zellmembran** bezeichnet.

1 Tulpen welken bei Wassermangel.

Wenn eine Pflanze mit genügend Wasser versorgt wird, ist die Vakuole in jeder Zelle prall mit Zellsaft gefüllt. Dadurch wird das umgebende Zellplasma mit seiner Zellmembran gegen die Zellwand gepresst. Dieser Zellsaftdruck verleiht der Pflanzenzelle eine hohe Festigkeit. Bei Wassermangel schrumpft die Vakuole, weil ein Teil des Wassers durch das Plasma und die Zellmembran nach außen abgegeben wird. Dadurch lässt der Zellsaftdruck nach und die Zellmembran löst sich von der Zellwand ab. Es ist ein typisches Kennzeichen der lebenden Zelle, dass die Zellmembran zwar die Inhaltsstoffe des Plasmas zurückhält, jedoch Wasser ein- und ausströmen lässt. Erst durch den Tod einer Zelle wird die Zellmembran löchrig und verliert diese Eigenschaft.

1 Erläutere, wie experimentell bestätigt werden kann, dass das Zellplasma lückenlos von einer Zellmembran umschlossen ist.

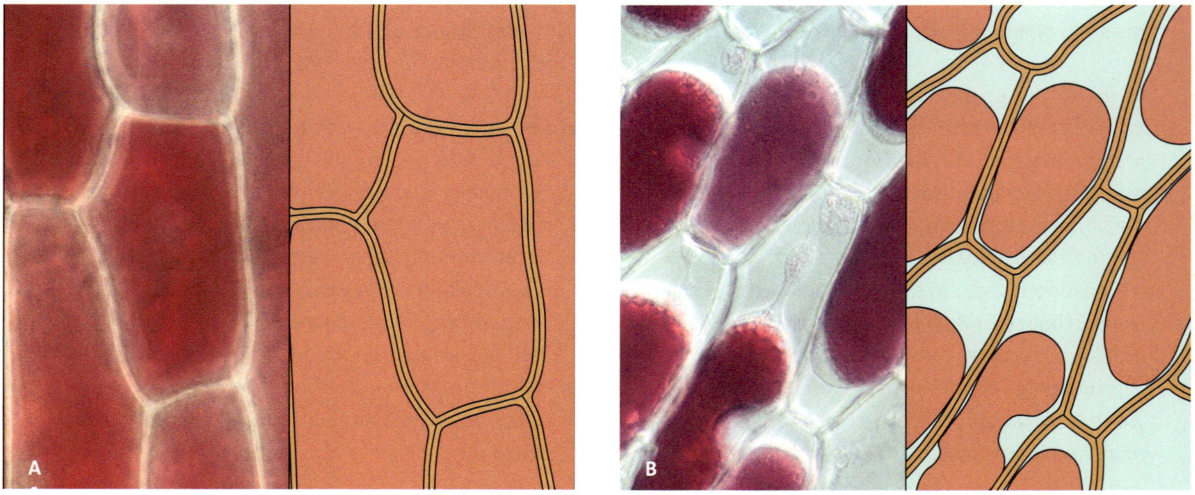

1 Pflanzenzellen aus dem Schuppenblatt der Roten Küchenzwiebel (links Foto; rechts Schema).
A vor dem Welken; **B** nach dem Welken

Streifzug durch die Physik und Chemie — Teilchenbewegung und Zellmembran

Beim Welken einer Pflanze wandern Wasserteilchen aus der Zellvakuole nach außen. Wie kommt diese Wanderung zustande? Ein Experiment hilft bei der Erklärung weiter: In ein Reagenzglas wird eine konzentrierte Farbstofflösung gegeben. Diese wird dann vorsichtig mit Wasser überschichtet. Die beiden Lösungen sind deutlich zu unterscheiden. Nur im Grenzbereich beider Schichten ist eine Durchmischung zu beobachten. Nach wenigen Stunden ist die Durchmischung deutlicher und am nächsten Tag ist eine gleichmäßig gefärbte Lösung entstanden.

Am Anfang ist die Konzentration der Farbstoffteilchen am Boden des Reagenzglases sehr hoch, während sich im Wasser keine solchen Teilchen befinden. Am Ende des Experiments hat sich überall im Reagenzglas die gleiche Konzentration an Farbstoffteilchen und Wasser eingestellt. Möglich wird dies durch eine unregelmäßige und ungezielte Eigenbewegung der unterschiedlichen Teilchen. Sie führt zu einer allmählichen Durchmischung, bis sich schließlich in allen Bereichen eine gleiche Konzentration der verschiedenen Teilchensorten eingestellt hat. Die Teilchen wandern entlang eines *Konzentrationsgefälles* aus Bereichen mit hoher Teilchenkonzentration in Bereiche mit geringer Teilchenkonzentration. Man spricht von *Diffusion*.

Die Eigenbewegung der Teilchen ist temperaturabhängig: Je wärmer die Flüssigkeit, desto schneller ist die Teilchenbewegung. Diese nennt man deshalb Wärmebewegung oder auch *Brownsche Molekularbewegung*.

Nun wandelt man das Experiment etwas ab: Zwischen die konzentrierte Farbstofflösung am Boden des Reagenzglases und das darüberstehende reine Wasser wird eine dünne Haut gebracht. Diese Haut enthält winzige Poren. Wasserteilchen können ungehindert durch sie hindurch wandern. Größere Teilchen wie die Farbstoffteilchen jedoch nicht. Eine solche Haut nennt man eine **halbdurchlässige Membran.**

Aufgrund der unterschiedlichen Konzentrationsverhältnisse wandern Wasserteilchen in die Farbstofflösung hinein. Die Farbstoffteilchen werden aber durch die Membran zurückgehalten und können ihre Schicht nicht verlassen.

Auch Zellmembranen sind halbdurchlässig. Deshalb können Wasserteilchen in Zellen eindringen oder diese wieder verlassen, nicht jedoch größere Teilchen wie Zucker- oder Eiweißteilchen. Für die biologische Funktion von Zellen sind diese Vorgänge von großer Bedeutung. Damit etwa das von Pflanzenwurzeln aufgenommene Wasser auch in die übrigen Pflanzenteile gelangen kann, muss es in das Innere der Wurzel geleitet werden. Hierfür nimmt die Zuckerkonzentrationen in den einzelnen Zellschichten der Wurzel von außen nach innen kontinuierlich zu. Das Wasser bewegt sich entlang des Konzentrationsgefälles bis zum Zentralzylinder.

1 Erkläre die in Abbildung 2 dargestellten Vorgänge.

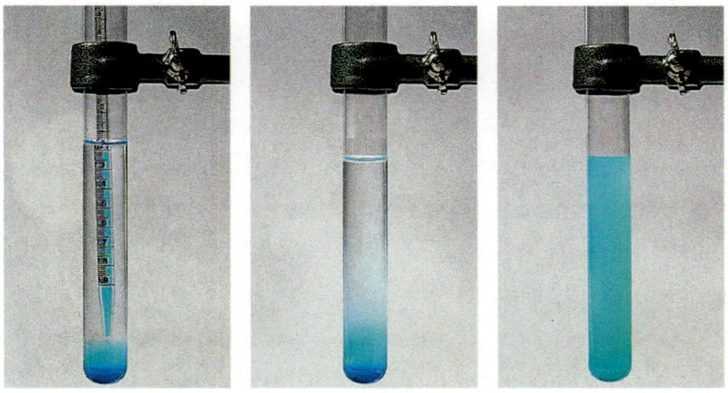

1 **Entstehung einer Farbstofflösung**

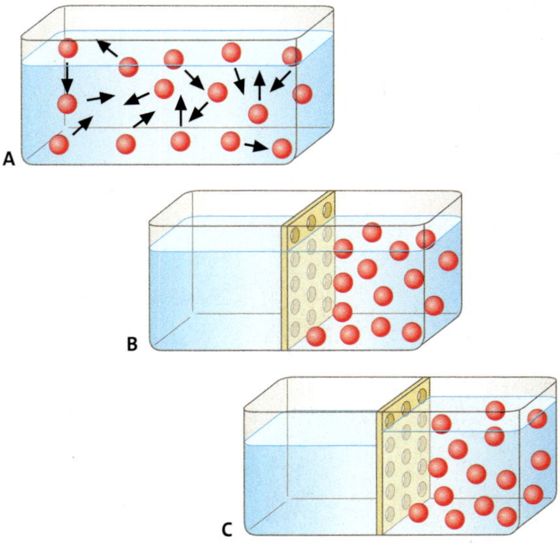

2 **Teilchenbewegung.** **A** Wärmebewegung; **B** und **C** Wanderung an einer halbdurchlässigen Membran

3.5 Bakterien – Lebewesen ohne abgegrenzten Zellkern

Wir sehen sie nicht, wir riechen sie nicht und sie sind auch nicht zu fassen. Trotzdem umgeben uns diese Lebewesen in einer unvorstellbaren Anzahl. Es sind **Bakterien.** Erst mit dem Mikroskop entdecken wir sie als winzige Stäbchen, Kugeln oder Spiralen, die nur aus einer Zelle bestehen. Wir finden sie in der Luft, im Wasser und im Erdboden. Sie gedeihen selbst dort, wo es Pflanzen und Tieren zu heiß, zu kalt, zu sauer oder zu salzig ist. Sogar in heißen Schwefelquellen und brodelnden Schlammlöchern von Geysiren kommen bestimmte Bakterienarten vor. Sie leben am und im Körper von Pflanzen, Tieren und Menschen.

Wenn wir uns die Hände geben oder einen Geldschein anfassen, denken wir meist nicht daran, dass dabei auch Bakterien übertragen werden. Man kann diese meist nur etwa 1/1000 mm großen Lebewesen jedoch auch »sichtbar« machen, indem man sie auf einem keimfreien Nährboden züchtet und sich stark vermehren lässt. Es entstehen dann Kolonien von Millionen von Bakterien. Sie werden so groß, dass man sie als Punkte auf dem Nährboden sehen kann. Unter dem Mikroskop entdeckt man dann ganz unterschiedliche Formen. Neben *Stäbchen* in Stab-, Keulen- und Kommaform sieht man auch kugelförmige Bakterien, die *Kokken.* Letztere können einzeln, kettenförmig oder in Trauben angeordnet sein. Auch schraubenförmige Bakterien *(Spirillen)* kann man unter dem Mikroskop erkennen. Alle Bakterien zeigen jedoch einen gemeinsamen Bauplan. Eine Bakterienzelle wird nach außen von einer festen *Zellwand* begrenzt. Diese ist bei einigen Arten von einer Schleimhülle oder Kapsel umgeben. Nach innen folgt unterhalb der Zellwand die *Zellmembran.* Diese umschließt das *Zellplasma.*

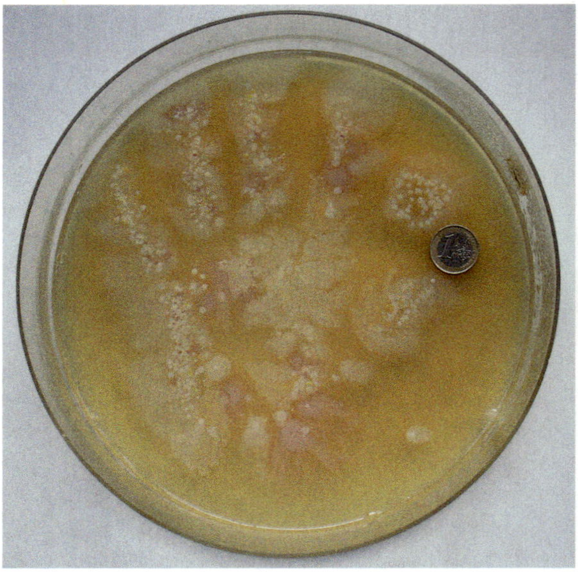

2 Bakterienkolonien nach einem Handabdruck auf einem Agarnährboden

Die *Erbsubstanz* liegt frei im Zellplasma und ist von keiner Kernmembran umschlossen. Bakterien haben also keinen gegen das Plasma abgegrenzten Zellkern. Sie zählen deshalb zu den **Procyten.** Viele Arten bewegen sich mit Hilfe von *Geißeln* fort.

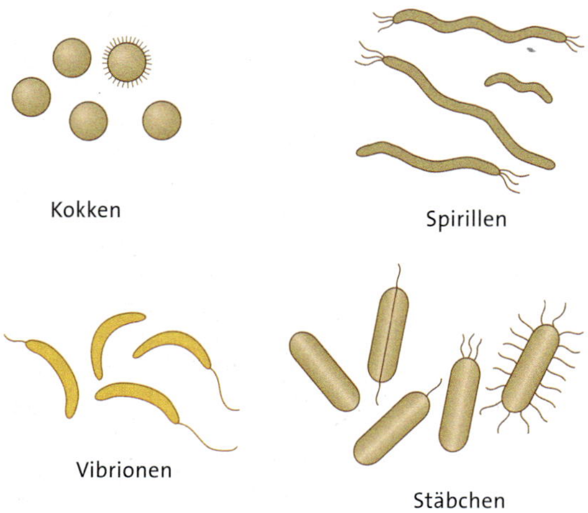

1 Bakterienformen

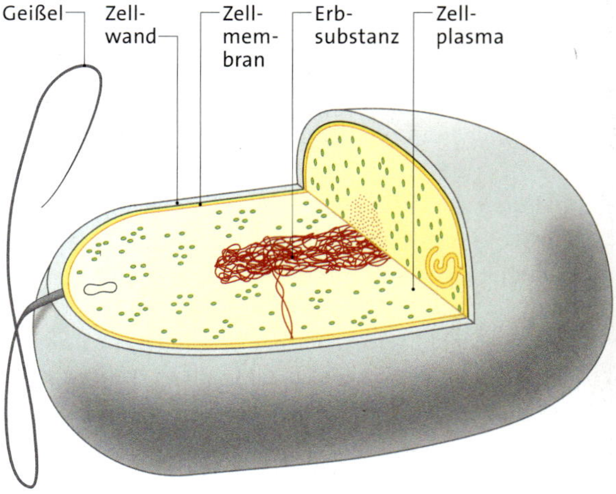

3 Bau einer Bakterienzelle

Bakterien vermehren sich durch Zellteilung. Innerhalb eines Tages können so aus einer Zelle mehr Bakterien entstehen, als es Menschen auf der Erde gibt. Manche Bakterien bilden auch Dauerstadien, die man *Sporen* nennt. In dieser Form können sie ungünstige Umweltbedingungen oft jahrelang überstehen.

Häufig denken wir bei Bakterien zuerst an Krankheitserreger. Tatsächlich verursacht nur eine ganz geringe Anzahl der zwischen 400 000 bis 4 000 000 geschätzten Arten Krankheiten beim Menschen. Die weitaus meisten Arten sind für Mensch, Tier und Pflanze nicht nur harmlos, sondern sie erfüllen wichtige Aufgaben. Beim Menschen siedeln zahlreiche Arten auf der Haut und in den Schleimhäuten und schützen uns vor Krankheitserregern. Auch im Darm leben einige Arten. Dort unterstützen sie die Verdauung. Im Pansen eines Rindes kommen in einem Milliliter Flüssigkeit etwa 100 Milliarden Bakterien vor. Nur mit ihrer Hilfe wird die aufgenommene Nahrung so weit aufbereitet, dass sie vom Rind weiter verdaut werden kann.

An den Wurzeln von Schmetterlingsblütengewächsen wie Lupine, Klee, Luzerne und Erbse verursachen Bakterien Wucherungen, die wie kleine Knollen aussehen. Die Bakterien leben in den Zellen dieser Knöllchen. Sie machen dort den Stickstoff der Bodenluft für die Ernährung der Wirtspflanze nutzbar. Im »Gegenzug« ernähren sich die Bakterien von Stoffen der Pflanze. Ein solches Zusammenleben zu gegenseitigem Nutzen nennt man *Symbiose*.

In Gewässern können sich unter bestimmten Bedingungen innerhalb kurzer Zeit gelbe, watteartige Überzüge bilden. Diese bestehen aus Milliarden von Bakterien, die an der Oberfläche schwimmen. Man nennt diese Erscheinung »Schwefelblüte«. Die Ursache dafür ist eine besonders starke Vermehrung von *Schwefelbakterien*, die ins Wasser eingeleiteten Schwefelwasserstoff verarbeiten und dabei kurzfristig gelben Schwefel in ihren Zellen bilden.

Ohne Bakterien wäre ein Leben auf der Erde nicht möglich. Bakterien stehen daher nicht ohne Grund am Beginn allen Lebens auf der Erde vor etwa vier Milliarden Jahren.

1 Vergleiche den Bau einer Bakterienzelle mit einer Pflanzenzelle.

2 Erläutere, wie Bakterien helfen können, den Boden zu düngen.

3 Nenne zwei Aufgaben, die Bakterien beim Menschen erfüllen.

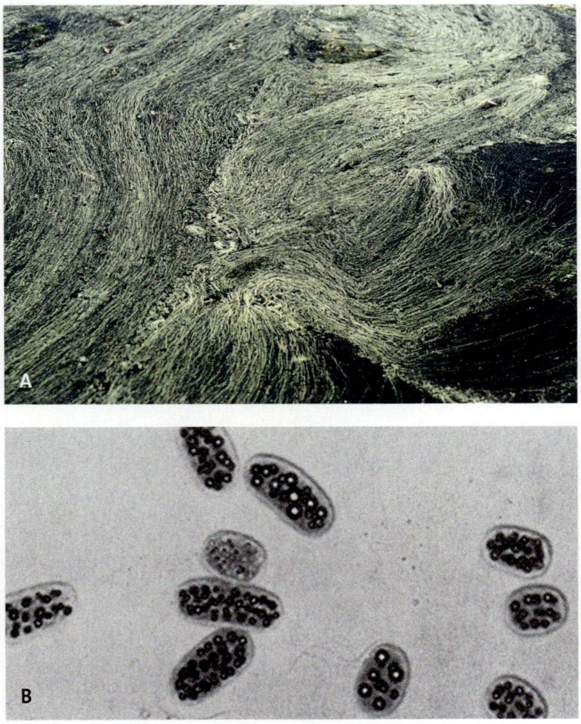

4 Schwefelbakterien. A »Blüte«; **B** Bakterien

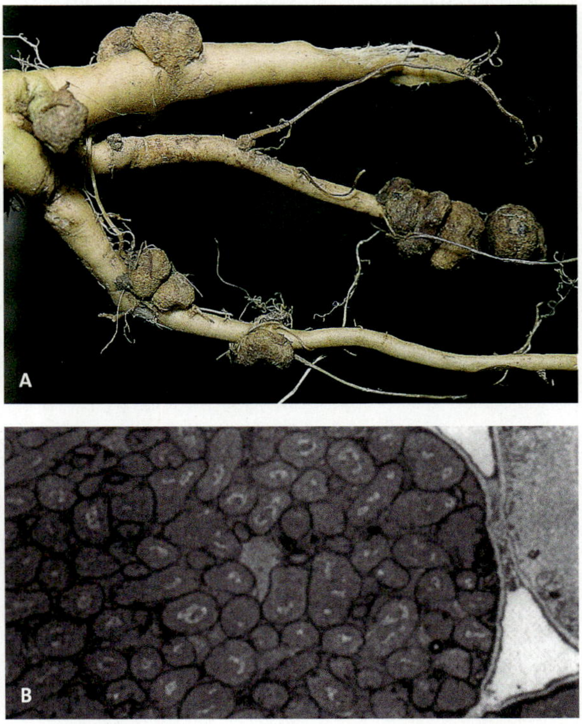

5 Wurzelknöllchen. A an der Wurzel; **B** Bakterien

Streifzug durch die Technik Bakterien als Helfer des Menschen

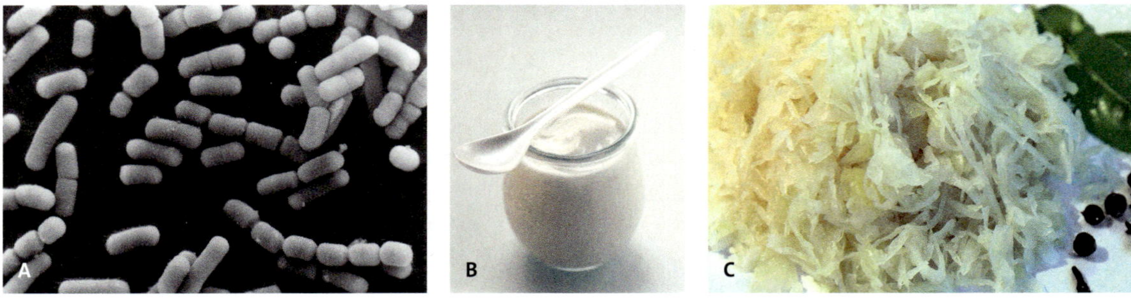

1 Milchsäurebakterien und ihre Produkte. **A** Milchsäurebakterien; **B** Jogurt; **C** Sauerkraut

Seit Jahrtausenden helfen Bakterien Menschen bei der Produktion von Nahrungsmitteln. Vor etwa 10 000 Jahren benutzten die Chinesen **Milchsäurebakterien** zur Herstellung von Sauerkraut, ohne dass sie diese kleinen Helfer kannten. Die Milchsäurebakterien kommen natürlicherweise bereits auf den Kohlblättern vor und werden beim Waschen und Kleinschneiden nicht entfernt. Sie verwandeln den Zucker des Kohls in Milchsäure, sodass der Kohl angesäuert wird. In dieser sauren Umgebung können weder andere Bakterien noch Schimmelpilze wachsen, wodurch das Sauerkraut haltbar gemacht wird. Jogurt wurde bereits vor 2500 Jahren von den Thrakern, einem Volk aus dem Balkan und Kleinasien, aus Schafsmilch hergestellt. Dazu füllten sie Schafsmilch in einen Schlauch aus Lammfell, den sie wie einen Gürtel um ihren Leib oder den eines Pferdes banden. Durch die Körperwärme gefördert, entstand Jogurt. Der Prozess, an dem Milchsäurebakterien beteiligt sind, wird Milchsäuregärung genannt. Hierbei entsteht ein haltbares Milchprodukt mit einem neuen Geschmack. Heutzutage werden verschiedene Bakterienkulturen wie Lactobacillus oder Streptococcus zur großtechnischen Herstellung von Milchprodukten genutzt. Um zu verhindern, dass Bakterien Frischmilch unerwünscht zu Sauermilchprodukten umwandeln, wird Milch in den Molkereien fünf Minuten lang auf 75 Grad Celsius erhitzt. Man nennt dieses Verfahren nach seinem Entdecker Louis PASTEUR **Pasteurisieren.** Dabei werden zwar die Bakterien abgetötet, aber ihre Sporen überleben. Erst bei 120 Grad Celsius werden auch diese sicher abgetötet. Erhitzen auf 120 Grad Celsius nennt man *Sterilisieren*. Frischmilch ist pasteurisiert und zum baldigen Verzehr bestimmt, haltbare Milch ist sterilisiert und kann über Monate gelagert werden.

Essig ist ein weiteres Produkt des bakteriellen Stoffwechsels. Die hier wirkenden Bakterien sind die **Essigsäurebakterien.** Während die Milchsäurebakterien den Zucker der Milch zu Milchsäure verarbeiten, wandeln die Essigsäurebakterien den Alkohol des Weins in Essigsäure um. Bei beiden Prozessen entsteht ein säuerliches Produkt. Durch die Essigsäure werden auch andere Lebensmittel haltbarer gemacht. Bekannte Produkte sind zum Beispiel Saure Gurken.

2 Essigsäurebakterien. **A** Elektronenmikroskopische Aufnahme; **B** Essig; **C** Saure Gurken

Aufgaben und Versuche **Bakterien**

A1 Abhängigkeit der Vermehrung von der Temperatur

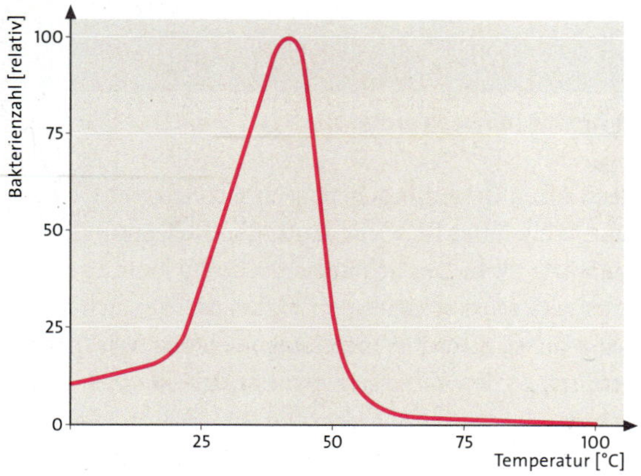

Aufgaben:

a) Beschreibe den Verlauf der Vermehrungskurve.

b) Erkläre den Einfluss der Temperatur auf die Vermehrung von Bakterien.

c) Begründe, warum Konserven und Milch zum Haltbarmachen gekocht werden.

V2 Herstellung von Essig

Material: flacher großer Teller; Wärmeschrank; Wasser; Wein; Weinessig

Durchführung: In dem Teller wird der Wein mit dem Weinessig und Wasser im Verhältnis 1 : 1 : 2 gemischt. Dann stellt man den Teller bei 30 Grad Celsius für 3 Tage in den Wärmeschrank. Die verdunstete Flüssigkeit wird regelmäßig durch Wein ersetzt.

Aufgabe: Prüfe den Geruch und die Beschaffenheit des entstandenen Produktes.

V3 Herstellung von Jogurt

Material: Einmachglas (1 l); mehrere kleine Glasbecher; Alufolie, langstieliger Löffel; 1 l H-Milch; Wärmeschrank oder Jogurtbereiter; Milchsäurebakterien (zum Beispiel Bioferment Sauermilch aus dem Reformhaus).

Durchführung: Die Milch wird in einem Becherglas im Wärmeschrank auf etwa 35 °C erwärmt. Dann wird das Bioferment gut in die Milch eingerührt. Die Milch wird auf Glasbecher verteilt, die jeweils mit einem Stück Alufolie bedeckt werden. Anschließend stellt man die Glasbecher für 8 bis 10 Stunden bei 40 °C in den Wärmeschrank, danach für drei bis fünf Stunden in den Kühlschrank.

Aufgabe: Prüfe Beschaffenheit und Geschmack des entstandenen Produkts.

V4 Herstellung von Sauerkraut

Material: zylinderförmiger Steinguttopf (Rumtopf, 10 l); Holzstampfer; rundes Holzbrett als Deckel (passend zum Durchmesser des Steinguttopfes); schwerer Stein (etwas kleiner als der Durchmesser des Brettes); sauberes Baumwolltuch; Krauthobel oder Messer; Weißkohlkopf; Salz.

Durchführung: Das Kraut wird mit dem Krauthobel in dünne Streifen geschnitten (1). Mit diesen wird der Steinguttopf etwa 5 cm hoch gefüllt (2). Diese erste Krautlage wird solange mit dem Holzstampfer festgestampft, bis sich oben Wasser ansammelt (3). Dann wird die Krautschicht mit einer dünnen Salzschicht bedeckt (4). Die Schritte 2, 3 und 4 werden so lange wiederholt, bis der Topf voll ist. Der volle Topf wird mit dem Tuch bedeckt. Dann werden das Brett und der Stein so darauf gelegt, dass das Kraut zusammengepresst wird. Anschließend stellt man den Topf an einen kühlen Platz. In den folgenden 4 bis 6 Wochen muss der Ansatz sorgfältig auf Schimmelbildung überprüft werden.

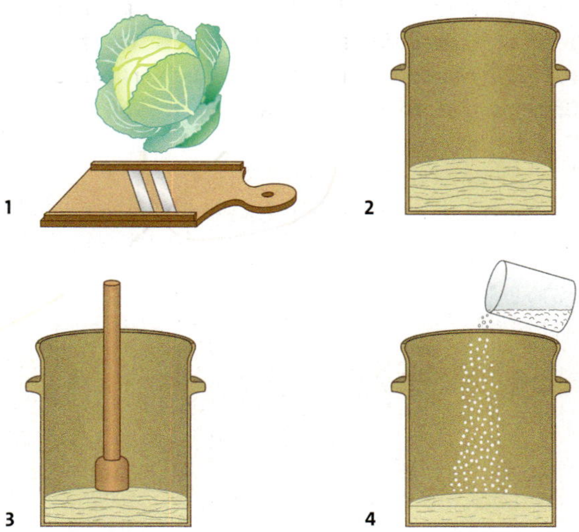

Arbeitsschritte zur Herstellung von Sauerkraut

3.6 Echte Einzeller besitzen einen Zellkern

Betrachtet man unter dem Mikroskop Proben eines Gewässergrundes oder von der Oberfläche eines Wasserpflanzenblattes, findet man manchmal farblose **Einzeller**. Unter ihnen befinden sich Amöben, die mit fließenden Bewegungen über den Untergrund gleiten. Dabei verändern sie ihre Gestalt, weshalb sie auch Wechseltierchen genannt werden. Diese echten Einzeller besitzen im Gegensatz zu den Bakterien einen Zellkern, in dem die Erbinformationen gespeichert sind.

Durch die Strömung des Plasmas in eine bestimmte Richtung entstehen in der Zellmembran Ausstülpungen, die Scheinfüßchen. Der übrige Teil der Zelle zieht sich zusammen, sodass sich die **Amöbe** langsam in eine bestimmte Richtung bewegen kann.

Trifft ein Scheinfüßchen auf Nahrungsteilchen wie Bakterien oder kleinere Einzeller, so erfolgt eine andere Reaktion: Die Nahrungsteilchen werden von der Zelle umflossen und in einer Blase aus Membranmaterial eingeschlossen. Diese Art der Nahrungsaufnahme wird **Phagocytose** (gr. *phagein,* essen; gr. *kytos*, Gefäß) genannt. Die Blase gelangt als Nahrungsvakuole in das Innere der Zelle. Mit Hilfe von Verdauungssäften wird die Nahrung in Nährstoffe zerlegt. Diese gelangen aus der Nahrungsvakuole in das Zellplasma. Unverwertbare Bestandteile werden nach außen abgegeben. Amöben sind Einzeller mit einem Zellkern.

In Teichen und Tümpeln sowie in abgestandenen Pfützen kommen Pantoffeltierchen vor. Diese Einzeller werden von einer Zellmembran und einer darunter liegenden zähen Zellplasmaschicht begrenzt. Hierdurch wird eine feste, jedoch elastische, pantoffelähnliche Gestalt erreicht. Auffallend sind die kleinen, beweglichen *Wimpern* oder *Cilien*, die die gesamte Oberfläche bedecken.

An Zeitlupenaufnahmen lässt sich die Bewegung der Cilien verfolgen: Rasch schlägt die Cilie nach unten, langsam streckt sie sich wieder. Der Schlag ist so abgestimmt, dass durch die zahlreichen Wimpern auf der Oberfläche eine Welle über die Zelle läuft, die das Pantoffeltierchen vorwärts treibt. Je nach Schlagrichtung kann es vorwärts oder rückwärts schwimmen. Dabei dreht es sich um seine Längsachse. Einzeller mit einem solchen Wimpernkleid gehören zu den *Wimperntierchen* oder *Ciliaten.*

Da die Wimperntierchen eine feste Gestalt haben, können sie ihre Nahrung nicht wie die Amöben umfließen, sondern benötigen einen Zellmund. Dieser besteht aus einer dicht mit Wimpern besetzten Vertiefung. Mit den Wimpern dieses Mundfeldes strudelt das Pantoffeltierchen Nahrungsteilchen, zum Beispiel Bakterien, heran und schließt sie in die Nahrungsvakuole ein. Diese bildet sich am Ende des Zellmundes. Dann bewegt sie sich auf einer festen Bahn durch das Plasma, wobei die Nahrung verdaut wird. Schließlich verschmilzt die Vakuole mit der Zellmembran, wodurch nicht verwertbare Stoffe ins Freie abgegeben werden. Ungenießbare Stoffe werden nicht aufgenommen, sondern wieder weggestrudelt. An den beiden Enden der Zelle befinden sich pulsierende Vakuolen. Über sternförmig angeordnete Kanälchen werden Wasser und gelöste Abfallstoffe aus dem Zellplasma gesammelt und über die rhythmisch pulsierende Vakuole ausgeschieden. Das Pantoffeltierchen besitzt zwei Zellkerne. Der Großkern steuert die Lebenserhaltung, etwa die Verdauung, der Kleinkern die sexuelle Fortpflanzung.

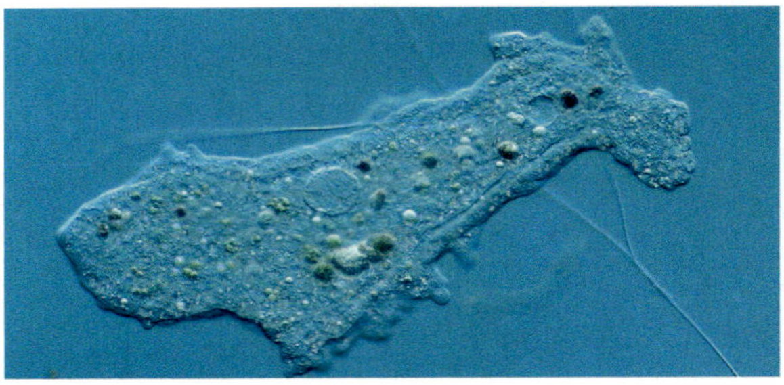

1 Amöbe (Amoeba proteus)

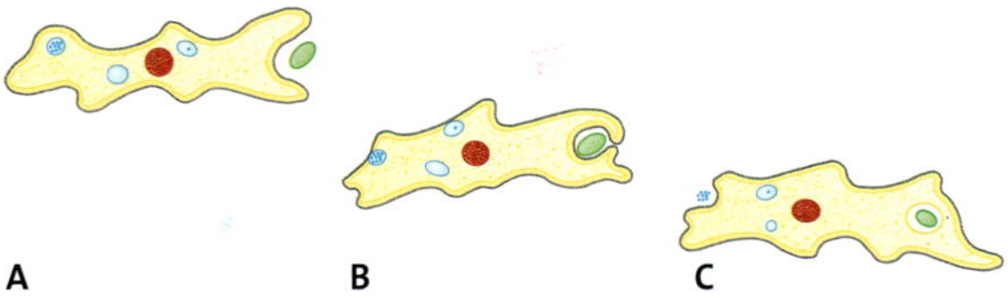

2 Phagocytose bei Amöben.
A Einschließen der Nahrung; **B** und **C** Verdauung

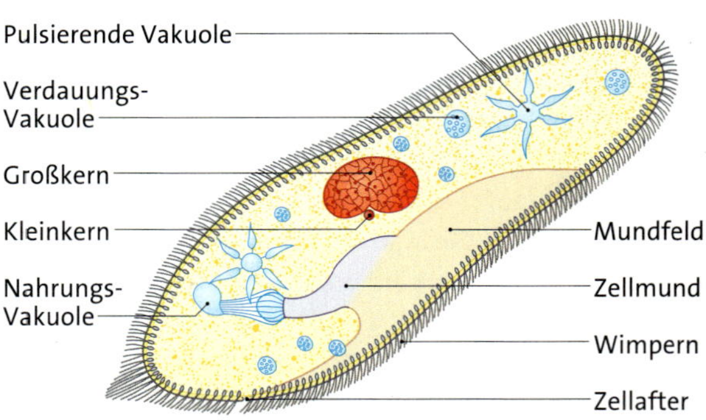

3 Pantoffeltierchen *Paramecium* (Aufbau)

Mineralstoffreiche Teiche und Tümpel erscheinen im Sommer bisweilen grünlich getrübt. Untersucht man diese »**Wasserblüte**« mikroskopisch, entdeckt man neben anderen Einzellern vor allem das grün gefärbte, etwa 0,05 Millimeter große »Augentierchen« Euglena. Die grüne Färbung stammt vom Chlorophyll in den Chloroplasten. Mit ihnen kann Euglena durch Fotosynthese ihren Energiebedarf decken und einen Reservestoff bilden, der im Aufbau der Stärke der grünen Pflanzen ähnlich ist. Lebt Euglena längere Zeit im Dunkeln, baut sie ihr Chlorophyll ab. Sie ernährt sich dann, indem sie Nährstoffe von außen durch die Zellmembran aufnimmt. Setzt man die farblosen Zellen erneut dem Licht aus, ergrünen sie wieder. Die Zellbegrenzung von Euglena, besteht aus einer Zellmembran und einer Schicht aus verfestigten Eiweißen. Sie enthält schraubig um die Zelle verlaufende Streifen aus elastischen Eiweißfasern.

Zur Fortbewegung besitzt Euglena eine lange Geißel. Ähnlich einem Flugzeugpropeller zieht sie den Einzeller voran, kann ihn aber auch rückwärts bewegen. Einzeller mit Geißeln gehören zu den *Geißelträgern* oder *Flagellaten.* Auffallend ist der »Augenfleck« aus orangerot gefärbten Fetttröpfchen am Vorderende der Zelle. Hierbei handelt es sich um den Farbstoff Carotin, der auch der Karotte ihre Farbe verleiht. Versuche haben ergeben, dass Euglena hell und dunkel unterscheidet und sich gerichtet auf eine Lichtquelle zu bewegen kann. An der Geißel befindet sich eine sackförmige Ausstülpung, das *Geißelsäckchen.* Darin liegt der lichtempfindliche *Fotorezeptor*, der bei jeder Umdrehung vom Augenfleck kurzfristig beschattet wird. Euglena ändert daraufhin jedes Mal die Bewegungsrichtung der Geißel und schwimmt so auf die Lichtquelle zu.

Der Augenfleck ist also kein Auge, wie wir es von den Tieren kennen, sondern er beschattet den Fotorezeptor. Euglena kann sich durch Längsteilung vermehren.

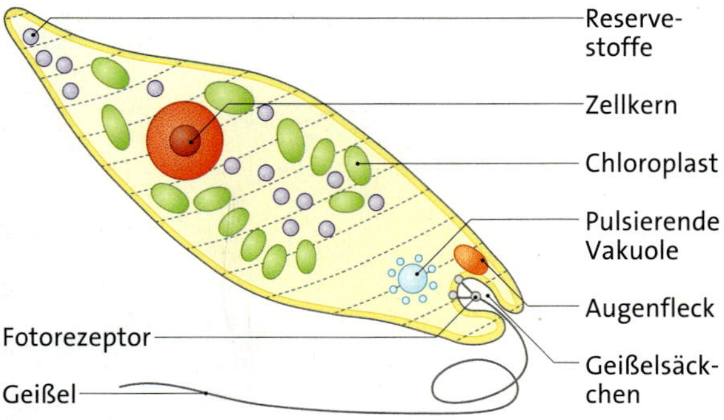

4 Augentierchen Euglena

Schaut man im frühen Sommer auf die Oberfläche eines Teiches, so sieht man manchmal bunte Schlieren wie Öltröpfchen auf dem Wasser. Obwohl tatsächlich viele Gewässer durch Öl verschmutzt sind, ist hier eine Gruppe von Einzellern für die Schlieren verantwortlich. Es handelt sich um Kieselalgen, die im Frühjahr in großer Anzahl in unseren Gewässern leben. Die Zellen der Kieselalgen sind von einer zweiteiligen Schale aus Kieselsäure umgeben. Die Schalen sind unterschiedlich groß und greifen wie die Ober- und Unterseite einer Schachtel ineinander. In der Mitte einer Schalenfläche befindet sich bei vielen Kieselalgen ein Spalt, aus dem heraus Schleim abgegeben wird, mit dem sich die Alge auf einer Unterlage, zum Beispiel auf einem Blatt, vorwärts bewegen kann. Kieselalgen besitzen keine Geißeln zum Schwimmen. Trotzdem müssen sie vom Boden des Teiches an die Oberfläche gelangen, wo genügend Licht für die Fotosynthese vorhanden ist. Um dies zu erreichen, bilden sie ein Öl aus, das ihre Dichte herabsetzt und ihnen die Möglichkeit gibt, nach oben zu schweben. Manchmal wird sehr viel von diesem Öl produziert, sodass es als Ölschlieren auf dem Wasser erscheint.

Wenn sich Kieselalgen vermehren, müssen sie beide Schalenhälften verdoppeln. Bei der ungeschlechtlichen Teilung weichen die beiden Hälften auseinander und bilden die jeweils fehlende Hälfte nach, wodurch wieder eine ganze Kieselalge entsteht. Dabei wird immer die kleinere Schale neu gebildet. Das bedeutet, dass eine der Tochterzellen die gleiche Größe besitzt wie die Mutterzelle. Die andere Tochterzelle ist kleiner.

1 Vergleiche den Aufbau von Amöbe und Pantoffeltierchen.

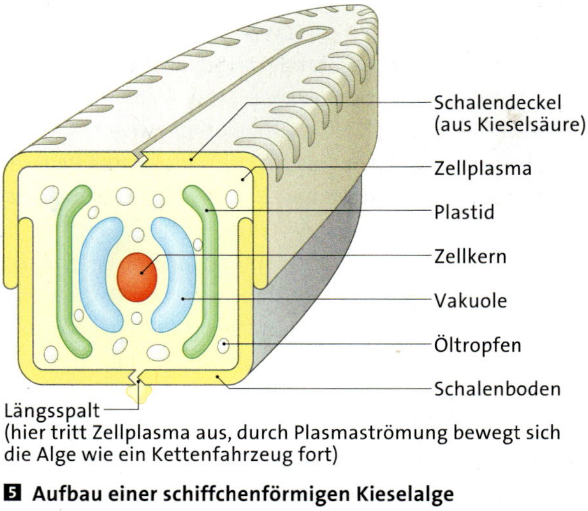

5 Aufbau einer schiffchenförmigen Kieselalge

Aufgaben und Versuche Einzeller

A1 Teilung von Kieselalgen

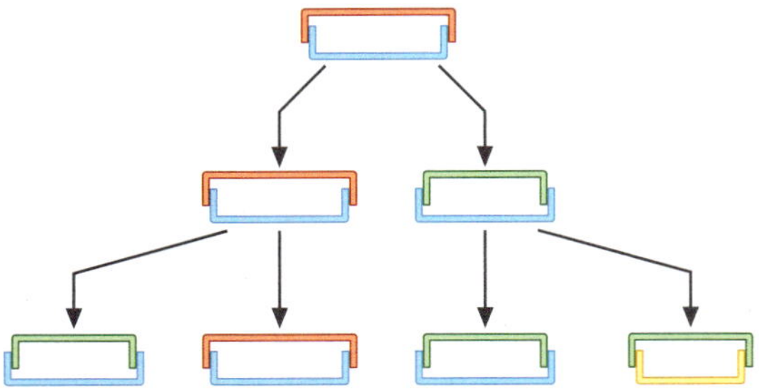

Aufgaben:

a) Kieselalgen teilen sich auf besondere Art und Weise. Beschreibe die Teilung von Kieselalgen mit eigenen Worten.

b) Leite ab, wie viele unterschiedliche Zellgrößen vorliegen, wenn sich eine Kieselalge dreimal geteilt hat.

V2 Euglena reagiert auf Licht

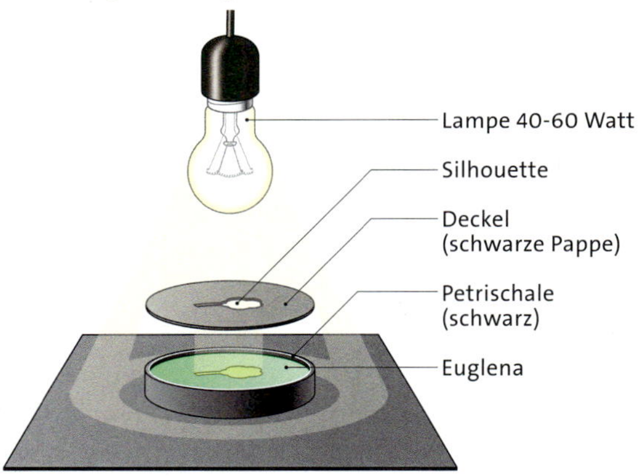

Material: Lampe (40 bis 60 Watt); Petrischale (Unterseite schwarz lackiert oder abgeklebt); Kulturlösung mit Euglena; Pipette; Pappe; Stereolupe

Durchführung: Schneide aus einer schwarzen Pappe einen Deckel. Schneide ein Lichtfenster zum Beispiel in Form einer Blume in den Deckel. Fülle die Euglena-Kultur in die Petrischale, bis der Boden bedeckt ist und verschließe sie mit dem Pappdeckel. Beleuchte die Petrischale mit der Lampe von oben 15 Minuten lang im Abstand von 50 cm. Stelle die Schale vorsichtig, ohne zu wackeln, unter die Stereolupe. Öffne vorsichtig den Deckel und betrachte die Euglena-Zellen.

Aufgabe: Protokolliere deine Beobachtungen und erläutere deine Beobachtungen.

V3 Bewegung und Nahrungsaufnahme beim Pantoffeltierchen

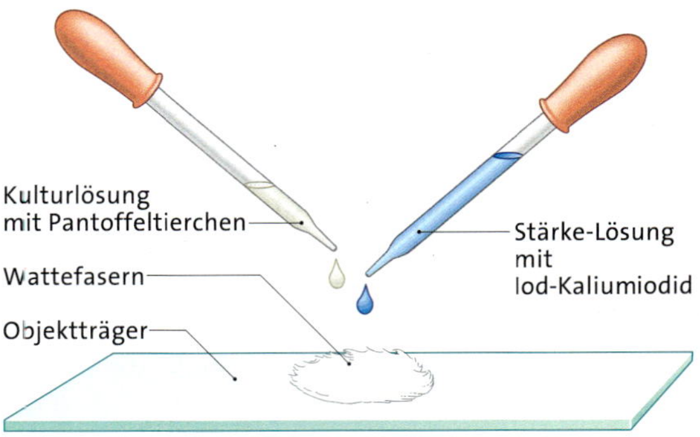

Material: Mikroskop; Objektträger; Deckgläschen; Pipette; Kulturlösung mit Pantoffeltierchen; Stärke-Lösung mit wenig Iod-Kaliumiodid gefärbt; Filtrierpapier; Wattefasern

Durchführung: Tropfe Kulturlösung mit Pantoffeltierchen mit der Pipette auf den Objektträger und gib einige Wattefasern hinzu. Lege vorsichtig ein Deckgläschen auf. Beobachte die Pantoffeltierchen unter dem Mikroskop. Zur Fütterung der Pantoffeltierchen gib einen kleinen Tropfen Stärke-Lösung an den Rand des Deckgläschens und sauge die Flüssigkeit mit einem Stückchen Filtrierpapier von der gegenüberliegenden Seite unter das Deckgläschen.

Aufgaben:

a) Erkläre, was passiert, wenn ein Pantoffeltierchen auf ein Hindernis (Wattefasern) trifft.

b) Beschreibe die Nahrungsaufnahme beim Pantoffeltierchen.

A4 Zellteilung des Pantoffeltierchens

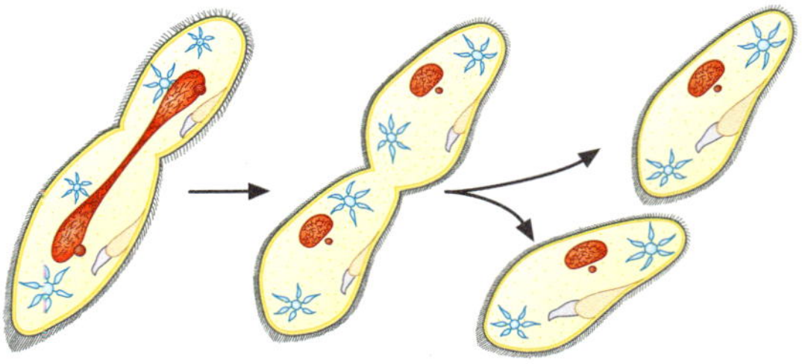

Pantoffeltierchen vermehren sich ungeschlechtlich.

Aufgabe: Erläutere mit Hilfe der Abbildung den Ablauf der Fortpflanzung.

V5 Herstellung eines Heuaufgusses

Material: Glasgefäß (1 bis 2 l); Heu; Tümpel-, Regen- oder Pfützenwasser; Glasplatte; Folienstift

Durchführung: Zerteile eine kleine Handvoll Heu in kleine Stücke und gib sie in das Glas. Nicht zu viel Heu in den Ansatz geben, da sonst die Gefahr besteht, dass er verfault. Fülle das Glasgefäß mit Wasser, bis es zu zwei Drittel voll ist. Das Gefäß wird mit Datum und Herkunft des Wassers beschriftet und bei 20 °C bis 25 °C an einem hellen Ort ohne direkte Sonneneinstrahlung aufgestellt. Der Ansatz wird mit einer Glasplatte abgedeckt. Er darf während der Versuchszeit nicht bewegt werden.
Fertige Heuaufgüsse mit verschiedenen Wasserproben an, zum Beispiel aus einem Tümpel, einer Pfütze und einer Regentonne.

Aufgaben:

a) Beobachte und protokolliere die Veränderungen im Heuaufguss über mehrere Tage.

b) Nenne Organismen im Heuaufguss, die Chloroplasten besitzen.

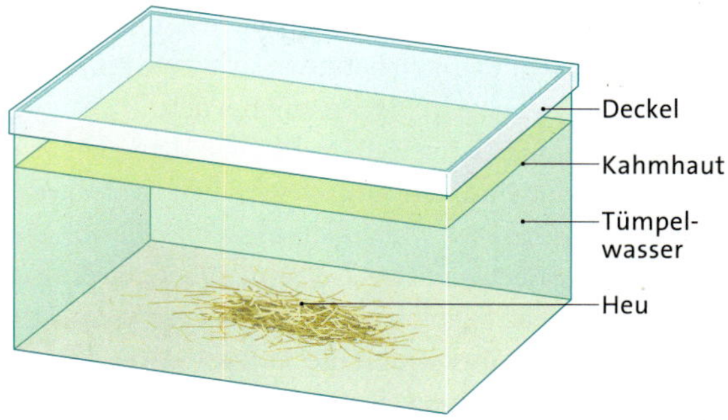

c) Mikroskopiere Proben aus verschiedenen Bereichen des Heuaufgusses nach 10, 20, 30 Tagen und bestimme die Lebewesen mit Hilfe der Übersicht.

d) Im Laufe der Zeit ändert sich die Häufigkeit des Auftretens verschiedener Arten im Heuaufguss. Finde eine Erklärung für diese Beobachtung. Trage die gefundenen Arten in eine Tabelle ein.

e) Vergleiche die Heuaufgüsse mit den verschiedenen Wasserproben und nenne die Unterschiede. Stelle Vermutungen an, wie es zu den Unterschieden kommen kann.

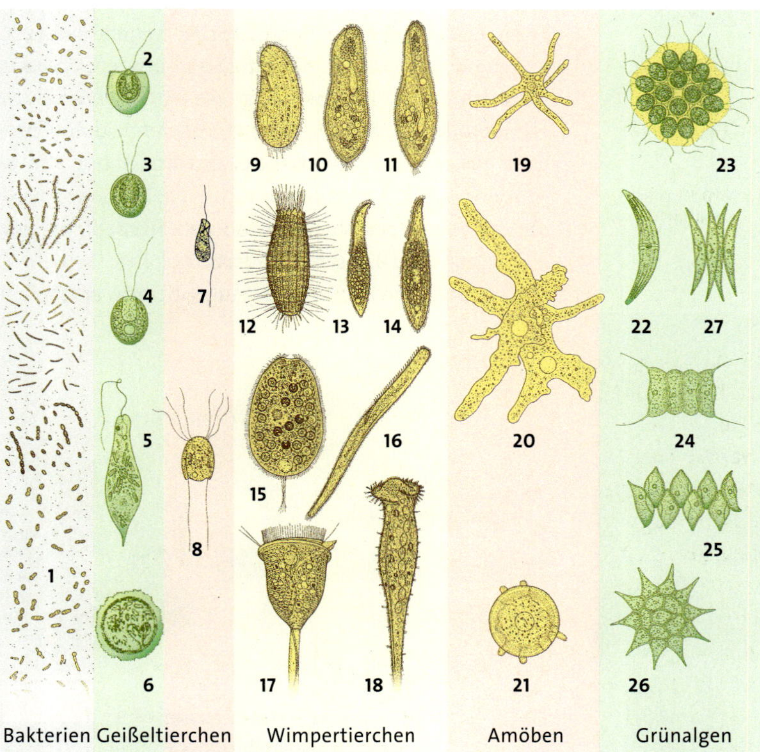

Nr.	deutscher Name	Größe in $\frac{1}{1000}$ mm
1	Heubakterien	5
2	Flügelflagellat	15
3	Linsenflagellat	17
4	Hüllenflagellat	18
5	Grünes Augentier *(Euglena)*	50
6	Zyste von *Euglena*	30
7	2-geißeliger Flussflagellat	19
8	Geblähter Geißelflagellat	19
9	Nierentierchen	60
10	Ohrenpantoffeltierchen	150
11	Geschwänztes Pantoffeltierchen	240
12	Tonnentierchen	58
13	Kleines Zuckerrüsseltierchen	100
14	Großes Zuckerrüsseltierchen	150
15	Grüne Zahnwalze	140
16	Sumpfwurm	650
17	Glockentierchen	75
18	Blaues Trompetentier	1400
19	Schlangenamöbe	100
20	Schlammamöbe	400
21	Uhrglastier (Schalenamöbe)	125
22	Kleine Mondalge	270
23	Mosaikgrünalge	10
24	Geschwänzte Gürtelalge	13
25	Schiefe Gürtelalge	10
26	Zackenrädchen	10
27	Spitzige Gürtelalge	22

Übersicht zum Bestimmen von Lebewesen im Heuaufguss. (Die Lebewesen sind nicht maßstabgerecht abgebildet.)

4 Vom Einzeller zum Vielzeller

4.1 Organisationsstufen bei Grünalgen

Die Formenvielfalt bei Grünalgen in Teichen und Seen ist beeindruckend. Unter ihnen befinden sich viele Einzeller, aber auch zahlreiche vielzellige Arten. Bei den Grünalgen gibt es eine Gruppe, deren Zellen alle nach dem gleichen Prinzip aufgebaut sind. Die einfachste Form ist der freischwimmende Einzeller Chlamydomonas. Er besitzt einen roten Augenfleck und zwei Geißeln, mit denen er sich ähnlich wie Euglena lichtabhängig fortbewegen kann. Ein großer Chloroplast übernimmt die Aufgabe der Fotosynthese. Bei der Vermehrung entstehen aus der Mutterzelle durch Zellteilung vier Tochterzellen. Diese vier Schwärmerzellen sind noch von der Hülle der Mutterzelle umgeben. Nachdem die Schwärmerzellen eine bestimmte Größe erreicht haben, platzt die Hülle auf und die vier neuen Zellen schwimmen fort. Somit sind aus einer Zelle durch Teilung vier neue entstanden.

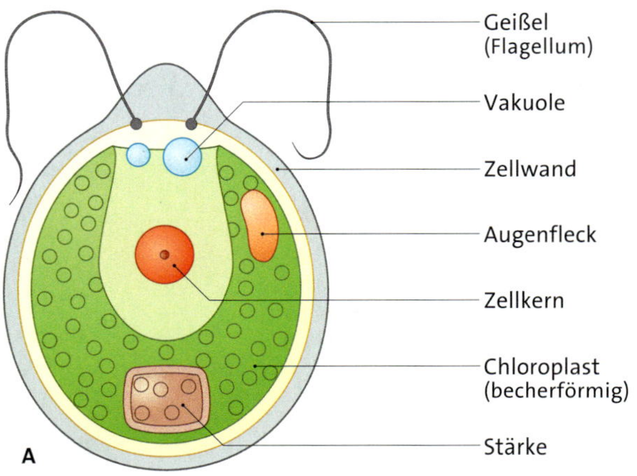

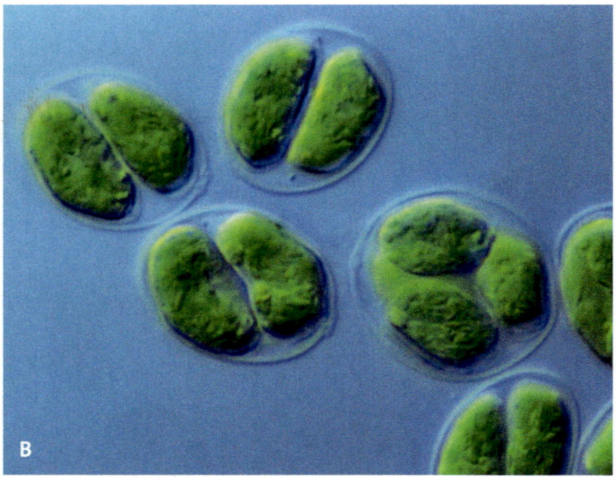

1 Der Einzeller Chlamydomonas. **A** ausgewachsene Zelle; **B** ungeschlechtliche Vermehrung

Die Mosaikgrünalge Gonium kommt in vielen Teichen vor und besteht aus vier, acht oder sechzehn eng beieinander liegenden Zellen. Jede dieser Einzelzellen sieht ähnlich wie Chlamydomonas aus und besitzt einen roten Augenfleck, einen grünen Chloroplasten und zwei Geißeln. Die Zellen sind in einer gemeinsamen Schleimhülle, der *Gallerte*, wie in einer Scheibe angeordnet. Diese Organisationsstufe bezeichnet man als **Zellkolonie.**

Die einzelnen Zellen von Gonium verlassen die Gallerte nicht. Würde man im Experiment eine Zelle aus dieser Kolonie herauslösen, so wäre sie aber alleine lebensfähig. Die Zellen sind hier also nicht voneinander abhängig oder auf verschiedene Tätigkeiten spezialisiert. Der Zusammenschluss mehrerer Einzelzellen zu einer Zellkolonie bringt einige Vorteile mit sich. So werden durch die Größe und die Gallerte manche Fressfeinde von einem Angriff abgehalten. Zudem kann sich die Kolonie durch das gemeinsame Schlagen mehrerer Geißeln schneller vorwärtsbewegen. Gonium vermehrt sich ungeschlechtlich, wobei aus jeder Einzelzelle eine neue Kolonie entsteht. Durch mehrfache Zellteilungen werden dabei wieder vier, acht oder sechzehn Zellen pro Kolonie gebildet. Die entstandenen Tochterkolonien verlassen die Gallerte und wachsen zu der Größe ihrer Mutterkugel heran.

Die Geißelkugel-Grünalge Eudorina besteht aus 32 Zellen, die sich in einer in die Länge gezogenen Gallertkugel befinden. Diese Kolonie weist ein Vorderende und ein Hinterende auf. Sie schwimmt immer mit dem Vorderende voraus und rotiert dabei um die Achse, die vom Vorder- zum Hinterende verläuft. Auch bei Eudorina sind die Zellen wie bei Chlamydomonas aufgebaut. Sie liegen alle an der Oberfläche der Gallertkugel. Ihre Geißeln sind nach außen gerichtet und die Augenflecken ermöglichen

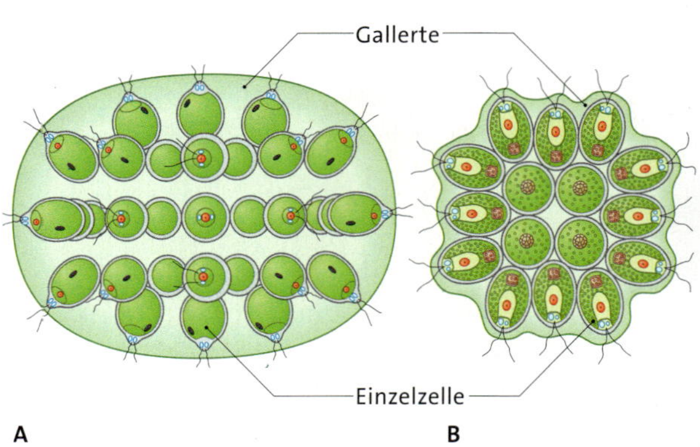

2 Zellkolonien von Grünalgen. **A** Eudorina; **B** Gonium

der Kolonie, sich nach dem Licht zu orientieren. Bei Eudorina ist eine gewisse Differenzierung der Zellen zu beobachten. Die Augenflecken in den vier kleineren Zellen am Vorderende der Zellkolonie sind größer als in den übrigen Zellen. Diese Zellen haben allerdings die Fähigkeit zur Fortpflanzung verloren. Pflanzt sich Eudorina fort, entstehen 28 kleine Tochterkolonien, die vier nicht fortpflanzungsfähigen Zellen des Vorderendes gehen zugrunde.

Die Wimperkugel Volvox ist über einen Millimeter groß, sodass man sie bereits mit dem bloßen Auge erkennen kann. Sie besteht aus bis 64 000 Chlamydomonas-ähnlichen Zellen in einer gemeinsamen Gallertkugel. Die Zellen liegen an der Oberfläche der Kugel und sind untereinander durch Plasmafäden verbunden. Sie haben ihre Geißeln nach außen gerichtet. Mit ihrer Hilfe bewegt sich die Kugel rotierend im Wasser. Aber man findet auch Volvox-Kugeln, die aufgeplatzt sind, sich nicht mehr fortbewegen und abgestorbene Zellen besitzen. Bei Volvox haben nur noch wenige große Fortpflanzungszellen die Fähigkeit, sich wieder in zahlreiche Tochterzellen zu teilen und eine neue Tochterkugel auszubilden. Dieses geschieht entweder ungeschlechtlich durch viele Zellteilungen oder aber geschlechtlich. Dazu müssen männliche und weibliche Fortpflanzungszellen erst miteinander verschmelzen und dann durch zahlreiche Teilungen die neue Tochterkugel bilden. Die meisten Zellen der Kugel sind aber nicht teilungsfähige Körperzellen, die allgemeine Aufgaben wie Fortbewegung und Ernährung erfüllen: Zu diesem Zweck besitzen sie einen großen, orange-gefärbten Augenfleck, der bei der Orientierung hilft, und Chloroplasten, mit denen sie Fotosynthese betreiben. Auf diese Weise ernähren sie auch die Fortpflanzungszellen. Da sich bei der Bildung einer Tochterkugel nur die Fortpflanzungszellen teilen können, sterben die Körperzellen anschließend ab. Bei diesen Organismen ist also der Tod der Körperzellen programmiert. Man kann sagen, dass in der Entwicklung von Vielzellern bei Volvox zum ersten Mal die Entstehung von Leichen vorgesehen ist.

Es handelt sich bei Volvox somit um einen echten **Vielzeller,** den man daran erkennt, dass er verschiedene Zelltypen mit unterschiedlichen Aufgaben besitzt. Es liegt eine Arbeitsteilung vor: Die Fortpflanzung kann nur von wenigen besonderen Zellen übernommen werden. Nicht fortpflanzungsfähige Zellen sorgen zwar für die Ernährung und Orientierung, sterben aber nach Bildung der Tochterkugeln ab.

1 Beschreibe und vergleiche die Fortpflanzung von Chlamydomonas, Gonium, Eudorina und Volvox.

2 Erläutere die wesentlichen Unterschiede zwischen Einzellern und Vielzellern.

3 Begründe, warum bei Volvox ein programmierter Zelltod vorliegt. Bei Zellkolonien jedoch nicht.

4 Beschreibe den Aufbau von Volvox mit Hilfe der Abbildungen 3 und 4.

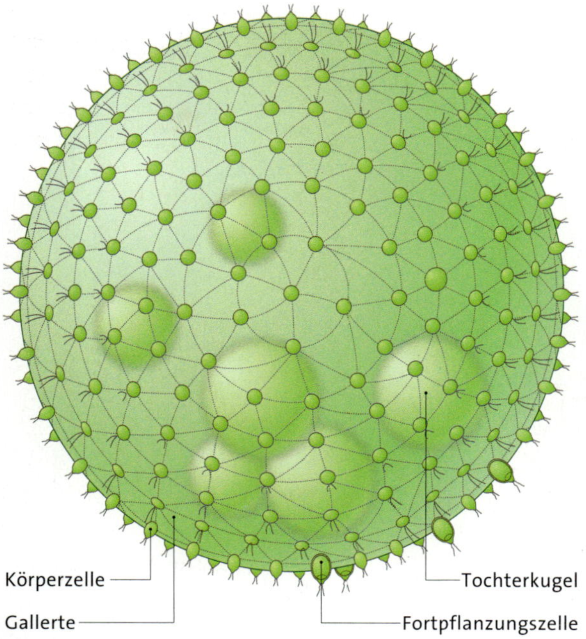

3 Volvox mit Tochterkugeln

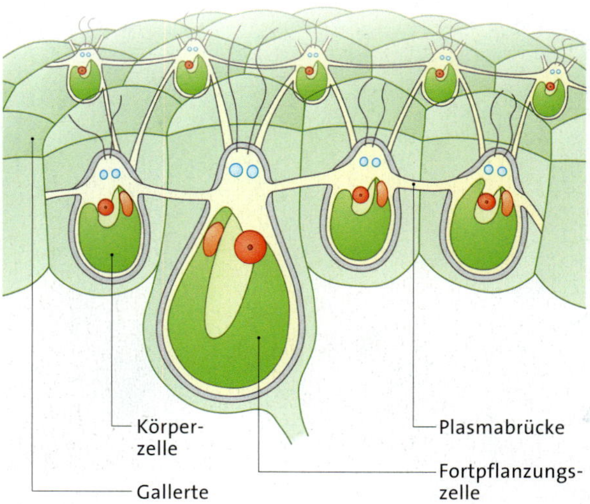

4 Aufbau von Volvox mit Fortpflanzungs- und Körperzellen

4.2 Tierische Vielzeller

In Fließgewässern und im Meer findet man auf Steinen oder anderen festen Unterlagen oft bunt gefärbte, polsterförmige Überzüge, Röhren oder Becher. Bei genauerer Betrachtung erkennt man, dass aus kleinen trichterförmigen Öffnungen ein Wasserstrom austritt. Es handelt sich dabei um die Wasserkanäle von festsitzenden, vielzelligen Tieren, den Schwämmen. Ihr Körper ist nach außen durch eine Schicht einheitlich geformter, fester Deckzellen begrenzt. Allgemein bezeichnet man Schichten aus gleichförmig gestalteten Zellen, die dieselben Aufgaben erfüllen, als Gewebe.

Begeißelte Zellen, die als innere Zellschicht den Zentralraum umschließen, bewirken einen regelmäßigen Einstrom von Wasser. Die Bewegung ihrer Geißeln erzeugt einen ständig von außen nach innen verlaufenden Wasserstrom in den Zentralraum hinein, über den auch Sauerstoff in das Innere des Schwammes gelangt. Zwischen den beiden Schichten befindet sich eine gallertartige Grundsubstanz. In diese sind amöbenartige, bewegliche Fresszellen eingebettet, die wie die begeißelten Zellen die Verdauung und zusätzlich den Transport der Nahrung übernehmen. Nicht verwertbare Nahrungsstoffe werden durch eine Ausströmöffnung nach außen abgegeben. In die gallertartige Grundsubstanz sind auch Ei- und Spermazellen zur Fortpflanzung, sowie Hornfasern, Kalk- oder Kieselsäurenadeln zur Festigung in die eingelagert. Schwämme ernähren sich im Gegensatz zu Algen heterotroph.

In stehenden oder schwach strömenden Gewässern kommt der **Süßwasserpolyp** Hydra vor. Er gehört zu den *Nesseltieren*, die deutlich weiter entwickelt sind als die Schwämme. Der schlauchförmige Körper wird sechs bis 13 Millimeter lang, ist fast durchsichtig und mit der Unterseite über eine Fußscheibe an Pflanzen oder Steine festgeheftet. Der Polyp ernährt sich von Wasserflöhen, Mückenlarven und Würmern. Die Körperzellen der Süßwasserpolypen sind im Gegensatz zu denen der Schwämme lückenlos aneinander gereiht und übernehmen ganz unterschiedliche Aufgaben. Die Körperwand besteht aus zwei Zellschichten, die einen Magenraum umschließen. Im Gegensatz zu den Schwämmen findet die Verdauung im Magenraum statt und nicht in den Fresszellen. Die äußeren und inneren Gewebeschichten der Körperwand besitzen *Muskel-* und *Nervenzellen*. Zusätzlich enthält die äußere Schicht *Sinneszellen* sowie vor allem in den Fangarmen *Nesselzellen*. Zwischen den Schichten liegt eine gallertartige Stützschicht. Polypen besitzen eine Körperöffnung, die gleichzeitig als Mund und After dient und von einem Kranz aus dünnen Fangarmen, den *Tentakeln*, umgeben ist. Beutetiere wie Kleinkrebse lösen bei Kontakt eine blitzschnelle Fangreaktion aus, bei der die Beutetiere umwickelt und zum Mund geführt werden. Berührt dabei ein Beutetier die *Fühlborste* einer Nesselzelle, öffnet sich explosionsartig ein Deckel, wodurch ein mit Widerhaken besetzter Stilettapparat die Haut der Beute durchstößt. Anschließend wird ein lähmendes Gift durch einen Nesselfaden in die Wunde gespritzt. Im Magenraum wird das Beutetier schließlich verdaut.

1 Schwämme sind einfache Vielzeller. **A** Röhrenschwamm; **B** schematischer Längs- und Querschnitt

Quallen sind vielzellige, frei schwimmende Nesseltiere, die bereits einfache **Organe** entwickelt haben. Darunter versteht man größere Einheiten des Körpers aus Zellen und Geweben mit bestimmten Funktionen. Der Körper der Qualle ist wie bei Hydra in Innen- und Außenschicht gegliedert. Dazwischen liegen eine Stützschicht und die Schirmgallerte, die diesen Tieren ihre typische Form verleiht. Die Mundöffnung befindet sich unter dem Schirm. Sie wird durch vier Mundlappen erweitert, über die Beutetiere in den Magenraum transportiert werden. Auch Ohrenquallen ernähren sich von Einzellern, Larven und Würmern. Einige Quallen können ihre Beute nicht nur über einen mechanischen Reiz, sondern auch über die Lichtrezeptoren einfach gebauter Sinnesorgane, den **Augen,** wahrnehmen. Die wie bei Hydra aufgebauten Nesselzellen der Ohrenqualle können die menschliche Haut nicht durchdringen, daher ist diese Qualle ungefährlich. Quallen können sich abwechselnd geschlechtlich und ungeschlechtlich vermehren. Die frei im Wasser schwimmenden Quallen werden auch **Medusen** genannt. Sie sind männlich oder weiblich. Aus befruchteten Eizellen entwickeln sich schwimmfähige **Larven,** die sich verborgen am Meeresboden festsetzen und zu **Polypen** heranwachsen. Diese Polypen ähneln in ihrer Form den Süßwasserpolypen. Wenn die Polypen eine gewisse Größe erreicht haben, schnüren sie durch Querteilung scheibenförmige kleine Quallen ab, die wieder heranwachsen.

1 Begründe, warum Schwämme zu den Vielzellern gehören.

2 Wende das biologische Prinzip Variabilität auf die Hohltiere an. Finde dazu Beispiele und präsentiere sie in geeigneter Form.

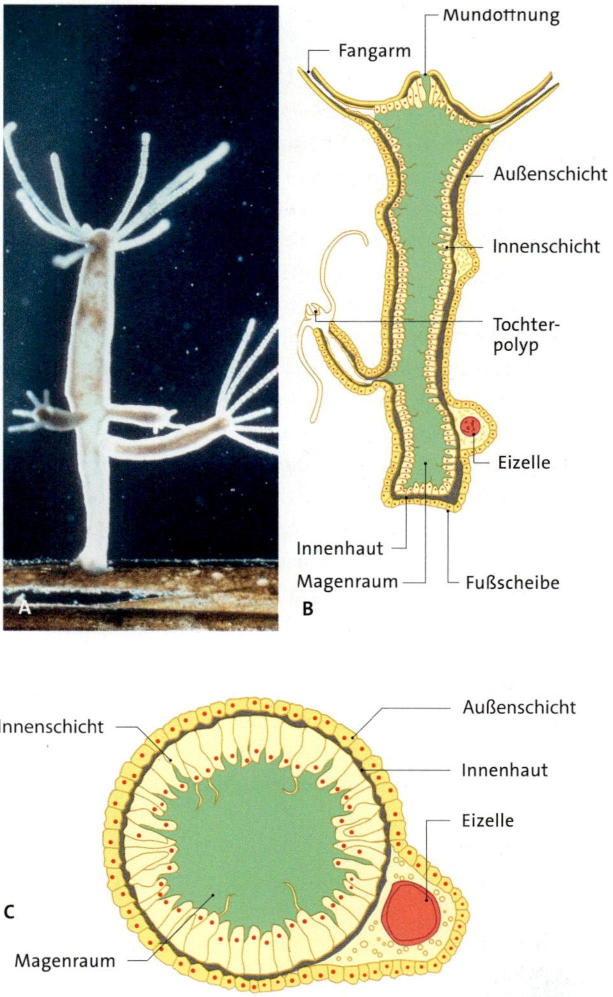

3 Süßwasserpolyp. **A** Knospung; **B** Längsschnitt (Schema); **C** Querschnitt (Schema)

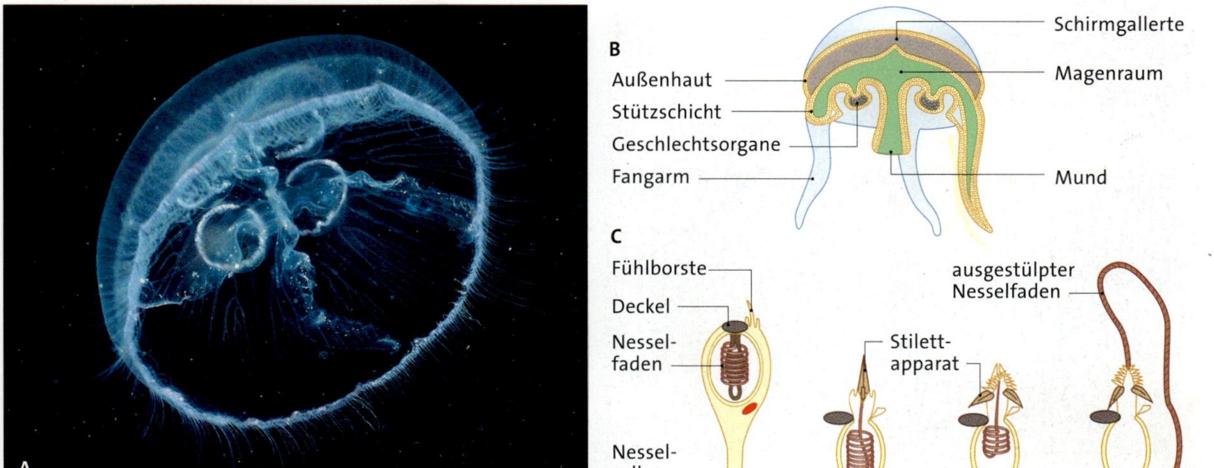

2 Ohrenqualle. **A** Fortbewegung im Meer; **B** Aufbau (schematischer Längsschnitt); **C** Funktion einer Nesselzelle

Methode Ein Interview führen

Möchtet ihr zu einem Thema wie der Kompostierung, der Abwasserreinigung oder der Biogasgewinnung Genaueres erfahren, lohnt es sich, ein Interview mit Experten zu führen.

Die Vorbereitung

- Legt das Thema fest.
- Sucht einen geeigneten Interviewpartner, mit dem ihr das Gespräch führen wollt. Besprecht, was ihr vorhabt, und vereinbart Ort und Termin für das Interview.
- Überprüft Geräte wie Kassettenrekorder, Mikrofon, Fotoapparat oder Videokamera.
- Bereitet eure Fragen sorgfältig vor. Konzentriert euch auf fünf bis sechs wichtige Fragen und haltet diese schriftlich fest. Vermeidet Fragen, auf die nur mit »ja« oder »nein« geantwortet werden kann.
- Verteilt die Aufgaben: Wer stellt die Fragen, wer bedient das Mikrofon und wer protokolliert schriftlich mit? Wer fotografiert oder filmt?

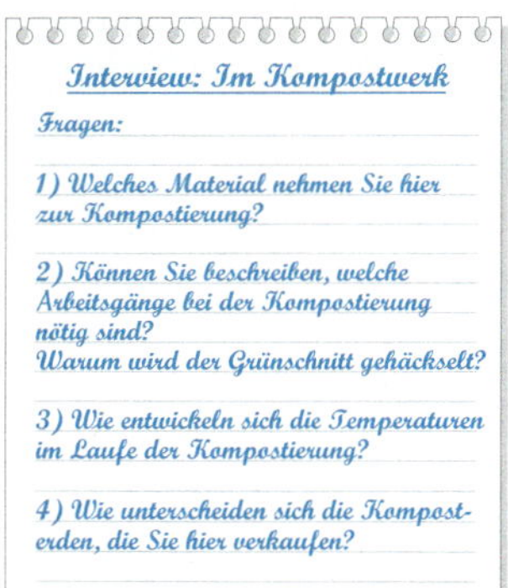
Interview: Im Kompostwerk

Fragen:

1) Welches Material nehmen Sie hier zur Kompostierung?

2) Können Sie beschreiben, welche Arbeitsgänge bei der Kompostierung nötig sind?
Warum wird der Grünschnitt gehäckselt?

3) Wie entwickeln sich die Temperaturen im Laufe der Kompostierung?

4) Wie unterscheiden sich die Komposterden, die Sie hier verkaufen?

1 Vorbereitete Fragen

2 Im Kompostwerk

3 **Interview. A** im Gespräch; **B** fertige Plakatwand

Das Interview

- Begrüßt eure Gesprächspartnerin oder euren Gesprächspartner und stellt euer Anliegen kurz vor.
- Achtet darauf, dass ihr eure vorbereiteten Fragen stellt und Antworten darauf bekommt.
- Lasst euch auch spontan auf interessante und neue Gedanken ein.
- Bedankt euch für das Gespräch.

Die Aufbereitung

- Bereitet das Interview schriftlich auf, sodass ihr es in der Schülerzeitung, auf einem Plakat oder an einer anderen Stelle veröffentlichen könnt.
- Formuliert einen Titel, stellt die interviewte Person und die Gesprächssituation kurz vor.
- Bringt die mündlichen Aussagen in eine lesbare Form. Gebt wichtige Kernaussagen wörtlich wieder.
- Kürzt und ordnet die Fragen und Antworten sinnvoll.
- Gestaltet einen Text. Ergänzt Zeichnungen oder Fotos.

Methode Internetrecherche

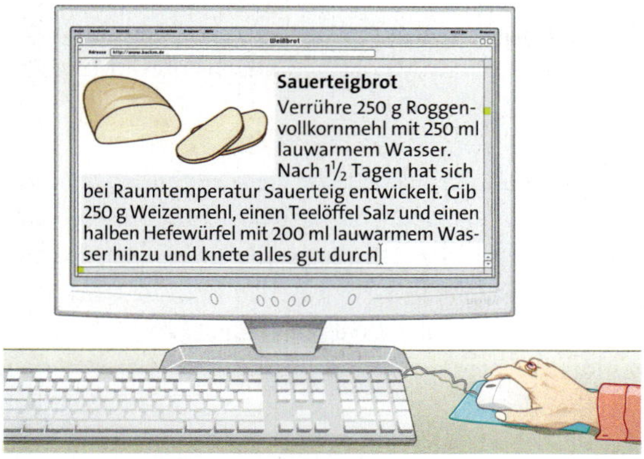

Die Tipps auf dieser Seite sollen dir helfen, im Internet gezielt Informationen zu finden und diese dann zu nutzen. Wenn du zum Beispiel wissen möchtest, welche Mikroorganismen für die Sauerteigbildung verantwortlich sind, wirst du im Internet sicher das Richtige finden.

Tipp: Ziel verfolgen

- Suche in einer begrenzten Zeit nur nach Sauerteigrezepten und dazugehörigen Mikroorganismen. Surfe nicht zu anderen Seiten.
- Schließe alle Fenster mit Werbung. Gib nirgends persönliche Angaben ein.

Tipp: Suchen

- Benutze eine *Suchmaschine.*
- Schreibe die Suchwörter mit richtiger Rechtschreibung. Beachte die unterschiedlichen Eingabemöglichkeiten der Suchmaschinen.
- Gib spezielle *Suchwörter* oder *Kombinationen* davon ein. Probiere »Sauerteig Bakterien«, »Sauerteig Mikroorganismen«, oder »Sauerteigbrot Rezept« aus. So erhältst du jeweils eine überschaubare Menge *Internetadressen* zu diesen Themen. Die Suchmaschinen sortieren die Seiten zu den Stichwörtern und geben einen kurzen Einblick in den Inhalt. Die passenden Seiten stehen oft am Anfang der Trefferlisten. Gibst du nur ein allgemeines Stichwort wie »Bakterien« ein, werden oft Tausende von Seiten angezeigt.
- Wenn du eine gute Seite über Sauerteig gefunden hast, gibt es dort manchmal *Links* zu anderen Internetseiten. Oft lohnt es sich, solche *Verweise* zu verfolgen.

Tipp: Prüfen und Auswählen

- Prüfe, ob die Seite das enthält, was du suchst.
- Prüfe, ob die Seite für dich verständlich ist.
- Prüfe, wer die Seite anbietet, zum Beispiel eine Firma, eine Behörde, ein Verein oder privat.
- Prüfe, wie aktuell die Seite ist. Gibt es ein Datum?
- Prüfe die Qualität der Seite. Ist sie gut gestaltet und übersichtlich? Funktionieren die Links? Enthält der Text keine groben Fehler?
- Beachte, dass das Internet auch viel Falsches bietet, was nicht immer leicht zu erkennen ist. Vergleiche die Informationen von verschiedenen Seiten. Stimmen die Aussagen zum Sauerteig überein oder widersprechen sie sich? Welche Aussage erscheint dir glaubwürdiger?

Suchmaschinen
www.google.de
www.yahoo.de
www.blinde-kuh-de
www.altavista.de

Favoriten
www.nabu.de
www.naturdetektive.de
www.GEOlino.de
www.chemikus.de
www.wasistwas.de
www.deutschesmuseum.de
www.kinder-hd-uni.de
www.zoos.de

Tipp: Sammeln

- Speichere oft benutzte Adressen als *Lesezeichen (Favoriten).*
- Kopiere interessante Adressen zu deinem Thema in ein Textdokument. Schreibe darunter eine eigene kurze Notiz. Kopiere einen wichtigen Abschnitt, zum Beispiel ein Rezept, dazu.
- Drucke nur die Texte und Abbildungen aus, die du wirklich benötigst. Markiere beispielsweise einen Abschnitt und drucke das Markierte aus.

Tipp: Informationen verwerten

- Beachte, dass du fremde Texte und Bilder nicht als deine eigenen ausgeben darfst. Gib die *Quelle* an.

1 Erprobe und vergleiche verschiedene Suchmaschinen zu der selben Suchwortkombination.

2 Wähle ein Thema aus diesem Kapitel aus. Suche dazu eine Internetseite, die dir gut gefällt. Stelle die Seite vor. Gib ihre Adresse an. Gib auch an, von wem sie angeboten wird und wann sie erstellt wurde. Wie ist die Seite gestaltet? Fasse den Inhalt zusammen. Bewerte abschließend, was dir gut und was dir weniger gut gefällt.

4.3 Chloroplasten sind Orte der Fotosynthese

Früher glaubte man, Pflanzen ernährten sich von der Erde, in der sie wachsen. Dies wiederlegte der belgische Arzt Johan van HELMONT um 1640, als er zeigte, dass das Gewicht einer in einem Pflanzenkübel wachsenden Weide im Lauf der Zeit stark zunimmt, das Gewicht der Erde in dem Gefäß jedoch nicht abnimmt. Van HELMONT zog daraus den Schluss, dass sich die Pflanze vorwiegend aus dem täglich zugeführten Wasser ernährt hat.

Später bewies Joseph PRIESTLEY, dass neben dem Wasser auch die Gase der Luft für die Ernährung der Pflanze eine Rolle spielen. PRIESTLEY zeigte in einem Experiment, dass grüne Pflanzen »verbrauchte« in »frische« Luft umwandeln können: Unter einer Glasglocke kann eine Maus längere Zeit ohne Schwierigkeiten leben, wenn sie hier mit einer grünen Pflanze zusammen gehalten wird. Ohne die Pflanze gerät die Maus jedoch schnell in Atemnot. Pflanzen nehmen bei Belichtung der grünen Pflanzenteile Kohlenstoffdioxid aus der Luft auf und geben Sauerstoff an die Umgebung ab. Dabei wird Traubenzucker, die Glukose, gebildet. Der Vorgang kann nur dann stattfinden, wenn Lichtenergie zugeführt wird. Man nennt ihn daher **Fotosynthese** (gr. *photos*, Licht; *synthesis*, Aufbau).

Die Lichtenergie wird von einem Farbstoff in den grünen Teilen der Pflanze gebunden, dem **Chlorophyll** (gr. *chloros*, grün; *phyllon*, Blatt). Unter dem Mikroskop sieht man, dass sich das Chlorophyll in linsenförmigen Organellen, den **Chloroplasten,** befindet. Genaue Untersuchungen haben gezeigt, dass sie stark eingefaltete Membranen im Innern tragen. Hierdurch erreichen die Chloroplasten eine enorme Oberflächenvergrößerung, wodurch in ihnen größere Mengen Blattfarbstoffe untergebracht werden können.

Pflanzen können aus Glucose viele weitere lebensnotwendige Stoffe herstellen. Hierzu gehört zum Beispiel die Zellulose, aus der die Zellwände bestehen, oder die Stärke, die als Speicherstoff in den Zellen gelagert wird. Bei Bedarf wird die in der Glucose gespeicherte Energie zum Aufbau körpereigener Eiweißstoffe, Fette, Farbstoffe und vieler anderer Substanzen genutzt. Grüne Pflanzen schaffen sich durch die Fotosynthese ihre Nahrungsgrundlage selbst. Man bezeichnet sie als **autotrophe** Organismen (gr. *autos*, selbst; *trophe*, Ernährung). Gleichzeitig bilden sie aber auch die Nahrungsgrundlage für Tier und Mensch. Diese sind auf Nahrung angewiesen, um aus ihr Energie freizusetzen und Körpersubstanz aufzubauen. Man bezeichnet sie daher als **heterotrophe** Organismen (gr. *heteros*, anders). In allen Lebewesen finden ständig Vorgänge statt, bei denen Stoffe aufgenommen, umgebaut und abgebaut werden. Dabei wird auch Energie umgesetzt. Es gilt das biologische Prinzip Energieumwandlung.

1 Beschreibe den Prozess der Fotosynthese.

2 Erläutere, dass ohne die Fotosynthese ein Leben, wie wir es kennen, auf der Erde nicht möglich wäre.

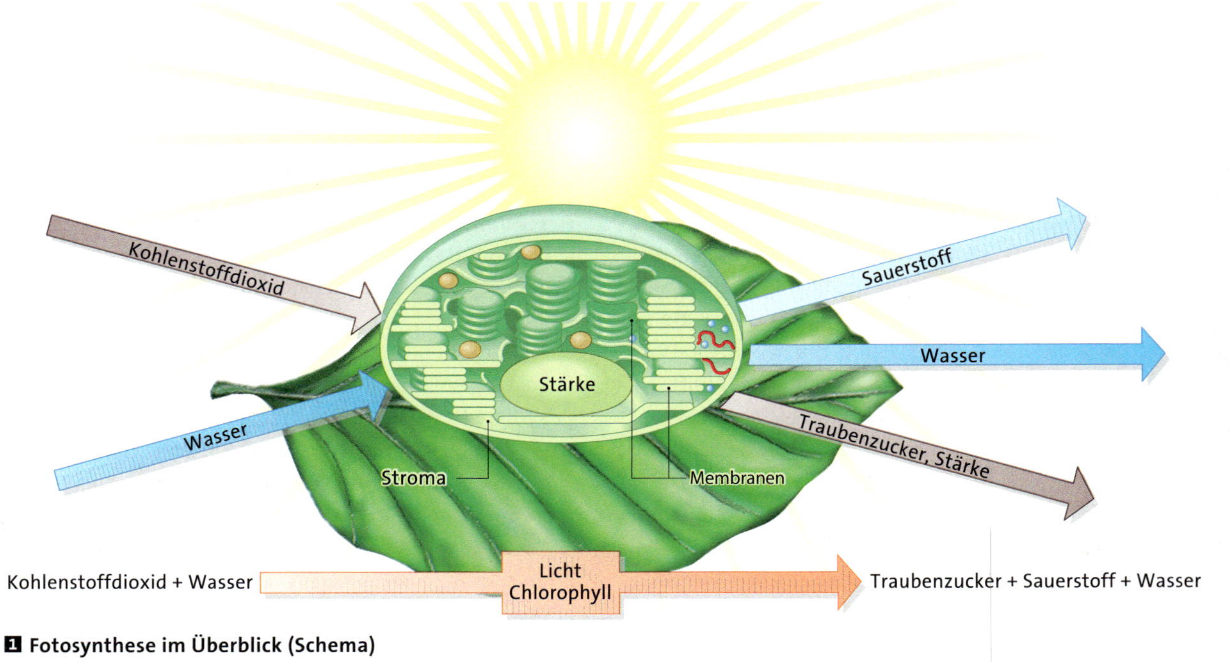

1 **Fotosynthese im Überblick (Schema)**

Methode Experimente planen, durchführen und protokollieren

Wenn man herausfinden will, welche Bedingungen Pflanzen für die Fotosynthese brauchen, kann man geeignete **Experimente** durchführen. Dazu ist es wichtig, dass man sich vor dem eigentlichen Experimentieren Gedanken über die Fragestellung und den Ablauf des Versuches macht. Man erstellt eine Versuchsplanung.

Was wird benötigt?

Zuerst wird überlegt, welche Geräte und Chemikalien für den Versuch erforderlich sind. Dann plant man den Versuchsaufbau.

Wie wird der Versuch aufgebaut?

Handelt es sich um einen Langzeitversuch, muss auch geklärt werden, wo der Versuch ungestört stehen bleiben kann.

Alle Phasen des Experimentes müssen in einem Protokoll dokumentiert werden.

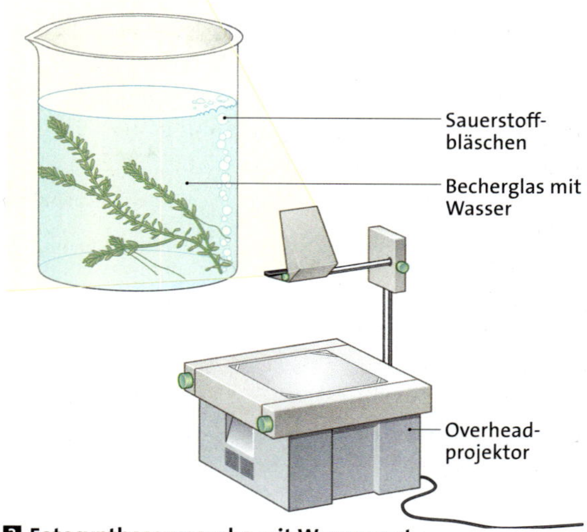

2 Fotosyntheseversuche mit Wasserpest

Name: Lena Wenderoth Klasse: 8b Datum: 1. 10. 2008

Thema: Bedingungen der Fotosynthese

Problem: Wie beeinflusst die Kohlenstoffdioxidkonzentration die Fotosynthese?

Material: Bechergläser, frische Wasserpest, Schere, abgekochtes Wasser, Leitungswasser, kohlenstoffdioxidreiches Mineralwasser, Lichtquelle (z.B. Overheadprojektor)

Durchführung:

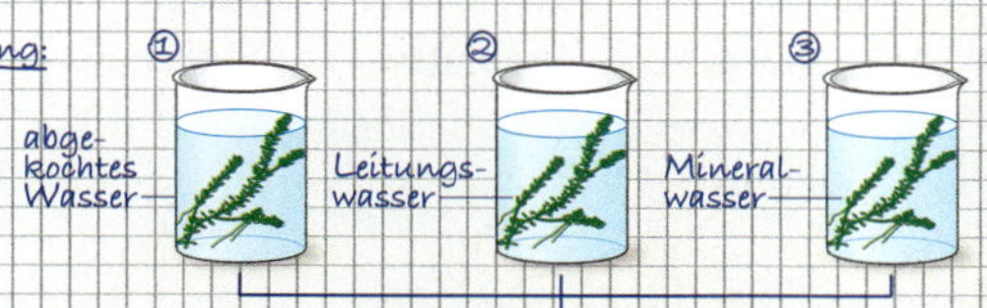

alle gleich beleuchten, Raumtemperatur, Bläschen zählen am angeschnittenen Sprossteil der Wasserpflanzen

Beobachtungen:

Glas Nr.	①	②	③
	keine Gasentwicklung	farblose Gasblasen steigen auf	farblose Gasblasen steigen auf
pro Minute	0 Bläschen	5	16

Auswertung: Im abgekochten Wasser befindet sich kein Kohlenstoffdioxid. Hier läuft keine Fotosynthese ab. Je mehr Kohlenstoffdioxid im Wasser gelöst ist, desto höher ist die Fotosyntheserate und desto mehr Sauerstoff wird gebildet. Dabei läuft in den Zellen der Wasserpest folgende Reaktion ab:

$6CO_2 + 6H_2O \longrightarrow C_6H_{12}O_6 + 6O_2$

Der Sauerstoff ist in Form kleiner, farbloser Gasbläschen sichtbar.

1 Versuchsprotokoll (Beispiel)

Material

Als Erstes werden Name, Klasse, Datum, Mitarbeiter/in und die Problemstellung notiert. Letztere kann auch als Aufgabe oder Hypothese formuliert werden. Als nächsten Schritt gibt man die Materialien an, die für den Versuch erforderlich sind.

Versuchsdurchführung

Die Durchführung kann in Form einer beschrifteten Skizze oder als Text festgehalten werden. Bei einem Text beschreibt man mit eigenen Worten, wie man den Versuch aufbaut. Die Durchführung muss genau formuliert werden, damit der Versuch später auch von einer anderen Person wiederholt werden könnte.

Durchführung und Beobachtungen

Ist die Planung abgeschlossen, kann man das eigentliche Experiment durchführen. Die Beobachtungen werden in Form von Stichpunkten, Sätzen oder als Tabelle festgehalten. In der Biologie finden sich auch häufig Zeichnungen oder Fotos, die Beobachtungen belegen.

Versuchsauswertung

Am Schluss werden die Beobachtungen ausgewertet. Bei dieser Auswertung kann man Stoffe benennen, Gleichungen aufstellen, Bedingungen zusammenfassen oder Verallgemeinerungen treffen. Die Auswertung klärt auch, ob die Problemstellung des Versuches gelöst wurde oder ob weitere Versuche nötig sind. Misslingt das Experiment, können an dieser Stelle Ursachen dafür aufgeschrieben werden.

Aufgaben und Versuche Fotosynthese

V1 Die Fotosynthese ist lichtabhängig

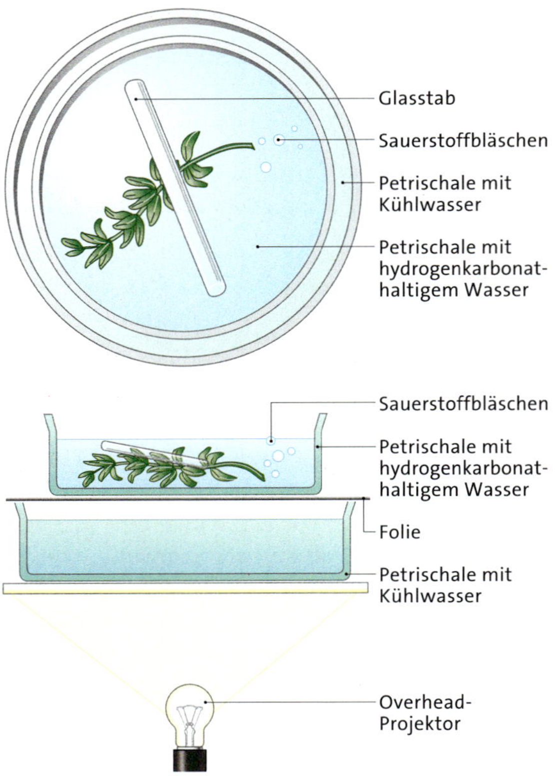

Material: Petrischalen (verschiedener Größe); kurzer Glasstab; kohlenstoffdioxidreiches Mineralwasser; frische Sprosse der Wasserpest; Leitungswasser; durchsichtige Folie in den Farben Rot, Grün und Blau; Overheadprojektor

Durchführung: Fülle eine größere Petrischale mit kühlem Leitungswasser und verschließe sie mit dem Deckel. Gib dann in die zweite Petrischale das kohlenstoffdioxidhaltige Mineralwasser und den frisch angeschnittenen Spross der Wasserpest. Beschwere die Pflanze mit dem Glasstab. Stelle diese Petrischale auf die erste mit dem vorbereiteten Kühlwasser. Beide Schalen bringst du zum Overheadprojektor. Beobachte den Spross bis regelmäßig Gasblasen aus dem angeschnittenen Ende entweichen. Schiebe dann nacheinander die verschiedenen farbigen Folien zwischen die beiden Petrischalen. Beobachte, ob sich die Anzahl der Gasblasen verändert. Zähle die Gasblasen jeweils pro Minute. Schalte den Overheadprojektor zum Schluss ab und beobachte erneut.

Aufgaben:

a) Zähle bei allen vier Teilversuchen die Anzahl der Sauerstoffbläschen pro Minute. Stelle deine Versuchsergebnisse tabellarisch zusammen.

b) Werte den Versuch aus.

V2 Pflanzen produzieren Traubenzucker

Material: Glucoseteststreifen (aus der Apotheke); grüne Blätter von Küchenzwiebel, Schnittlauch oder Tulpe (möglichst Topfpflanzen); Becherglas; Schere; heißes Wasser

Durchführung: Schneide zum Beispiel von einer Tulpenpflanze, die im Hellen gestanden hat, ein Blatt ab. Zerkleinere das Blatt mit der Schere und gib einige Blattstücke in das Becherglas. Übergieße diese dann mit etwas heißem Wasser und lass alles abkühlen. Anschließend tauchst du den Glucoseteststreifen in die Lösung und vergleichst die Farbe des Testfeldes mit der Farbskala auf der Verpackung. Protokolliere die Glucosekonzentration.
Wiederhole den Versuch mit einer Pflanze, die mindestens einen Tag abgedunkelt wurde. Achte auf eine vergleichbare Blattmenge.

Aufgaben:

a) Erläutere das Versuchsergebnis.

b) Begründe, warum die heiße Lösung vor dem Glucosetest abkühlen muss.

V3 Pflanzen enthalten Kohlenstoff

Material: grünes Blatt; Reagenzglas; Reagenzglasklammer; Gasbrenner; Glasstab; Waage; Abdampfschale

Durchführung: Stopfe das Blatt mit Hilfe des Glasstabes in den unteren Teil des Reagenzglases. Bestimme dann mit der Waage die Masse von Glas und Blatt. Stelle beim Gasbrenner eine nicht leuchtende Brennerflamme ein und erhitze das Reagenzglas vorsichtig. Bewege es dazu langsam in der Brennerflamme, bis auch die Wassertropfen an der Reagenzglaswand verschwunden sind und das Blatt völlig verkohlt ist. Nachdem das Glas abgekühlt ist, wird es erneut gewogen. Gibt die Rückstände in eine Abdampfschale und betrachte sie genau.

Aufgabe: Protokolliere den Versuch wie auf Seite 39 dargestellt.

A4 Bestimmte Bedingungen ermöglichen die Fotosynthese

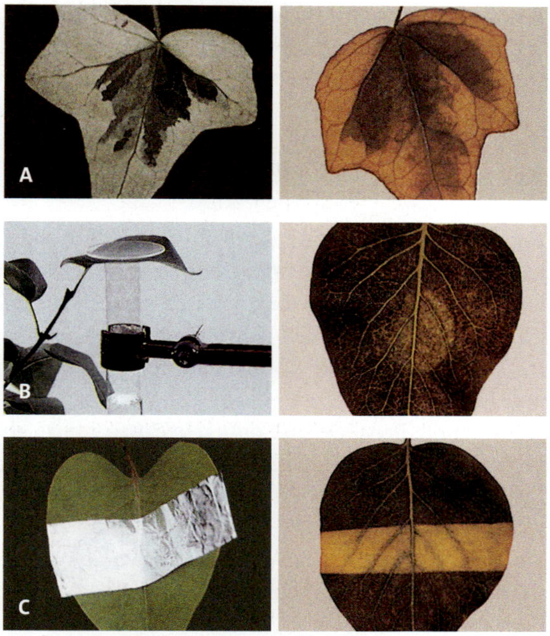

Die Abbildungen A bis C zeigen drei verschiedene Experimente zur Untersuchung der Fotosynthesefaktoren. Dabei werden jeweils die Ausgangsbedingungen des Experimentes und das Ergebnis eines anschließenden Stärkenachweises dargestellt.
Im ersten Versuch wurden gelb-grüne (panaschierte) Efeublätter für etwa vier Stunden belichtet. Im zweiten Versuch verwendete man einen Fliederzweig. Von diesem drückte man ein Blatt mit seiner Unterseite auf ein Reagenzglas. Die Verbindung wurde durch Vaseline am Reagenzglasrand luftundurchlässig. Im Glas selbst befand sich konzentrierte Kalilauge, die der Luft Kohlenstoffdioxid entzieht. Auch dieser Versuchsansatz wurde für etwa vier Stunden belichtet.
Beim letzten Experiment verdunkelte man einen Teil eines Fliederblattes mit Alufolie. Anschließend belichtete man den Zweig wieder vier Stunden mit einer Lampe.

Aufgaben:

a) Werte die abgebildeten Versuche mit Hilfe der Fotos aus und erläutere die Ergebnisse.

b) Führe den dritten Versuch (Abbildung C) selbst durch. Recherchiere eine geeignete Durchführung und plane den Versuchsaufbau.

A5 Abhängigkeit der Fotosynthese von verschiedenen Umweltfaktoren

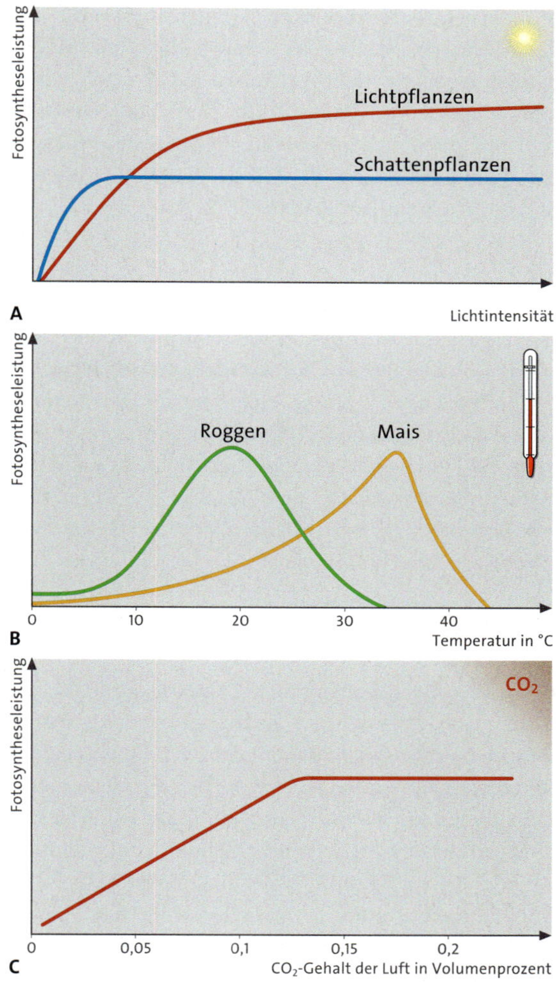

Die Diagramme A bis C zeigen die Fotosyntheseleistung in Abhängigkeit von verschiedenen Umweltfaktoren wie Lichtintensität, Temperatur und Kohlenstoffdioxidgehalt. Diese Zusammenhänge werden zum Beispiel beim Anbau von Kulturpflanzen im Gewächshaus oder im Freiland berücksichtigt.

Aufgaben:

a) Erläutere die dargestellten Zusammenhänge mit Hilfe dieser Diagramme.

b) Recherchiere drei konkrete Beispiele für heimische Licht- und Schattenpflanzen.

c) Erkläre Angepasstheiten am Beispiel der Maispflanze. Nutze die entsprechenden Diagramme.

4.4 Traubenzucker wird weiter verarbeitet

Wer denkt schon bei einem leckeren Obstsalat mit Äpfeln, Ananas, Weintrauben und Birnen an die Fotosynthese? Trotzdem stammt zum Beispiel der süße Geschmack der Früchte vom Fruchtzucker. Der saure Geschmack könnte uns an Fruchtsäuren erinnern, Geruch und Farbe der Früchte stammen von Aroma- und Farbstoffen. Möglicherweise essen wir den Fruchtsalat auch wegen seiner vielen Vitamine und Ballaststoffe. Tatsächlich sind alle diese Stoffe direkte oder indirekte Produkte der Fotosynthese. Dazu zählen auch die klassischen Nährstoffe wie Proteine, Fette und Kohlenhydrate.

All diese Stoffe werden im sogenannten **Baustoffwechsel** von der Pflanze erzeugt. Die Zellen können dabei aus dem Ausgangsstoff Glucose eine Vielzahl weiterer Stoffe herstellen. So können die Glucoseteilchen zum Beispiel in den Chloroplasten zu *Stärke*, einer langkettigen Verbindung aus mehreren Hundert Einzelbausteinen, verknüpft werden. Da Stärke nicht wasserlöslich ist, lässt sie sich gut in Samen, Sprossknollen oder Wurzeln speichern. Beispiele für Stärke liefernde Pflanzen sind alle Getreidearten sowie Kartoffel und Banane.

Auch Zellulose besteht aus vielen Glucoseteilchen. Hier liegen die langen, verzweigten Ketten eng aneinander und bilden oft faserartige Strukturen. Zellulose wird von den Pflanzen zum Aufbau ihrer Zellwände genutzt. Durch Ein- und Auflagerungen lassen sich ihre Eigenschaften weiter abwandeln. So entsteht zum Beispiel gemeinsam mit eingelagertem Holzstoff eine sehr festes Material, das *Holz*. Auch für den Menschen ist Zellulose ein wichtiger Stoff. Wir stellen aus ihm Papier und Zellstoff her. Die weißen Samenhaare der Baumwolle liefern den Hauptrohstoff für die Textilindustrie.

Die Pflanze kann den Traubenzucker auch in *Fruchtzucker* umwandeln. Diesen findet man in reifen Früchten wie Äpfeln, Birnen oder Weintrauben. Verknüpfen sich im Stoffwechsel ein Traubenzucker- und ein Fruchtzuckerteilchen miteinander, entsteht ein neuer, häufig genutzter Zucker. Die Pflanze stellt diesen *Rohrzucker* als **Speicherstoff** her. Nutzbare Mengen finden sich in den Zucker liefernden Pflanzen wie Zuckerrohr, Zuckerrübe und Zuckerahorn.

Für den Aufbau von *Proteinen* benötigt die Pflanze neben der Glucose auch stickstoffhaltige Mineralsalze aus dem Boden. Mit den gebildeten Eiweißen werden zum Beispiel Membranen oder Enzyme in der Pflanzenzelle aufgebaut. Außerdem dienen Proteine wieder als Speicherstoff in Samen und Früchten. Typische Eiweiß liefernde Pflanzen sind Erbsen, Bohnen, Sojabohnen und Linsen.

Fette bestehen aus den gleichen chemischen Elementen wie Kohlenhydrate. Sie enthalten Kohlenstoff, Wasserstoff und Sauerstoff und können durch Umbauprozesse aus Traubenzucker aufgebaut werden. Auch sie dienen vor allem der Stoff- und Energiespeicherung und sind oft in Samen und Früchten zu finden. Bekannte Beispiele, die auch vom Menschen genutzt werden, sind Öl liefernde Pflanzen wie Sonnenblume, Raps, Walnuss und Olive.

Neben Stoffen, die für den Bau und die Funktion von Zellen und Organen wichtig sind, produzieren Pflanzen noch weitere **sekundäre Pflanzenstoffe** mit Sonderfunktionen. Zu solchen Stoffen zählen zum Beispiel *Farb- und Duftstoffe*. Diese spielen bei Samenpflanzen eine große Rolle und locken potenzielle Bestäuber und Fruchtverbreiter an. Bekannte Beispiele sind duftende Rosen- und Lavendelsträucher. *Harze, Kautschuk* und *Gerbstoffe* dienen dagegen der Abwehr von Fressfeinden. Sie schrecken entweder durch ihren bitteren Geschmack ab oder verkleben die Mundwerkzeuge des Angreifers. Auch solche Stoffe werden vom Menschen zum Beispiel in der Textil- und Farbstoffindustrie genutzt. Naturkautschuk stammt fast ausschließlich vom Kautschukbaum. Der weiße Milchsaft wird, ähnlich wie unser Kiefernharz, durch Anritzen der Bäume gewonnen. Kautschuk wird weltweit zur Herstellung von Gummi genutzt. Einige *Bitter- und Scharfstoffe* sind in Heil- und Gewürzpflanzen wie Bitterklee, Kümmel, Pfeffer und Chili enthalten. Sie wirken oft Appetit und Verdauung fördernd.

Aus manchen *Pflanzengiften* wie den Stoffen im Roten Fingerhut, im Maiglöckchen oder in der Mistel lassen sich Medikamente herstellen. Sie werden zum Beispiel bei Herzbeschwerden oder in der Krebstherapie eingesetzt.

Kakao, Kaffee und Tee zählen zu den Genussmittel liefernden Pflanzen. Sie enthalten Stoffe wie Koffein oder Theobromin, die eine besondere Wirkung auf den Menschen haben. In vernünftigen Mengen konsumiert, machen sie uns zum Beispiel wacher und steigern Leistung und Wohlbefinden.

1 Nenne Speicherstoffe bei Pflanzen.

2 Recherchiert im Internet und in Fachbüchern konkrete Beispiele für Nutzpflanzen mit verschiedenen Inhaltsstoffen. Gestaltet mit eurem Material Steckbriefe oder Poster.

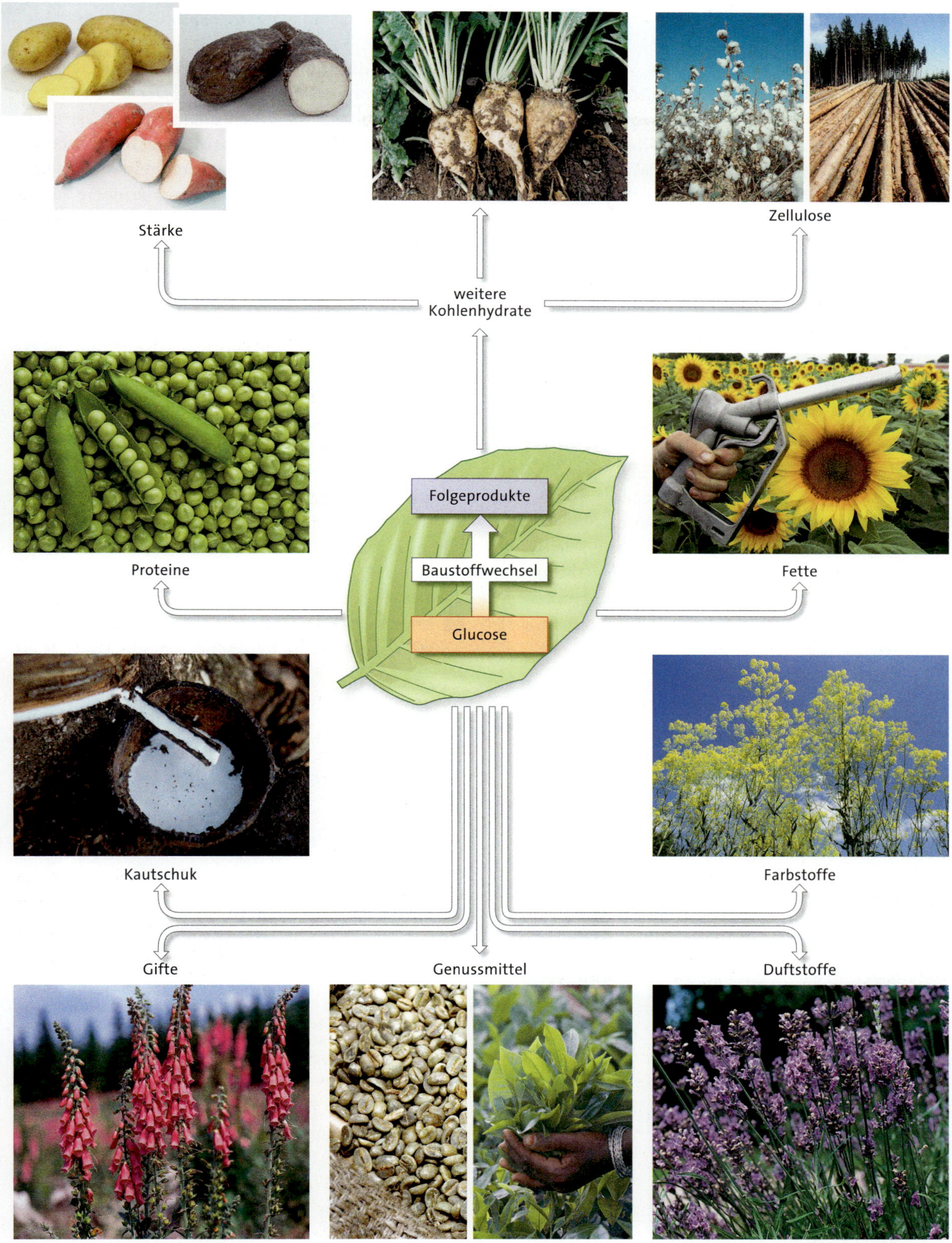

1 **Folgeprodukte der Fotosynthese**

4.5 Mitochondrien sind Orte der Zellatmung

In schattigen Laubwäldern wächst der Aronstab. Sein auffälliger Blütenstand besteht aus einem tütenförmigen Hochblatt, das einen braunvioletten Kolben umschließt. Dieser Kolben kann eine beachtliche Wärme entwickeln. Die Temperatur im Kessel kann bis auf 16 °C über die Außentemperatur ansteigen. Durch diese Wärme werden Geruchsstoffe aus dem Kolben verbreitet und dadurch Insekten zur Bestäubung angelockt.

Wie wird diese Wärme erzeugt? Als »Brennstoff« dient die in den Zellen des Kolbens gespeicherte Stärke. Zuerst wird diese in Traubenzucker zerlegt. Die Zuckerteilchen werden anschließend in mehreren Schritten und mit Hilfe von Sauerstoff zu Kohlenstoffdioxid und Wasser umgewandelt. Bei diesen Vorgängen wird ein Teil der im Zucker gespeicherten Energie als Wärme frei. Die im Zucker chemisch gebundene Energie wird von der Pflanze für alle Lebensprozesse wie Wachstum, Bewegung, Stoffaufbau und Stofftransport genutzt. Auch Tiere, Menschen und andere Lebewesen erhalten durch den Abbau von Glucose ihre notwendige Energie. Der ganze Prozess des Glucoseabbaus wird als Zellatmung bezeichnet. Er lässt sich mit einer Wortgleichung zusammenfassen:

Glucose + Sauerstoff → Kohlenstoffdioxid + Wasser

Die Zellatmung findet in den nur etwa 1/1000stel Millimeter großen **Mitochondrien** statt. Der innere Aufbau dieser Zellbestandteile konnte erst mit dem Elektronenmikroskop genauer untersucht werden. Mitochondrien werden von einer inneren und einer äußeren Membran begrenzt. Die äußere ist glatt, während die innere Membran stark gefaltet ist. Auf ihr befinden sich die für die Zellatmung benötigten Stoffe. Durch die Faltung ist die Oberfläche der inneren Membran stark vergrößert wodurch die Leistung des Mitochondriums erheblich gesteigert wird. Sie werden aufgrund ihrer Funktion als »Kraftwerke« der Zelle bezeichnet.

1 Vergleiche den Stoff- und Energieumsatz bei Fotosynthese und Zellatmung. Erläutere die Bedeutung dieser Stoffwechselvorgänge für die Lebewesen.

2 Erläutere den Zusammenhang zwischen Fotosynthese und Zellatmung. Entwickle dazu ein einfaches Schema zur Veranschaulichung

3 Sowohl in Chloroplasten als auch in Mitochondrien befindet sich im Innenraum eine stark gefaltete Membran. Erläutere.

3 Finde Beispiele, wie Pflanzen die durch Zellatmung gewonnene Energie nutzen.

1 Aronstab. **A** Blütenstand; **B** Bestäubung

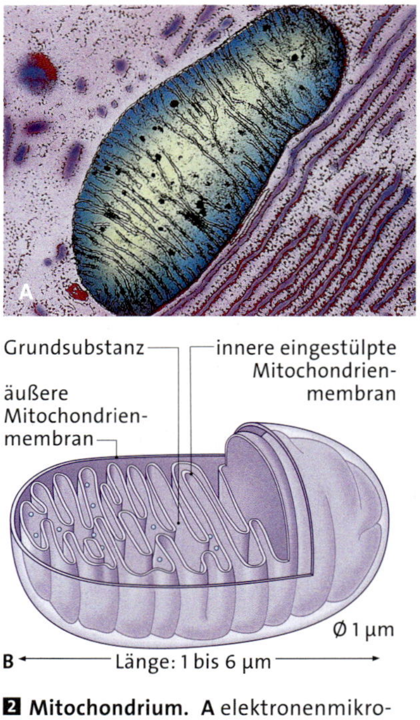

2 Mitochondrium. **A** elektronenmikroskopische Aufnahme; **B** Schema

Aufgaben und Versuche **Zellatmung**

V1 Zellatmung und Temperatur

Material: Erbsen; flache Schale; Jogurtglas; 2 Thermometer; Wasser; Watte oder aus Styropor geschnittener passender Deckel für das Glas

Durchführung: Lass 20 g getrocknete Erbsen für etwa 10 Stunden in einer wassergefüllten, flachen Schale quellen. Fülle die gequollenen Erbsen in ein Jogurtglas und stecke vorsichtig ein Thermometer in die Mitte des Glases. Verschließe das Glas mit Watte oder einem Styropordeckel, in den du vorher noch ein kleines Loch für das Thermometer stechen musst. Lass das Glas stehen, bis die Erbsen zu keimen beginnen.

Aufgabe: Bestimme die Temperatur der keimenden Erbsen und vergleiche sie mit der Raumtemperatur. Erkläre das Ergebnis.

V2 Zellatmung und Sauerstoff

Material: Erbsen oder Bohnen; zwei hohe gleichgroße Gläser mit Deckel; Verbrennungslöffel mit Kerze; Wasser; flache Schale; Uhr mit Sekundenangabe

Durchführung: Lass die Erbsen oder Bohnen wie in V1 etwa 10 Stunden quellen. Fülle dann etwa ein Drittel des ersten Glases mit den gequollenen Samen. Verschließe das Glas und lass es ein oder zwei Tage an einem warmen Ort stehen. Zünde dann die Kerze auf dem Verbrennungslöffel an. Öffne das Glas mit den gequollenen Samen vorsichtig, senke die Kerze hinein und bestimme die Zeit bis zu ihrem Erlöschen. Wiederhole den Versuch mit einem leeren Glas.

Aufgabe: Notiere und erkläre deine Beobachtungen.

V3 Kartoffelknollen atmen

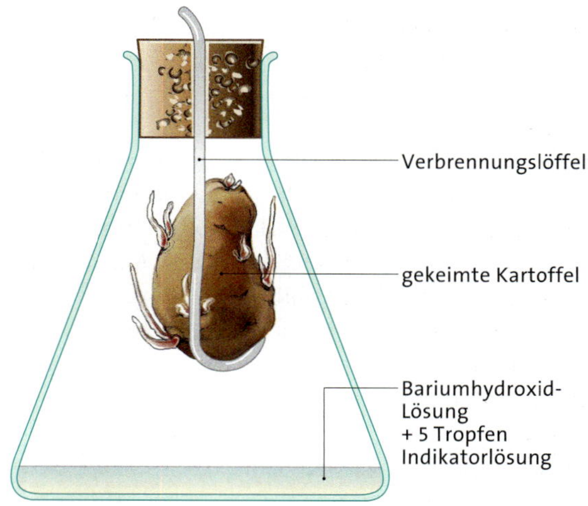

Material: Bariumhydroxidlösung (10 %ig); Weithalserlenmeyerkolben mit passendem Stopfen; Draht; Verbrennungslöffel oder Bindfaden mit Nadel; Universalindikatorlösung; keimende Kartoffel

Durchführung: Fülle in den Erlenmeyerkolben 1 cm hoch Bariumhydroxid-Lösung ein und gib einige Tropfen Indikatorlösung dazu. Befestige die keimende Kartoffel entweder auf dem Verbrennungslöffel oder ziehe sie mit der Nadel auf einen Bindfaden. Verschließe dann den Kolben wie in der Abbildung gezeigt. Lass den Versuchsansatz für 1 bis 2 Tage an einem warmen Ort stehen.

Aufgaben:

a) Fertige ein Versuchsprotokoll an. Orientiere dich dabei an der Methodenseite 39. Beachte, dass sich mit einem Universalindikator durch Farbveränderungen Basen und Säuren nachweisen lassen. Verbindet sich Kohlenstoffdioxid mit Wasser, so bildet sich dabei Kohlensäure, die die Base Bariumhydroxid neutralisieren kann.

b) Kartoffelknollen speichern einen Stoff, der erst zu Glucose für die Zellatmung abgebaut werden muss. Plane ein Experiment, mit dem du diesen Stoff nachweisen kannst. Führe das Experiment nach Bestätigung deiner Planung durch den Fachlehrer durch. Protokolliere deine Ergebnisse.

4.6 Das Wachstum mehrzelliger Lebewesen beruht auf Zellteilungen

Ein Erbsensamen braucht zum Keimen ausreichend Wasser und Wärme. Der Samen quillt zunächst auf und sprengt dadurch die Samenschale. Im Inneren des Samens sind bereits wichtige Pflanzenteile wie die Keimwurzel, der Stängel und die Keimblätter angelegt. Deshalb kann sich die junge Pflanze sehr schnell entfalten und mit einem raschen Wachstum beginnen.

Zuerst wächst die Keimwurzel in die Länge. Sie verankert den Keimling im Boden und versorgt ihn mit Wasser und Nährsalzen. Markiert man die Keimwurzel mit feinen Querstrichen, in gleichen Abständen erkennt man einige Stunden später, dass sie länger geworden ist. Vor allem ein bestimmter Abschnitt dicht hinter der Wurzelspitze hat sich gestreckt. Hier sind die Abstandsstriche viel weiter auseinandergerückt als unmittelbar an der Wurzelspitze und in dem davon weiter entfernten Bereich.

Unter dem Mikroskop sieht man, dass sich die Zellen in den verschiedenen Wurzelabschnitten deutlich unterscheiden. Direkt an der Wurzelspitze sind die Zellen ziemlich klein und weisen nur eine ganz dünne Zellwand auf. Es sind keine oder nur sehr kleine Vakuolen vorhanden. Diese Zellen teilen sich ständig. Dabei zerfällt der Zellkern zunächst in zwei gleiche Teile. Danach wird eine Trennwand zwischen den beiden Zellhälften aufgebaut. Auf diese Weise entstehen aus einer Mutterzelle zwei gleichartige Tochterzellen. Durch die nacheinander erfolgenden **Zellteilungen** bilden sich viele gleichartige kleine Zellen. In diesen vermehrt sich die Menge des Plasmas, wodurch auch die Zellwände ein wenig wachsen. Dieser Vorgang wird als **Plasmawachstum** bezeichnet.

Die Zellen, die weiter hinter der Wurzelspitze liegen, zeigen eine andere Form des Zellwachstums. Sie strecken sich vornehmlich durch Wasseraufnahme in die Zellvakuolen. Bei diesem **Streckungswachstum** vergrößern sich die Zellen ohne die Bildung von neuem Plasma. Sie können sich um das Vielfache, manchmal sogar das Hundertfache vergrößern. Die anfänglich kleinen Vakuolen vereinigen sich dabei meist zu einer einzigen, großen und mit Zellsaft gefüllten Vakuole, die nur von einer dünnen Plasmaschicht umgeben ist. Die Geschwindigkeit dieses Wachstums ist enorm, beispielsweise können sich die Staubfäden von Getreidepflanzen bis zu zwei Millimeter in der Minute verlängern. Die Streckungsdauer hält hier aber meist nur einige Minuten an. Die Keimwurzel bei der Bohne streckt sich dagegen über drei Tage, wobei die Streckungsgeschwindigkeit etwa 1,7 Zentimeter pro Tag beträgt. Bekannt ist das schnelle und über mehrere Tage hinweg erfolgende Wachstum der Bambussprosse, die sich pro Tag fast 60 Zentimeter verlängern können.

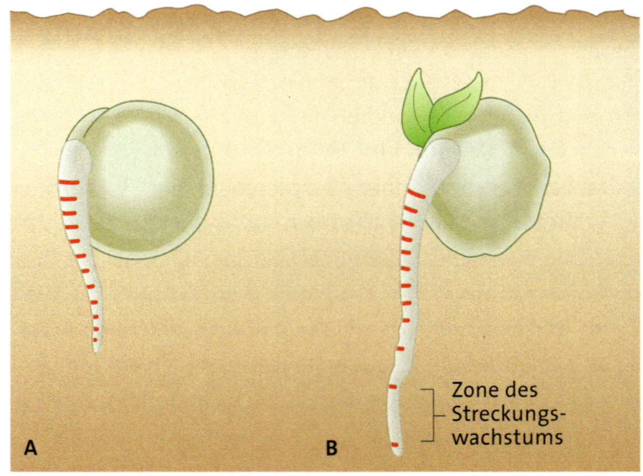

1 Wachstum der Keimwurzel bei der Gartenerbse. A Beginn des Experiments mit Markierungen im Abstand von 1 mm; **B** ein Tag später

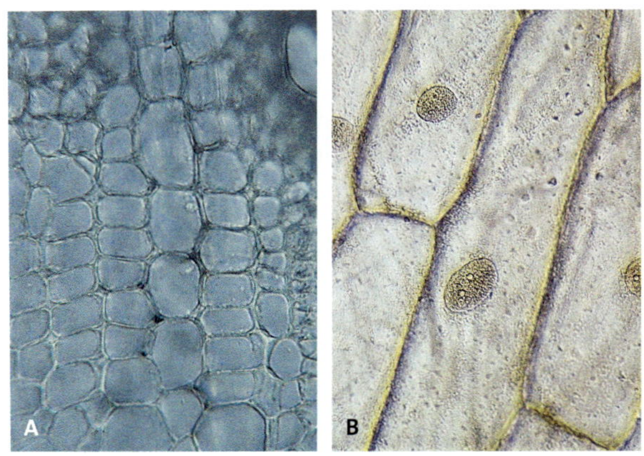

2 Zellen aus der Keimwurzel. A Zone des Plasmawachstums; **B** Zone des Streckungswachstums

Nach der Keimung kommt eine neue Phase in der Entwicklung der Pflanze. In dieser Zeit streckt sich der Spross, die Wurzel wächst und die Laubblätter entfalten sich. Dieser Lebensabschnitt einer Pflanze, in dem noch keine geschlechtliche Fortpflanzung erfolgt, wird als **vegetative Phase** bezeichnet.

Schließlich bilden sich bei der Erbse weiße bis violette Blüten. Jetzt spricht man von der **generativen Phase**. Nach der Befruchtung entwickeln sich hier die Früchte, die Erbsenhülsen. In ihren Samen »schlummert« schon die neue Generation. Sie müssen noch ausreifen und können dann nen dann nach einer Samenruhe keimen. Die Erbsenpflanze selbst ist im Lauf des Sommers alt geworden. Ihre Blätter sterben ab, die Stängel vertrocknen. Nach dem **Altern** wird der Lebenszyklus mit dem **Tod** beendet.

Auch bei Menschen und Tieren erfolgt das Wachstum durch fortlaufende Zellteilungen. Im Gegensatz zu Pflanzenzellen findet hier jedoch kein Streckungswachstum statt. Das Signal für eine neue Zellteilung wird durch das Massenverhältnis von Plasma und Zellkern gegeben: Während der Zellkern etwa gleich groß bleibt, vermehrt sich das Zellplasma. Überschreitet dieses ein bestimmtes Volumen, teilt sich zuerst der Zellkern, dann das Plasma. Auch hier entstehen also aus einer Mutterzelle immer zwei gleichartige Tochterzellen.

So entwickeln sich zum Beispiel aus einer befruchteten menschlichen Eizelle zuerst zwei Zellen, dann vier, acht, sechzehn, und so weiter. Dies bezeichnet man als *Embryonalentwicklung*. Da alle paar Stunden eine neue Zellteilung stattfindet, ist bald ein Zellhaufen entstanden, der sich nun weiterentwickelt.

Bei einem Kind ist die Zahl der neu gebildeten Zellen größer als die Zahl der zugrundegehenden Zellen. Deshalb ist ein ständiger Zuwachs zu verzeichnen. Wenn der Mensch erwachsen ist, bilden sich zwar immer noch täglich Millionen neue Zellen. Diese halten sich nun aber mit den absterbenden Zellen im Gleichgewicht. Beispielsweise werden pro Sekunde 2,4 Millionen absterbender Rote Blutzellen durch im Knochenmark neugebildete Zellen ersetzt. Solche riesigen Mengen sind notwendig, da die Roten Blutzellen nur eine durchschnittliche Lebensdauer von etwa vier Monaten haben.

1 Erläutere Abbildung 1.
2 Stelle die beiden Formen des Wachstums in einer Wurzelspitze in einer Tabelle vergleichend gegenüber.
3 Beschreibe die Entwicklung einer Gartenerbse mit Hilfe der Abbildung 3.

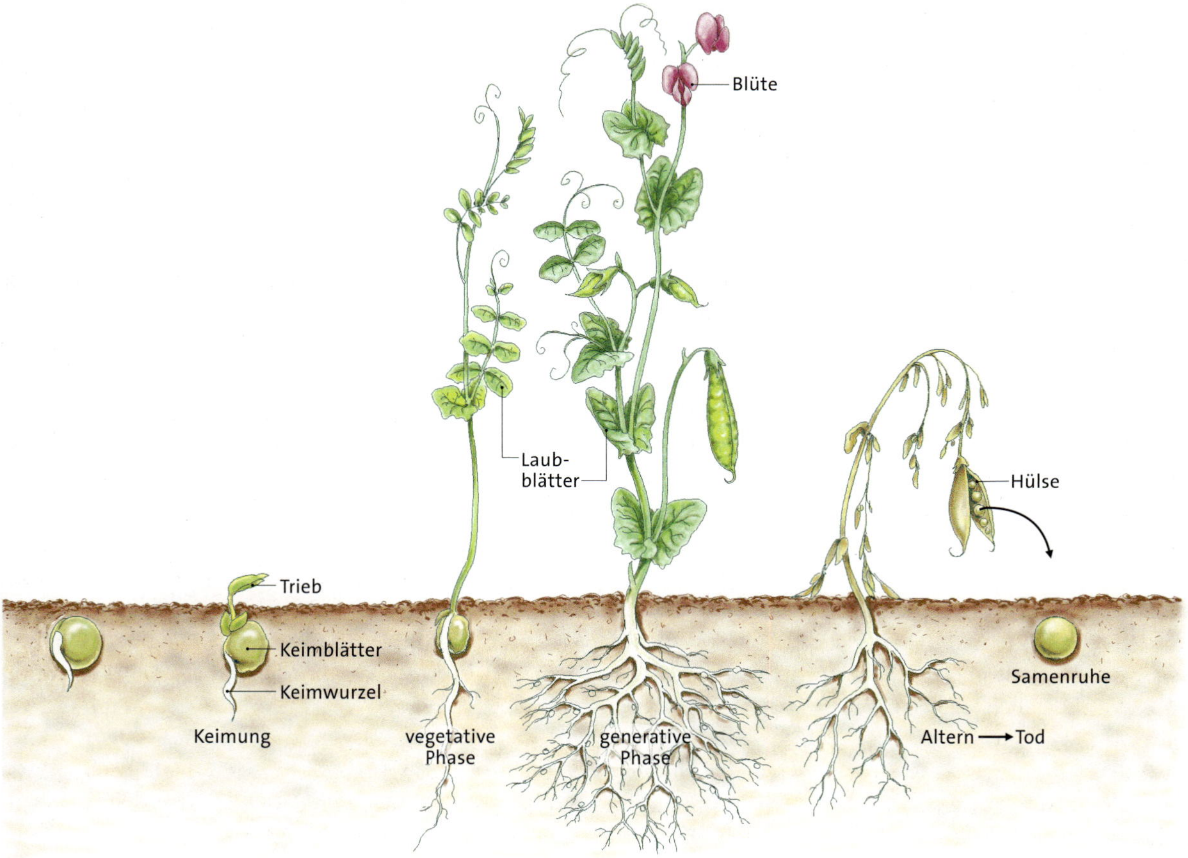

3 **Lebensphasen einer Gartenerbse**

Zusammenfassung Die Zelle – kleinste Funktionseinheit des Lebens

Biologische Prinzipien Zelluläre Organisation sowie Variabilität

Zellen sind die kleinsten lebensfähigen Grundbausteine von Lebewesen. Mit den Fortschritten im Bau von Mikroskopen wurden immer feinere Strukturen in Zellen entdeckt. Die Zellen von Pflanzen, Pilzen, Tieren, Menschen und vielen einzelligen Lebewesen enthalten einen abgegrenzten Zellkern. Bakterienzellen sind ein Beispiel für Zellen ohne Zellkern. Alle Zellen, unabhängig davon welchem Grundtyp sie angehören, weisen bestimmte Gemeinsamkeiten wie das Vorhandensein von Zellplasma, Zellmembranen, Erbmaterial und Reservestoffen auf. Daneben lassen sich bei Zellen aber auch zahlreiche Unterschiede wie in Größe, Form oder in der Ernährung feststellen.

Biologisches Prinzip Energieumwandlung

Alle Zellen nehmen aus ihrer Umgebung Stoffe auf, bauen diese im Zellstoffwechsel um und geben unbrauchbare Stoffe wieder ab.

Bestimmte Pflanzenzellen nehmen Kohlenstoffdioxid und Wasser auf und wandeln sie mit Hilfe von Lichtenergie und dem grünen Blattfarbstoff Chlorophyll bei der Fotosynthese in Glucose um. Dabei entsteht als Nebenprodukt Sauerstoff.

Zellen von Tieren, Pilzen, vielen Einzellern und Bakterien ernähren sich heterotroph. Sie wandeln Nahrung in körpereigene organische Stoffe um.

Fast alle Zellen betreiben Zellatmung. Dabei werden in Mitochondrien organische Stoffe wie Glucose unter Beteiligung von Sauerstoff abgebaut. Es entehen die Reaktionsprodukte Kohlenstoffdioxid und Wasser. Die dabei freigesetzte Energie kann zum Beispiel für Wachstum, Transportprozesse oder als Wärmeenergie genutzt werden.

Biologisches Prinzip Struktur und Funktion

Pflanzenzellen enthalten eine Zellwand, die die Zelle nach Außen begrenzt. Im Inneren der Zelle befinden sich Vakuolen, die von einer Membran umschlossen sind und in denen Stoffe gespeichert werden können. Eine gefüllte Vakuole drückt gegen die Zellwand, wodurch die Zelle an Stabilität gewinnt.

Chloroplasten sind in grünen Pflanzenzellen zu finden und beinhalten den Farbstoff Chlorophyll. Hier findet die Fotosynthese statt, bei der aus Lichtenergie chemische Energie gewonnen wird. Die Oberfläche ihrer inneren Membran ist durch Einfaltungen stark vergrößert. So ergibt sich eine große Oberfläche und die Effektivität der Fotosynthese wird stark vergrößert.

Biologisches Prinzip Reproduktion

Beim Wachsen eines Keimlings finden vielfache Zellteilungen statt. Bei jeder Zellteilung entstehen aus einer Mutterzelle zwei identische Tochterzellen. Zuerst entstehen aus dem Zellkern zwei neue Zellkerne. Danach wird das Zellplasma in zwei Hälften getrennt. Bei Pflanzenzellen wird noch eine trennende Zellwand aufgebaut. Die beiden neu entstanden Zellen wachsen heran und teilen sich gegebenenfalls erneut.

Pflanzliche Zellen wachsen durch zwei Mechanismen. Beim Plasmawachstum wird das Zellplasma vermehrt, wodurch sich die Zelle ein wenig streckt. Schnelles und effektives Zellwachstum erreichen pflanzliche Zellen, indem sie Wasser in die Vakuole aufnehmen. Dies nennt man Streckungswachstum.

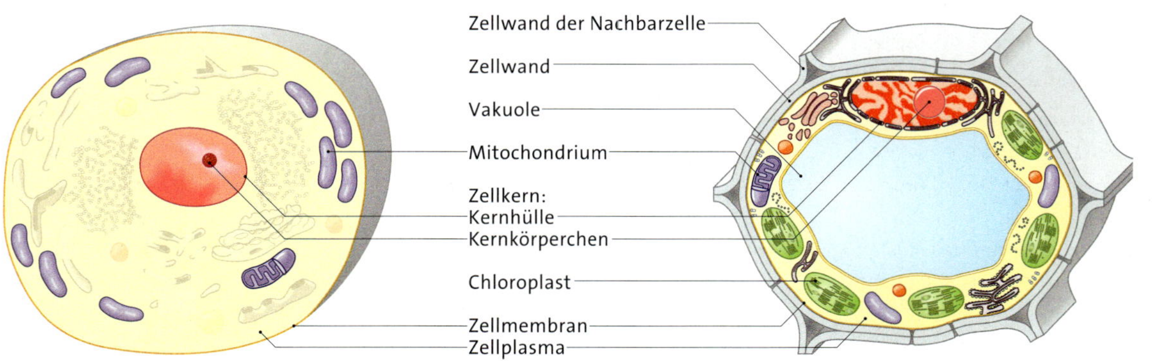

1 Tierzelle und Pflanzenzelle im Vergleich

Wissen vernetzt Die Zelle – kleinste Funktionseinheit des Lebens

A1 Mikroskopische Zeichnung

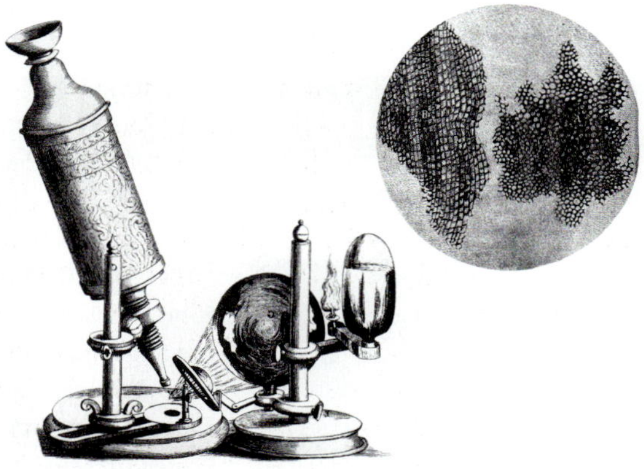

Die Abbildung zeigt ein Mikroskop und eine Zeichnung eines englischen Forschers.

a) Benenne den Forscher. Ordne das Mikroskop zeitlich ein.

b) Beschreibe kurz Mikroskop und Zeichnung. Erläutere die Bedeutung dieser Entdeckung.

A2 Tierische und pflanzliche Zellen

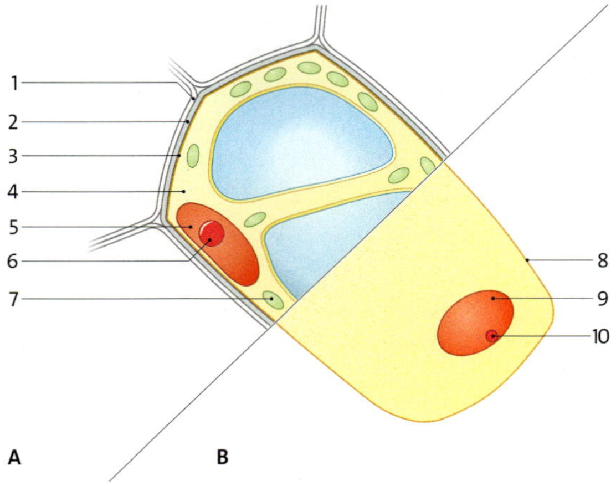

Die schematische Zeichnung zeigt Bestandteile tierischer und pflanzlicher Zellen.

a) Ordne den Buchstaben und Ziffern die richtigen Begriffe zu.

b) Vergleiche in Form einer Tabelle die Kennzeichen pflanzlicher und tierischer Zellen.

c) Erläutere den Zusammenhang zwischen Struktur und Funktion am Beispiel des Zellkerns.

A3 Fotosynthese

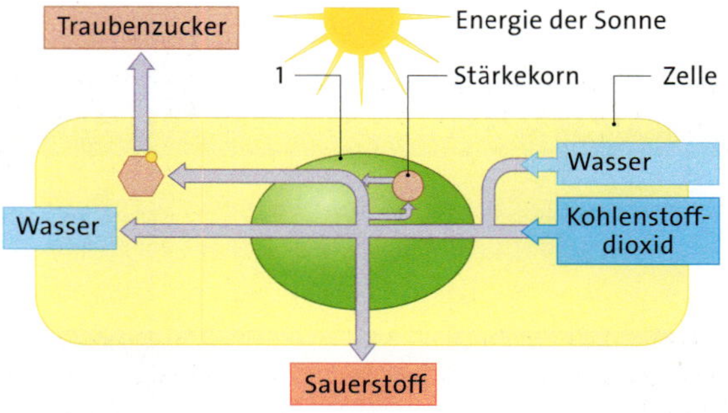

Die schematische Abbildung zeigt eine Zelle, die Fotosynthese betreibt.

a) Benenne und beschreibe das Zellorganell 1 für diesen Stoffwechselvorgang.

b) Begründe mit Hilfe der Abbildung, dass eine Pflanzenzelle Stoff- und Energiewechsel betreibt.

c) Erläutere kurz, welche Bedeutung dieser Stoffwechselweg für den Menschen hat.

d) Begründe, warum Pflanzenzellen zu den Eucyten gehören.

A4 Bakterien

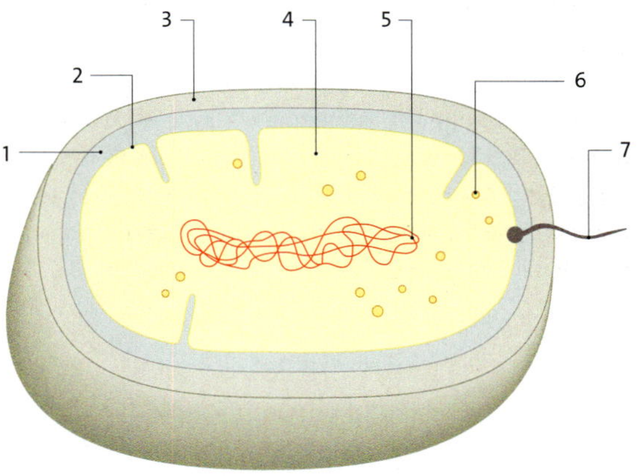

a) Ordne den Ziffern in der schematischen Zeichnung die entsprechenden Begriffe zu.

b) Begründe, warum es sich um eine Procyte handelt.

c) Nenne drei verschiedene Bakterienformen und gib für jede Form ein Beispiel an.

Der Körper des Menschen und seine Gesunderhaltung

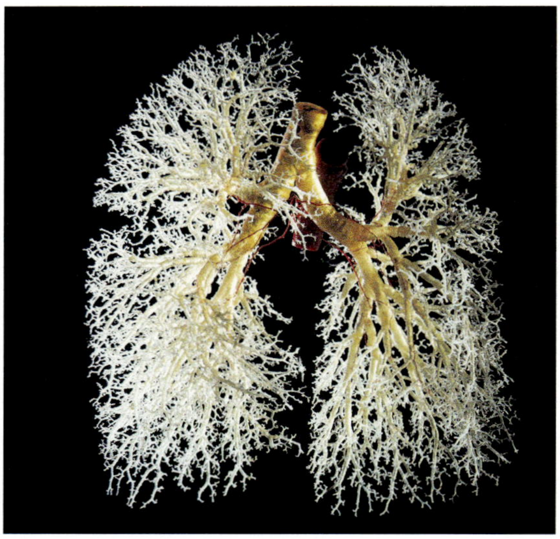

Der Bronchialbaum

In manchen Biologiesammlungen gibt es einen »Bronchialbaum«. Recherchiert, wie man ein solches Präparat herstellt. Beschreibt seinen Aufbau und geht auf den Zusammenhang zwischen Struktur und Funktion ein.

Eine Kerze brennt

Führt das Experiment wie abgebildet durch. Beschreibt die Ergebnisse. Stellt selbst Fragen und sucht Erklärungen. Stellt einen Zusammenhang zwischen diesem Experiment und der Atmung her.

Kann man sich von Schokolade allein ernähren?

Vergleicht die beiden Kreisdiagramme. Versucht, die in der Überschrift gestellte Frage zu beantworten. Formuliert auf Grund der Kreisdiagramme weitere Fragen und sucht Antworten.

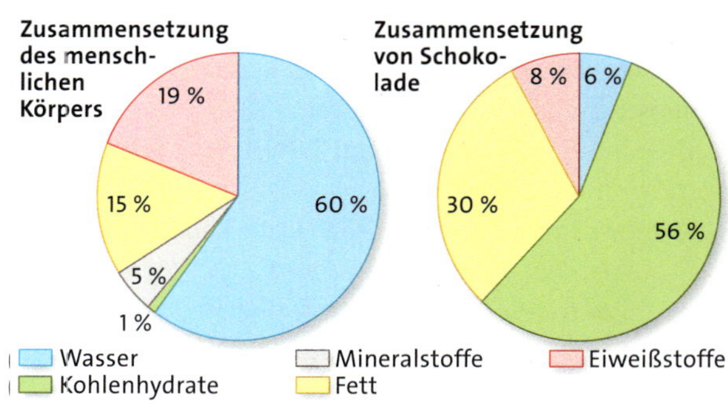

Sind Vitamine und Mineralstoffe lebensnotwendig?

Der abgebildete Korb enthält viel Obst und Gemüse, das uns mit wichtigen Vitaminen und Mineralstoffen versorgt. Sortiert die angegebenen Beispiele nach wasserlöslichen und fettlöslichen Vitaminen sowie nach Mineralstoffen. Erarbeitet in Gruppenarbeit eine Tabelle, in der ihr Wirkstoff, Vorkommen, Wirkung und Wissenswertes zu den einzelnen Bespielen zusammenfasst. Stellt eure Ergebnisse in der Klasse vor.

Vitamin C lässt sich relativ einfach mit Ascorbinsäure-Teststreifen (aus der Apotheke) nachweisen. Dazu müsst ihr die zu testenden Lebensmittel frisch anschneiden und das Teststäbchen an die feuchte Schnittfläche drücken. Die Färbung verrät euch nach einer Minute den Anteil an Vitamin C. Stellt Vermutungen an, welche Obst- und Gemüsesorten besonders viel Vitamin C enthalten. Überprüft eure Vermutungen in einem Experiment. Vergesst nicht, den Versuch zu protokollieren.

1	Vitamin A, B 2, B 6, B 12, D, E, Calcium
2	Vitamin B 6, E, Calcium
3	Vitamin B 2, B 6, B 12, Folsäure
4	Folsäure, Magnesium
5	Vitamin C
6	Vitamin A

Blutbestandteile

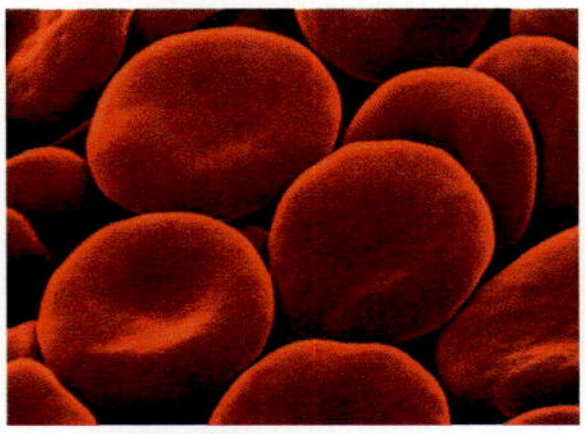

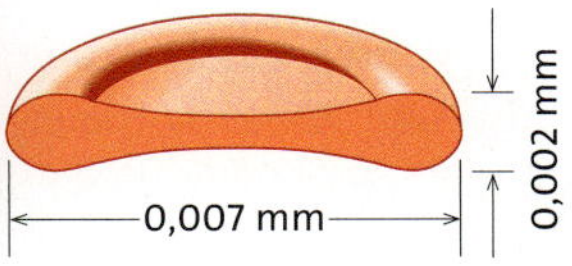

Rote Blutzellen (Erythrozyten)

Bau: runde, von beiden Seiten eingedellte, scheibenförmige Zellen mit einem Durchmesser von etwa 7 µm (1 µm = 1/1000 mm); Zellkern wurde ausgestoßen; enthalten roten Blutfarbstoff Hämoglobin

Bildung: rotes Knochenmark; pro Sekunde entstehen 2,4 Millionen rote Blutzellen

Lebensdauer: 100 bis 140 Tage

Anzahl: beim Mann 5 Millionen pro µl (= 1/1000 l) Blut; bei der Frau 4,5 Millionen pro µl Blut

Aufgaben: Transport von Sauerstoff und Kohlenstoffdioxid

Informiere dich im Lehrbuch über die Bestandteile des Blutes. Erstelle einen weiteren Steckbrief zu einem Bestandteil. Stelle diesen in der Klasse vor.

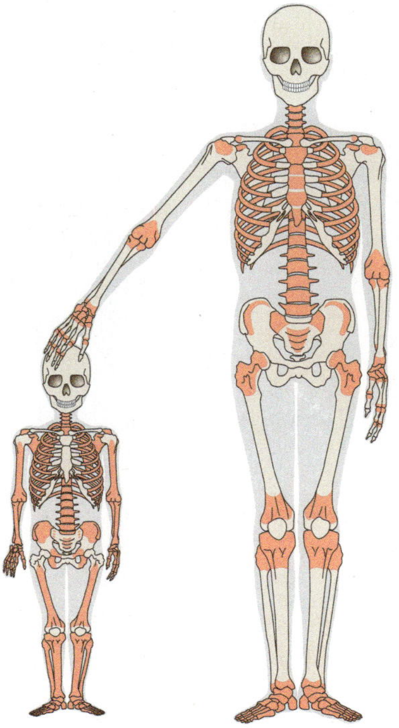

Rotes Knochenmark im Skelett eines Kindes und eines Erwachsenen

1 Nahrung liefert Energie

1.1 Die drei Nährstoffgruppen

Die vielfältigen Nahrungsmittel liefern alle Stoffe, die der Mensch zur Deckung des Energiebedarfs und zum Auf- und Abbau körpereigener Substanzen braucht. Die Hauptbestandteile dieser Lebensmittel gehören zu drei Stoffgruppen: Kohlenhydrate, Fette und Eiweiße. Da sie einen wichtigen Beitrag zur Ernährung leisten, bezeichnet man sie als **Nährstoffe.**

Kohlenhydrate nehmen wir in verschiedenen Formen auf, vorwiegend als Zucker oder als Stärke. Die Bausteine aller Kohlenhydrate sind Einfachzucker oder Monosaccharide. Diese setzen sich aus den Elementen Kohlenstoff, Sauerstoff und Wasserstoff zusammen. Diese wichtigen Monosaccharide kommen in vielen Früchten vor. Durch die Verknüpfung von zwei Zuckerbausteinen entstehen Zweifachzucker, die Disaccharide. Malzzucker oder Maltose besteht aus zwei Teilchen Glucose und kommt in keimenden Getreidekörnern vor. Der Rohrzucker, die Saccharose, setzt sich aus Glucose und Fructose zusammen. Haushaltszucker ist industriell aufgereinigter Rohrzucker, der zum Beispiel aus Zuckerrüben oder Zuckerrohr stammt.

Bei komplexen Kohlenhydraten, den Vielfachzuckern oder Polysacchariden, werden sehr lange Ketten von Zuckerbausteinen gebildet, die auch Verzeigungen enthalten können. Pflanzliche Stärke besteht aus langen, unverzweigten Ketten von Glucoseteilchen, die schraubig aufgewunden sind. Für Pflanzen ist Stärke ein Speicherstoff und deshalb in Speicherorganen wie Kartoffeln und Getreidekörnern enthalten. Das Reservepolysaccharid der Tiere ist Glykogen, dessen Glucosebausteine auch zu langen Ketten verbunden sind, die aber viele Verzweigungen enthalten. Während der Verdauung baut unser Körper Stärke zu Glucose ab, kann diese als Energielieferant nutzen oder in der Leber daraus Glykogen als Speicherstoff aufbauen. Da Monosaccharide bei der Verdauung ohne weitere Zerlegung direkt ins Blut übertreten können, stehen sie sofort als Energielieferanten zur Verfügung und werden schnell verbraucht. Stärke hingegen sorgt für eine länger anhaltende Sättigung und gleichmäßigere Versorgung mit Glucose, da die langen Ketten erst in kleinere Bausteine aufgespalten werden müssen.

Bei den **Fetten** oder Lipiden unterscheidet man feste Fette und flüssige Öle, die tierischer oder pflanzlicher Herkunft sein können. Fette bestehen aus den Bausteinen Glycerin und Fettsäuren. Wie die Kohlenhydrate sind sie aus den Elementen Kohlenstoff, Sauerstoff und Wasserstoff aufgebaut. Dabei ist jedes Glycerinteilchen mit drei kettenförmigen Fettsäureteilchen verbunden.

In pflanzlichen und tierischen Fetten kommen elf verschiedene Fettsäuren vor. Aufgrund ihres chemischen Aufbaus unterscheidet man gesättigte oder ungesättigte

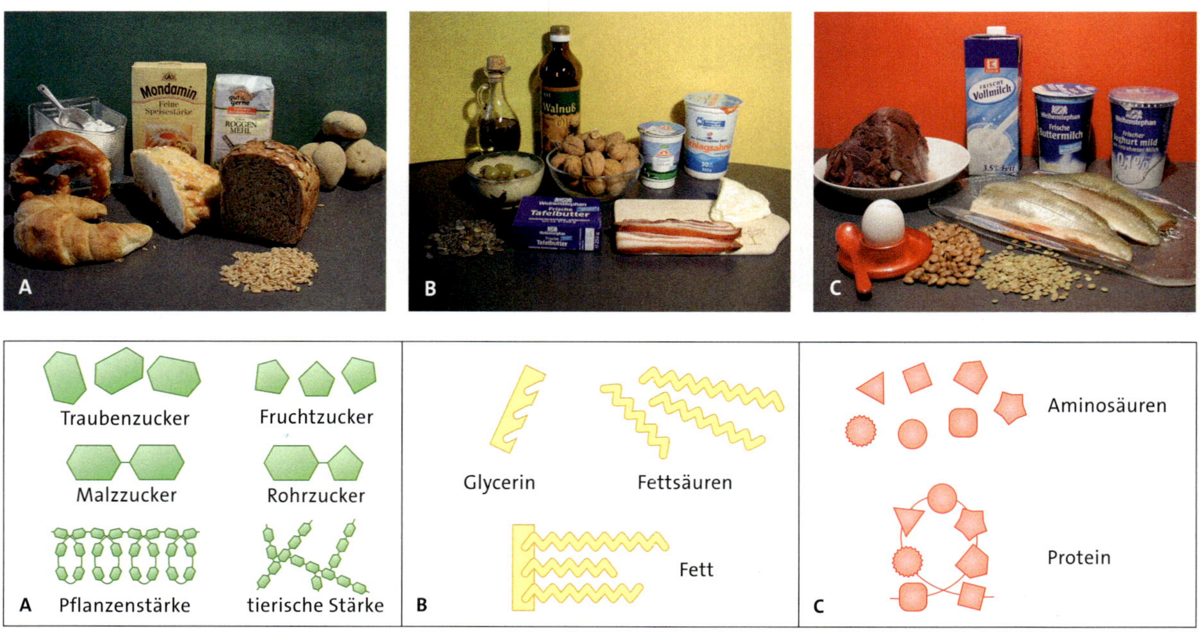

1 **Die drei Nährstoffgruppen.** **A** Kohlenhydrate; **B** Fette; **C** Proteine

Fettsäuren. Je nach Art und Menge der gebundenen Fettsäuren sind die Fette bei Raumtemperatur flüssig oder fest. Bei flüssigen Ölen ist der Anteil an ungesättigten Fettsäuren höher. Einige dieser Fettsäuren kann der Körper nicht selbst herstellen, sondern muss sie mit der Nahrung aufnehmen. Sie bezeichnet man als **essenzielle Fettsäuren.** Diese sind vorwiegend in pflanzlichen Ölen wie Distel-, Walnuss-, Lein- oder Sonnenblumenöl vorhanden. Pflanzliche Fette findet man vor allem in Samen oder Früchten, da sie die Funktion von Speicherlipiden haben. Tierische Fette sind in Lebensmitteln wie Butter, Sahne, Käse oder Wurst und fettem Fisch enthalten. Fette werden langsamer verdaut als Kohlenhydrate, so dass ihre Energie über einen längeren Zeitraum freigesetzt wird. Im menschlichen Körper dienen Fette auch als Energiespeicher und zur Wärmeisolation.

In der Nahrung sind außerdem Eiweißstoffe enthalten, die man auch als **Proteine** bezeichnet. Ihre Bausteine sind 20 verschiedene Aminosäuren, die zu langen Ketten verbunden sind. Neben den Elementen Kohlenstoff, Wasserstoff und Sauerstoff enthalten die Aminosäuren auch die Elemente Stickstoff und Schwefel. Die Vielfalt der im Körper vorhandenen Proteine wird durch unterschiedliche Kombinationen der Aminosäuren in den Ketten erreicht, die dann spezifische räumliche Strukturen annehmen.

Die Nahrungsproteine werden hauptsächlich als Baustoffe zur Herstellung körpereigener Eiweiße verwendet. Zur Energiegewinnung dienen sie nur, wenn die anderen Energiequellen erschöpft sind. Proteine sind in tierischen Produkten wie Fleisch, Fisch, Wurst, Eiern, Milch und Milchprodukten enthalten. Reich an pflanzlichen Proteinen sind vor allem Sojabohnen, Erbsen, Linsen, Mais, Nüsse und Mandeln.

Die Proteine der Nahrung sind für den Menschen verschieden gut verwertbar. Je ähnlicher die Zusammensetzung des aufgenommenen Proteins zu der des Menschen ist, desto effizienter kann der Aufbau von Körperproteinen erfolgen. Deshalb haben die Nahrungsproteine eine unterschiedliche biologische Wertigkeit für den Menschen. Von den 20 Aminosäuren kann der menschliche Stoffwechsel zwölf ineinander umwandeln und selbst herstellen. Acht Aminosäuren hingegen müssen über die Nahrung aufgenommen werden. Diese werden als **essenzielle Aminosäuren** bezeichnet und kommen häufiger und ausgewogener in tierischen als in pflanzlichen Proteinen vor.

1 Erstelle eine Liste von Lebensmitteln, die besonders reich an Fett sind. Verwende dazu die Abbildungen 1 und 2.

2 Vergleiche die Zusammensetzung der Nahrungsmittel in Abbildung 2 miteinander.

3 Untersuche die Zutatenlisten von Fruchtjoghurt, Müsliriegeln und Schokolade. Nenne die dort zu findenden Bezeichnungen für »Zucker«?

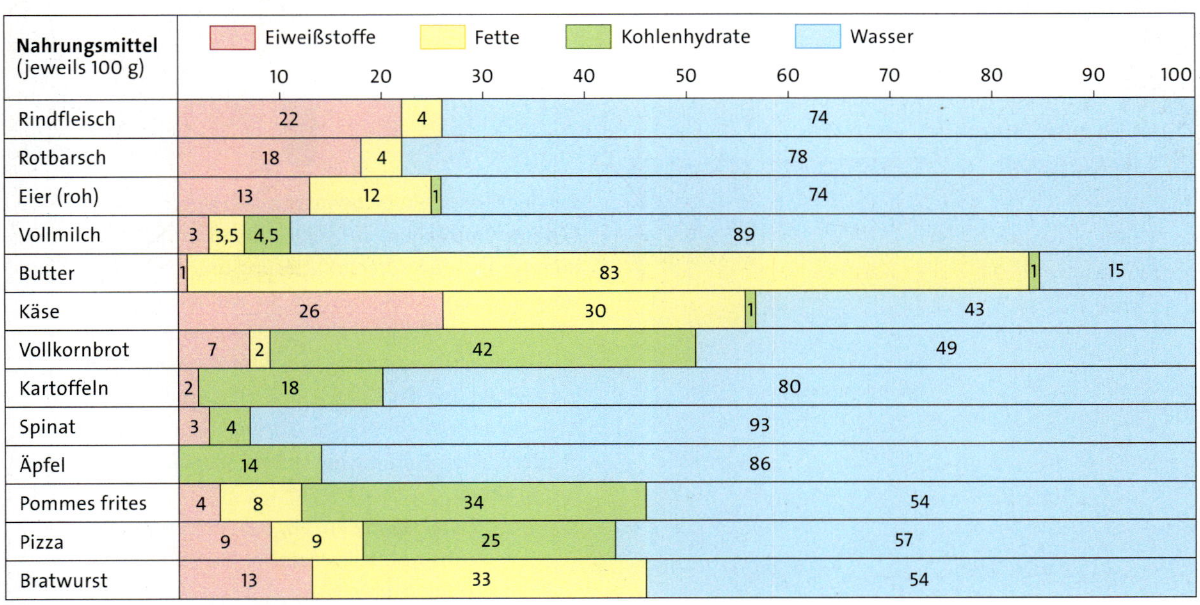

2 Zusammensetzung verschiedener Nahrungsmittel

Aufgaben und Versuche | Nachweis von Kohlenhydraten, Fetten und Eiweißstoffen

V1 Nachweis von Stärke mit Iod-Kaliumiodid-Lösung

Material: Bechergläser; Wasser; Messer; Stärke; Glasstab; Iod-Kaliumiodid-Lösung; verschiedene Lebensmittel (z. B. Kartoffeln, Bananen, Äpfel, Käse, Nudeln, Mehl, Reis, Fleisch)

Durchführung: Fülle zwei Bechergläser gleich hoch mit Wasser. Gib in eines eine Messerspitze Stärke und rühre mit einem Glasstab um. Versetze jedes Becherglas mit zwei Tropfen Iod-Kaliumiodid-Lösung.
Prüfe mit einer Iod-Kaliumiodid-Lösung Lebensmittel auf Stärke, indem du die Lösung direkt auf die Lebensmittel gibst.

Aufgabe: Beschreibe deine Beobachtungen. Nenne Lebensmittel, die Stärke enthalten.

V2 Nachweis von Traubenzucker mit Glucose-Teststreifen

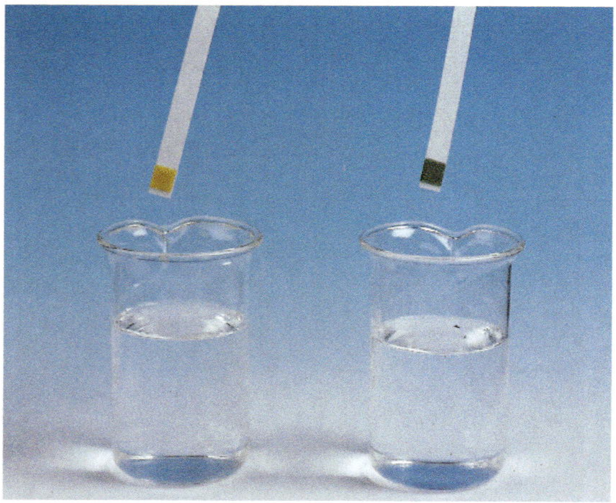

Material: Bechergläser; Wasser; Messer; Traubenzucker; Glasstab; Glucose-Teststreifen; verschiedene Lebensmittel (z. B. verschiedene Fruchtsäfte, Malzbier, Milch, Banane, Rosinen, Weißbrot, Kartoffel, Fleisch); Küchenreibe

Durchführung: Fülle zwei Bechergläser gleich hoch mit Wasser. Gib in eines eine Messerspitze Traubenzucker und rühre mit einem Glasstab um.
Tauche kurz einen Glucose-Teststreifen in jedes Becherglas.
Prüfe mit weiteren Glucose-Teststreifen Lebensmittel auf Traubenzucker, indem du die Teststreifen direkt in die flüssigen Lebensmittel hältst. Zerkleinere feste Lebensmittel mit der Küchenreibe und mische sie in einem Becherglas mit etwas Wasser, bevor du den Teststreifen hineinhältst.

Aufgabe: Beschreibe deine Beobachtungen am Testbezirk des Glucose-Teststreifens. Nenne Lebensmittel, die Traubenzucker enthalten.

A3 Nachweis von Traubenzucker mit der Fehling-Probe (Lehrerexperiment)

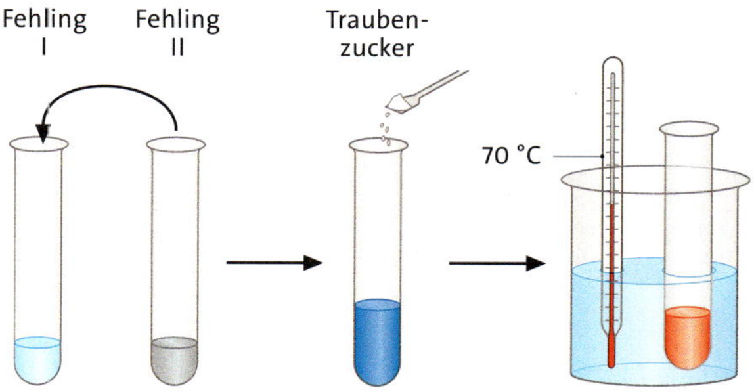

Bei der Fehling-Probe benutzt man zwei Lösungen, Fehling I und Fehling II. Dabei handelt es sich um eine verdünnte Kupfersulfatlösung und eine Tartrat- oder Natriumhydroxidlösung. Sie werden in gleichen Mengen in ein Reagenzglas gegeben. Dabei entsteht eine dunkelblaue Lösung. Nun wird Traubenzucker zugegeben und das Gemisch im Wasserbad erhitzt. Man verwendet ein Wasserbad, weil beim direkten Erhitzen in der Flamme ein starker Siedeverzug auftreten kann.

Aufgabe: Erstelle von dem abgebildeten Versuch ein Versuchsprotokoll (Material, Durchführung, Beobachtung, Ergebnis).

V4 Nachweis von Fetten mit der Fettfleck-Probe

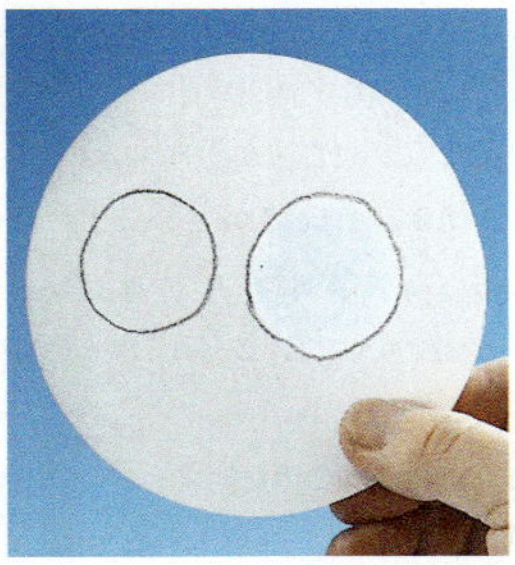

Material: Löschpapierblätter; Wasser; Speisöl; verschiedene Lebensmittel (z. B. Butter, Wurst, Käse, Brot, Milch, Banane); Mörser; Pistill; Waschbenzin (2, 7, 8, 9); Trichter; Filtrierpapier; Reagenzgläser

Durchführung: Gib auf ein Blatt Löschpapier einen Tropfen Wasser und einen Tropfen Speiseöl. Halte die Blätter nach dem Trocknen gegen das Licht (Fettfleck-Probe). Prüfe nun mit der Fettfleck-Probe Lebensmittel auf Fett. Gib dazu zunächst die Butter direkt auf das Löschpapierblatt. Zerkleinere danach feste Lebensmittel im Mörser mit etwas Waschbenzin. Gieße dann das Gemisch aus dem Mörser in einen Trichter, der mit Filtrierpapier bestückt ist. Fange die filtrierte Flüssigkeit in einem Reagenzglas auf und gib einen Tropfen davon auf das Löschpapierblatt.

Aufgabe: Beschreibe jeweils deine Beobachtungen und nenne die Lebensmittel, die Fette enthalten.

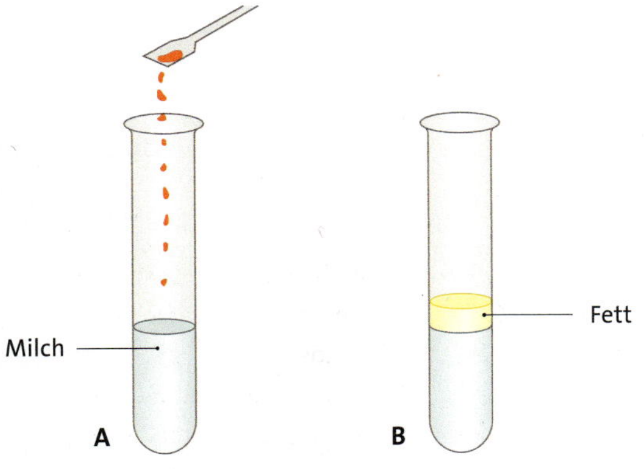

A5 Nachweis von Fetten in Öl und Milch

Man gibt zu Speiseöl oder Milch im Reagenzglas eine winzige Spatelspitze von Sudan(III)-Pulver. Dann schüttelt man kräftig. Sudan(III)-Pulver löst sich in Fetten.

Aufgabe: Erstelle von dem abgebildeten Versuch ein Versuchsprotokoll (Material, Durchführung, Beobachtung, Ergebnis).

V6 Nachweis von Eiweißstoffen mit Eiweiß-Teststreifen

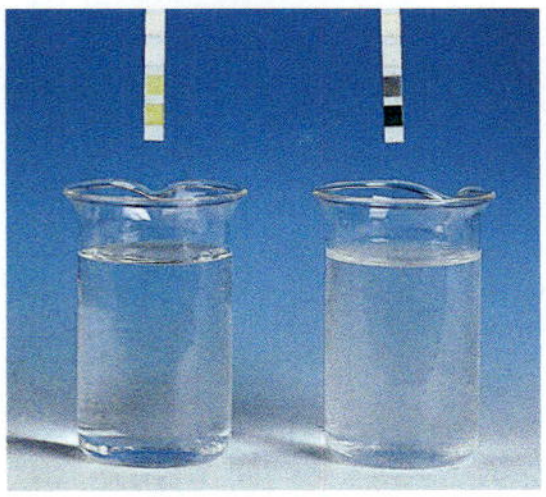

Material: Bechergläser; Wasser; Bunsenbrenner; Eiklar; Glasstab; Eiweiß-Teststreifen; verschiedene Lebensmittel (zum Beispiel Quark, Käse, Haferflocken, Kartoffel, Apfel); Küchenreibe

Durchführung: 1. Fülle zwei Bechergläser gleich hoch mit Wasser. Gib in eines etwas Eiklar und rühre mit einem Glasstab um. Tauche kurz einen Teststreifen in jedes Becherglas.
2. Prüfe Lebensmittel auf Eiweißstoffe, indem du sie mit der Küchenreibe zerkleinerst. Mische sie in einem Becherglas mit Wasser, bevor du den Teststreifen hineinhältst.
3. Gib in zwei Bechergläser die gleiche Menge Eiklar und verrühre jeweils mit etwas Wasser. Erhitze ein Becherglas bis zum Kochen, lasse es abkühlen und führe dann in beiden Ansätzen den Nachweis für Eiweißstoffe durch.

Aufgaben:

a) Beschreibe deine Beobachtungen zu 1. und 2.

b) Vergleiche die Ergebnisse mit den Beobachtungen zu 3. und erläutere.

A7 Nachweis von Eiweißstoffen mit der Biuretprobe

Ein Chemiker kann Eiweißstoffe mit der Biuret-Probe nachweisen. Er gibt dann zu dem zu untersuchenden Lebensmittel im Reagenzglas Kupfersulfat, eine wässerige, verdünnte Natronlauge und erhitzt vorsichtig.

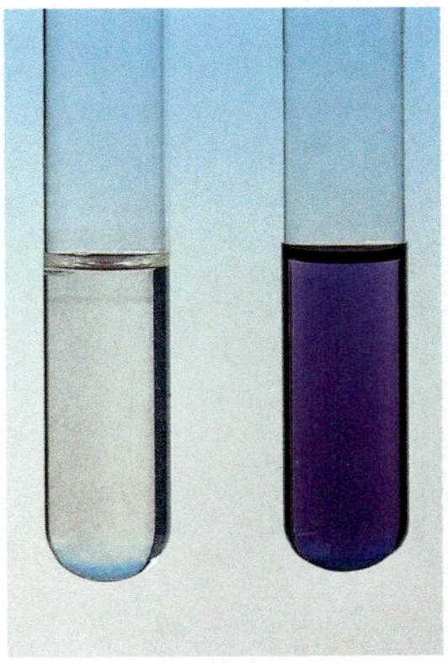

A B

Aufgabe: Beschreibe das Versuchsergebnis. Was erwartest du als Versuchsergebnis beim Prüfen von Butter, Weizenmehl, Banane, Fisch und Wurst?

1.2 Die Nahrung enthält weitere wichtige Stoffe

Von Nährstoffen allein kann man nicht leben. Für den Stoffwechsel benötigt der Mensch verschiedene zusätzliche Substanzen, die der Körper selbst nicht aufbauen kann. Diese Stoffe müssen mit der Nahrung regelmäßig zugeführt werden. Bei einigen Stoffen reichen schon geringe Mengen in der täglichen Nahrung aus, um den Bedarf zu decken.

Vitamine sind organische Verbindungen, die unser Körper nicht selbst bilden kann. Eine ausgewogene Ernährung enthält alle Vitamine in ausreichender Menge. Ohne Vitamine läuft in unserem Körper nichts: Sie sind für den reibungslosen Ablauf biochemischer Prozesse im Körper wie beispielsweise den Aufbau unterschiedlicher Zelltypen und den Energiestoffwechsel zuständig. Bei einer Unterversorgung kommt es zu Stoffwechselstörungen. Überdosierungen sind dagegen nur in wenigen Fällen gefährlich. Man kennt heute 13 verschiedene Vitamine, die vorwiegend in pflanzlicher Kost enthalten sind. Sie werden mit Großbuchstaben gekennzeichnet, denen teilweise eine Ziffer angefügt ist. Die meisten Vitamine sind wasserlöslich, nur wenige sind fettlöslich. Vitamine sind empfindlich. Sie können durch Hitze, Sauerstoff, UV-Licht oder durch Säuren zerstört werden.

Mineralstoffe werden von Pflanzen mit dem Wasser aus dem Boden aufgenommen, sind somit vorwiegend in pflanzlicher Nahrung vorhanden. Unser Körper benötigt Mineralstoffe nur in geringen Mengen. Bei einem Bedarf von etwa einem Gramm pro Tag spricht man von **Mengenelementen** (Kalium, Chlor, Natrium, Phosphor, Calcium und Magnesium), bei einem Tagesbedarf im Milligrammbereich von **Spurenelementen** (Eisen, Iod und Fluor). Alle diese Elemente werden in Form ihrer Ionen aufgenommen. Die Aufgaben der Mineralstoffe im Körper sind vielfältig: Natrium-Ionen sind notwendig für die Erregbarkeit von Muskeln und Nerven, ebenso Kalium-, Calcium- und Chlorid-Ionen. Calcium-Ionen sind zudem wichtig für den Knochen- und Zahnaufbau, Iodid-Ionen für das Wachstum und Eisen-Ionen für die Blutbildung.

Ballaststoffe sind unverdauliche Bestandteile pflanzlicher Nahrung. Sie bestehen zum Beispiel aus Zellulose, dem Hauptbestandteil der Zellwände. Ballaststoffreiche Nahrung muss länger gekaut werden, dadurch werden mehr Verdauungssäfte gebildet. Die Nahrung verweilt länger im Magen, und man ist deshalb länger satt. Ballaststoffe werden von Bakterien im Dickdarm teilweise abgebaut. Dabei entstehen die Vitamine B_2, H und K. Um eine gesunde Darmbewegung aufrechtzuerhalten, sollten täglich 30 bis 50 Gramm Ballaststoffe mit der Nahrung aufgenommen werden.

1 Vervollständige die unten abgebildete Tabelle mit den entsprechenden Angaben zu den Vitaminen B_6 und B_{12} sowie den Mineralstoffen Phosphor, Natrium und Magnesium.

Stoff	Funktion	Vorkommen	Tagesbedarf	Mangelerscheinung
Vitamin A	notwendig für den Sehvorgang, hält Haut und Schleimhäute gesund, stärkt das Immunsystem	Leber, Butter, Eier, Vollmilch; Provitamin A (Carotinoide) in Karotten, Kohl, Tomaten	1 mg	trockene Haut, spröde Haare und Nägel, Nachtblindheit, Wachstumsstörungen
Vitamin B_1	notwendig für den Kohlenhydratstoffwechsel und die Funktion des Nervensystems, des Herzens sowie der Verdauung	Schweinefleisch, Leber, Fisch, Vollkornbrot, Hülsenfrüchte, Kartoffeln	1,2 mg	Appetitlosigkeit, Reizbarkeit, Entzündung des Nervensystems (Beri-Beri), Herzmuskelschwäche
Vitamin C	Aufbau von Bindegewebe und Knochen, fördert die Wundheilung, verbessert die Eisenaufnahme, Antioxidationsmittel	Obst (Zitrusfrüchte, Kiwi), Gemüse (Paprika, Broccoli)	75 mg	Müdigkeit, Leistungsabfall, schlechte Wundheilung, erhöhte Krankheitsanfälligkeit, Skorbut
Vitamin D	fördert Entwicklung von Knochen und Zähnen	fetter Fisch (Hering, Lachs), Ei, Leber, Milchprodukte; wird unter UV-Licht in der Haut gebildet	0,005 mg	Knochen werden weich und biegsam (Rachitis, Osteomalazie)
Vitamin E	hemmt Entzündungen, schützt Zellwände und DNS, Antioxidationsmittel	hochwertige Pflanzenöle, Nüsse, Eidotter, Butter, Blattgemüse	13 mg	nur bei krankhafter Störung der Fettaufnahme und bei Frühgeborenen: Müdigkeit, schlechte Wundheilung, Arteriosklerose
Calcium (Ca^{2+})	Aufbau und Erhalt von Knochen und Zähnen, Nerven- und Muskelfunktion	Milchprodukte, dunkelgrünes Gemüse, Hülsenfrüchte	1200 mg	vermindertes Wachstum, Verlust von Knochensubstanz, Muskelkrämpfe
Eisen (Fe^{2+})	Bestandteil des Blutfarbstoffs Hämoglobin	Fleisch, Eier, Hülsenfrüchte, Getreidekörner	15 mg	Blutarmut, erhöhtes Infarktrisiko, Müdigkeit

1 Lebensnotwendige Vitamine und Mineralstoffe

Methode Lernen lernen

Viele Lern- und Arbeitsprobleme lassen sich vermeiden, wenn wir die Eigenheiten unseres Lernorgans richtig nutzen: Unser Gehirn lernt leichter in entspannter Atmosphäre und wenn es auf Erfolg hoffen darf.

Auch speichert es solche Informationen besser, die es als wichtig, sinnvoll und verständlich beurteilt. Das Gehirn verarbeitet Informationen dann besonders gut, wenn diese strukturiert sind und sich mit bereits Gelerntem verknüpfen lassen. Wiederholungen und ausreichend Schlaf festigen das Gelernte.

Dagegen führt ein falscher Umgang mit der Zeit häufig zu Lernproblemen. Fängst du beispielsweise erst einen Tag vor einer Klassenarbeit an zu lernen, musst du oft stundenlang Stoff »einpauken«. Dein Gehirn ist überfordert. Es schützt sich vor dieser Reizflut, indem es einen Teil des Stoffes nicht aufnimmt.

Dein Körper beginnt unter dem Zeitdruck Stresshormone auszuschütten. Dadurch können Denkblockaden entstehen. Es ist daher wichtig, seine Zeit sinnvoll zu planen. Lege dir zum Beispiel eine Woche vorher einen **Zeitplan** an, der dir bei der Vorbereitung einer Klassenarbeit zum Thema »Stoff- und Energiewechsel des Menschen« hilft. Trage angekündigte Arbeiten in einen Terminplaner ein.

1 Entwirf einen Zeitplan für die Vorbereitung der Klassenarbeit.

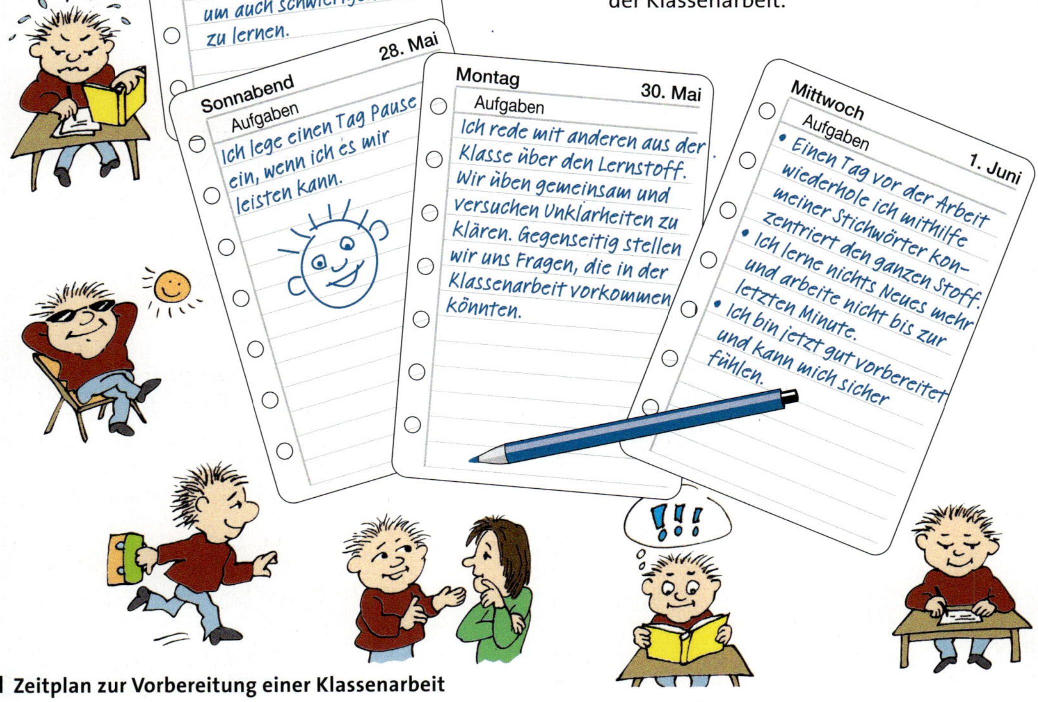

1 Zeitplan zur Vorbereitung einer Klassenarbeit

1.3 Die Bedeutung der Nährstoffe

Nach einer langen Wanderung ist man müde und hungrig. Woran liegt das? Für die ständige Bewegung braucht der Körper Energie. Das Hungergefühl nach der Wanderung zeigt an, dass die Energiereserven des Körpers aufgebraucht sind und mit Nahrung wieder aufgefüllt werden müssen. Es gibt aber auch Menschen, die sich bereits morgens nach dem Aufstehen mit gutem Appetit an den Frühstückstisch setzen. Obwohl sie die ganze Nacht geschlafen haben, also »nichts« getan haben, sind sie beim Aufwachen hungrig. Wie lässt sich das erklären?

Viele Körperfunktionen laufen auch ab, wenn man sich in völliger Ruhe befindet. Atmung, Blutkreislauf und Aufrechterhaltung der Körpertemperatur sind Vorgänge, die auch während des Schlafes aufrecht erhalten werden müssen. Diese Lebensfunktionen benötigen ständig Energie, die von außen zugeführt werden muss. Energie ist an einen Energieträger gebunden und kommt in verschiedenen Energieformen vor, wie zum Beispiel Wärmeenergie, Bewegungsenergie oder chemischer Energie. Alle Energieformen lassen sich ineinander umwandeln, dabei geht ein Teil der enthaltenen Energie als Wärme verloren. Die Maßeinheit für Energie ist das Joule (J) oder Kilojoule (kJ). Die Energiemenge, die ein Mensch im Liegen in einem Raum mit einer Temperatur von 20 Grad Celsius durchschnittlich benötigt, wird **Grundumsatz** genannt. Er liegt zwischen 5000 und 8000 Kilojoule pro Tag und ist unter anderem abhängig vom Alter und Geschlecht.

Für jede weitere Leistung, die ein Mensch vollbringt, braucht er zusätzliche Energie. Diese Energiemenge, die über den Grundumsatz hinaus benötigt wird, bezeichnet man als **Arbeits**- oder **Leistungsumsatz.** Er wird vor allem durch die Muskeltätigkeit bestimmt, zum Beispiel beim Wandern. Mit jeder Muskeltätigkeit ist ein zusätzlicher Energiebedarf verbunden. Der Leistungsumsatz ist bei verschiedenen Tätigkeiten sehr unterschiedlich: Beim Spazierengehen beträgt er ungefähr 500, beim Lauftraining hingegen 2650 Kilojoule pro Stunde.

Der **Gesamtenergiebedarf** setzt sich aus Grund- und Leistungsumsatz zusammen. Die benötigte Energie

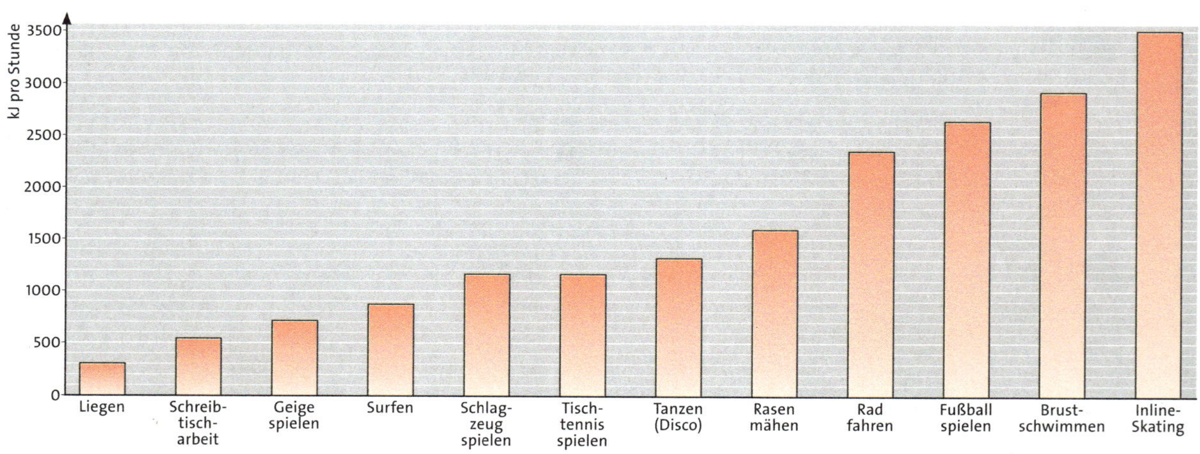

1 **Energieaufwand eines Erwachsenen (70 Kilogramm) für verschiedene Tätigkeiten**

2 **Energiegehalt verschiedener Nahrungsmittel je 100 Gramm**

stammt aus der Nahrung. Sie wird in den Zellen aus Kohlenhydraten und Fetten durch Energieumwandlung für die Körperfunktionen nutzbar gemacht. Fette und Kohlenhydrate sind also Brennstoffe oder Betriebsstoffe.

Muskelbewegungen benötigen besonders viel Energie. Bei der Verbrennung von Glucose zu Kohlenstoffdioxid und Wasser in der Zellatmung wird die gespeicherte chemische Energie in den Muskeln in Bewegungsenergie umgewandelt. Die Bewegungsvorgänge werden von den Nervenzellen im Gehirn gesteuert. Diese Zellen benötigen für ihre Tätigkeit ebenfalls Energie, die der Körper durch die Verbrennung von Kohlenhydraten liefert. Ein Teil der Energie wird als Wärme frei, die einerseits zur Aufrechterhaltung der Körpertemperatur verwendet wird, andererseits aber ungenutzt in die Umgebung abstrahlt. Der Körper kann nur eine sehr begrenzte Menge an Kohlenhydraten speichern. Sind die Speicher aufgefüllt, werden die überschüssig aufgenommenen Kohlenhydrate in der Leber zu Fett umgebaut und im Fettgewebe gespeichert. Auch mit der Nahrung über den Energiebedarf hinaus aufgenommene Fette werden im Fettgewebe als Energiereserven gespeichert. Bei Bedarf können Fette wieder mobilisiert werden. Sie gehen in den Körperstoffwechsel als körpereigene Fette ein oder werden im Energiestoffwechsel verbraucht.

Um den Energiegehalt von Stoffen zu ermitteln, wird eine bestimmte Stoffmenge vollständig mit Sauerstoff oxidiert und die dabei freiwerdende Wärmemenge gemessen. Daraus resultiert der **physikalische Brennwert** dieses Stoffes. Der **physiologische Brennwert** eines Stoffes ergibt sich aus der Energiemenge, die im Körper beim vollständigen Abbau frei wird. Für Kohlenhydrate und Fette sind physikalischer und physiologischer Brennwert gleich, wobei der Energiegehalt von Fetten bei gleicher Masse mehr als doppelt so groß ist wie bei Kohlenhydraten. Proteine werden nicht vollständig zu Kohlenstoffdioxid und Wasser abgebaut. Stattdessen entsteht der noch Energie enthaltende Harnstoff, sodass der physiologische Brennwert von Proteinen geringer als der physikalische Brennwert ist.

Ein Baby braucht für sein Wachstum und seine Entwicklung ebenfalls Energie, die es über die Nahrung erhält. Nach etwa fünf Monaten hat es sein Geburtsgewicht verdoppelt, nach zwölf Monaten verdreifacht. Alle Organe haben im Wachstum an Größe und Gewicht zugenommen. Aber auch bei Erwachsenen finden vergleichbare Vorgänge statt: Man kann am eigenen Körper beobachten, wie Haare und Nägel wachsen, wie die Haut sich schuppt. Genauso werden Blut und Muskelsubstanz ständig erneuert. Dazu benötigt der Organismus **Baustoffe.** Im Baustoffwechsel werden aus den Nährstoffen dann körpereigene Stoffe aufgebaut. Kohlenhydrate sind zum Beispiel am Aufbau von Sehnen, Bändern und Knorpel beteiligt. Fette sind notwendig, um neue Zellmembranen herzustellen. Der größte Teil des menschlichen Körpers besteht jedoch aus Proteinen, zum Beispiel die Muskulatur, Nägel und Haare. Eiweißstoffe aus den Nahrungsmitteln werden zu körpereigenen Proteinen umgewandelt. Diese dienen vorwiegend als Baustoffe und werden nur im Energiestoffwechsel verwendet, wenn alle anderen Energiereserven ausgeschöpft worden sind. Auch der Baustoffwechsel benötigt Energie, denn bei der Umwandlung von körperfremden zu körpereigenen Substanzen wird chemische Energie genutzt, die ebenfalls aus der Nahrung stammt.

1 Berechne, wie lange du Rad fahren oder schwimmen müsstest, um die Energie aus einer Tafel Vollmilchschokolade umzuwandeln. Rechne sowohl mit als auch ohne Grundumsatz.

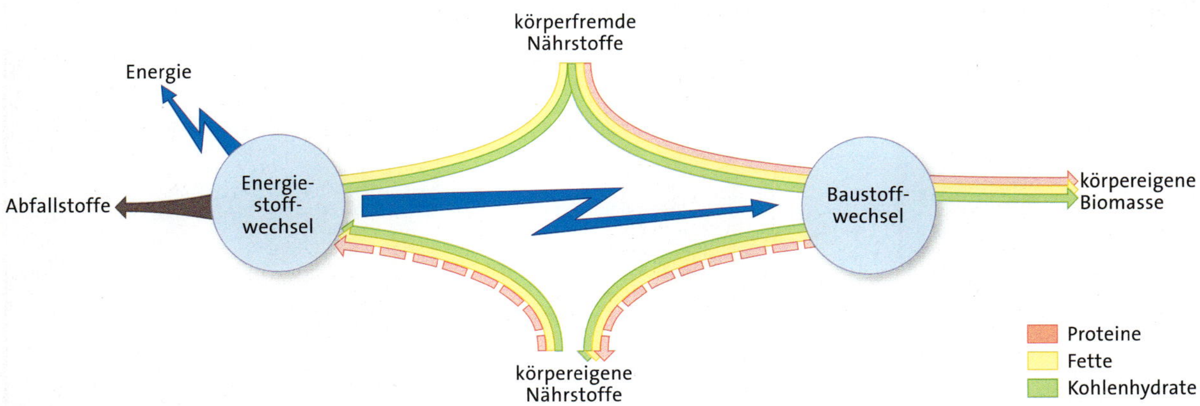

3 Der Weg der Nährstoffe im Körperstoffwechsel des Menschen

Streifzug durch die Physik | Energie

1 Haus mit Solarzellen auf dem Dach

Auf vielen Dächern findet man Solarzellen. Diese können das Sonnenlicht in elektrischen Strom umwandeln. Den Strom nutzen die Hausbewohner, um eine Reihe elektrischer Geräte zu betreiben. Die Solarzellen auf dem Dach ahmen einen Vorgang nach, den die Natur schon vor über einer Milliarde Jahre »erfunden« hat: Grüne Pflanzen sind in der Lage, das Licht der Sonne im Zuge der Fotosynthese zu verwerten und den hergestellten Traubenzucker zu speichern.

Licht, elektrischer Strom, Wärme und Bewegung sind unterschiedliche Formen von **Energie,** die – wie im Fall des Traubenzuckers – auch chemisch gebunden vorliegen kann. Die Energie selbst kann nicht wahrgenommen werden; ihre Erscheinungsformen sind allerdings sehr wohl bekannt: die Wärme des Feuers, die Bewegung eines fahrenden Autos, das Licht einer Lampe oder der Sonne.

Menschen nutzen die Energie in vielfältiger Weise. Dabei verwenden sie in aller Regel *Energieträger* wie Erdöl, Erdgas oder Kohle. Diese Stoffe entstanden vor sehr langer Zeit aus abgestorbenen Pflanzen und Kleinstlebewesen. In ihnen ist somit Sonnenenergie gespeichert. Man bezeichnet sie als fossile Energieträger. Öfen, die bei der Verbrennung von Kohle Wärme freisetzen, oder Autos, die die chemisch gebundene Energie des Benzins in Bewegungsenergie überführen, sind *Energiewandler.* Sie wandeln eine Form von Energie in eine oder mehrere andere Formen um. Energie kann also weder neu erschaffen noch vernichtet werden. Wenn man im Alltag davon spricht, dass Energie »erzeugt« wird, dann wird die vorhandene Energie, zum Beispiel die Bewegungsenergie von Wasser oder Luft, in nahezu universell einsetzbare elektrische Energie umgewandelt. Ist vom »Energieverbrauch« die Rede, wird zum Beispiel die Energie des elektrischen Stroms in Licht umgewandelt. In der Summe ist die vor und nach dem »Energieverbrauch« vorhandene Energie gleich. Beim Beheizen der Wohnung treten allerdings »Wärmeverluste« auf, da Wärme zum Beispiel durch Fenster und Wände an die kältere Umgebung abgegeben wird. Auch beim Transport von Strom durch Überlandleitungen geht ein Teil der Energie durch erwärmte Kabel an die Luft »verloren«. Da dieser Teil der Energie nicht mehr vom Menschen genutzt werden kann, spricht man von *Energieentwertung*.

1 Beschreibe die abgebildete Energieumwandlungskette.

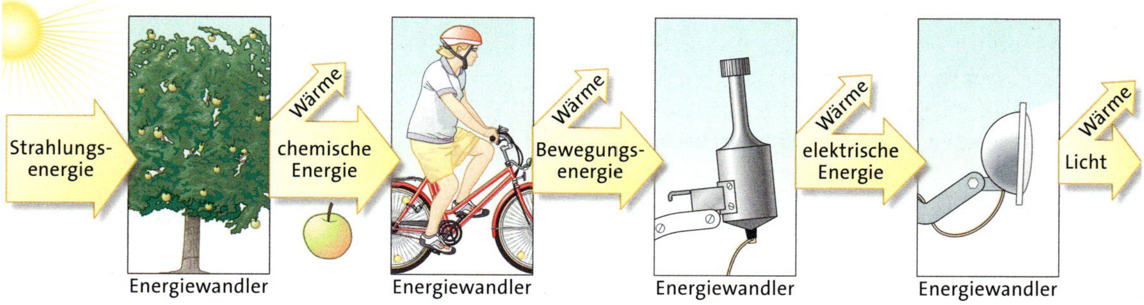

2 Beispiel einer Energieumwandlungskette

Streifzug durch die Medizin – Zahnpflege

Obwohl der Zahnschmelz das härteste Material im Körper des Menschen darstellt, kann es unter bestimmten Umständen zu Schäden an den Zähnen kommen. Die häufigste Zahnerkrankung ist die **Karies** oder Zahnfäule. Vor allem Zucker in Speisen und Getränken begünstigt das Wachstum von Bakterien auf den Zähnen. Bei mangelhafter Zahnpflege bildet sich mit der Zeit ein fester Belag, die Plaque. Sie ist fast unsichtbar und besteht aus Bestandteilen der Nahrung und des Speichels sowie aus Milliarden von Bakterien. Diese verwerten den Zucker und bilden dabei Säuren, die den Zahnschmelz angreifen. Im Laufe der Zeit wird der Zahnschmelz zerstört und es entstehen Löcher im Zahn, die sich ohne zahnärztliche Behandlung rasch vergrößern und durch das Zahnbein bis in die Markhöhle vordringen. Dabei treten oft große Schmerzen auf. Ist das Loch noch nicht zu groß, kann es ausgebohrt und mit einer Füllung verschlossen werden. Stark geschädigte Zähne müssen gezogen werden.

Eine andere häufige Erkrankung des Gebisses ist die Zahnbettentzündung, die **Parodontitis.** Sie wird ebenfalls durch die Plaque verursacht. Die in ihr enthaltenen Bakterien scheiden nicht nur Säuren, sondern auch noch andere schädliche Substanzen aus. Diese können zwischen Zahnfleisch und Zahn vordringen und Entzündungen hervorrufen. Das Zahnfleisch wird langsam abgebaut. Auch die Wurzelhaut und der Kieferknochen bilden sich zurück. Damit verlieren die betroffenen Zähne ihren Halt und fallen aus.

Zur wirkungsvollen Vorbeugung gegen beide Erkrankungen gehört regelmäßige und richtige Zahnpflege. Am besten nach jeder Mahlzeit, mindestens aber morgens und abends sollten die Zähne unter Beachtung einiger Regeln gründlich gereinigt werden. Eine fluorhaltige Zahncreme härtet dabei den Zahnschmelz.

1 Nenne weitere Möglichkeiten, wie Zähne gesund erhalten werden können.

2 Recherchiere und erläutere die »Saugerflaschenkaries«.

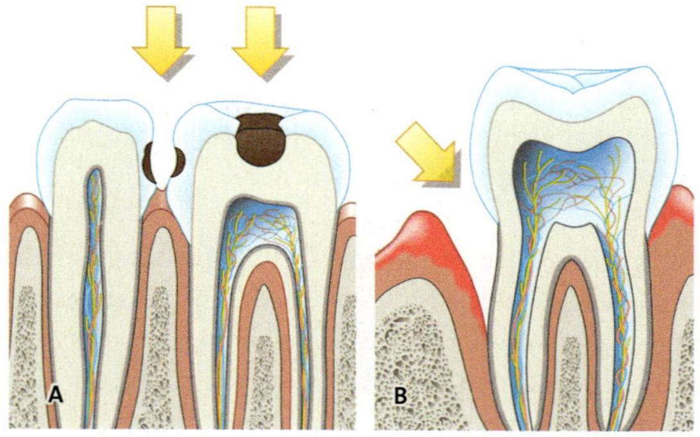

1 Zahnerkrankungen. **A** Karies; **B** Parodontitis

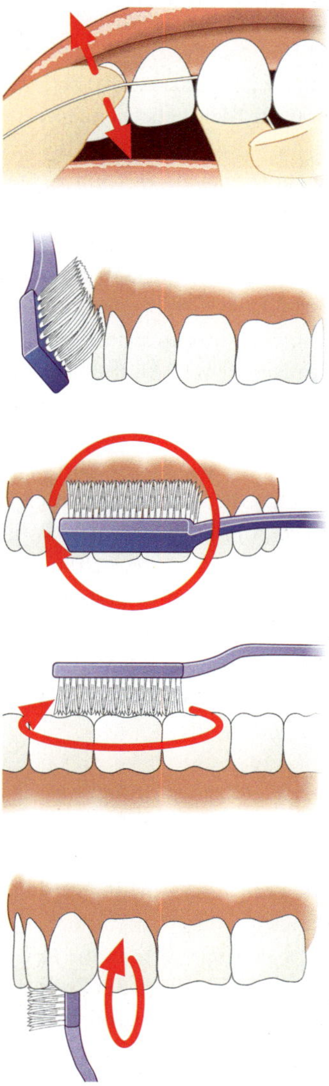

Zahnseide über die Daumen oder die Zeigefinger spannen und zwischen die Zähne schieben; jeweils einige Male auf und ab bewegen

Mund gründlich ausspülen; Bürste leicht schräg am Zahnfleisch ansetzen

Außenflächen mit kreisenden Bewegungen reinigen; vom Zahnfleisch Richtung Zahn (von »Rot« nach »Weiß«) mit größerem Druck putzen

bei den Kauflächen die Zahnbürste senkrecht zur Zahnoberfläche stellen, auch hier mit kreisenden Bewegungen und leichtem Druck arbeiten

zur Säuberung der Innenseiten Bürste senkrecht ansetzen; kleine kreisende Bewegungen mit größerem Druck von »Rot« nach »Weiß«; nach dem Putzen Mund spülen

2 Regeln für die Zahnreinigung

2 Verdauung

Ein Käsebrot enthält alle Nährstoffe. Das Brot selbst besteht aus Getreide, also aus Kohlenhydraten. Butter oder Margarine liefern Fette und der Käse Proteine. Was passiert mit den Nährstoffen im Körper, nachdem ein Stück von dem Käsebrot abgebissen wurde?

Zunächst wird der Bissen mit den Zähnen zerkleinert. Beim anschließenden Kauen entsteht ein Nahrungsbrei. Hierzu tragen verschiedene Speicheldrüsen bei, indem sie eine Flüssigkeit, den **Speichel,** absondern. Schon beim Anblick oder Geruch guten Essens »läuft einem das Wasser im Mund zusammen«. Dabei können pro Tag bis zu eineinhalb Liter Speichel gebildet werden. Kaut man Brot über eine längere Zeit, schmeckt es süß. Untersucht man den Speichel auf seine Inhaltsstoffe, so findet man ein **Enzym,** das Stärke in kleinere Zuckerbausteine zerlegt. Das Enzym nennt man *Amylase,* den entstehenden Zucker Malzzucker. Die Zerlegung von Nährstoffen wie der Stärke durch Enzyme bezeichnet man als Verdauung. Sie beginnt also schon in der Mundhöhle.

Durch den Speichel gleitfähig gemacht, lässt sich der Speisebrei leicht hinunterschlucken. Dabei gelangt er in die **Speiseröhre.** Beim Schlucken legt sich der Kehldeckel auf den Kehlkopfeingang und verschließt dadurch die Luftröhre. Gleichzeitig wird die Atmung für den Moment unterbrochen. Auf diese Weise wird verhindert, dass Nahrungsteilchen in die vor der Speiseröhre liegende Luftröhre geraten. Durch die Speiseröhre gelangt der Nahrungsbrei – selbst wenn man sich auf den Kopf stellen würde – in den Magen. Muskeln, die sich in der Wand der Speiseröhre befinden, werden in bestimmten Abständen zusammengezogen, so dass der Nahrungsbrei sogar gegen die Schwerkraft bewegt wird. Die Speiseröhre durchquert das Zwerchfell und mündet in den Magen.

Der **Magen** ist ein muskulöser schlauchförmiger Hohlraum. Er ist dehnbar und hat ein Fassungsvermögen von bis zu zwei Litern. Eine kräftige Muskulatur erzeugt wellenförmige Bewegungen, die **Peristaltik** genannt werden. Hierdurch wird der Nahrungsbrei durchmischt und die Nahrungsteilchen aneinander zerrieben. Wenn die Nahrung nicht genügend gekaut wurde, dauert das Zerkleinern im Magen wesentlich länger. Kohlenhydrate halten sich nur ein bis zwei Stunden im Magen auf, Proteine verlassen den Magen erst nach etwa vier Stunden und größere Fettmengen brauchen sechs bis acht Stunden, ehe sie an den Darm weitergegeben werden.

1 **Guten Appetit!**

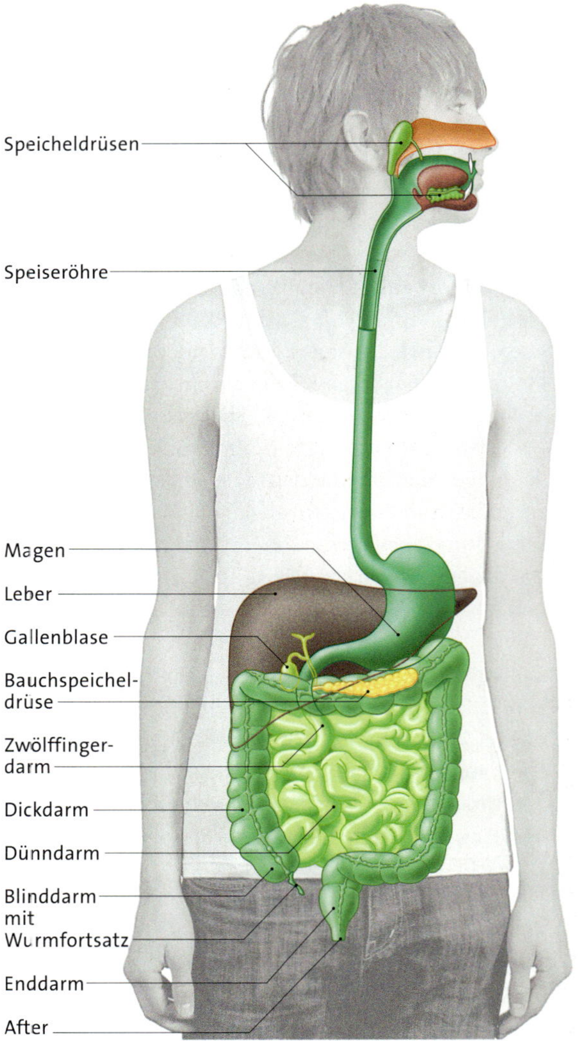

2 **Verdauungsorgane**

Noch bevor der Nahrungsbrei den Magen erreicht, ist **Magensaft** gebildet worden. Seine Produktion wird wie die des Speichels durch Geruch und Geschmack der Speisen ausgelöst. Magensaft besteht aus Salzsäure und Eiweiß spaltenden Enzymen. Diese Stoffe werden von zahlreichen Drüsenzellen abgesondert, die sich in der innersten Schicht des Magens, der Magenschleimhaut, befinden. Salzsäure wird in den Belegzellen gebildet. Sie wird in das Mageninnere abgegeben, so dass das gesamte Milieu einen sauren pH-Wert aufweist. Dabei werden die meisten Bakterien und andere Kleinstlebewesen abgetötet, die mit der Nahrung in den Magen gelangt sind.

Die Salzsäure verändert auch die im Nahrungsbrei vorhandenen Proteine, so dass diese leichter verdaut werden können. Hierfür produzieren die Hauptzellen das zunächst unwirksame *Pepsinogen.* Erst im Magen wird es durch die Wirkung von Salzsäure in das funktionsfähige Enzym *Pepsin* umgewandelt. Dieses spaltet nun Proteine in kürzere Aminosäureketten. Wieso verdaut der Magen sich nicht selbst? In der Magenwand befinden sich neben den Beleg- und Hauptzellen auch noch Nebenzellen. Sie sondern einen zähflüssigen Schleim ab, der den gesamten Mageninnenraum überzieht. Da dieser gegen Salzsäure unempfindlich ist, verhindert die Schleimschicht eine Selbstverdauung des Magens.

Wenn alle Nahrungsteilchen einen Durchmesser von etwa einem halben Millimeter aufweisen und der Nahrungsbrei gut durchmischt ist, öffnet sich am Magenausgang ein ringförmiger Muskel, der Magenpförtner. Er reguliert die Weitergabe des Nahrungsbreies, indem er stets nur kleine Portionen des Mageninhaltes an den drei bis vier Meter langen **Dünndarm** weiterleitet. Der Dünndarm ist innen mit einer Schleimhaut ausgekleidet. Diese weist viele bis zu einem Zentimeter hohe Falten auf, die ringförmig in das Darminnere hineinragen. Durch das periodisch erfolgende Zusammenziehen zweier Muskelschichten entsteht die Darmperistaltik. Sie sorgt dafür, dass der Nahrungsbrei langsam weiter bewegt wird.

Der Dünndarm ist der Ort des endgültigen Abbaus der Nährstoffe. Die hierfür erforderlichen Enzyme werden größtenteils von der **Bauchspeicheldrüse** gebildet. Sie liegt unterhalb des Magens und mündet zusammen mit dem Gallengang in den **Zwölffingerdarm,** den ersten Abschnitt des Dünndarms. Die Bauchspeicheldrüse liefert pro Tag etwa eineinhalb bis zwei Liter **Bauchspeichelsaft.** Dieser enthält einen Stoff, der die Salzsäure des Magens im Speisebrei neutralisiert und eine schwach alkalische Reaktion bewirkt. Alle Enzyme des Darms können nur bei dem hier vorliegenden basischen pH-Wert wirksam sein. Die im Bauchspeichelsaft enthaltenen Enzyme *Tryp-*

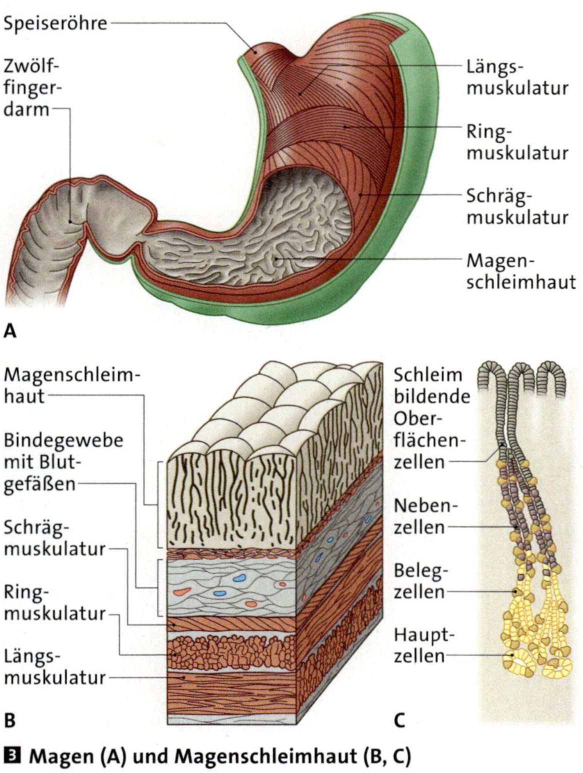

3 Magen (A) und Magenschleimhaut (B, C)

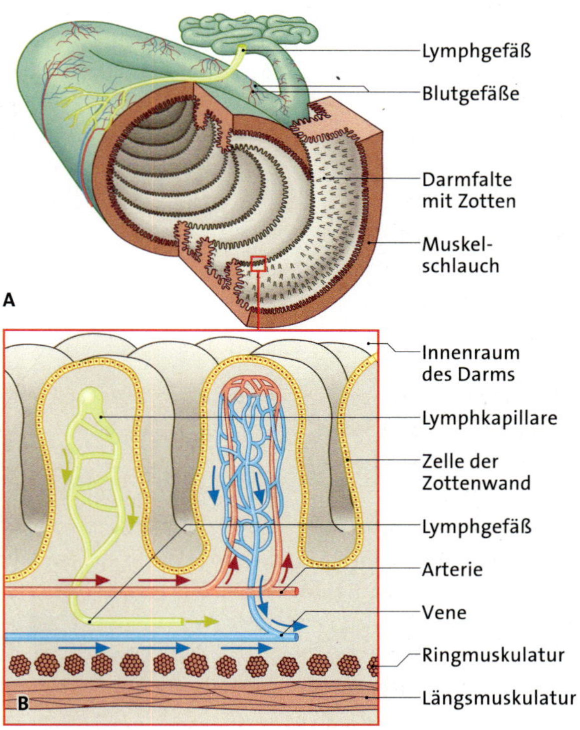

4 Dünndarm (A) und Darmzotten (B)

sin und *Chymotrypsin* zerlegen Proteine in kurze Peptidketten. Der Bauchspeichelsaft enthält auch das Enzym *Amylase*, das noch nicht verdaute Stärke in Malzzucker spaltet. Für den Fettabbau produziert die Bauchspeicheldrüse *Lipasen*. Sie zerlegen Fette in Glycerin und Fettsäuren. Zu diesem Verdauungsvorgang wird **Gallenflüssigkeit** benötigt, die von der Leber hergestellt wird. Sie sorgt dafür, dass die Fette in feinste Tröpfchen aufgeteilt werden, wodurch die Oberfläche extrem vergrößert wird. Man nennt diesen Vorgang Emulgierung. Emulgierte Fetttröpfchen können von den Lipasen besser angegriffen und schneller zerlegt werden.

Die Bauchspeicheldrüse liefert aber nicht alle Enzyme für die Verdauung im Darm. Auf den zahlreichen Querfalten der inneren Dünndarmwand befinden sich Millionen von kleinen Ausstülpungen, die **Darmzotten.** Dadurch wird eine enorme Oberflächenvergrößerung erreicht. In Vertiefungen zwischen den Zotten liegen zahlreiche Drüsenzellen. Sie bilden täglich bis zu drei Liter Verdauungssaft, der verschiedene Enzyme enthält. Diese zerlegen nun alle noch unvollkommen abgebauten Nährstoffe in ihre Bausteine. Einige von ihnen spalten die kurzen Peptidketten in Aminosäuren auf, andere zerlegen die Zweifachzucker.

Im Dünndarm nimmt der Körper schließlich die Grundbausteine der Nahrung auf. Diesen Vorgang nennt man **Resorption.** Die Darmzotten durchzieht ein dichtes Kapillarnetz von Blut- und Lymphgefäßen. Während Kohlenhydrate, Aminosäuren, Mineralstoffe und wasserlösliche Vitamine direkt in die Blutgefäße gelangen, werden Glycerin, Fettsäuren und fettlösliche Vitamine zunächst vom Lymphsystem aufgenommen und gelangen erst später in den Blutkreislauf. Die Blutgefäße, die vom Dünndarm abzweigen, münden in die Pfortader. Diese Vene führt die resorbierten Nährstoffbausteine zur Leber.

Der Dünndarm mündet in den **Dickdarm.** Der unterhalb der Einmündungsstelle liegende Dickdarmteil endet blind und heißt **Blinddarm.** An ihm befindet sich ein wurmartiger Fortsatz. In den Dickdarm gelangen unverdauliche Nahrungsreste, zu denen auch die Ballaststoffe gehören. Beim Eintritt in den Dickdarm ist der Darminhalt sehr dünnflüssig. Allein über die Verdauungssäfte werden dem Nahrungsbrei mehr als acht Liter Wasser täglich zugesetzt. Damit dieses Wasser dem Körper nicht verloren geht, wird es hier zurückgeführt und der Nahrungsbrei stark eingedickt.

Der verfestigte Kot wird im **Enddarm** gesammelt und von Zeit zu Zeit ausgeschieden. Der After ist ein ringförmiger Schließmuskel, über den diese Kotausscheidung gesteuert wird.

1 Erstelle eine Tabelle, in der du die einzelnen Verdauungsabschnitte den Enzymen und Verdauungsprozessen zuordnest.

2 Erläutere am Beispiel der Darmzotten das Basiskonzept Struktur und Funktion.

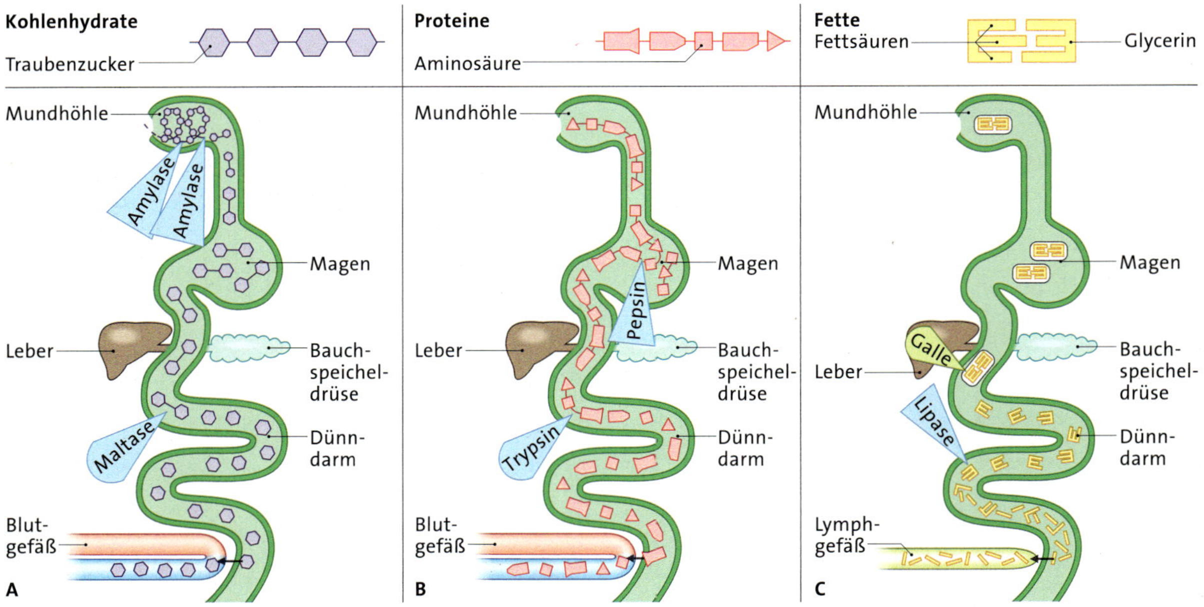

5 **Verdauung der Nährstoffe. A** Kohlenhydrate; **B** Proteine; **C** Fette

Streifzug durch die Chemie Enzyme

Kohlenhydrate, Proteine und Fette sind komplexe Verbindungen, die aus vielen kleinen Bausteinen zusammengesetzt sind. Im Laufe der Verdauung werden diese Verbindungen in bestimmte Einheiten zerlegt. Dafür sind in den Verdauungssäften ganz spezielle Proteine enthalten, die man **Enzyme** nennt.

Oft wird für den Abbau eines Stoffes mehr als ein Enzym benötigt. So zerlegt zum Beispiel die *Amylase* die Riesenketten der Stärke zunächst in Malzzuckermoleküle. Jedes Malzzuckermolekül besteht aus zwei Bausteinen Traubenzucker. Zur Zerlegung des Malzzuckers wird ein anderes Enzym, die *Maltase,* benötigt. Warum kann die Amylase Stärke nicht sofort in die Traubenzuckermoleküle zerlegen?

Jedes Enzym hat einen besonders gestalteten räumlichen Aufbau, der von der Mineralsalzkonzentration, Temperatur und dem sauren oder alkalischen pH-Wert der Umgebung abhängt. Für eine besonders gute Wirkungsweise des Enzyms sind deshalb optimale Bedingungen notwendig. Zur räumlichen Struktur der Amylase passt nur die Stärkekette als *Substrat,* so wie ein Schlüssel in das Schloss. Jedes Enzym ist demnach spezifisch für sein Substrat. Sobald der »Schlüssel im Schloss« steckt, verändert sich die Raumstruktur des »Schlosses« vorübergehend. Es hat sich ein *Enzym-Substrat-Komplex* aus Amylase und Stärke gebildet.

Dabei wird die Kette an zwei Stellen zerteilt. Das geschieht so lange, bis die gesamte Stärkekette in alle ihre Malzzuckermoleküle zerlegt ist. Im Dünndarm erfolgt die Zerlegung des Malzzuckers. Das Enzym Maltase ist spezifisch für das Substrat Malzzucker. Es spaltet die Malzzuckermoleküle in die beiden Traubenzuckermoleküle, aus denen dieser Zweifachzucker aufgebaut ist. Die Traubenzuckermoleküle werden vom Blut aufgenommen und in die Körperzellen transportiert. Hier wird Traubenzucker zur Freisetzung von Energie benötigt. Dabei entstehen Kohlenstoffdioxid und Wasser. Auch an diesem Vorgang, der Zellatmung, sind Enzyme beteiligt. Andere Enzyme können die Traubenzuckermoleküle aber auch zu einem Reservestoff, dem Glykogen, zusammensetzen, der in der Muskulatur und in der Leber gespeichert wird.

Für jede Reaktion, die im Stoffwechsel von Lebewesen stattfindet, ist ein bestimmtes Enzym zuständig. Es ist immer nur an einer der möglichen Umwandlungen des Substrates beteiligt und deshalb spezifisch in seiner Wirkung. Das Enzym wirkt als Katalysator für diese spezielle Reaktion. Enzyme ermöglichen Reaktionen bei Körpertemperatur und werden deshalb auch als *Biokatalysatoren* bezeichnet.

1 Erläutere mit Hilfe der Abbildung 1 den Stärkeabbau im menschlichen Körper.

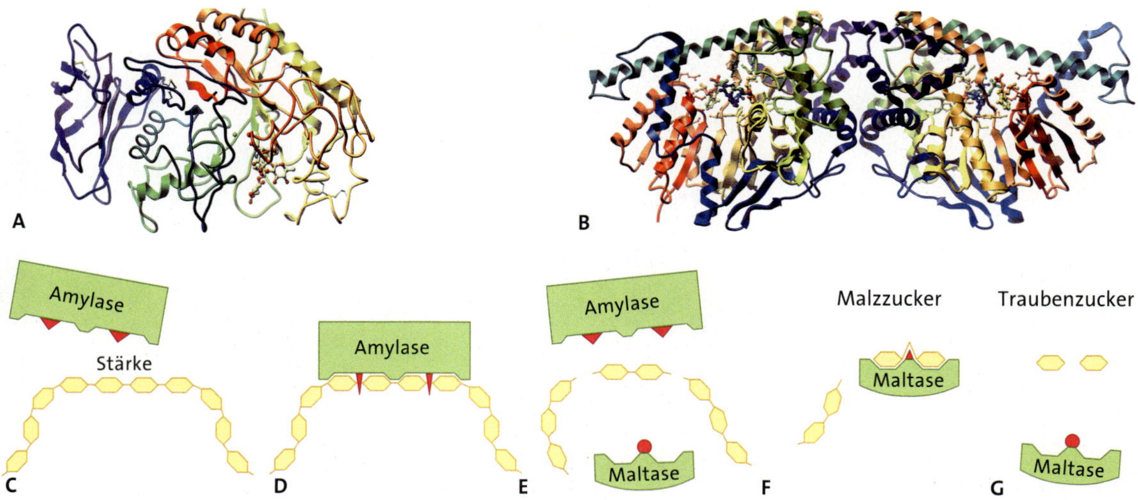

1 Stärkeabbau. **A** räumliches Modell der Amylase und **B** der Maltase. **C** bis **G** Phasen des Stärkeabbaus

Streifzug durch die Medizin **Magenerkrankungen**

Ärger, Kummer, Schulstress oder auch berufliche Belastungen schlagen manchen Menschen auf den Magen. Was heißt das? Der Magen reagiert auf Stress mit ganz unterschiedlichen Beschwerden wie Appetitlosigkeit, Völlegefühl, Aufstoßen, Unbehagen oder Übelkeit und Schmerzen. Der Arzt spricht von einem nervösen Magen oder einem Reizmagen, wenn noch keine Schädigungen erkennbar sind.

Manchmal treten Schmerzen im Oberbauch auf, aber auch Appetitlosigkeit und Übelkeit, die bis zum Erbrechen führen können. Dies können Anzeichen einer **Magenschleimhautentzündung** sein, die auch **Gastritis** genannt wird. Diese Erkrankung kann mehrere Ursachen haben: Verzehr verdorbener Speisen, schnelles Trinken eiskalter Getränke, übermäßiger Alkoholgenuss oder die Einnahme mancher Medikamente. Sobald man die schädigenden Ursachen vermeidet, klingen die Beschwerden meist nach wenigen Tagen wieder ab.

Zu den bekanntesten Magenerkrankungen gehört das **Magengeschwür.** Zugrunde liegt eine Schleimhautverletzung, die aber nicht wie bei der Gastritis auf die Oberfläche begrenzt bleibt, sondern kraterförmig in die tiefer liegenden Schichten der Magenwand eindringt. Diese Schleimhautschädigungen werden meist auf Infektionen mit dem Bakterium *Helicobacter pylori* zurückgeführt. *Helicobacter* nistet sich in und unter der Magenschleimhaut ein und bleibt so vor dem sauren Mageninhalt weitgehend geschützt. Durch seine Stoffwechselprodukte werden die Schleimhautzellen geschädigt, die Immunabwehr geschwächt und vermehrt Salzsäure produziert. Stress, Rauchen, übermäßiger Alkoholgenuss und auch die Einnahme bestimmter Medikamente können die körpereigene Abwehr schädigen, so dass häufiger Infektionen mit *Helicobacter pylori* auftreten, die dann zu den oben genannten Folgen führen. Chronische Erkrankungen mit *Helicobacter pylori* sind ein deutlicher Risikofaktor für **Magenkrebs,** da einige Stoffwechselprodukte dieser Bakterien die Schleimhautzellen massiv und dauerhaft schädigen. Zur Diagnose dieser Infektion stehen verschiedene Tests zur Verfügung. Im Verdachtsfall kann man die Atemluft des Patienten auf Stoffwechselprodukte der Bakterien untersuchen. Der endgültige Nachweis erfolgt mikroskopisch mittels einer Gewebeprobe, die bei einer Magenspiegelung entnommenen wurde. Die Behandlung besteht aus einer Kombination eines die Magensäuresekretion hemmenden Medikamentes und zweier Antibiotika.

Magenkrebs kündigt sich durch Symptome wie Völlegefühl, Appetitlosigkeit, Widerwillen gegen Fleisch, Aufstoßen, Erbrechen und Abmagerung an. Seit man Lebensmittel in Kühlschränken längere Zeit aufbewahren kann und diese, um sie haltbar zu machen, nicht mehr stark räuchern oder pökeln muss, ist Magenkrebs seltener geworden.

1 Informiere dich über Untersuchungsmethoden des Magens wie zum Beispiel die Magenspiegelung.

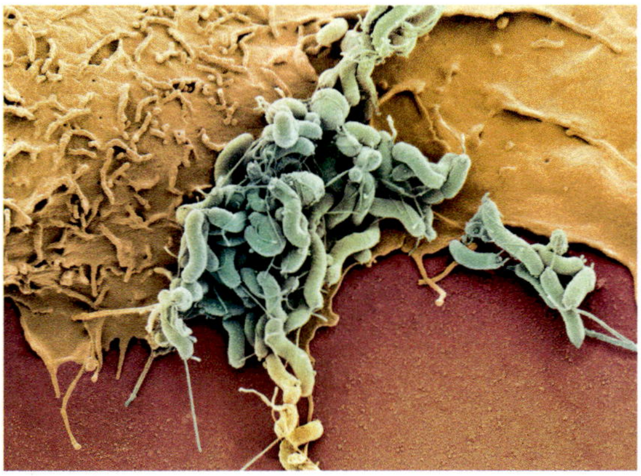

1 ***Helicobacter pylori***

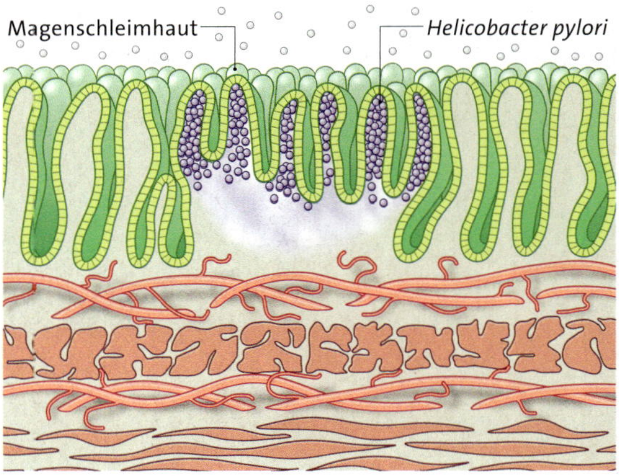

2 **Magengeschwür**

Streifzug durch die Medizin Bewohner des Darms

Im Darm eines gesunden Erwachsenen leben etwa 1000 Bakterienarten mit rund zehnmal mehr Bakterienzellen, als der Mensch Körperzellen enthält. Der vor der Geburt sterile Darm wird bereits im Verlauf des natürlichen Geburtsvorganges durch Bakterien besiedelt, die von der Mutter stammen, während sich die Bakteriengesellschaft des heranwachsenden Menschen erst allmählich entwickelt. Die **Darmbakterien** und der Mensch bilden eine Lebensgemeinschaft zu beiderseitigem Nutzen. Die Bakterien können aufgrund der Vielseitigkeit der zugeführten Nährstoffe und der konstanten Lebensbedingungen eine stabile, vielfältige Gesellschaft ausbilden. Gegen diese Nahrungskonkurrenten können sich krankmachende, fremde Keime oft nicht durchsetzen und werden so abgewehrt. Außerdem fördern die Darmbakterien beim Menschen die Aktivität des Immunsystems, produzieren Vitamine und bauen viele Körperfremdstoffe ab.

Daneben können aber auch unerwünschte Darmbewohner auftreten, die sich vom Nahrungsbrei ernähren und dem Menschen dabei schaden. Zu diesen **Parasiten** gehören vorwiegend verschiedene Wurmarten.

Der **Spulwurm** des Menschen ist ein Fadenwurm von 15 bis 35 Zentimetern Länge. Diese Würmer besitzen eine kräftige Muskulatur, mit der sie sich schlängelnd gegen das Abdriften durch die Darmperistaltik schützen. Die zahlreichen Eier des Weibchens werden mit dem Kot ins Freie abgegeben. Wenn Fäkalien zur Düngung verwendet werden, können die Eier zum Beispiel auf Gemüse, Salat oder Erdbeeren gelangen. Werden solche Nahrungsmittel vor dem Verzehr nicht gründlich gereinigt, gelangen die Eier wieder in den menschlichen Körper. Bei einem Massenbefall kann es zu Leibschmerzen, einem Darmverschluss oder anderen Beschwerden kommen.

Sehr flache, oftmals mehrere Meter lange Wurmparasiten sind die **Bandwürmer.** Am Kopf tragen sie Saugnäpfe, manchmal auch Haken, mit denen sie sich an der Darmwand festhalten. Bandwürmer sind Zwitter, die sich selbst befruchten können. Ihre Eier werden mit dem Kot ausgeschieden. Werden diese zum Beispiel von einem Rind oder Schwein bei der Nahrungssuche aufgenommen, entwickeln sich zunächst Larven. Diese durchbohren den Darm und setzen sich in der Muskulatur und anderen Organen fest. Dort bilden sich in einer kugelförmigen Kapsel die *Finnen.* Isst der Mensch finniges Fleisch, so entwickelt sich in seinem Darm aus der Finne ein Bandwurm. Durch hygienische Stallhaltung und Fleischbeschau nach der Schlachtung kommt es in Europa heute seltener zu einer Bandwurmerkrankung. Einen absoluten Schutz bietet aber nur der Verzicht auf rohes Schweine-, Rind- und Fischfleisch.

1 Wende die biologischen Prinzipien Angepasstheit und Reproduktion auf den Schweinebandwurm an. Recherchiere dazu im Internet.

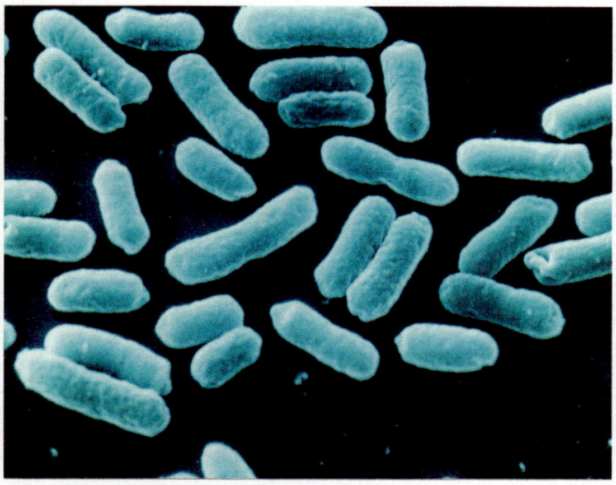

1 **Darmbakterien**

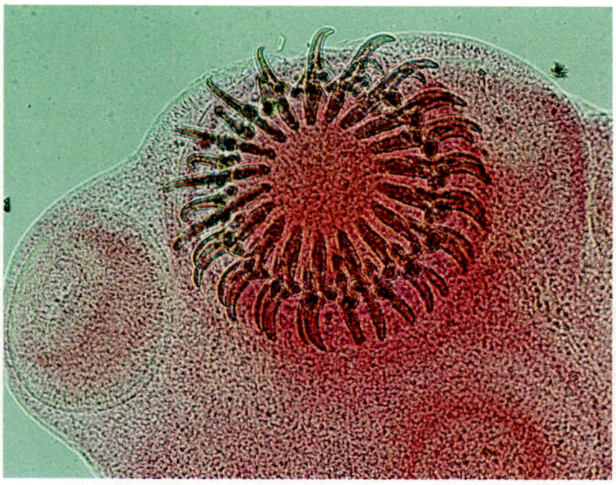

2 **Hakenkranz eines Bandwurmes**

3 Die Leber

Im rechten Oberbauch, geschützt durch Rippen, liegt die größte Drüse des menschlichen Körpers, die **Leber.** Sie hat eine Masse von etwa 1500 Gramm. Äußerlich wird sie durch eine Furche in einen rechten größeren und einen linken kleineren Lappen gegliedert. Innen bilden die Leberzellen kleinere Einheiten, die sechseckigen **Leberläppchen.** Die Blutversorgung der Leber erfolgt über eine Arterie und eine besondere Vene, die **Pfortader.** Die Pfortader ist die Verbindung zwischen Darm und Leber. Ihr Blut enthält die resorbierten Nährstoffe. Diese werden von den Leberzellen in körpereigene Stoffe umgebaut.

Hierzu verfügt die Leber über besondere Enzyme. So wird zum Beispiel Traubenzucker zu Glykogen zusammengesetzt. Dies ist ein Polysaccharid, das nur bei Tieren und Menschen vorkommt. Glykogen wird in Leber- und Muskelzellen gelagert und dient als Energiespeicher. Aus Aminosäuren stellt die Leber Bluteiweißstoffe und den Blutgerinnungsstoff Fibrinogen her. Außerdem kann sie Aminosäuren auch in Traubenzucker oder in Fettsäuren umwandeln. Aus einem Teil der ihr zugeführten Fettsäuren baut die Leber Cholesterin auf. Es wird zum Beispiel für den Aufbau einiger Hormone, von Zellmembranen und **Gallensaft** benötigt. Der Gallensaft wird in den Leberzellen gebildet, über den Gallengang der Gallenblase zugeführt und dort eingedickt und gespeichert.

Einige Stoffe werden in der Leber auch abgebaut, zum Beispiel Rote Blutzellen, überschüssige Aminosäuren, Alkohol und Medikamente. Beim Abbau von Aminosäuren entsteht giftiges Ammoniak. Es wird von den Leberzellen in einen ungiftigen Stoff, den Harnstoff, umgewandelt und dann über die Nieren ausgeschieden. Abbauprodukte der Roten Blutzellen und einiger Medikamente werden nicht über die Niere, sondern über den Gallensaft in den Darm entsorgt. Darüber hinaus ist die Leber auch noch Speicherorgan, nicht nur für das Glykogen, sondern auch für einige Vitamine und Mineralstoffe, zum Beispiel Eisen. Da die Leber an vielen Stoffwechselvorgängen beteiligt ist, wird sie häufig als »Zentrallabor« des Körpers bezeichnet.

Entzündet sich die Leber, tritt ein Teil des Gallensaftes in das Blut über. Es kommt zur Gelbfärbung der Haut, zur Gelbsucht.

Ständiger Alkoholmissbrauch fügt der Leber schweren Schaden zu. Dabei lagert die Leber zunächst Fett ein. Sie vergrößert sich und nimmt eine gelbe Farbe an. Man bezeichnet sie jetzt als Fettleber. Wird weiterhin Alkohol getrunken, sterben Leberzellen ab. Es kommt zur Schrumpfleber. Allmählich setzt dann eine Leberverhärtung ein, die zur Leberzirrhose führt. Dieses Stadium kann sich unbemerkt über viele Jahre hinziehen, ehe es zum völligen Zusammenbruch der Leberfunktion kommt. Schwere Lebererkrankungen können auch durch verschiedene Hepatitis-Viren verursacht werden und zu Leberzirrhose oder Leberkrebs führen.

1 Erstelle eine Skizze, die die Aufnahme, Verteilung, Speicherung und Abgabe von Stoffen aus der Leber zeigt.
2 Erläutere am Beispiel der Leber den Begriff »Stoffwechsel«.
3 Informiere dich über die verschiedenen Typen von Hepatitis-Viren und ihre Verbreitung.

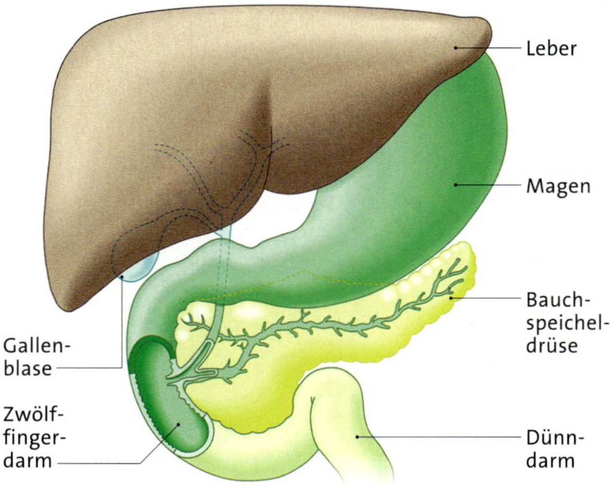

1 Lage von Leber, Gallenblase und Bauchspeicheldrüse

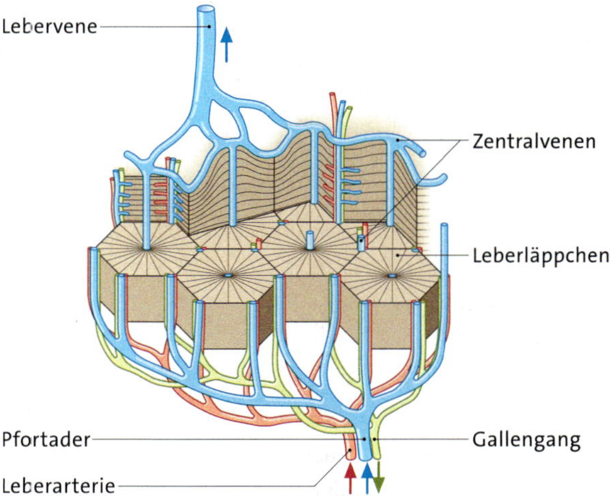

2 Leberläppchen

Aufgaben und Versuche Verdauung

V1 Die Verdauung von Eiweiß

Material: frisches Hühnerei; Pepsinlösung$_7$ (1 %); Salzsäure (1 %); Gasbrenner; Rundkolben (200 ml); 4 Reagenzgläser; Reagenzglasständer; Pipetten; Petrischale; Schere; Pinzette; Wasserbad (37 °C)

Durchführung: Schlage das Ei auf, trenne das Eigelb ab und fange das Eiklar in einer Petrischale auf. Entferne mit Hilfe von Pinzette und Schere die Hagelschnüre. Gib das Eiklar in den Rundkolben, füge 30 ml Wasser hinzu und erhitze unter ständigem Schütteln über einer Gasflamme, bis eine milchige Trübung auftritt. Kühle den Kolben mit der trüben Eiweißlösung unter Leitungswasser ab. Beschrifte vier Reagenzgläser mit Zahlen. Gib in alle vier Reagenzgläser 5 ml der trüben Eiweißlösung und in das erste 5 ml Wasser, in das zweite 3 ml Wasser und 2 ml Pepsinlösung, in das dritte 2 ml Wasser und 3 ml Salzsäure und in das vierte 2 ml Pepsinlösung und 3 ml Salzsäure. Verschließe alle Reagenzgläser mit einem Stopfen und schüttele sie gut durch. Stelle sie für 30 bis 45 Minuten in ein auf etwa 37 °C erwärmtes Wasserbad oder in einen Wärmeschrank.

Aufgabe: Protokolliere und erläutere deine Beobachtungen.

V2 Galle wirkt auf Fett ein

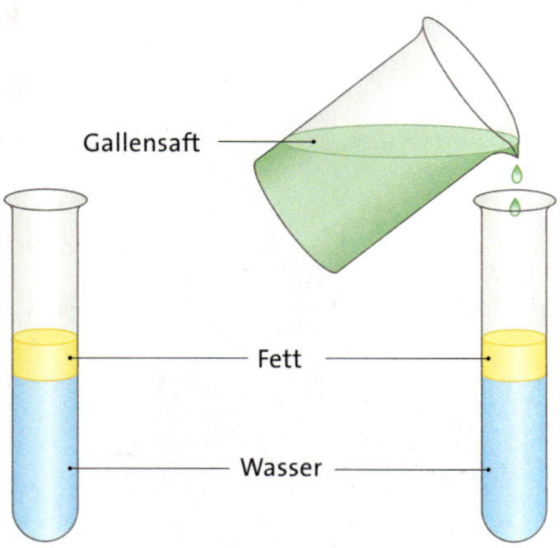

Material: Speiseöl; Ochsengalle (aus der Apotheke); 2 Reagenzgläser; Reagenzglasständer; Reagenzglasstopfen; Messzylinder; Pasteurpipette

Durchführung: Fülle in beide Reagenzgläser jeweils zehn Tropfen Speiseöl und ca. 5 ml Wasser. Gib in eines der Reagenzgläser zusätzlich 5 ml Gallensaft. Verschließe beide Reagenzgläser mit einem Stopfen und schüttele sie kräftig. Stelle sie dann für ca. fünf Minuten in einen Reagenzglasständer.

Aufgabe: Vergleiche das Versuchsergebnis in den beiden Reagenzgläsern. Welche Bedeutung hat Galle bei der Verdauung von Fett?

V3 Stärkeverdauung im Dünndarm

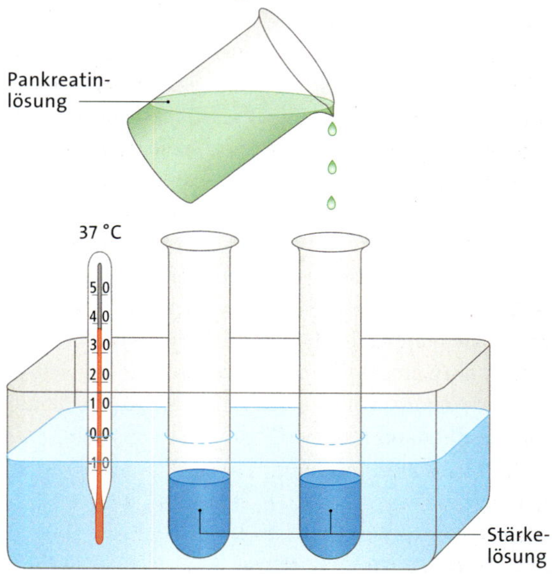

Material: 1%ige Pankreatinlösung (aus der Apotheke); 1%ige Stärkelösung Iod-Kaliumiodid-Lösung; 5%ige Sodalösung; 2 Reagenzgläser; Reagenzglasständer; Pasteurpipetten; Wasserbad

Durchführung: Fülle zwei Reagenzgläser mit je 5 ml Stärkelösung und 2 ml Sodalösung; füge bis zur Blaufärbung ein bis zwei Tropfen Iod-Kaliumiodid-Lösung hinzu. Gib in eines der Reagenzgläser zusätzlich 3 ml Pankreatinlösung, in das andere 3 ml Wasser. Stelle die Gläser in ein Wasserbad von 37 °C.

Aufgaben:

a) Erkläre, warum die Blaufärbung in einem der Reagenzgläser immer schwächer wird, bis sie schließlich verschwunden ist.

b) Vergleiche die Wirkung des Pankreatins mit der des Mundspeichels.

4 Gesunde Ernährung

An vielen Schulen werden Projekte zum Thema »Gesunde Ernährung« durchgeführt. Kinder erfahren dort, wie man mit einfachen Mitteln schmackhafte und gesunde Speisen zubereiten kann. Warum sind solche Unterrichtsinhalte erforderlich? Heute ist das Angebot an Lebensmitteln riesig – aber nicht alles, was in den Supermarktregalen liegt, trägt zu einer gesunden Ernährung bei, auch wenn die Werbung anderes verspricht.

Wie sollte denn die »richtige« Ernährung aussehen? Unsere Lebensmittel enthalten in der Regel Kohlenhydrate, Fette, Eiweißstoffe sowie Vitamine und Mineralstoffe. Bei Erwachsenen gilt ein Verhältnis von 60 Prozent Kohlenhydraten, 10 Prozent Eiweißstoffen und nicht mehr als 30 Prozent Fett als günstig, um dem Körper sowohl Baustoffe als auch energiereiche Stoffe im richtigen Maß zuzuführen. Außerdem sollte die Kost ballaststoffreich sein und alle nötigen Vitamine und Mineralstoffe in ausreichender Menge enthalten. Dies alles wird am besten durch eine vielfältige und abwechslungsreiche Ernährung erreicht, die verschiedene Nahrungsmittel geschickt kombiniert. Eine solche Ernährung nennt man auch **ausgewogen.** Der Ernährungskreis bietet eine gute Hilfe bei der Zusammensetzung abwechslungsreicher und ausgewogener Speisen. Man wird jedoch auch nicht krank, wenn man einmal an einem Tag nur Käsebrote isst und sich an einem anderen nur von Kuchen ernährt. Die Wochenbilanz sollte allerdings stimmen.

Die Basis einer gesunden Ernährung sind Kartoffeln und Getreideprodukte. Vollkornprodukte sollten bevorzugt werden, weil sie viele Ballaststoffe und reichlich Vitamine und Mineralstoffe enthalten. Wichtig ist daneben ein großer Anteil von Obst und Gemüse, möglichst als Rohkost. Viele Vitamine sind zum Beispiel gegenüber Wärme, Licht und Sauerstoff empfindlich und deshalb in den stark verarbeiteten industriellen Fertigprodukten verloren gegangen. Vielfach werden sie dann wieder künstlich zugesetzt, doch sind sie in naturbelassenen Nahrungsmitteln in ihrem biologischen Umfeld für den Körper besser verwertbar. Zusammen sollten diese pflanzlichen Lebensmittel rund drei Viertel der Nahrungsmenge ausmachen.

Nur das restliche Viertel sollten Lebensmittel tierischer Herkunft sein: täglich Milch und Milchprodukte, ein- bis zweimal wöchentlich Fisch und Fleisch, Wurst und Eier nur in Maßen. Diese Lebensmittel enthalten zwar wertvolle Mineralstoffe, wie zum Beispiel Calcium in Milch, Iod in Seefisch, Eisen und B-Vitamine in Fleisch und Wurst, doch ist der Bedarf an diesen Stoffen schnell gedeckt.

Um alle Stoffwechselvorgänge optimal zu gewährleisten, müssen dem Körper täglich etwa 1,5 Liter Flüssigkeit zugeführt werden, am besten als Mineralwasser. Bei Genuss zuckerhaltiger Getränke treten Probleme mit der Zahnhygiene auf, so dass schnell Karies entsteht. Außerdem werden die enthaltenen, zusätzlichen Kohlenhydrate oft nicht benötigt und dann als Fett abgelagert.

1 Selbst gemacht und stolz darauf

2 Der Ernährungskreis.
Anteile in Massenprozenten ohne Getränke

Verzehrt man regelmäßig ein Übermaß an Süßigkeiten, Chips, Pommes frites und Cola-Getränken, so werden mehr Kohlenhydrate und Fette aufgenommen als verbraucht. Der Körper speichert diese Stoffe, und das Fett wird als energiereiche Reserve für Notzeiten eingelagert. Im Laufe der Zeit entsteht dadurch Übergewicht. Starkes Übergewicht belastet den Kreislauf und das Herz. Durch Ablagerungen verengen sich Blutgefäße und die Durchblutung wird erschwert.

Esssucht ist durch regelmäßiges Zuvielessen mit zwanghaften und unkontrollierbaren Heißhungeranfällen gekennzeichnet. Das Essen ist bei Esssüchtigen keine Reaktion auf Hunger, sondern meist auf unangenehme Gefühle wie Angst, Ärger und Langeweile.

Auch bei anderen **Essstörungen** kreisen die Gedanken der Betroffenen ständig um die Themen »Essen« und »Körpergewicht«. Viele junge Mädchen haben in einem bestimmten Alter das Problem, sich zu dick zu fühlen. Durch die Hormone in der Pubertät werden die Hüften breiter und das Fettgewebe am Gesäß und den Oberschenkeln nimmt zu. Das ist ein ganz normaler Vorgang. Doch in Modezeitschriften und in der Werbung werden nur superschlanke Models gezeigt, denen viele junge Leute nacheifern. Schlankheit wird oft gleichgesetzt mit Schönheit, Erfolg und Beliebtheit. Häufig versuchen Jugendliche mit Radikaldiäten den hormonell bedingten Fettansatz zu verhindern. Doch der Körper stellt sich schnell auf geringe Nahrungsmengen ein und nutzt sie besser aus. Isst man dann nach der **Diät** normal weiter, ist das Anfangsgewicht schnell wieder erreicht und wird oft sogar überschritten.

Dieser *Jo-Jo-Effekt* führt zu weiteren Diäten und erneuter Gewichtszunahme. Manchmal führt der Wunsch, schlank zu sein, zu einem extremen Essverhalten. Die Betroffenen verweigern weitgehend die Nahrungsaufnahme und vermindern zusätzlich durch extreme sportliche Betätigung ihr Körpergewicht. Hierbei handelt es sich um eine ernst zu nehmende Erkrankung, die **Magersucht,** bei der es wegen des starken Untergewichts zu lebensbedrohlichen Komplikationen kommen kann.

Das gilt auch für die **Bulimie.** Bulimiker legen große Vorräte an Lebensmitteln an, die sie dann bei Fressanfällen unkontrolliert in unvorstellbaren Mengen in sich hineinstopfen. Danach wird alles wieder erbrochen – möglichst so, dass niemand etwas davon bemerkt. Solche Menschen leiden seelisch und körperlich sehr unter ihrer Ess- und Brechsucht. Sie brauchen genau wie Magersüchtige fachliche Hilfe, um ihre Probleme zu verarbeiten und zu einem gesunden Essverhalten zurückzufinden.

Durch abwechslungsreiches und ausgewogenes Essverhalten und regelmäßigen Sport kann jeder dazu beitragen, sein individuelles Wohlfühlgewicht zu erreichen und damit seine eigene Gesundheit zu unterstützen.

1 Erläutere Abbildung 3. Berechne und bewerte deinen persönlichen Body Mass Index (BMI).

2 Diskutiert in der Klasse, ob jeder Vierzehnjährige mit einem Body Mass Index über 24 oder unter 16 ess- oder magersüchtig ist.

3 Informiere dich im Internet über Ziele und Aktivitäten der Slow Food-Bewegung. Diskutiert in der Klasse.

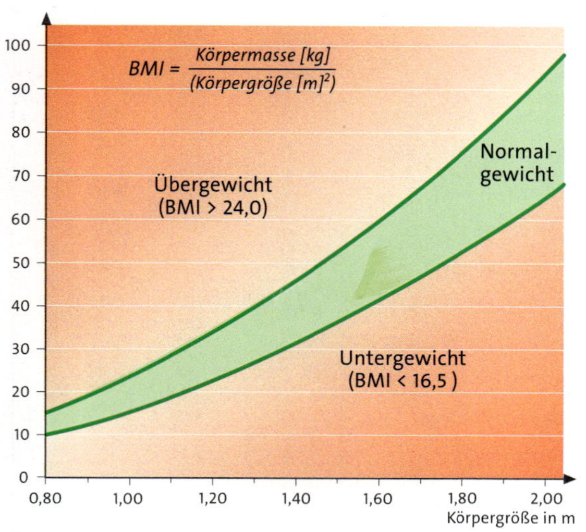

3 **Bewertung des Body Mass Index (BMI) für etwa 14jährige Jugendliche**

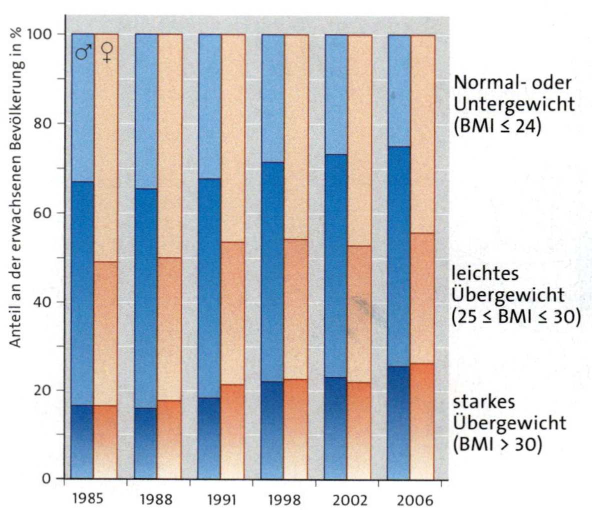

4 **Übergewicht in Deutschland 1985 bis 2006**

Methode Ernährungspläne auswerten

Um zu beurteilen, ob deine Ernährung wirklich abwechslungsreich und ausgewogen ist, kannst du einen Ernährungsplan auswerten. Dazu schreibst du zum Beispiel von deinem Frühstück zu Hause und in der Schule alle Lebensmittel auf. Daneben notierst du die entsprechende Menge in Gramm. Diese kannst du mit Hilfe einer Küchenwaage bestimmen. Um diese Werte zu verwenden, musst du die Zusammensetzung der Lebensmittel kennen. Du kannst die Tabelle auf dieser Seite nutzen oder andere Tabellen aus Fachbüchern oder von der Ernährungsberatung.

LINDA

1. Frühstück

1 Brötchen 40 g
Butter 20 g
Marmelade 20 g
Milch (entrahmt) 150 g
Kakaopulver 5 g

2. Frühstück

Mischbrot 50 g
Butter 10 g
Leberwurst (mager) 15 g
Apfel 100 g
Banane 100 g
Orangensaft 330 g

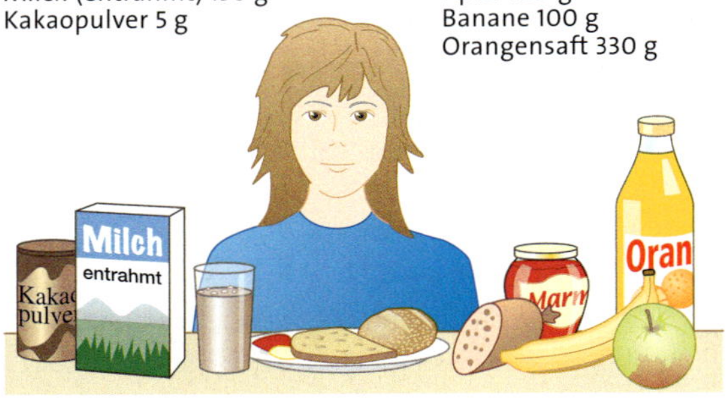

JAN

1. Frühstück

1 Brötchen 40 g
Butter 20 g
Schoko-Nuss-Aufstrich 40 g
Cornflakes 150 g
Kuhmilch 50 g
Zucker 20 g

2. Frühstück

1 Brötchen 40 g
Butter 20 g
gekochter Schinken 55 g
Cola 330 g
Chips 50 g
Schoko-Müsli-Riegel 25 g

Bestimme, wie viel Gramm Kohlenhydrate, Fette und Proteine in deinem ersten und zweiten Frühstück enthalten sind.

Berechne dann die Abweichung zu folgender Empfehlung für ein ausgewogenes Frühstück für Schülerinnen und Schüler: 18 g Proteine, 27 g Fett, 96 g Kohlenhydrate. Beurteile dein Frühstück.

1 Bestimme bei Linda und Jan, wie viel Gramm Kohlenhydrate, Fette und Proteine in ihrem ersten und zweiten Frühstück zusammen enthalten sind.

2 Berechne für Linda und Jan, um wie viel Gramm die einzelnen Nährstoffe, die insgesamt im ersten und zweiten Frühstück enthalten sind, von den Empfehlungen abweichen. Werte.

Lebensmittel	Proteine g	Fett g	Kohlenhydrate g
Brötchen (40 g)	2,8	0,4	23,2
Mischbrot (50 g)	3,5	0,5	26
Butter (20 g)	0,2	16,6	–
Marmelade (20 g)	–	–	13,2
Schoko-Nuss Aufstrich (20 g)	1,6	5,8	11,86
Milch, entrahmt (150 g)	6	–	7,5
Kakaopulver (5 g)	1	1,25	1,9
Leberwurst, mager (15 g)	2,55	3,15	0,3
Schinken, gekocht (55 g)	10,5	11	–
Salami (20 g)	3,56	9,94	–
Apfel (100 g)	0,3	–	12
Banane (100 g)	1,1	0,2	18,8
Vollmilchjogurt (200 g)	10	8	10
Cornflakes (150 g)	12	1,5	124,5
Zucker (20 g)	–	–	20
Kuhmilch (50 g)	1,75	1,75	2,5
Orangensaft (330 g)	0,66	–	9,24
Orangenlimonade (330 g)	–	–	39,6
Cola (330 g)	–	–	36,3
Schoko-Müsli-Riegel (25 g)	1,5	3,4	16,3
Milchwaffel (25 g)	2	8	13
Chips (50 g)	2,75	15,75	20,3

Streifzug durch die Geografie | Ernährungsgewohnheiten in aller Welt

Nicht alle Kinder mögen am liebsten Pommes oder Spaghetti mit Tomatensauce. In Kambodscha gelten zum Beispiel geröstete Spinnen und in Ecuador gebratenes Meerschweinchen als besondere Spezialität. Auf einer Weltreise lassen sich viele verschiedene Ernährungsgewohnheiten entdecken.

Den Inuit aus Alaska steht als Eiweiß- und Vitaminquelle hauptsächlich Fisch sowie Wal- und Robbenfleisch zur Verfügung. Hirse und Mais sind die Hauptnahrungsmittel in dem afrikanischen Staat Tansania. Hieraus wird ein dicker Brei gekocht, der morgens, mittags und abends als Nahrung dient. Die gläubigen Buddhisten in Bhutan und Indien bevorzugen die vegetarische Lebensweise, da das Töten von Tieren zur Fleischgewinnung aus religiösen Gründen vermieden wird. Reis ist hier das häufigste Nahrungsmittel. Zum Naschen dient Zuckerrohr, denn die Stängel enthalten viel Zucker. Während bei uns Sojabohnen meist als Tierfutter dienen, liefern sie in Japan vielfältige Gerichte. In Europa und den USA wird trotz vielfältigem Nahrungsangebot sehr viel Fastfood gegessen.

1 Geröstetes Spinnenbein als Köstlichkeit

1 Erläutere die Abhängigkeit der Ernährung verschiedener Völker von ihrem Lebensraum oder ihrer Religion.

2 Grundnahrungsmittel in aller Welt

5 Atmung beim Menschen

5.1 Der Weg der Atemluft

Beim Atmen strömt die Luft durch die beiden **Nasenlöcher** in ein verzweigtes System von *Nasenmuscheln* und *Nebenhöhlen,* die in unseren hohlen Oberkiefer- und Stirnknochen liegen. Die Wände dieser Höhlen sind mit einer feuchten *Schleimhaut* ausgekleidet. In der Schleimhaut der Nasenmuscheln liegen die *Riechzellen.* Die Schleimhaut wärmt die Einatemluft auf Körpertemperatur vor und befeuchtet sie. Außerdem bleiben an ihrem wässrigen Schleim Staub, Bakterien und Viren haften. Größere Verunreinigungen werden von Haaren im Nasenraum abgefangen.

Über den **Rachen,** wo sich Nasen- und Mundraum vereinigen, gelangt die Luft zum **Kehlkopf.** Er trennt *Speiseröhre* und **Luftröhre.** Die Luftröhre teilt sich in die beiden **Hauptbronchien.** Jede versorgt einen der **Lungenflügel.** Luftröhre und Bronchien besitzen Versteifungen aus Knorpel, damit sie sich beim heftigen Einatmen nicht durch den Unterdruck verschließen. Diese *Knorpelspangen* kann man an der Kehle ertasten.

Die Bronchien verzweigen sich in der Lunge in immer kleinere Atemkanälchen. Alle diese Atemwege sind mit einer Schleimhaut mit *Flimmerhärchen* ausgekleidet. Wie auf einem Fließband werden winzige Verunreinigungen und Krankheitserreger, die im Nasen- und Rachenraum noch nicht ausgefiltert wurden, von den Flimmerhärchen zum Kehlkopf transportiert, wo sie hinuntergeschluckt werden. Im Magen tötet die Magensäure alle Krankheitserreger ab.

Die Atemkanälchen enden in Trauben aus winzigen **Lungenbläschen.** Sie besitzen Wände, die so dünn sind wie die von Seifenblasen. Durch sie werden Sauerstoff und Kohlenstoffdioxid ausgetauscht. Außen ist die Lunge vom *Lungenfell* umhüllt. Zwischen ihm und dem *Rippenfell,* das den Brustkorb auskleidet, befindet sich ein flüssigkeitsgefüllter Spalt. Dadurch kann sich die Lunge beim Atmen im Brustraum verschieben. Bei der Atmung wird Luft abwechselnd eingesogen und ausgestoßen. Dies bewirkt vor allem das **Zwerchfell,** eine dünne Muskelmembran, die unterhalb der Lunge quer durch den Bauchraum gespannt ist. Es trennt den Brustkorb mit Lunge und Herz vom Bauchraum mit Magen, Darm und anderen Organen. Ist das Zwerchfell entspannt, bildet es eine Kuppel,

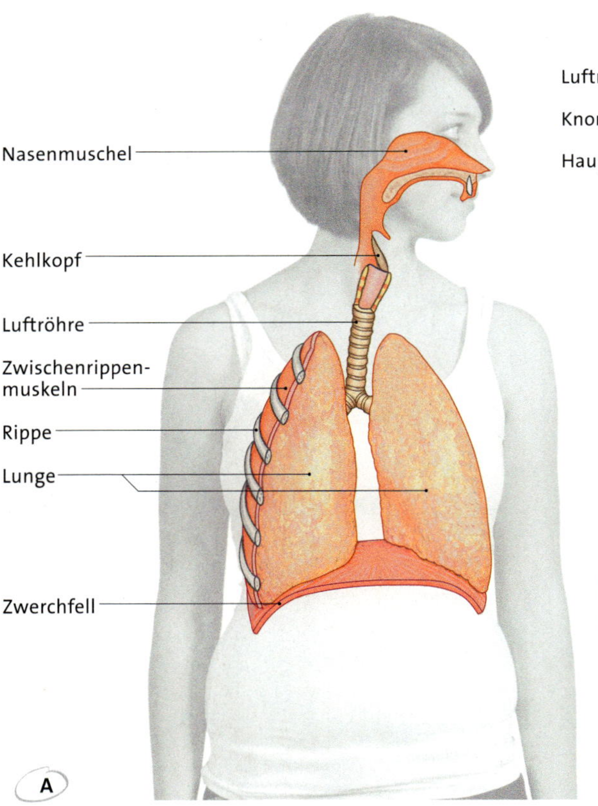

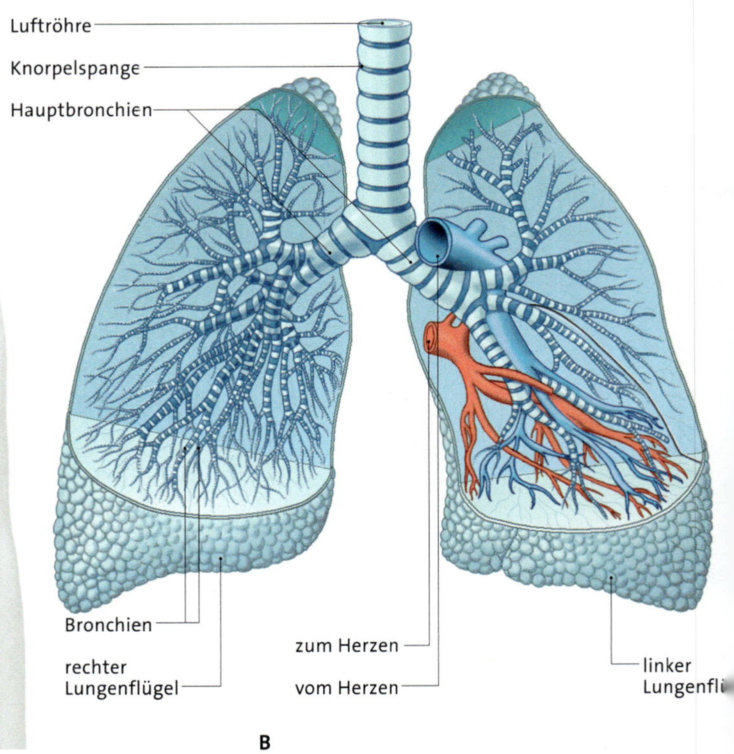

1 Atemorgane. A Übersicht; **B** Bronchien und Lungenflügel

die vom unteren Ende der Rippen bis hoch in die Herzgegend reicht. Der Innenraum des Brustkorbs, den die Lunge ausfüllt, ist dann klein. Dies ist der Zustand beim Ausatmen. Spannt sich das Zwerchfell, wird es flach und das Volumen des Brustkorbs vergrößert sich. Dabei entsteht ein Unterdruck und wir atmen ein. Gleichzeitig werden die Bauchorgane nach unten gedrängt und die Bauchwand wölbt sich vor. Deshalb nennt man diese Form der Atmung auch **Bauchatmung.** Erschlafft das Zwerchfell, verkleinern sich Brustraum und Lungenvolumen. Dabei erhöht sich der Druck und wir atmen wieder aus.

Solche Atembewegungen entstehen auch durch Ausdehnung des Brustkorbes. Bei dieser **Brustatmung** heben Zwischenrippenmuskeln das Brustbein und die Rippen an. Dadurch dehnt sich der Brustkorb nach vorne und zur Seite. Er vergrößert sein Volumen und Luft strömt ein. Erschlaffen die Zwischenrippenmuskeln wieder, verringert sich das Volumen des Brustkorbes: Wir atmen aus.

Bei großen Anstrengungen verstärken alle Muskeln des Oberkörpers die Atembewegungen. Das trifft auch für das *Husten* und *Niesen* zu, mit dem wir Fremdkörper aus den Atemwegen entfernen.

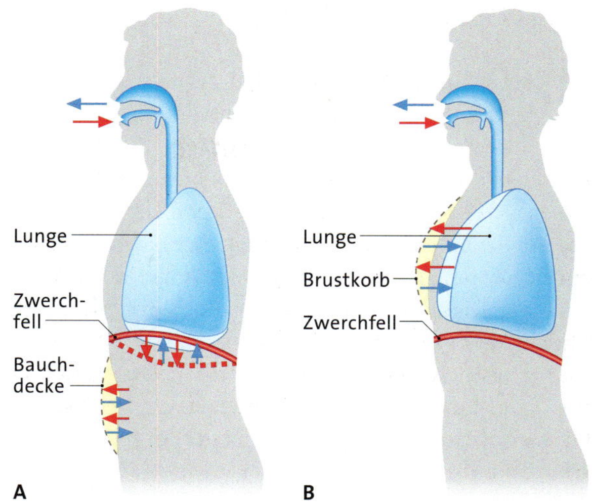

2 Atmung. A Bauchatmung; **B** Brustatmung

1 Beschreibe den Weg der Atemluft.
2 Begründe den Ratschlag, durch die Nase statt durch den Mund einzuatmen.
3 Sitzende Arbeitshaltung kann dazu führen, dass Teile der Lunge nicht ausreichend belüftet werden. Begründe, warum man im Sitzen nur flach atmet.
4 Zeige die Atemorgane am Torso und benenne sie.
5 Erläutere die Begriffe Zelle, Gewebe, Organ, Organsystem am Beispiel des Atmungssystems des Menschen. Nutze dazu die Abbildung 1.

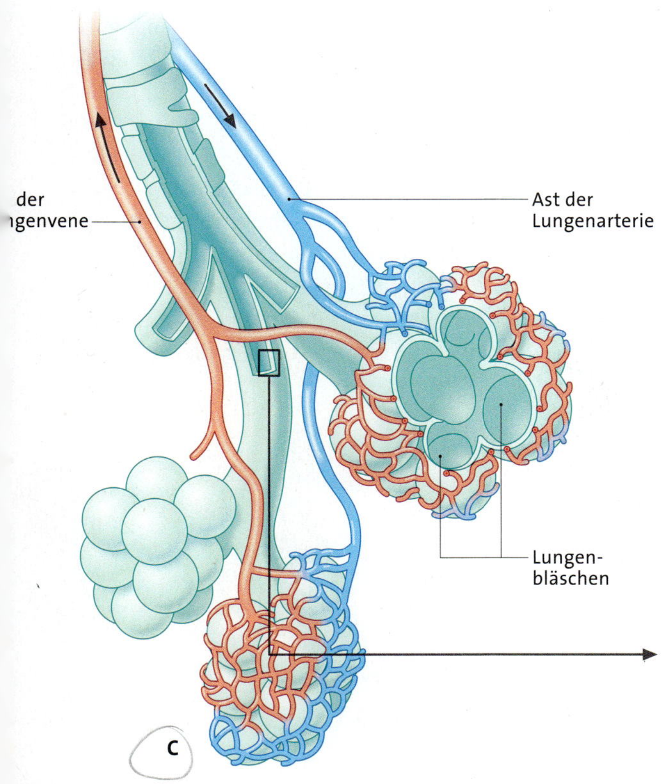

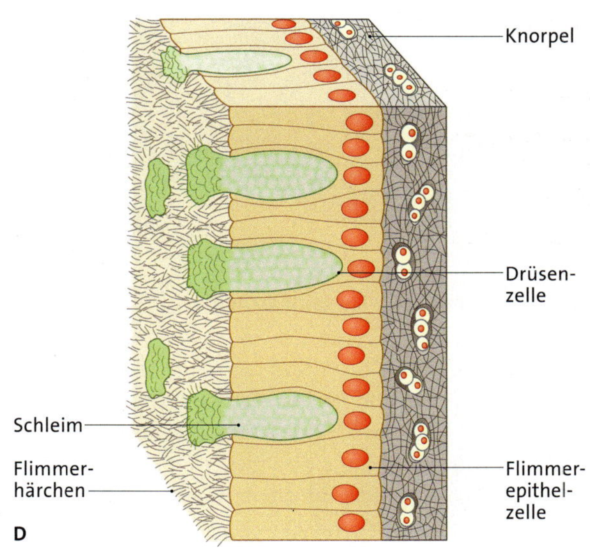

C Endbronchien mit Lungenbläschen; **D** Schleimhaut mit Flimmerhärchen

5.2 Der Gasaustausch

Alle Zellen unseres Körpers brauchen Sauerstoff zur Energieerzeugung, besonders die Muskel- und Gehirnzellen. Beim Einatmen saugen wir Luft in die Lungen, der dort ein Teil des Sauerstoffs entzogen wird. Gleichzeitig wird Kohlenstoffdioxid in die Luft abgegeben, die anschließend wieder ausgeatmet wird. Die Einatmungsluft enthält fast 21 % Sauerstoff, die Ausatmungsluft nur noch 17 %. Dafür steigt der Anteil von Kohlenstoffdioxid von 0,03 % in der Einatemluft auf 4 % beim Ausatmen. Die Funktion der Lunge besteht also darin, Gase auszutauschen. Wie funktioniert dieser **Gasaustausch?** Die Wände der **Lungenbläschen** sind hauchdünn. Ebenso dünn sind die Wände der haarfeinen Blutgefäße, der

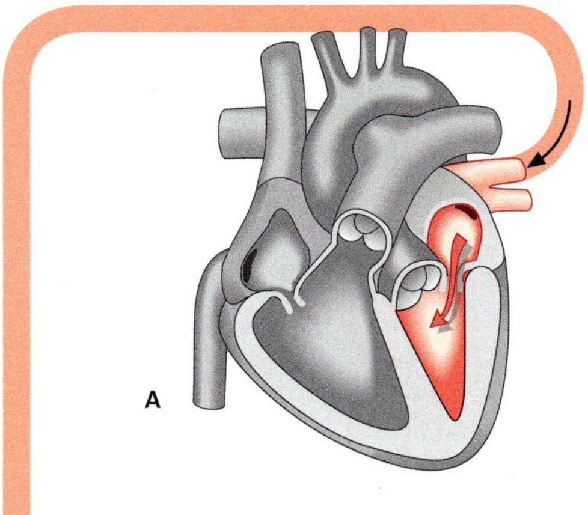

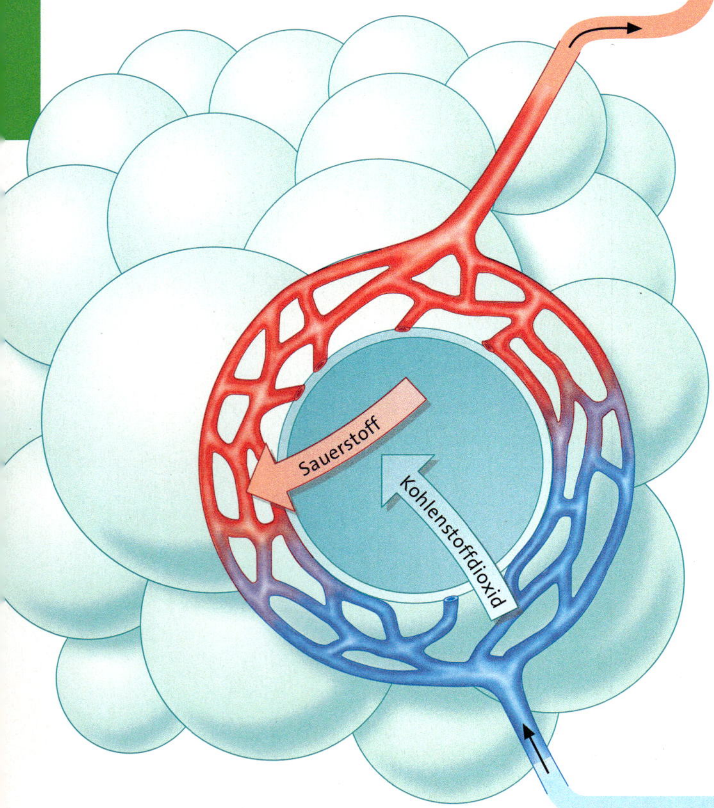

1 **Gasaustausch im Lungenbläschen**

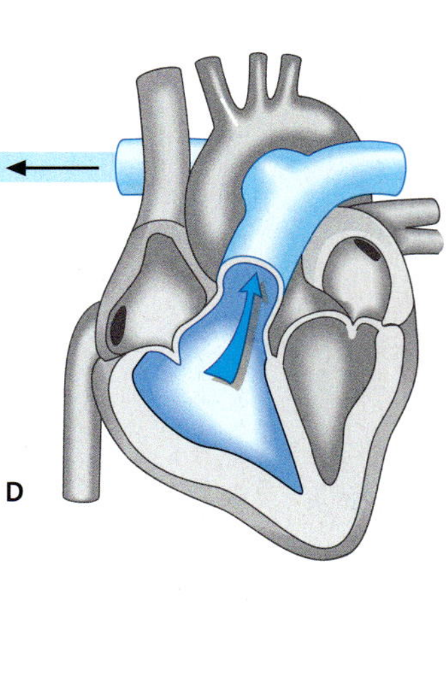

2 **Transport der Atemgase.** **A** Lungenvene; **B** Körperarterie; **C** Körpervene; **D** Lungenarterie

Blutkapillaren, die die Bläschen umgeben. Die Sauerstoff- und Kohlenstoffdioxid-Moleküle können durch sie hindurchtreten. Damit dies gleichzeitig Milliarden von Molekülen tun, muss die *Grenzfläche* zwischen der Luft und dem Blut sehr groß sein. Dies wird durch die große Anzahl von ca. 300 Millionen Lungenbläschen mit einem Durchmesser von ¼ mm erreicht. Dadurch beträgt die innere Oberfläche der Lunge etwa 100 m². Die Oberfläche der Blutkapillaren, die die Lungenbläschen umspinnen, ist sogar so groß wie ein Fußballfeld.

Der Antrieb für den Gasaustausch ist der *Konzentrationsunterschied* der Atemgase zwischen Lungenbläschen und Blut. Beim Einatmen gelangt sauerstoffreiche Luft in die Lungenbläschen. Das vorbeiströmende Blut kommt aus den Körpergeweben und ist sauerstoffarm. Zum Ausgleich dieses Konzentrationsgefälles wandern Teilchen von der hohen Konzentration zur niedrigen. Man nennt diese Erscheinung **Diffusion.** Sauerstoffmoleküle treten deshalb aus den Lungenbläschen in das Blut über. Kommt dieses sauerstoffreiche Blut nun in einen Muskel, der viel Sauerstoff verbraucht hat, so gelangt der Sauerstoff aus demselben Grund aus dem Blut in die Muskelzellen. In diesen Muskelzellen entsteht bei der Energieerzeugung Kohlenstoffdioxid als Abfallstoff. Es liegt also hier in hoher Konzentration vor. Deshalb geht es in kohlenstoffdioxidarmes Blut über. Anschließend gibt das so mit Kohlenstoffdioxid

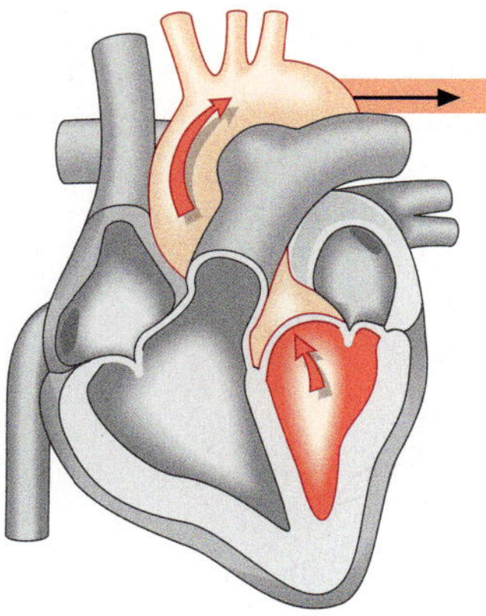

B

angereicherte Blut diesen Stoff in die Lungenbläschen ab, weil dort die Kohlenstoffdioxid-Konzentration gering ist. Beim Ausatmen verlässt es unseren Körper. Die **Energiegewinnung** in den Körperzellen bezeichnet man als **Zellatmung.** Dieser wichtige Stoffwechselvorgang gewinnt mit Hilfe von Sauerstoff Energie aus Zucker und anderen Nährstoffen. Diese Energie brauchen wir für alle Lebensvorgänge, auch für die Atembewegungen selbst. Der Transport der Atemgase erfolgt im Blutplasma und gebunden an den Farbstoff *Hämoglobin* in den Roten Blutzellen. Seine Eisenatome binden Sauerstoffteilchen und geben sie bei Bedarf wieder ab. Hämoglobin entzieht der Einatmungsluft ein Viertel ihres Sauerstoffanteils. Kohlenstoffdioxid wird ebenfalls vor allem von den Roten Blutzellen aber auch im Blutplasma transportiert.

Kinder bis zum zehnten Lebensjahr atmen 20- bis 25-mal in der Minute, Erwachsene dagegen etwa 16- bis 20-mal. Bei Anstrengungen steigt der Sauerstoffbedarf. Wir erhöhen die *Atemfrequenz*, das heißt wir atmen häufiger. Außerdem atmen wir tiefer, indem wir den Brustkorb stärker dehnen: Dadurch steigt das *Atemvolumen.* Der Bedarf an Atemluft beträgt in Ruhe etwa 8 Liter pro Minute. Schon beim Spazierengehen brauchen wir etwa 14 Liter, während bei Höchstleistungen bis zu 140 Liter Luft pro Minute ein- und ausgeatmet werden. Das Gewebe, das durch Anstrengung am sauerstoffärmsten ist, bekommt aus dem Blut jetzt auch am meisten Sauerstoff, da hier der Konzentrationsunterschied am größten ist.

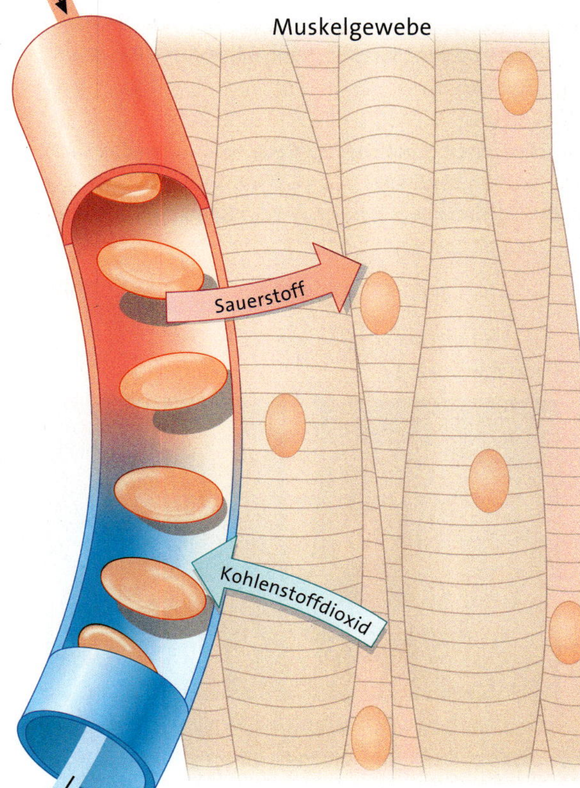

3 Gaswechsel im Gewebe

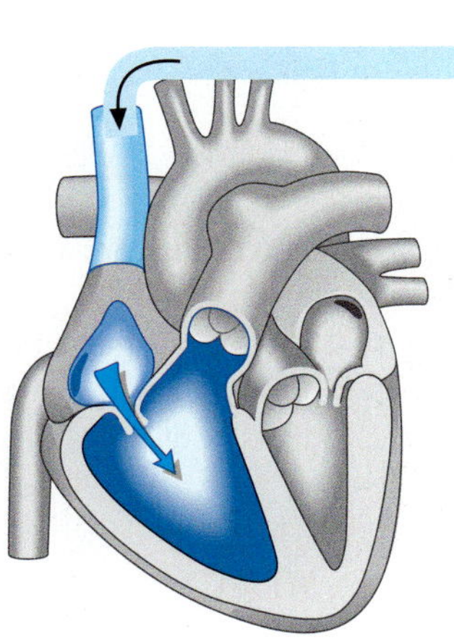

C

1 Beschreibe anhand der Abbildungen den Weg des Sauerstoffs im Körper.

2 Erkläre, warum ein Ertrunkener bei der Atemspende (Mund-Nase-Beatmung) nicht erstickt, obwohl er dabei nur Ausatmungsluft erhält.

3 Menschen, die in großen Höhen leben, wo die Luft sauerstoffarm ist (z. B. in Peru und im Himalaja), besitzen mehr Rote Blutzellen als wir. Erkläre dies mit der Funktion von Hämoglobin.

4 Kohlenstoffmonooxid entsteht bei unvollständiger Verbrennung, z. B. in Motorabgasen. Der rote Blutfarbstoff Hämoglobin bindet Kohlenstoffmonooxid, gibt es aber nicht wieder ab. Erkläre, warum man durch Motorabgase ersticken kann.

Aufgaben und Versuche Atmung

V1 Brust- und Bauchatmung

Durchführung: Lege die gespreizten Hände so auf den Brustkorb, dass sich die Fingerspitzen in der Mitte berühren. Atme tief ein und aus und beobachte die Fingerspitzen. Atme danach so ein, dass die Hände **nicht** bewegt werden. Beobachte dabei Bauch und Brustkorb.

Aufgaben:

a) Beschreibe, welche Muskelbewegungen das Einatmen bewirken.

b) Begründe, warum sich bei der Bauchatmung der Bauch bewegt.

V2 Nachweis von Kohlenstoffdioxid (Lehrerversuch)

Material: Gaswaschflasche mit »Kalkwasser« (Calciumhydroxid-Lösung), *ätzend*; Gummischlauch

Durchführung: Ausatmungsluft wird vorsichtig durch eine Gaswaschflasche gepustet, die Kalkwasser enthält.

Aufgabe: Beschreibe und erkläre die Veränderungen.

V3 Untersuchung der Schweinelunge

Material: frische Schweinelunge vom Metzger; Becherglas mit Wasser; Pinzette; Schere; Lupe

Durchführung: Suche Verzweigungen der Atemkanälchen. Schneide anschließend kleine Stückchen aus der Lunge. Lasse ein Stückchen Lunge auf das Wasser fallen.

Aufgaben:

a) Beschreibe die Lunge (Farbe, Strukturen) und untersuche sie mit der Lupe.

b) Beschreibe und erkläre das Verhalten des Lungengewebes im Wasser.

V4 Modell eines Lungenbläschens

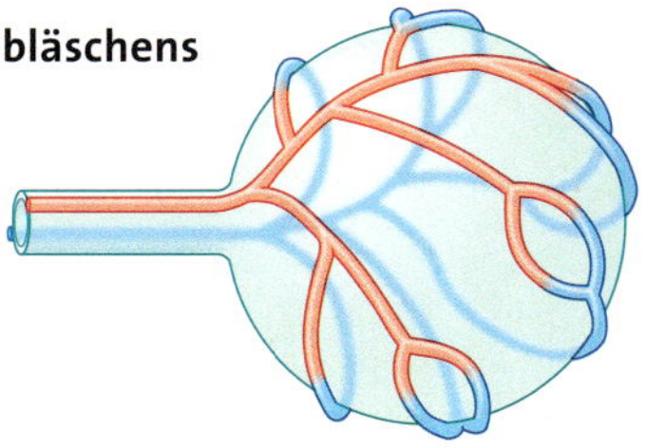

Material: Glasrundkolben oder Glühbirne; Knetmasse (rot und blau, z. B. aus dem Spielzeuggeschäft)

Durchführung: Forme aus der Knetmasse einige Stränge von etwa 3 mm Durchmesser. Lege die Stränge entsprechend der Abbildung auf den Glaskolben und drücke sie fest.

Aufgaben:

a) Beschreibe anhand dieses Modells den Gasaustausch im Lungenbläschen.

b) »Ein Modell kann nie die Wirklichkeit genau wiedergeben. Es dient zur Veranschaulichung von manchen Sachverhalten. Andere Sachverhalte werden dagegen durch ein Modell überhaupt nicht oder sogar falsch gezeigt.« Erläutere diese Aussage am Lungenbläschenmodell.

A5 Zwerchfellatmung

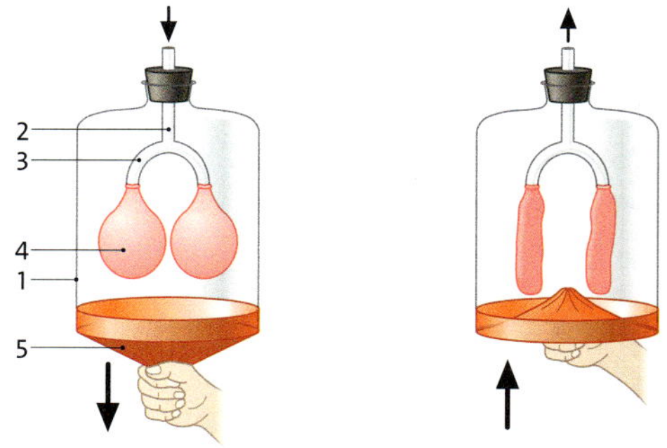

Modell der Zwerchfellatmung

Aufgaben:

a) Beschreibe Aufbau, Durchführung und Ergebnis des Modellversuchs.

b) Welchen Organen im menschlichen Brustkorb entsprechen die Bauteile des Modells?

c) Untersuche kritisch, welche Sachverhalte und Vorgänge bei der Atmung das Modell gut, weniger gut oder überhaupt nicht veranschaulichen kann.

V6 Sauerstoffgehalt der Luft

Sachinformation: Wenn Eisen rostet, entzieht das Metall der Luft Sauerstoff und es entsteht rotes Eisenoxid.

Material: Messzylinder; durchbohrter Gummistopfen; dünnes Glasrohr; Becherglas; Wasser; Eisenwolle

Durchführung: Baue den Versuch entsprechend der Abbildung auf. Feuchte die Eisenwolle etwas an. Lasse den Versuchsaufbau einige Tage stehen.

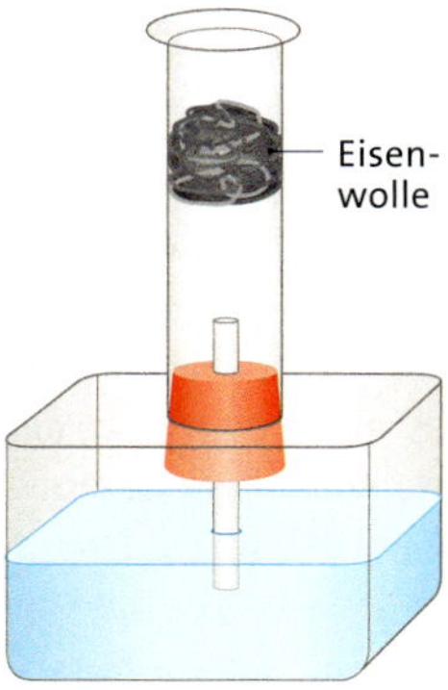

Aufgaben:

a) Beschreibe das Versuchsergebnis und erläutere.

b) Schätze aufgrund des Versuchsergebnisses den Sauerstoffanteil in der Luft und vergleiche mit den Angaben in der Tabelle.

c) Rostet das Eisen auch, wenn der Messzylinder mit Luft gefüllt wird, die aus den Lungen ausgeatmet wurde? Erläutere.

Gas	Einatemluft [%]	Ausatemluft [%]
Stickstoff	78,08	78,08
Sauerstoff	20,95	etwa 16
Kohlenstoffdioxid	0,03	etwa 4
Edelgase	0,94	0,94

A7 Sauerstoffbedarf

benötigte Menge an Luft pro Minute in Liter	
im Schlaf	4,7
im Stehen	6,6
im Gehen	17
beim Radfahren (ebene Strecke)	23
beim Schwimmen	43
beim Kurzstreckenlauf	60

Aufgaben:

a) Erläutere die Zahlenwerte in der Tabelle.

b) Berechne die Sauerstoffmenge, die der Körper an einem Tag verbraucht. Gehe von einem Durchschnittswert aus, der von je acht Stunden Schlafen, Stehen und Gehen bestimmt wird.

V8 Vitalkapazität der Lungen

Material: Spirometer (Atemmessgerät)

Durchführung:

a) Miss mit dem Spirometer die Luftmenge, indem du 10-mal normal ein- und ausatmest.

b) Atme beim nächsten Versuch so tief wie möglich ein und so stark wie möglich aus.

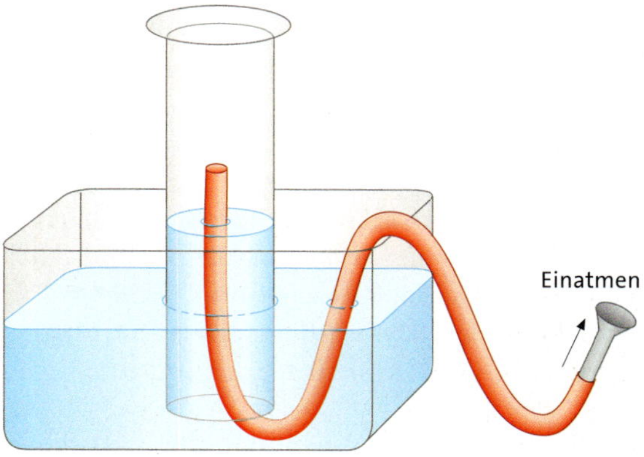

Aufgaben:

a) Die Abbildung zeigt schematisch den Aufbau eines einfachen Spirometers. Erläutere die Funktionsweise.

b) Protokolliere deine Messwerte und vergleiche sie mit denen deiner Mitschüler.

c) Bei maximaler Ausatmung bleiben noch etwa 1,5 Liter Luft in der Lunge. Diese Restluft verhindert, dass die Lunge zusammenfällt. Erläutere unter Verwendung dieser Information die Begriffe Totalkapazität und Vitalkapazität.

d) Welches Ergebnis erwartest du, wenn ein trainierter Sportler die Spirometermessung durchführt? Erläutere.

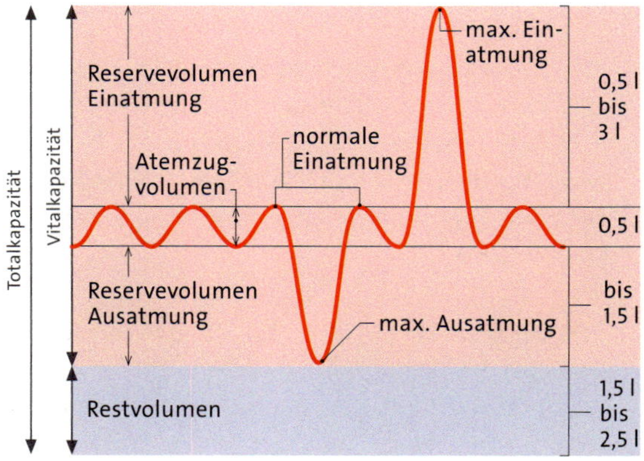

5.3 Erkrankungen der Atemwege

In der kälteren Jahreszeit leiden viele Menschen an **Schnupfen.** Wenn in geheizten Räumen die Luftfeuchtigkeit sinkt, trocknet die Nasenschleimhaut leicht aus. Fehlt die wässrige, schützende Schleimschicht, haben Krankheitserreger bessere Chancen, in die Zellen der Schleimhaut einzudringen. Sind die Zellen infiziert, wird die Nasenschleimhaut stärker durchblutet und scheidet mehr Flüssigkeit aus, so dass die Erreger weggeschwemmt werden. Zusätzlich werden viele Weiße Blutzellen herantransportiert, die Krankheitserreger vernichten. Bei starker Durchblutung schwillt die Nasenschleimhaut an, manchmal erscheint die Nase dann regelrecht verstopft.

Schnupfen kann auch durch eine **Allergie** hervorgerufen werden. Viele Menschen sind zum Beispiel gegen Pollenkörner, Tierhaare oder Pilzsporen allergisch. Die ebenfalls verbreitete Hausstauballergie wird durch den Kot der Hausstaubmilben ausgelöst. Diese Fremdkörper werden von der Nasenschleimhaut in einer Überreaktion abgewehrt. Oft tränen dabei auch die Augen.

Allergien können sich auch auf die Bronchien auswirken. Die Atemwege sind von Muskelfasern umsponnen. Tritt nun eine allergische Reaktion der Bronchialschleimhaut auf, so schwillt diese an, und außerdem können sich die Muskeln verkrampfen. **Bronchialasthma** kann zu lebensbedrohlicher Atemnot führen, weil nur noch wenig Luft durch die verengten Atemkanäle in die Lungenbläschen gelangt. Neben dem beschriebenen **allergischen Asthma** kann Asthma auch andere Auslöser haben. So reagieren einige Asthmatiker überempfindlich auf bestimmte Wetterlagen oder die Feuchtigkeit der Atemluft. Dadurch wird eine Verkrampfung der Bronchien ausgelöst. Zur Behandlung setzt man Sprays ein, die eingeatmet werden und deren Wirkstoffe die Muskeln um die Bronchien entspannen und die Überreaktion der Schleimhäute mildern.

Wird die Schleimhaut der Bronchien durch Erreger infiziert, so wird sie stärker durchblutet, schwillt an und produziert vermehrt Schleim. Die Zahl der Flimmerhärchen reicht dann nicht mehr, um die Schleimansammlungen zum Kehlkopf zu transportieren. Durch **Husten** werden sie nach oben befördert. Bleiben Reste zurück, ist dieser Schleim ein guter Nährboden für Bakterien, und eine **Bronchitis** entwickelt sich. Schwellen die Bronchialschleimhäute weiter an, verengen sich die Atemkanäle und man »bekommt keine Luft«. Wandern die Krankheitserreger weiter über die Verzweigungen der Bronchien in die Lunge, führt dies zu einer **Lungenentzündung,** in deren Verlauf die empfindlichen Lungenbläschen zerstört werden können. Die Atemwege sind auch durch dauerhaftes Einatmen von Staub, Abgasen aus Verkehr und Industrie, Ozon oder anderen giftigen Substanzen gefährdet. Durch diese Stoffe können ebenfalls Entzündungen von Bronchien und Lunge oder auch **Lungenkrebs** entstehen.

»Willst du eine rauchen?« Jeder dritte Jugendliche im Alter zwischen 13 und 16 Jahren nimmt dieses Angebot an. Wenige Jahre später sind einige von ihnen bereits Gewohnheitsraucher geworden. Viele, die einmal damit angefangen haben, kommen vom Rauchen nicht mehr los. Was ist am Rauchen eigentlich so toll?

Viele rauchen, weil es »in« ist oder weil andere aus der Clique auch rauchen. Dann wagt man es nicht, die Zigarette abzulehnen. Manche wollen zeigen, dass sie sich nichts vorschreiben lassen. Sie glauben, mit dem Rauchen ihre Selbstständigkeit beweisen zu müssen. Andere Jugendliche berichten, dass Rauchen sie entspannt, ihre

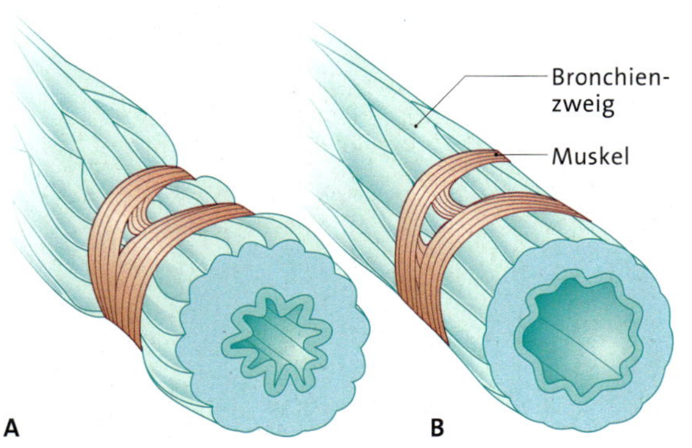

1 Bronchienzweig. A verkrampft; B entpannt

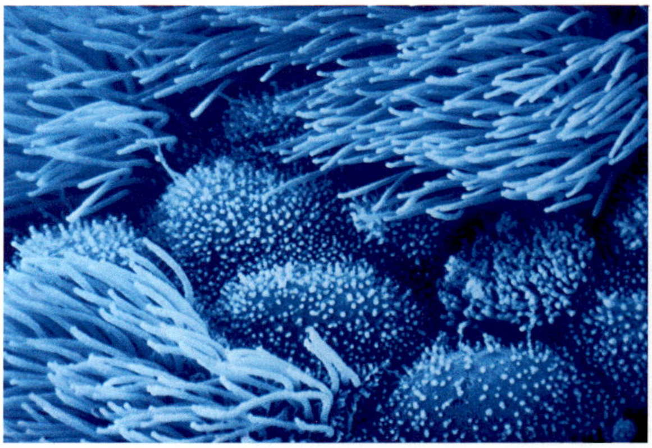

2 Zerstörte Flimmerhärchen der Bronchien

3 **Rauchen in der Clique – ein zweifelhaftes Vergnügen**

Müdigkeit vertreibt und das Hungergefühl dämpft. Diese Wirkung ist tatsächlich auf das *Nikotin* zurückzuführen, eine Substanz von insgesamt über 1000 Inhaltsstoffen des Zigarettenrauches. Nikotin lässt den Blutdruck ansteigen und das Herz schneller schlagen. Mancher fühlt sich dadurch tatsächlich weniger müde. Nikotin verengt aber auch die feinen Blutgefäße im menschlichen Körper. Die Haut wird weniger durchblutet und man sieht blass aus. Zusätzlich lässt das über den Rauch eingeatmete Gas *Kohlenstoffmonooxid* den Sauerstoffgehalt im Blut sinken, weil es sich leichter und fester als Sauerstoff an das Hämoglobin bindet. Manche spüren deshalb leichten Schwindel oder Übelkeit bei den ersten Lungenzügen.

Da bei Rauchern Nikotin und Kohlenstoffmonooxid die zarten Flimmerhärchen vergiften und die *Teerbestandteile* des Rauches sie außerdem verkleben, entstehen dauerhafte Verschleimungen und Entzündungen der Bronchien, eine *chronische Bronchitis*. Der Körper versucht, die Schleimansammlungen durch häufiges Husten abzustoßen: Es ist ein **Raucherhusten** entstanden. Die ständigen Vergiftungen und Schädigungen des Bronchien- und Lungengewebes können zu Zellveränderungen führen, durch die sich bei Rauchern deutlich häufiger als bei Nichtrauchern Lungenkrebs entwickelt.

Bei tiefen Lungenzügen können Rauchinhaltsstoffe durch die Lungenbläschen in den Blutkreislauf gelangen. Durch jahrelanges Rauchen entstehen krankhafte Veränderungen der Blutgefäße, die durch Ablagerungen verengt werden.

Die mangelhafte Durchblutung kann zum Absterben von Armen und Beinen führen. Eine plötzliche Verstopfung eines wichtigen Gefäßes kann einen Herzinfarkt oder Schlaganfall auslösen.

Das Rauchen in öffentlichen Räumen ist meist verboten, weil inzwischen nachgewiesen ist, dass auch Passivraucher gesundheitliche Schäden erleiden. Kleinkinder sind in dieser Hinsicht besonders gefährdet. Rauchen während der Schwangerschaft schadet dem Baby. Das Nikotin verengt die Blutgefäße der Plazenta und bewirkt eine Mangelversorgung des Ungeborenen. Bedenkt man die gesundheitlichen Gefahren, die mit dem Rauchen verbunden sind, sollte es leicht fallen, gar nicht erst mit dem Rauchen anzufangen.

1 Beschreibe die Wirkung von Nikotin, Teerbestandteilen und Kohlenstoffmonooxid mit Hilfe von Abbildung 2.

2 Diskutiert in der Klasse den Sinn von öffentlichen Rauchverboten.

3 Erläutere die Abbildungen 4 und 5 im Zusammenhang mit kurz- und langfristigen Folgen des Rauchens.

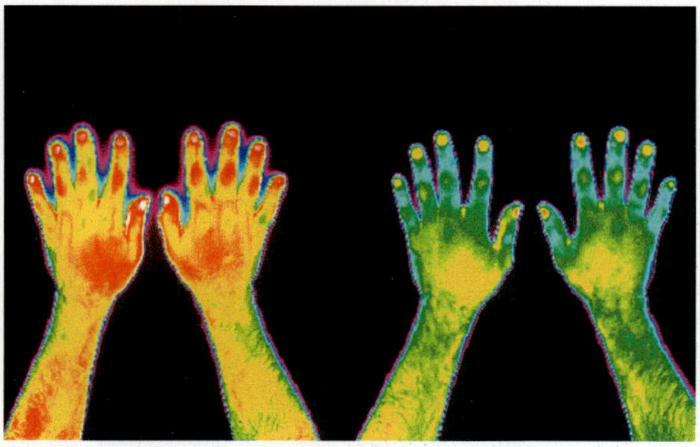

4 **Wärmebild.** Links vor dem Rauchen, rechts fünf Minuten nach dem Rauchen

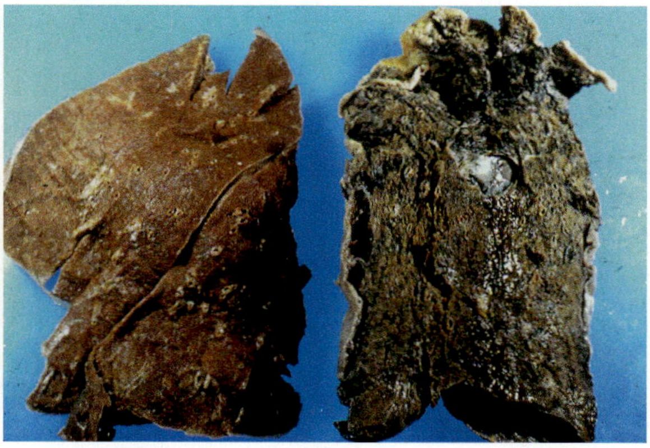

5 **Gesunde Lunge und Raucherlunge**

Methode Gespräche leiten

Tims Klasse hat sich im Unterricht mehrere Wochen lang in verschiedenen Gruppen mit Drogen, dem Suchtverhalten beim Menschen und seinen Folgen beschäftigt. Zum Abschluss setzen sich die Schülerinnen und Schüler in einem Sitzkreis zusammen.

Tim ergreift das Wort: »Wir haben uns in den letzten Stunden ausführlich mit einzelnen Suchtmitteln beschäftigt und wollen nun über die Vor- und Nachteile des **Rauchens** diskutieren.« Tim wurde von der Klasse zum **Diskussionsleiter** gewählt. Er schreibt das Diskussionsthema an die Tafel, damit er während der Diskussion immer wieder darauf verweisen kann, wenn jemand von dem Thema abweicht. Als Tim die Diskussion eröffnet, versuchen gleich mehrere Schülerinnen und Schüler auf einmal loszureden. Tim erinnert sie daran, dass die *Gesprächsregeln* während der Diskussion eingehalten werden müssen. Da sich oft mehrere Schülerinnen und Schüler melden, notiert sich Tim deren Namen und ruft sie nacheinander in der Reihenfolge der Wortmeldungen auf. Diese *Rednerliste* ist wichtig, um für Ordnung während der Diskussion zu sorgen. So können beispielsweise auch Zwischenbemerkungen verhindert werden.

Unterhält sich die Klasse in kleinen Gruppen, muss Tim das unterbinden und bitten, die Meinungen in der gesamten Runde vorzutragen.

Sollte es vorkommen, dass jemand sehr lange vorträgt, muss der Diskussionsleiter darauf hinweisen, dass jeder eine gleich lange *Redezeit* besitzt und der Beitrag zügig zu Ende gebracht werden sollte. Notfalls kann der Diskussionsleiter auch das Wort entziehen.

Tim darf bei den einzelnen Beiträgen auch nachfragen oder Fragen anderer zulassen, wenn etwas unklar erscheint oder ein Widerspruch zu vorigen Beiträgen auftritt.

Als Tim merkt, dass die Wortmeldungen immer weniger und zögerlicher werden, fasst er den momentanen Stand kurz zusammen: »Wir kennen jetzt die Vor- und Nachteile des Rauchens. Wäre es eurer Meinung nach möglich, auch in Deutschland ein Rauchverbot zum Beispiel auf Bahnhöfen und in Gaststätten durchzusetzen?« Durch diese neue Sichtweise wird die Diskussion erneut angekurbelt. Zum Schluss der Diskussion fasst Tim die verschiedenen Argumente an der Tafel zu einem *Gesamtergebnis* zusammen. Der Diskussionsleiter muss sich also selbst auch gut in dem Thema der Diskussionsrunde auskennen und sollte sich neutral verhalten.

1 Führt eine Diskussion zum Thema »Rauchen« in eurer Klasse. Informiert euch vorher über Argumente und Statistiken im Internet oder in Fachbüchern.

Aufgaben und Versuche Gefahren des Rauchens

A1 Berechnung zum Zigarettenkonsum

Auf jeder Zigarettenschachtel findest du Mengenangaben für Nikotin (N) und Teerkondensat (K), die in einer Zigarette enthalten sind.

Aufgaben:

a) Berechne von einer Marke, wie viel Milligramm Teer und Nikotin in den Zigaretten einer Packung enthalten sind.

b) Wie viel Gramm Teer gelangt in die Lunge, wenn ein Raucher 20 Jahre lang täglich eine Packung dieser Zigaretten verbraucht?

c) Vergleiche unterschiedliche Marken miteinander.

d) Wie viel Geld gibt ein Raucher aus, der täglich eine Packung Zigaretten raucht – im Monat, im Jahr, in 20 Jahren? Was würdest du dir als Nichtraucher von diesem Geld kaufen?

A2 Forscher schlagen Alarm: Nikotinspuren im Kinderblut

Forscher in New York untersuchten das Blut von gesunden Kindern, deren Mütter oder Väter ca. 10 Zigaretten täglich in Anwesenheit ihrer Kinder rauchen. Man fand im Kinderblut hohe Konzentrationen von Stoffwechselprodukten des Nikotins und des Teerkondensats. Diese Stoffe gelten als Krebserreger und fördern die Entstehung von Asthma. Seit langem ist bekannt, dass Neugeborene von Raucherinnen ein geringeres Geburtsgewicht haben und später unter Entwicklungsstörungen leiden.

Aufgaben:

a) Wie sollten sich Raucher und Raucherinnen deiner Meinung nach verhalten, damit sich Kinder gesund entwickeln können?

b) Wie kannst du dich vor dem Passivrauchen schützen?

c) Recherchiere weitere Daten und Forschungsergebnisse zum Thema Schwangerschaft und Rauchen. Stelle diese Ergebnisse in Form eines passenden Plakates oder einer Präsentation dar. Diskutiert und präsentiert eure Ergebnisse in der Klasse.

V3 Nachweis von Teerstoffen im Zigarettenrauch

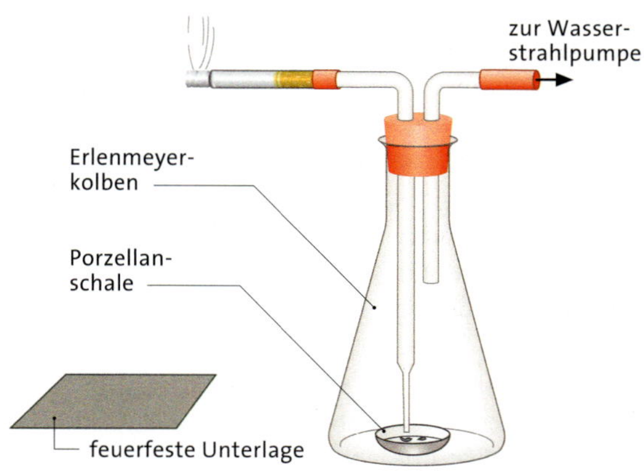

Material: Erlenmeyerkolben; 2 abgewinkelte Glasröhrchen; Porzellantiegel; doppelt durchbohrter Gummistopfen; Gummimanschette; Filterzigarette; Wasserstrahlpumpe oder Luftpumpe mit Wechselventil

Durchführung: Baue unter Zuhilfenahme der Abbildung die Versuchsanordnung nach. Entzünde die Zigarette und sorge mit der Gummiluftpumpe oder der Wasserstrahlpumpe für ein gleichmäßiges Abbrennen der Zigarette.

Aufgaben:

a) Betrachte den Zigarettenfilter vor und nach dem Versuch. Bewerte das Ergebnis.

b) Betrachte die im Porzellantiegel aufgefangenen Bestandteile des Zigarettenrauchs. Bewerte das Ergebnis.

6 Blut und Blutkreislauf

6.1 Blut – eine besondere Flüssigkeit

Bis zum heutigen Tag ist es nicht gelungen, einen technischen Ersatz für Blut herzustellen. Künstliches Blut gibt es nicht. Deshalb wird regelmäßig zu Blutspenden aufgerufen, um gespendetes Blut für Notfälle in Blutbanken bereitzuhalten. Allein in Deutschland werden fünf Millionen Blutspenden pro Jahr benötigt. Was sind die Bestandteile des Blutes, die es so besonders machen?

Lässt man Blut einige Zeit in einem Reagenzglas stehen, trennt es sich in drei Phasen auf. Die unterste Phase besteht aus **Roten Blutzellen,** den *Erythrozyten*. Die dünne mittlere Phase enthält **Weiße Blutzellen,** die *Leukozyten*, sowie **Blutplättchen** oder *Thrombozyten*. Darüber befindet sich eine wässrige Flüssigkeit, das **Blutplasma.** Der Anteil des Blutplasmas an den fünf bis sechs Litern Blut eines Erwachsenen beträgt 55 Prozent, die restlichen 45 Prozent sind Blutzellen.

Das Blutplasma besteht zum größten Teil aus Wasser. Außerdem enthält es Eiweißstoffe, Salze, Vitamine, Wirkstoffe wie Hormone und Abwehrstoffe gegen Krankheitserreger. Das Blutplasma ist für den Stoff- und Wärmetransport verantwortlich. Ein Teil des Kohlenstoffdioxides wird ebenfalls gelöst im Blutplasma transportiert.

Ein Mensch besitzt bis zu 30 Billionen Rote Blutzellen, die dem Blut seine rote Farbe geben. Etwa zwei Millionen dieser Erythrozyten entstehen pro Sekunde neu im Knochenmark. Nach einer Lebensdauer von drei Monaten sterben sie ab. Rote Blutzellen haben die Form einer Scheibe, die in der Mitte von beiden Seiten eingedellt ist. Die kernlosen Erythrozyten enthalten den eisenhaltigen Farbstoff *Hämoglobin*, der Sauerstoff in der Lunge bindet und zu den Zellen transportiert, wo er für die Zellatmung benötigt wird. Dabei entsteht Kohlenstoffdioxid, das über das Blut zur Lunge zurück transportiert wird.

Weiße Blutzellen besitzen einen Zellkern. Man unterscheidet verschiedene Formen, die sich unter anderem in ihrer Lebensdauer unterscheiden. Zu den Weißen Blutzellen gehören beispielsweise die *Fresszellen*. Sobald ein Krankheitserreger in den Körper eindringt, werden sie aktiv. Fresszellen können mit Hilfe von kleinen Zellausstülpungen sogar die Blutgefäße verlassen. Direkt an der infizierten Stelle im Gewebe können sie die Krankheitserreger umschließen und mit Hilfe von Enzymen zerlegen.

1 Werbeplakat für Blutspenden

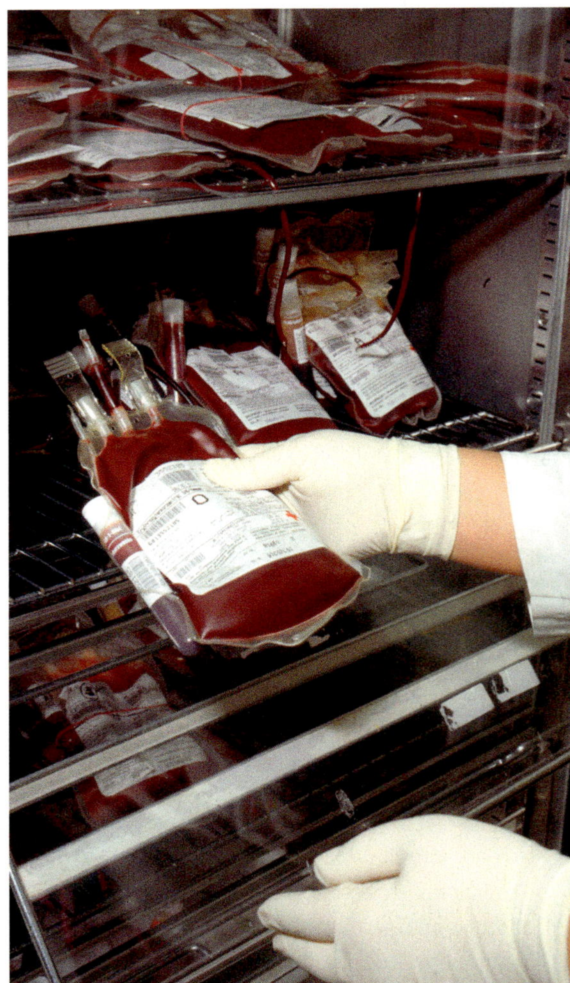

2 Blutbank

Blutplättchen sind kleine Zellbruchstücke ohne Zellkern. Sie spielen zusammen mit dem flüssigen Blutplasma eine entscheidende Rolle bei der **Blutgerinnung.** Kleine Verletzungen der Gefäße werden von den Blutplättchen durch Ansammeln am Rande der Wunde sofort verschlossen. Bei größeren Wunden läuft der Wundverschluss in mehreren Schritten ab: Zunächst ballen sich an den Wundrändern die Blutplättchen zusammen. Durch Abgabe eines Stoffes wird veranlasst, dass sich das blutende Gefäß zusammenzieht. Der Blutaustritt wird so verlangsamt. Wirkstoffe aus den zerstörten Zellen des verletzten Gewebes gelangen in die Blutbahn und bewirken den Zerfall von Blutplättchen. Hierdurch werden Gerinnungsstoffe freigesetzt. Sie führen unter Mitwirkung von verschiedenen Wirkstoffen des Blutplasmas über mehrere Zwischenstufen zur Bildung des Enzyms *Thrombin.* Dieses bewirkt die Umwandlung des im Blutplasma gelösten Fibrinogens in wasserunlösliches fädiges *Fibrin.* Die langen Fibrinfäden lagern sich an die Wunde an und bilden miteinander eine Art Netz. Diesen Vorgang der Verfestigung bezeichnet man als Blutgerinnung. In diesem engmaschigen Fibrinnetz verfangen sich Rote Blutzellen. Dadurch wird die Wunde verschlossen und die Blutung kommt zum Stillstand. Mit der Zeit ziehen sich die Fäden zusammen und bilden den **Wundschorf.** Dieser schützt die Wunde, sodass von darunter liegenden Schichten der Haut neue Zellen gebildet werden können, die in die Wunde einwachsen und sie entgültig verschließen. Dann fällt der Wundschorf von der verheilten Wunde ab. Es gibt Menschen, bei denen bestimmte Stoffe zur Blutgerinnung fehlen. Bei ihnen ist die Gerinnung stark verlangsamt. Solche Menschen heißen **Bluter**. Die *Bluterkrankheit* ist angeboren und kommt viel häufiger bei Männern vor als bei Frauen.

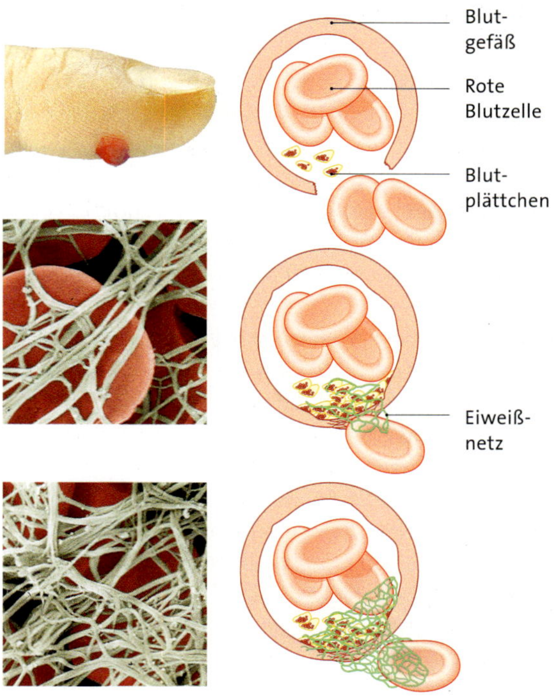

4 Blutgerinnung

1 Erstelle zu den festen Blutbestandteilen jeweils einen Steckbrief. Orientiere dich am Beispiel auf der Seite 51.

2 Erläutere die Aufgaben des Blutes.

3 Beschreibe die Blutgerinnung mit Hilfe der Abbildung 4.

4 Entwickle ein neues Plakat, das für mehr Blutspenden wirbt.

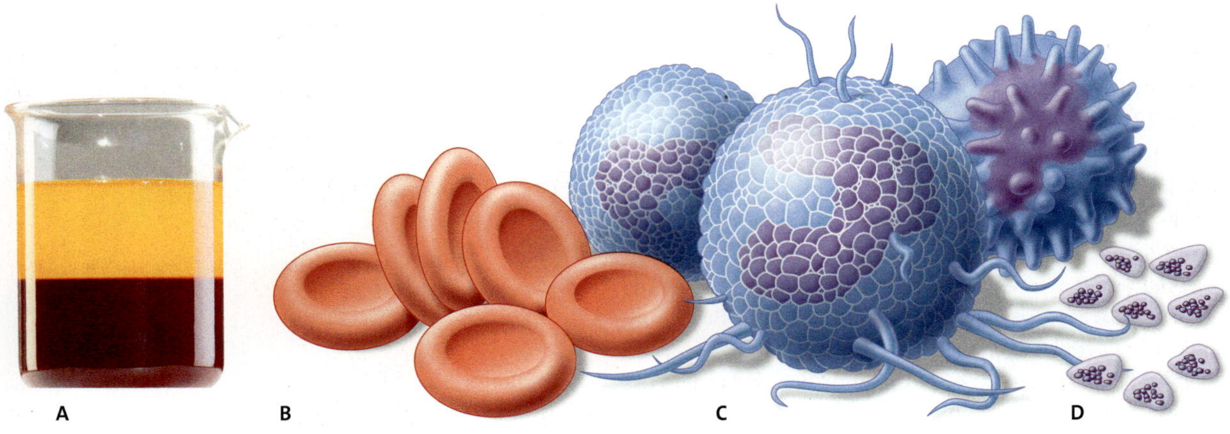

3 Bestandteile des Blutes. **A** Flüssige und feste Blutbestandteile; **B** Rote Blutzellen; **C** Weiße Blutzellen; **D** Blutplättchen

6.2 Das Blut strömt in einem Kreislauf

Als 1616 der englische Arzt Sir William HARVEY im königlichen Institut für Medizin in London erklärte, dass das Blut im menschlichen Körper kreist, waren die Zuhörer fassungslos. Er schnürte bei verschiedenen Säugetieren Blutgefäße zu und beobachtete die Blutstauungen. Dabei fand er heraus, dass das Blut im Körper nicht verbraucht wird, sondern in den Gefäßen in einem Kreislauf fließt.

Das **Herz-Kreislauf-System** ist das größte Transportsystem des menschlichen Körpers. Das Kreislaufsystem eines Erwachsenen ist rund 100 000 Kilometer lang und lässt fünf bis sechs Liter Blut etwa 1500-mal pro Tag durch den Körper pulsieren. Dabei vollbringt das Herz Höchstleistungen. Gefäße, die das Blut vom Herzen wegführen, nennt man **Arterien.** Sie verästeln sich im Körper immer weiter. Die haarfeinen Blutgefäße in den Organen werden **Kapillaren** genannt. Sie vereinigen sich wieder zu größeren Adern, den **Venen.** In ihnen fließt das Blut zurück zum Herz.

Arterien, Kapillaren und Venen unterscheiden sich in ihrem Aufbau. Das hängt mit ihrer Funktion zusammen. Arterien bestehen aus einer äußeren elastischen Hülle, einer darunter liegenden Muskelschicht mit elastischen Fasern und einem inneren Abschlussgewebe. Arterien müssen zum einen dem hohen Druck widerstehen, mit dem das Blut vom Herzen durch den Körper gepumpt wird. Zum anderen haben sie die Aufgabe, das Blut in sich immer weiter verzweigende Gefäße bis in die Kapillaren zu pressen. In den Kapillaren findet der Stoffaustausch mit dem umgebenden Gewebe statt. Erleichtert wird der Stoffaustausch mit dem umgebenden Gewebe durch die sehr dünnen Wände der Kapillaren. Dabei beträgt die gesamte Austauschfläche bis zu 1000 Quadratmeter. Sauerstoff und Nährstoffe diffundieren aus dem Blut in die Zellen. Der Blutdruck ist am Ende der Kapillaren so stark abgefallen, dass er niedriger ist als der Druck in der Gewebsflüssigkeit. Flüssigkeit mit gelöstem Kohlenstoffdioxid und Stoffwechselprodukten fließt in die Kapillaren. In den Venen ist der Blutdruck so niedrig, dass die Muskelschicht in den Gefäßwänden allein nicht ausreicht, um das Blut aktiv zum Herzen zurückzuführen. Deshalb verlaufen Venen neben Arterien und Skelettmuskeln, die Druck auf die Venen ausüben und das Blut in Bewegung halten. Damit es nicht zurückfließen kann, haben Venen im Abstand von einigen Zentimetern **Venenklappen,** die wie Rückschlagventile funktionieren. Durch die Pumpbewegungen des Herzens wird das Blut aus den Venen ins Herz gesaugt.

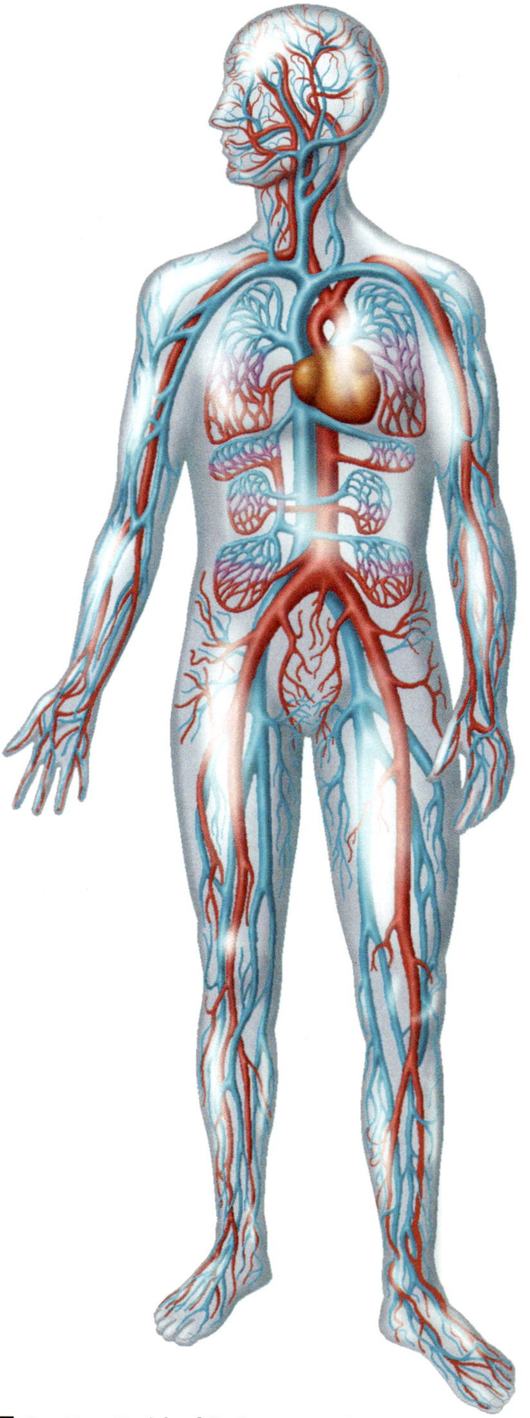

1 Das Herz-Kreislauf-System

Das Blut braucht im Ruhezustand eine Minute, um einmal durch den Körper zu fließen. Angetrieben wird es vom Herzen, das durch eine Scheidewand in eine linke und eine rechte Hälfte unterteilt ist.

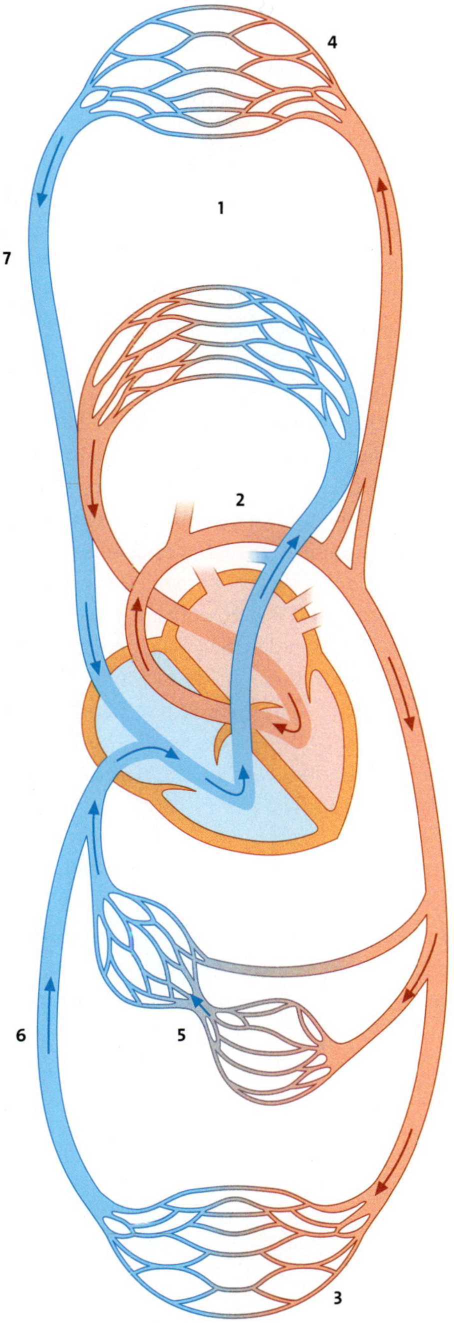

2 Der doppelte Blutkreislauf. 1 Lungenkreislauf, 2 Aorta, 3 untere Körperhälfte, 4 Oberkörper und Kopf, 5 Pfortadersystem, 6 untere Hohlvene, 7 obere Hohlvene

Vom rechten **Vorhof** strömt das Blut in die rechte **Herzkammer** und wird über die Lungenarterie in den **Lungenkreislauf** gepumpt. Dieses Blut ist sauerstoffarm, aber reich an Kohlenstoffdioxid.

In den Kapillaren der Lungenbläschen wird Kohlenstoffdioxid aus dem Blut abgegeben und im Gegenzug Sauerstoff aus der Lunge ins Blut aufgenommen. Über die Lungenvene wird das sauerstoffreiche Blut in den linken Vorhof gesaugt.

Von dort gelangt es in die linke Herzkammer und wird unter hohem Druck über die Körperschlagader, die man auch **Aorta** nennt, in den **Körperkreislauf** gepumpt. Von der Aorta zweigen mehrere Arterien ab, die den Körper und die Organe mit sauerstoffreichem Blut versorgen. Zwei dieser Arterien verästeln sich und überziehen das Herz mit einem Netz von feinen Blutgefäßen.

Ein Großteil des Blutes aus der Aorta versorgt die Verdauungsorgane. Die Kapillaren der Darmwand nehmen Aminosäuren, Traubenzucker und Fettsäuren aus der verdauten Nahrung auf. Dieses mit Nährstoffen beladene Blut wird in einer fingerdicken Vene, der **Pfortader,** gesammelt und fließt in das Kapillarnetz der Leber. Dort wird Traubenzucker aus dem Blut an die Leberzellen abgegeben. Außerdem gelangen Giftstoffe wie Alkohol in die Leber und werden dort abgebaut. Erst dann gelangt das Blut durch die Lebervene in die untere Hohlvene, in der es zusammen mit dem Blut aus der unteren Körperhälfte zum Herzen zurückfließt. Das Blut aus dem Oberkörper und dem Kopf fließt über die obere Hohlvene zurück zum Herzen und wird zusammen mit dem Blut der unteren Hohlvene im rechten Vorhof gesammelt. Damit ist der Körperkreislauf geschlossen und jede Zelle mit Nährstoffen versorgt und von Stoffwechselendprodukten befreit.

Der Mensch besitzt einen **doppelten Blutkreislauf,** denn das Blut fließt zuerst im Lungenkreislauf und dann im Körperkreislauf. Angetrieben wird der Blutkreislauf durch das Herz, das aus mechanischer Sicht zwei synchron arbeitenden Pumpen entspricht, die die beiden ungleich großen Kreisläufe antreiben.

Neben diesen Aufgaben regelt der Blutkreislauf auch die Körpertemperatur. Wärme, die in den Muskeln oder dem Stoffwechsel in den inneren Organen entsteht, wird im Körper gleichmäßig verteilt.

1 Beschreibe mit Hilfe von Abbildung 1 und 2 den Weg des Blutes im Kreislaufsystem.

2 In Arterien fließt immer sauerstoffreiches Blut, in Venen immer sauerstoffarmes. Prüfe diese Aussage.

3 Vergleiche die Struktur und Funktion von Arterien und Venen.

6.3 Das Herz pumpt ein Leben lang

Das **Herz** schlägt ohne Unterbrechung ein Leben lang. Im Laufe dieser Zeit kommen auf diese Weise bis zu drei Milliarden Herzschläge zusammen. Dabei bewegt das Herz insgesamt bis zu 250 Millionen Liter Blut.

Das menschliche Herz ist etwas größer als eine Männerfaust und wiegt etwa 300 Gramm. Es liegt in der Mitte des Brustkorbs, wobei seine Spitze nach links unten zeigt. Das Herz ist ein Hohlmuskel, der von einem zweischichtigen **Herzbeutel** umgeben ist. Zwischen den beiden Schichten des Herzbeutels befindet sich eine Flüssigkeit, die eine reibungslose Herzbewegung ermöglicht. Am Herzen setzen große Blutgefäße an. Von der Aorta zweigen zwei Blutgefäße ab, die sich weiter aufspalten und ein Netz aus feinen Blutgefäßen bilden. Diese **Herzkranzgefäße** sorgen für eine gute Durchblutung des Herzmuskels und garantieren seine Versorgung mit Sauerstoff und Nährstoffen.

Das Herz ist durch eine Scheidewand in eine linke und rechte Hälfte geteilt. Jede dieser Hälften besteht wiederum aus einem kleinen Vorhof und einer größeren Herzkammer. Die Vorhöfe sammeln das Blut, das von den Venen aus der Lunge und dem Körper zum Herzen transportiert wird. Das Blut in den Herzkammern wird durch die Arterien in Richtung Lunge und Körper gepumpt. Die beiden Herzhälften sind unterschiedlich groß. Das hängt mit ihren jeweiligen Funktion zusammen. Die linke Herzhälfte ist größer und versorgt den Körperkreislauf mit sauerstoffreichem Blut. Die rechte Herzhälfte transportiert Blut, das reich an Kohlenstoffdioxid, aber arm an Sauerstoff ist. Sie pumpt das Blut in den Lungenkreislauf.

Vier Klappen steuern die Richtung des Blutflusses im Herzen. Zwischen den Vorhöfen und den Kammern befinden sich die **Segelklappen.** Am Ausgang der Kammern in Richtung der Arterien liegen die **Taschenklappen.** Die Herzklappen funktionieren wie Rückschlagventile. Wenn sich die Herzkammern zusammenziehen, übersteigt der Druck in den Kammern den Druck in der Lungen- beziehungsweise Körperschlagader. Die Taschenklappen öffnen sich und Blut strömt aus. Gleichzeitig schließen sich die Segelklappen und verhindern einen Übertritt des Blutes von den Kammern zurück in die Vorhöfe. Sobald die Herzkammern geleert sind, schließen sich die Taschenklappen und verhindern einen Rückfluss des Blutes aus den Arterien in die Kammern.

Zunächst sammeln die Vorhöfe bei geschlossenen Segelklappen das Blut aus den Hohlvenen. Sobald sich die Vorhöfe zusammenziehen, öffnen sich die Segelklappen und das Blut wird in die Herzkammern gepresst. Die Muskulatur der Kammern ist dabei entspannt und die Herzkammern weiten sich. Den Vorgang des Füllens der Herzkammern nennt man **Diastole.** Dann ziehen sich die Herzkammern zusammen. Die Segelklappen verhindern durch ihre Ventilfunktion einen Rückfluss des Blutes in die Vorhöfe. Übersteigt der Druck in den Kammern den Druck in der Aorta und Lungenarterie, öffnen sich die Taschenklappen und das Blut wird in die Arterien gepresst. Dies bezeichnet man als **Systole.**

Während einer kurzen Ruhephase ist die Muskulatur der Vorhöfe entspannt. Die Vorhöfe füllen sich wieder mit Blut. Nun beginnt eine neue Diastole. Aufgrund des Wechselspiels von Systole und Diastole ist das Herz mechanisch gesehen eine **Saug-Druck-Pumpe.**

Das Herz kann das Blut nicht als konstanten Strom durch den Körper fließen lassen. Durch rhythmisches Zusammenziehen und Erschlaffen des Herzmuskels wird das

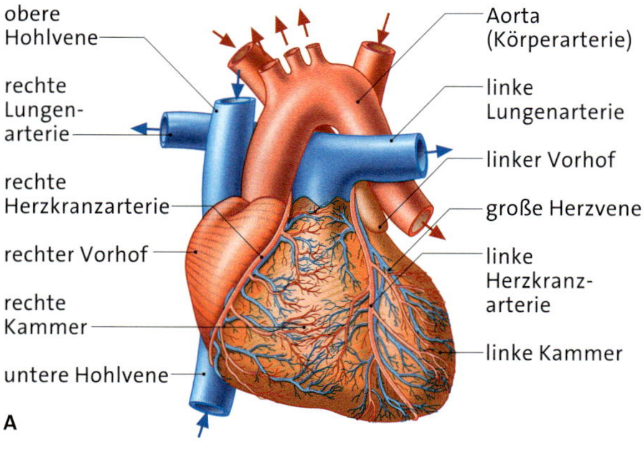

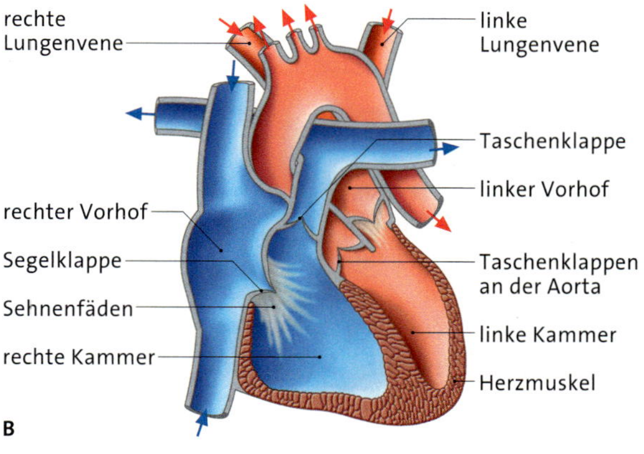

1 **Herz.** **A** mit Arterien und Venen; **B** aufgeschnitten

Blut stoßweise in die Schlagadern gepresst. Aufgrund der Elastizität der Gefäßwände ist der Schlag des Herzens auch in den Hauptschlagadern als **Pulsschlag** zu spüren. Die Zahl der Herzschläge pro Minute beträgt bei einem Erwachsenen in Ruhe etwa 70. Wenn man einen Tennisball 70-mal pro Minute zusammenpresst, hat man eine Vorstellung davon, was das Herz leisten muss. Bei Belastung kann die Frequenz auf über 180 ansteigen.

Das Zusammenziehen des Herzmuskels erfolgt durch eine Ansammlung spezifischer Herzmuskelzellen, die die Fähigkeit zu elektrischer Erregung haben. Diese Zellansammlung liegt im Bereich des rechten Vorhofs und wird **Sinusknoten** genannt. Er wirkt als natürlicher Herzschrittmacher für die Erregung des Herzmuskels und gibt die Herzfrequenz vor. Beeinflusst wird er vom *vegetativen Nervensystem*. Der schwache elektrische Strom, der vom arbeitenden Herzmuskel erzeugt wird, kann mit Hilfe von Elektroden abgeleitet und aufgezeichnet werden. Ein solches **Elektrokardiogramm** (EKG) zeichnet die einzelnen Arbeitsphasen des Herzens auf.

Die Herzaktivität spiegelt sich auch in dem periodisch wechselnden Blutdruck der Arterien wider. Der Blutdruck in der Hauptschlagader des Armes lässt sich mit einem Butdruckmessgerät ermitteln. Es besteht aus einer aufblasbaren Manschette mit Druckmessgerät. Mit einem Stethoskop kann man gleichzeitig die Geräusche in den Blutgefäßen hören, die durch die Druckänderungen entstehen. Der Druck in der Manschette wird so lange erhöht, bis die Arterie und die Vene des Arms abgedrückt sind und kein Geräusch mehr zu hören ist. Die Luft in der Manschette wird nun langsam abgelassen, bis im Stethoskop ein Geräusch zu hören ist. Dieses Geräusch entsteht durch den pulsierenden Blutstrom in der verengten Arterie. Der Druck in der Manschette entspricht dem höchsten

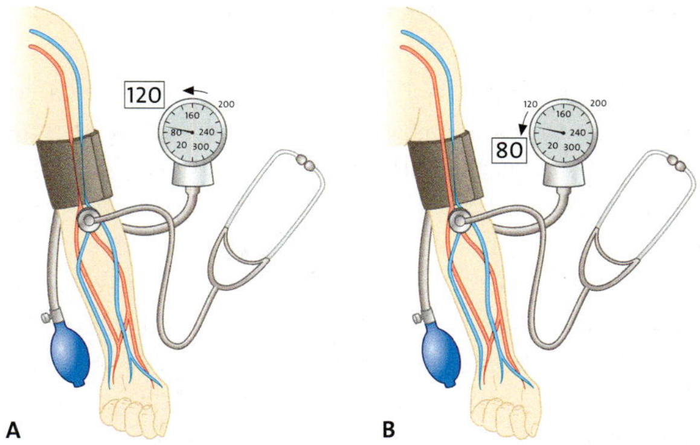

4 Blutdruckmessung.
A systolischer Blutdruck; **B** diastolischer Blutdruck

Druck in der Arterie, der durch die Kontraktion der linken Herzkammer entsteht. Das Druckmessgerät zeigt den **systolischen Blutdruck** an. Die Luft in der Manschette wird weiter abgelassen, bis ein kontinuierliches Geräusch hörbar ist. Der niedrigste Druck entsteht, während sich die Kammern füllen. Dies ist der **diastolische Blutdruck.** Ein Erwachsener hat in Ruhe einen Blutdruck von etwa 120 zu 80. Ein Blutdruck von 120 entspricht dem Druck einer Quecksilbersäule von 120 Millimeter Höhe (mm Hg). Heute wird der Druck in Kilopascal (kPa) angegeben. Ein Wert von 120 mm Hg entspricht etwa 16 kPa, ein solcher von 90 mm Hg etwa 12 kPa. Heute verwendet man digitale Blutdruckmessgeräte, die am Handgelenk eine vollautomatische Blutdruckmessung ermöglichen.

1 Das Herz bewegt fünf Liter Blut pro Minute. Berechne die täglich beförderte Blutmenge.

2 Begründe, warum das Herz als Saug-Druck-Pumpe bezeichnet wird.

3 Erkläre, warum man bei der Blutdruckmessung zwei Werte erhält.

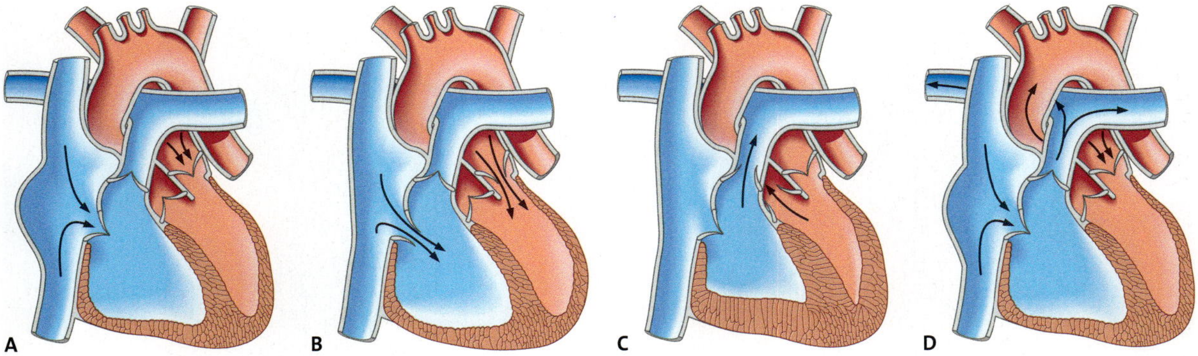

5 Arbeitsphasen des Herzens. **A** Füllen der Vorhöfe; **B** Füllen der Herzkammern (Diastole); **C** Blut wird in die Arterien gepresst (Systole); **D** Ruhephase

6.4 Herz- und Kreislauferkrankungen

»29-jähriger Fußballspieler bricht auf dem Spielfeld zusammen«. Diese Schlagzeile ist erschütternd. Der Sportler klagt über heftige Schmerzen in der Brust und im linken Arm, Atemnot, Übelkeit, Schweißausbrüche und ein Gefühl der Todesangst. Der herbeigerufene Notarzt nimmt diese Anzeichen sehr ernst und bringt den Fußballer in die Notaufnahme der nächstgelegenen Klinik. Dort wird ein Herzinfarkt diagnostiziert.

Herz-Kreislauferkrankungen wie ein Herzinfarkt sind in Deutschland immer noch die häufigste Todesursache. Trotz medizinischen Forschung und schnellerer Behandlung stirbt immer noch jeder zweite daran.

Reiht man alle Blutgefäße des Menschen aneinander, ergibt sich eine Länge von etwa 100 000 Kilometern. Erkranken diese Gefäße, können sie einen Herzinfarkt auslösen. Häufigste Gefäßerkrankung ist die **Arteriosklerose**, im Volksmund auch Arterienverkalkung genannt. Arteriosklerose ist eine Veränderung der Arterienwände, an denen fett- und kalkhaltige Ablagerungen entstehen. Diese Ablagerungen verengen und verhärten die Gefäße. Es besteht die Gefahr, dass verengte Blutgefäße leichter durch Blutgerinnsel verschlossen werden oder bei zu starker Belastung platzen. Die Folge davon ist eine Durchblutungsstörung der nachfolgenden Gewebe. Als wichtigste Risikofaktoren der Arteriosklerose gelten erhöhte Blutfettwerte, Bluthochdruck, Rauchen, Diabetes, Bewegungsmangel und Übergewicht. Die wirkungsvollsten Maßnahmen zur Vorbeugung sind eine ausgewogene Ernährung mit wenig Zucker und Fett, regelmäßige körperliche Aktivitäten und der Verzicht auf Zigaretten.

Je nachdem an welchem Gefäß die Arteriosklerose auftritt, können verschiedene Krankheitsbilder ausgelöst werden. Lebensbedrohliche Situationen entstehen immer dann, wenn das Herz oder das Gehirn betroffen sind. Verengungen der Herzkranzgefäße führen zu Durchblutungsstörungen des Herzmuskels im Bereich hinter der Engstelle. Bei vollständigem Verschluss der Herzkranzarterie durch ein Blutgerinnsel kommt es zum **Herzinfarkt.**

Die ersten Minuten und Stunden eines Herzinfarkts sind entscheidend für den Patienten, deshalb muss bei Verdacht auf Herzinfarkt sofort ein Notarzt gerufen werden. Bereits im Krankenwagen auf dem Weg in die Klinik macht der Notarzt ein Elektrokardiogramm, um festzustellen wie stark das Herz geschädigt ist. Er beginnt die Therapie zur medikamentösen Auflösung des Blutgerinnsels, die in der Klinik weiter überwacht wird.

Der plötzliche Verschluss eines Blutgefäßes im Gehirn kann der Auslöser für einen **Schlaganfall** sein. Die Nervenzellen sterben ab und es kann zu Sprach- und Sehstörungen sowie zu Lähmungen kommen. Welche Symptome auftreten, hängt davon ab, welche Gehirnregion von der eingeschränkten Blutversorgung betroffen ist.

Durch Arteriosklerose entstandene Engstellen kann man durch eine Operation wieder durchgängig machen. Ein zusammengefalteter Ballon wird bis an den Gefäßverschluss herangeführt und dort aufgeblasen. Die Gefäßablagerungen werden platt gedrückt, wodurch das Gefäß wieder durchgängig wird. Lassen sich die Ablagerungen durch den Ballon nicht zusammendrücken, setzt man ein kleines röhrenförmiges Metall- oder Plastikgeflecht, den **Stent,** an der Engstelle ein, der Stent die Arterie offen hält.

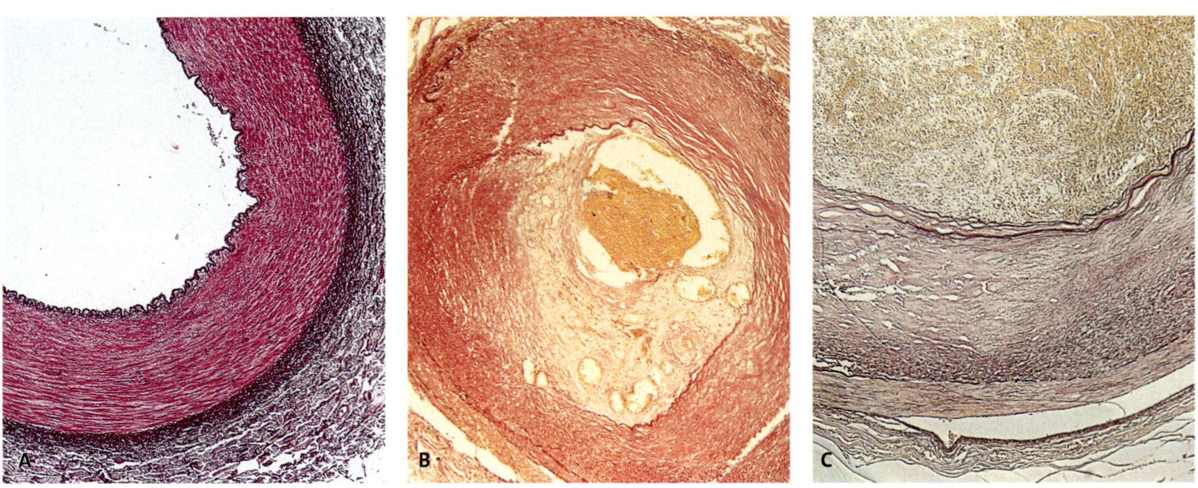

1 Arteriosklerose. **A** Schnitt durch ein gesundes Gefäß; **B** Ablagerungen; **C** verengtes Gefäß (mikroskopische Aufnahme)

Der Risikofaktor **Bluthochdruck** verläuft oft jahrelang ohne Beschwerden. Dennoch kommt es mit zunehmender Erkrankungsdauer zu Schädigungen an Herz, Gefäßen und Gehirn. Das Risiko an einer Folgekrankheit wie Herzinfarkt oder Schlaganfall zu erkranken, ist um so größer, je höher der Blutdruck ist und je länger der Bluthochdruck schon besteht. Von Bluthochdruck spricht man bei einer Erhöhung auf mindestens 140 zu 90 mm Hg.

Auch **Herzrhythmusstörungen** können Zeichen einer Erkrankung des Herzens sein. Wenn das Erregungszentrum des Herzens, der Sinusknoten, auf Grund einer Fehlfunktion verändert ist, kann das Herz mit Unterbrechungen oder mit Extraschlägen reagieren. Manchmal gerät die zeitliche Abfolge der Arbeitsphasen des Herzens durcheinander. Dann bekommen die Patienten einen Herzschrittmacher, der durch elektrische Impulse die Herzschlagfrequenz normalisiert.

Die **Herztransplantation** ist immer der letzte Schritt, um das Leben eines Patienten zu retten, der eine unheilbare Herzerkrankung hat. In Deutschland warten etwa 900 Menschen auf ein Spenderherz. Diese Wartezeit kann durch ein **künstliches Herz** überbrückt werden. Allerdings müssen die Patienten dann im Krankenhaus bleiben und können sich nur wenig körperlich belasten. Ein Kunstherz ist nur eine Übergangslösung. Bisher ist es noch nicht gelungen einen Menschen damit längere Zeit am Leben zu erhalten. Die Leistung des künstlichen Herzens ist zwar besser als die des kranken Herzens, sodass sich die in Mitleidenschaft gezogenen Organe wie Lunge, Leber oder Niere während der Wartezeit mit einem künstlichen Herzen wieder erholen. Der Patient hat eine bessere körperliche Ausgangssituation für die Transplantation.

Die erste Herztransplantation fand 1967 in Südafrika statt. Der Herzchirurg Christiaan BERNARD setzte einem schwer kranken Patienten ein Spenderherz ein. Der Patient starb allerdings nur 18 Tage nach der Operation an einer Lungenentzündung. Bernards zweiter Patient überlebte mit dem transplantierten Herz bereits eineinhalb Jahre.

Nach einer Herztransplantation sieht der Körper des Patienten das Spenderherz als Fremdkörper an. Damit das neue Herz nicht abgestoßen wird, müssen die Herztransplantierten ein Leben lang Medikamente nehmen. Diese Medikamente unterdrücken die Reaktionen des Immunsystems im Allgemeinen und machen den Patienten anfälliger gegen Infektionskrankheiten. Davon abgesehen können Menschen mit einem Spenderherz ein ganz normales Leben führen. Bereits nach einem halben Jahr können sie ihren Beruf wieder ausüben und in ihrer Freizeit Sport treiben.

In Deutschland werden jährlich 400 Herztransplantationen durchgeführt. Weil es zu wenig Organspender gibt, stirbt immer noch jeder zweite Patient, der auf ein Spenderorgan wartet. Über 80 Prozent der Menschen in Deutschland stehen der Organspende positiv gegenüber. Trotzdem haben nur etwa 12 Prozent der Deutschen einen Organspenderausweis.

1 Nenne die Risikofaktoren, die zu Arteriosklerose führen können.
2 Beschreibe die Entstehung eines Herzinfarktes.
3 Informiere dich über die Ursachen von Bluthochdruck. Berichte in Form eines Kurzvortrages.
4 Recherchiere die Geschichte der Herztransplantation.

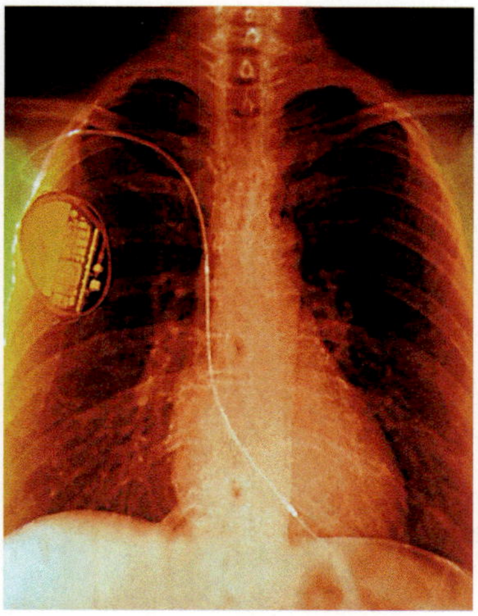

2 Herzschrittmacher

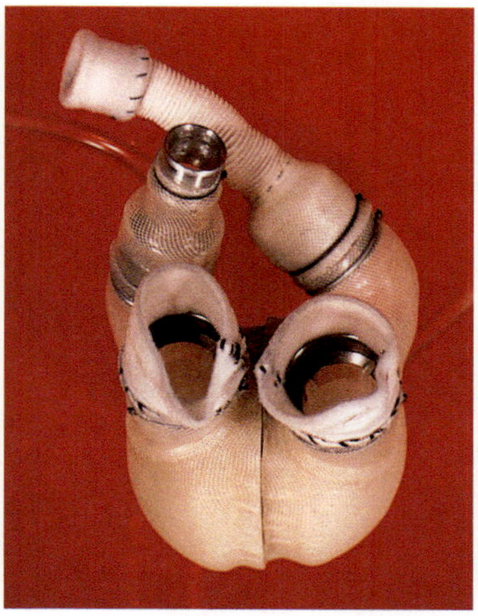

3 Künstliches Herz

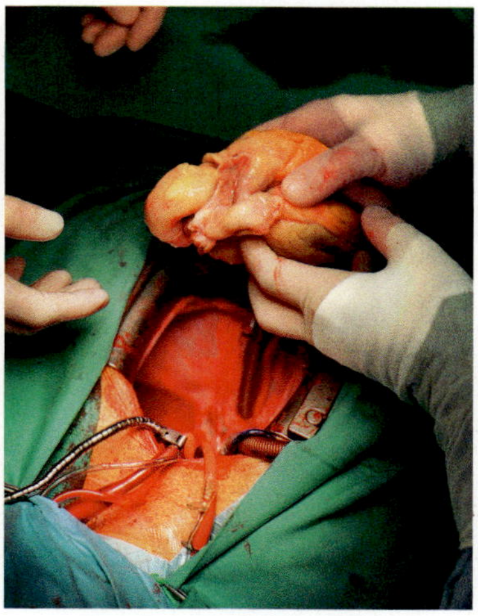

4 Herztransplantation

Streifzug durch die Medizin – Die Blutgruppen

Mischt man Blut von verschiedenen Personen, kann es zur Verklumpung kommen. Früher glaubte man, dass dieses Phänomen die Folge einer Krankheit sei. Erst 1901 entdeckte der Wiener Arzt Karl LANDSTEINER, dass die Verklumpung auf unterschiedliche Blutgruppen zurückzuführen ist. Zum Beweis untersuchte er sein Blut und das seiner fünf Mitarbeiter. Er trennte dazu die Erythrozyten vom Blutserum und mischte sie wechselseitig. Das Ergebnis ließ auf die Existenz von drei **Blutgruppen** schließen. Kurz darauf wurde eine weitere gefunden. Diese vier Blutgruppen A, B, AB und 0 (Null) spielen bei Bluttransfusionen eine entscheidende Rolle. 1930 erhielt Karl LANDSTEINER für die Entdeckung des **AB0-Blutgruppensystems** den Nobelpreis für Medizin.

Von zentraler Bedeutung für die Verklumpung von unterschiedlichen Blutproben sind bestimmte Eiweiße auf der Erythrozytenoberfläche. Sie werden *Antigene* genannt. Menschen mit Blutgruppe A besitzen Antigen A auf der Membran ihrer Roten Blutzellen. Bei Blutgruppe B findet man Antigen B und bei Blutgruppe AB sind beide Antigene vorhanden. Erythrozyten der Blutgruppe 0 haben keine Antigene.

Im Blutserum findet man Antikörper gegen die Antigene anderer Blutgruppen. Antigen und Antikörper passen so zusammen wie ein Schlüssel und sein Schloss. Die Antikörper haben zwei Andockstellen für Antigene, sodass sich ein Antikörper immer mit zwei Roten Blutzellen verbindet.

Menschen der Blutgruppe A besitzen Antikörper B (Anti-B), das mit Antigen B zur Verklumpung führt. Im Blutserum der Blutgruppe B sind Antikörper A (Anti-A). Menschen der Blutgruppe 0 besitzen beide Antikörper (Anti-A und Anti-B), während das Blut der Blutgruppe AB keine Antikörper enthält.

Falls eine Bluttransfusion notwendig wird, muss die Blutgruppe des Patienten bestimmt werden. Dazu wird eine Blutprobe des Patienten genommen. Zuerst werden auf einer Tüpfelplatte die drei Testseren Anti-A, Anti-B und Anti AB mit Patientenerythrozyten vermischt. Als Gegenprobe werden zusätzlich die Testblutzellen A-, B- und 0-Erythrozyten auf der Tüpfelplatte mit dem Patientenserum vermischt.

In Deutschland haben 43 Prozent der Menschen Blutgruppe A, 41 Prozent Blutgruppe 0, elf Prozent Blutgruppe B und nur fünf Prozent Blutgruppe AB.

1 Marco hat vermutlich die seltene Blutgruppe AB, Lena die Blutgruppe B. Zur Blutgruppenbestimmung stehen die Testseren Anti-A und Anti-B zur Verfügung. Beschreibe, wie man herausfindet, ob die Angaben stimmen.

2 Neben dem AB0-Blutgruppensystem gibt es beim Menschen auch das Rhesus-System. Recherchiere Merkmale des Rhesus-Systems.

3 Beschreibe Vorteile einer Eigenblutspende vor einer geplanten schweren Operation.

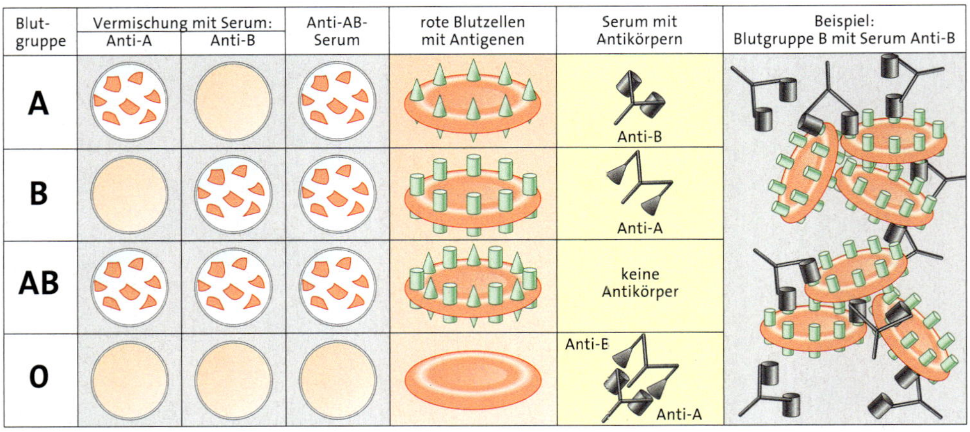

1 Blutgruppen und ihre Eigenschaften

Methode Mit Modellen arbeiten

Das Matchbox-Auto oder die elektrische Eisenbahn sind **Modelle.** Sie sind Abbildungen der Wirklichkeit. Modelle werden oft eingesetzt, wenn ein komplizierter Sachverhalt vereinfacht oder anschaulich dargestellt werden soll. Modelle werden auch eingesetzt, wenn ein Gegenstand abgebildet werden soll, der sehr groß oder sehr klein ist, zum Beispiel der Eiffelturm, ein Schiff wie die Titanic oder ein Mikrochip. Ein Modell kann jedoch immer nur einen Teil der Wirklichkeit darstellen. In den Naturwissenschaften arbeitet man sehr häufig mit Modellen.

Die **Blutgerinnung** ist in der Realität ein komplizierter Vorgang. Ein Modell soll helfen, den Vorgang verständlicher zu machen. In Wirklichkeit liegen die Bausteine der Fibrinfäden in einer gelösten Form im Blut vor. Erst wenn die Blutplättchen mit Sauerstoff in Kontakt kommen und zerfallen, werden Fibrinfäden aufgebaut und sichtbar. Dieser Vorgang kann in unserem Modell nicht dargestellt werden. Wir sehen aber, wie sich die Fibrinfäden ineinander verhaken und ein Geflecht bilden. In diesem Geflecht verfangen sich Rote und Weiße Blutzellen. Dabei wird das Geflecht immer dichter und es kann kein Blut mehr aus der Wunde austreten. Man sagt, das Blut gerinnt. Dieser Vorgang kann in unserem Modell sehr gut veranschaulicht werden. In dieses Modell ist nicht einbezogen, dass sich bei dem Vorgang die verletzte Ader so zusammenzieht, dass überhaupt weniger Blut durch die Ader strömen kann. Wie bei einem Stau, wenn es einen Wechsel von zwei Fahrbahnen auf nur eine gibt. Schon wieder ein Modell!

1 Stelle in einer Tabelle die Bestandteile des Blutgerinnungsmodells und der Realität gegenüber.

Realität	Modell
Rote Blutzellen	Plättchen aus roter Knetmasse

2 Baue ein Modell zur Herztätigkeit, bei dem du die Funktion der Herzklappen verdeutlichst.

3 Betrachte die Abbildung 4 auf Seite 85. Schildere den im Beispiel gezeigten Vorgang. Stelle gegenüber, welche Teile und Vorgänge im Modell gezeigt werden und welche der Einfachheit halber weggelassen wurden.

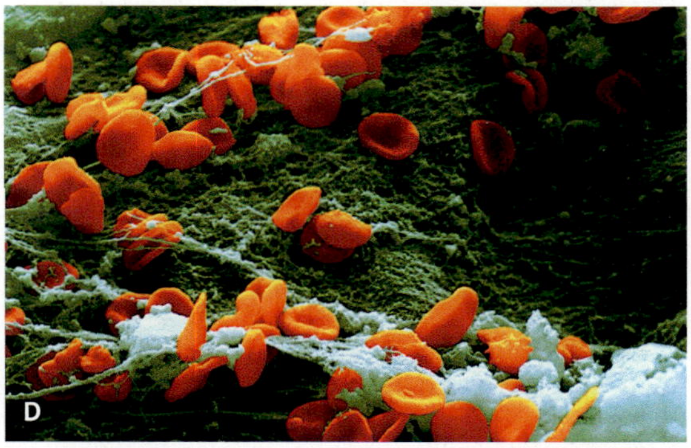

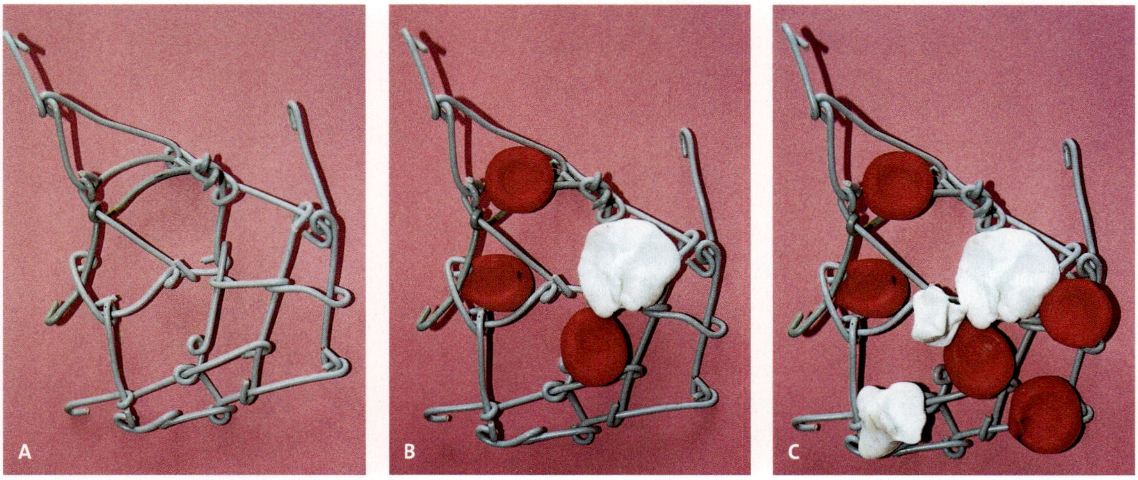

1 **Blutgerinnung.** **A** bis **C** Modell; **D** Realaufnahme

Aufgaben und Versuche | Blut und Blutkreislauf

A1 Blutgruppenbestimmung

Serum Anti A (blau gefärbt) | Serum Anti B (gelb gefärbt)

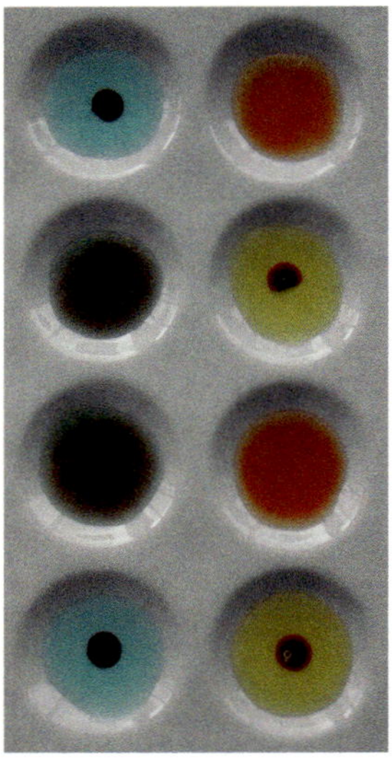

David

Jakob

Iva

Katharina

David und seine Freunde sind zur Blutspende gegangen. Auf der Tüpfelplatte siehst du das Ergebnis der Blutgruppenbestimmung.

Aufgabe: Bestimme die Blutgruppe von David, Jakob, Iva und Katharina.

V2 Blutgefäße zeichnen

Material: Dauerpräparate von Arterien und Venen; Mikroskop; Zeichenmaterial

Durchführung: Mikroskopiere die Dauerpräparate und fertige jeweils eine mikroskopische Zeichnung an.

Aufgabe: Beschrifte die Zeichnungen. Nutze die Abbildungen auf Seite 48.

V3 Untersuchung eines Schweineherzens

Material: frisches Schweineherz vom Schlachthof oder Fleischer; größere Glasschale; scharfes Messer oder Skalpell

Durchführung: Das Schweineherz wird in die Glasschale gelegt und von außen betrachtet. Schneide das Herz in der Längsrichtung durch. Der Schnitt muss so geführt werden, dass Vorkammern und Herzkammern geöffnet werden.

Aufgaben:

a) Beschreibe Lage und Aufgabe der Herzklappen.

b) Die Herzklappen sind mit deutlich sichtbaren Sehnenfäden an der Innenwand des Herzmuskels befestigt. Erläutere die Aufgabe dieser Sehnenfäden.

c) Begründe, warum die Wand der linken Herzkammer etwas dicker ist als die Wand der rechten Herzkammer.

A4 Versuch zur Blutgerinnung

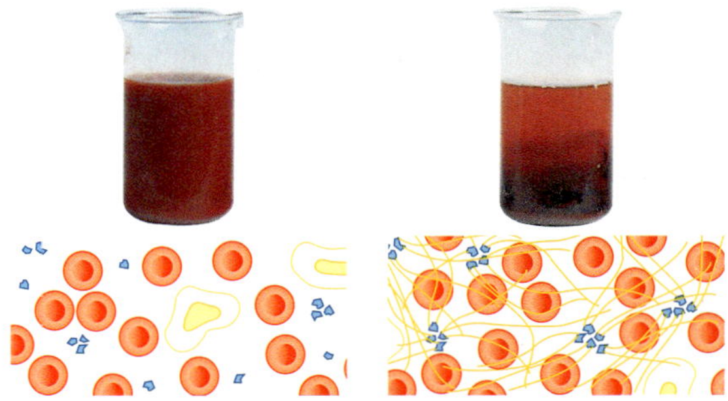

Tierblut am Anfang und am Ende des Versuchs

Material: frisches Tierblut vom Schlachthof oder Fleischer; Becherglas

Durchführung: Gieße das Tierblut in ein Becherglas und lasse es zwei Stunden stehen.

Aufgaben:

a) Beschreibe den Zustand des Blutes zu Beginn und am Ende des Versuchs. Erläutere die Veränderungen.

b) Recherchiere, was man unter der Bluterkrankheit versteht.

V6 Puls- und Blutdruckmessung

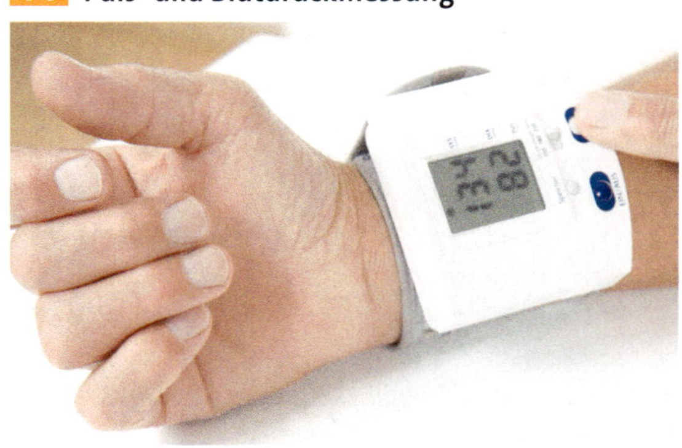

Material: digitales Blutdruckmessgerät

Durchführung: Die Messungen werden in Zweiergruppen durchgeführt. Eine Person misst, die andere protokolliert. Jede Messung wird dreimal wiederholt. Vor Beginn der Messungen wird als Messprotokoll eine Tabelle angelegt.

Messung des Blutdrucks und des Pulses mit einem digitalen Messgerät: Lege der Versuchsperson die Manschette am Handgelenk an, sodass es etwa 1 Zentimeter unterhalb der Handwurzel sitzt. Die Person soll während der Messung ganz ruhig sitzen und nicht sprechen. Drücke den Startknopf und warte bis der vollautomatische Messvorgang beendet ist. Lese die Blutdruckwerte und die Pulsfrequenz auf dem Display ab. Miss den Blutdruck der Versuchsperson erneut nach zehn Kniebeugen oder Liegestützen.

Aufgaben:

a) Protokolliere deine Messergebnisse in der Tabelle.

b) Erläutere, welche Ursachen verschiedene Werte mit und ohne Belastung haben.

c) Vergleiche die Werte von sportlich aktiven Versuchspersonen mit denen von anderen.

A5 Blutveränderung durch Höhentraining

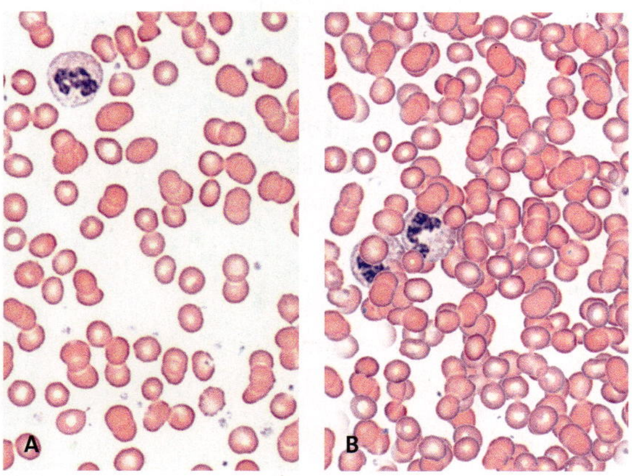

In großen Höhen ist die Luft »dünner« als im Flachland. Deshalb verlangt ein Aufenthalt im Hochgebirge den meisten Menschen besondere Anstrengungen ab. Trotzdem trainieren Leistungssportler einige Wochen vor wichtigen Wettkämpfen in hoch gelegenen Gebieten. Die mikroskopische Untersuchung des Blutes vor (Bild A) und nach (Bild B) einem Höhentraining zeigt interessante Unterschiede.

Aufgaben:

a) Vergleiche die mikroskopischen Darstellungen.

b) Interpretiere die Unterschiede und erläutere den Sinn eines Höhentrainings.

c) Formuliere eine Hypothese zur Beschaffenheit des Blutes etwa 120 Tage nach der Rückkehr eines Sportlers vom Höhentraining.

A6 Blut kann seine Farbe ändern

Je nachdem, wie viel Sauerstoff das Blut aufgenommen hat, verändert es seine Farbe. Sauerstoffreiches Blut ist leuchtend rot, sauerstoffarmes Blut dagegen dunkelrot.

Aufgaben:

a) Zeichne ein stark vereinfachtes Schema des menschlichen Blutkreislaufes und kennzeichne mit Buntstiften die Farbe des in den einzelnen Abschnitten vorliegenden Blutes.

b) Plane ein Experiment, welches die Farbveränderung von frischem Blut sichtbar machen kann.

A7 Wirkung von Ausdauertraining

	Mo	Di	Mi	Do	Fr	Sa	So	Mo	Di	Mi	Do
Ruhepuls	78		77		77		72		72		
Belastungspuls	154	Pause	157	Pause	145	Pause	140	Pause	141	Pause	Pause
Erholungspuls	90		92		90		80		85		
	Fr	**Sa**	**So**	**Mo**	**Di**	**Mi**	**Do**	**Fr**	**Sa**	**So**	
Ruhepuls	74		71		69		68			69	
Belastungspuls	142	Pause	139	Pause	135	Pause	135	Pause	Pause	134	
Erholungspuls	86		80		79		75			75	

Die Tabelle zeigt das Lauftagebuch eines 13-jährigen Jungen.

Aufgaben:

a) Übertrage die Werte der Tabelle in ein Tabellenkalkulationsprogramm.

b) Erstelle ein Punktediagramm.

c) Interpretiere die dargestellten Ergebnisse.

d) Informiere dich über die Anpassung des Herzens an Ausdauersport.

7 Organe arbeiten zusammen

Heute ist Wandertag. Das Ziel ist eine alte Burg. Der Weg dorthin führt steil bergauf. Keuchend und schwitzend wird schließlich das alte Gemäuer erreicht. Die Klasse stürmt die Gartenwirtschaft im Burghof. Alle bestellen Getränke, denn der Durst ist groß. Wieso bekommt man nach einer schweißtreibenden Anstrengung Durst?

Unser Körper enthält eine bestimmte Wassermenge. Sie liegt bei etwa 68 Prozent der Körpermasse. Diese muss aufrechterhalten werden. Jedoch verliert der Körper ständig Wasser: Bei jedem Atemzug wird neben Kohlenstoffdioxid auch gasförmiges Wasser ausgeatmet. Außerdem werden täglich etwa ein bis zwei Liter Wasser als **Harn** ausgeschieden. Die Ausscheidung von Harn ist lebensnotwendig, da er neben Stoffwechselprodukten auch körperfremde, zum Teil sogar giftige Stoffe enthält. Der Harn wird in den **Nieren** gebildet. Dort werden dem Blut Stoffe, die nicht verwertbar oder sogar schädlich sind, entzogen. Auch überflüssiges Wasser wird auf diese Weise abgegeben. Du hast sicher schon bemerkt, dass mehr Harn gebildet wird, wenn man viel trinkt. Andererseits wird weniger Harn gebildet, wenn man viel schwitzt. Durch Schwitzen kann der Körper besonders viel Wasser verlieren. Auch dieser Vorgang ist sehr wichtig. Bei großen Anstrengungen entsteht in den Muskeln viel Wärme. Diese wird vom Blut in die Haut transportiert. Die Hautkapillaren weiten sich. In den Schweißdrüsen wird jetzt Schweiß abgesondert. Der Schweiß verdunstet. Dadurch wird der Haut Wärme entzogen und der Körper gekühlt.

Durch solche Wasserverluste wird das Blut etwas dicker. Außerdem wird der Salz-Wasser-Haushalt des Körpers gestört. Die Veränderung wird gemessen und an das Gehirn gemeldet. Dort entsteht ein *Durstgefühl.* Dieses drängt dazu, durch Trinken den Wasserverlust wieder auszugleichen. Mehrere Organe – Muskeln, Blut, Haut, Nieren und Gehirn – arbeiten also zusammen, um die Wassermenge im Körper etwa gleich zu halten. In ähnlicher Weise arbeiten alle Organe unseres Körpers zusammen, um die Kennzeichen des Lebendigen wie Bewegung, Stoffwechsel und Wachstum, Reizbarkeit, Fortpflanzung und Entwicklung zu erfüllen.

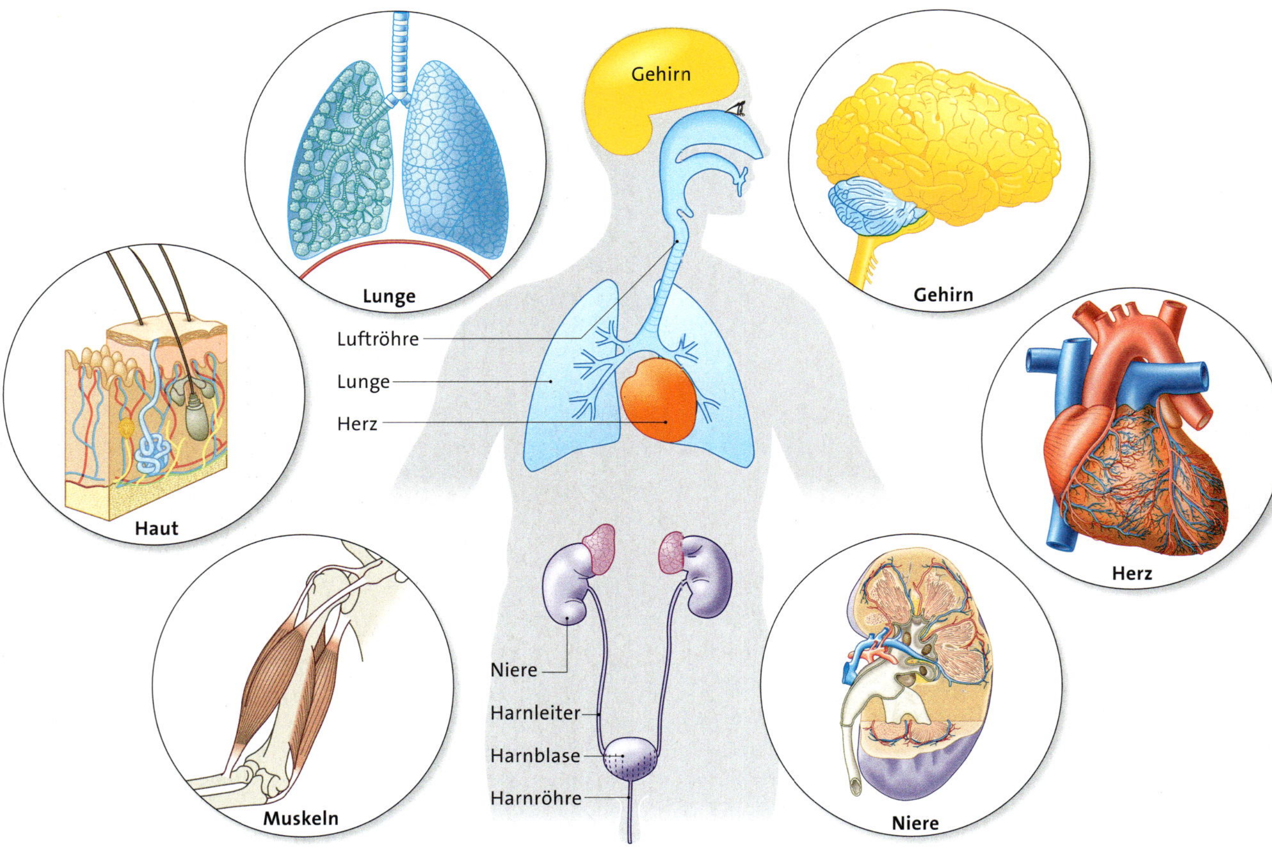

1 Die Wassermenge im Körper wird durch die Zusammenarbeit mehrerer Organe geregelt

Die Organe in einem Körper können mit Abteilungen in einem Industriebetrieb verglichen werden. Stoffe müssen herangebracht und weggeschafft werden. Die Energieversorgung muss sichergestellt sein. Vorräte werden gespeichert und Abfälle entsorgt. Besonders wichtig ist die Regelung der Zusammenarbeit der Abteilungen. In einem Industriebetrieb erfolgt sie durch die übergeordnete Chefetage und Verwaltungszentrale. Dort verarbeiten Computer die gespeicherten und neu einlaufenden Informationen, von dort werden Anweisungen erteilt und die Tätigkeiten in den einzelnen Abteilungen kontrolliert.

Im Körper erfüllt diese Aufgabe das Gehirn. Es verarbeitet die über die Nerven eingehenden Messwerte. Hier werden beispielsweise die Atmung, der Blutdruck und die Wasserversorgung des Körpers kontrolliert und von hier werden Befehle an Herz, Lungen, Nieren und Muskeln ausgegeben. In dem speziellen Beispiel der Wasserregulation wird das Durstzentrum im Zwischenhirn angesprochen. Hier werden Hormone gebildet, die als Botenstoffe arbeiten. Sie steuern gemeinsam mit der Niere das Durstgefühl.

1 Wenn man eine Hand in 90 °C heißes Wasser taucht, verbrennt man sich. In einer Sauna kann eine Lufttemperatur von 90 °C herrschen. Trotzdem kann man sich hier mehrere Minuten ohne Verbrennungserscheinungen aufhalten. Erläutere.

2 Begründe, weshalb man in einer Sauna schwitzt, obwohl man sich hier kaum bewegt.

3 Wenn man einige Stunden nichts gegessen hat, bekommt man Hunger.
Erläutere die Zusammenarbeit von Verdauungsorganen, Blut, Muskeln und Gehirn. Denke dabei an Stoff- und Energiewechselvorgänge und ihre Wechselwirkungen.

4 Ein Verdurstender in der Wüste muss ab und zu Harn abgeben, obwohl sein Körper jeden Tropfen Wasser unbedingt benötigt. Erläutere dies.

5 Stelle in einer Tabelle verschiedene Abteilungen eines Industriebetriebes und Organe des menschlichen Körpers gegenüber. Nenne jeweils die Aufgaben.

6 Atme tief ein und halte dann für zehn Sekunden die Luft an. Erläutere die Reaktion deines Körpers. Welche Organe arbeiten hier zusammen?

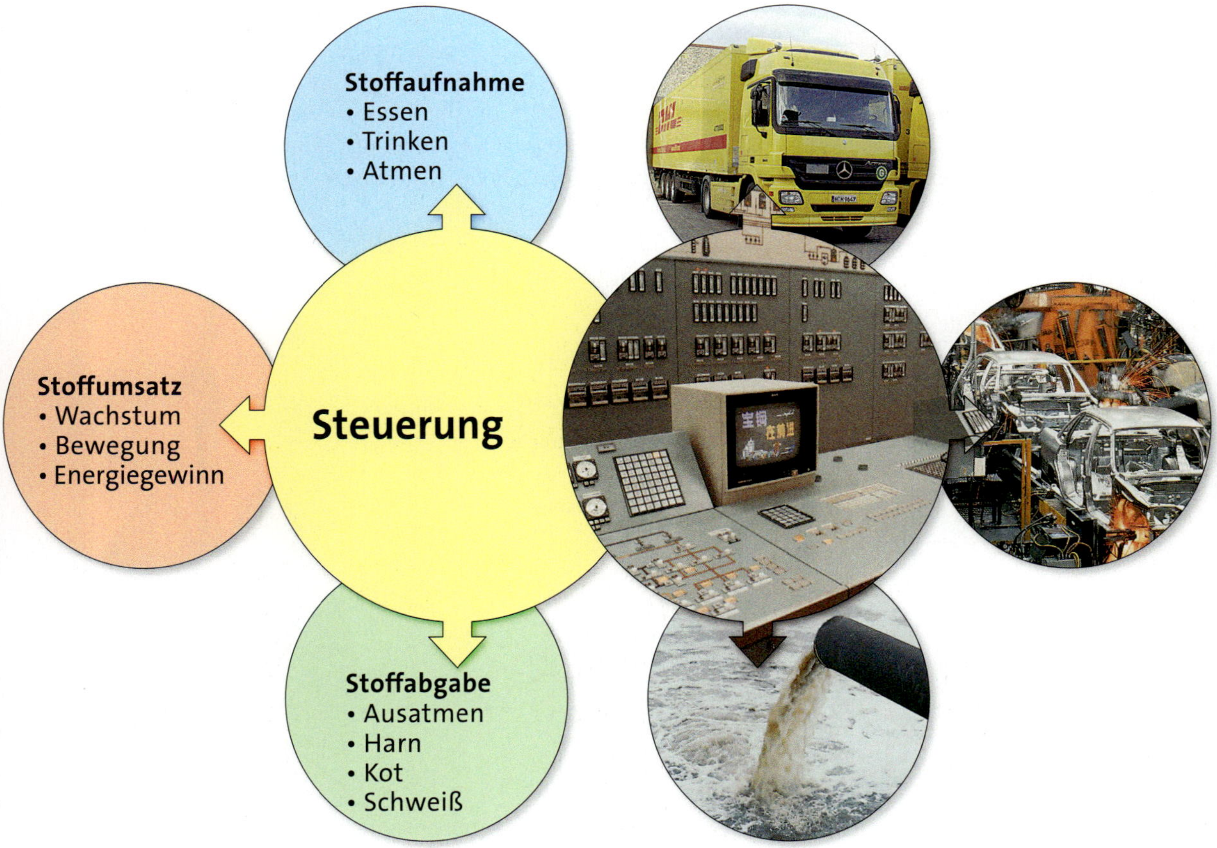

2 Der Körper und ein Industriebetrieb zeigen einige Übereinstimmungen

Zusammenfassung Der Körper des Menschen und seine Gesunderhaltung

Biologisches Prinzip Zelluläre Organisation

Jede einzelne Zelle erfüllt im Körper eine bestimmte Aufgabe. Zellen mit gleichem Bau und gleicher Funktion bilden ein Gewebe. So liegt auf der Innenseite der Magenwand eine Schleimhaut mit vielen Drüsenzellen. Der gebildete Schleim legt sich als dünne Schicht über die Innenwand des Magens und schützt diese vor der Selbstverdauung durch eiweißspaltende Enzyme und vor der aggressiven Salzsäure. Verschiedene Gewebe wie die Schleimhaut, Muskeln und Blutgefäße bilden gemeinsam das Organ Magen. Der Magen selbst gehört wiederum mit anderen Organen wie dem Dünndarm, der Leber und der Bauchspeicheldrüse zum Verdauungssystem. Diese Ebene wird als Organsystem bezeichnet. Mehrere Organsysteme wie das Verdauungssystem, das Blutgefäßsystem und das Nervensystem bilden gemeinsam den Organismus Mensch. Nur wenn alle Organsysteme ihre Funktionen erfüllen, bleiben die Lebensgrundlagen der Zellen und damit der gesamte Organismus erhalten.

Der Organismus Mensch besteht aus mehreren Organsystemen. Zwei wichtige Systeme sind das Atmungs- und das Herz-Kreislaufsystem. Bei der Atmung gelangt die Atemluft durch Nase, Rachen, Kehlkopf, Luftröhre und Bronchien in die Lungen. Das Zwerchfell trennt den Brustkorb vom Bauchraum. Es bewirkt gemeinsam mit der Zwischenrippenmuskulatur durch Vergrößerung und Verkleinerung des Lungenvolumens die Atembewegungen. Bronchien und Lunge sind aus bestimmten Geweben aufgebaut. Sie sind zum Beispiel mit einer Schleimhaut ausgekleidet, die wiederum aus Hautzellen mit Flimmerhärchen und Drüsenzellen besteht.

Das Blutgefäßsystem ist mit einer Gesamtlänge von 1400 Kilometern Blutgefäßen ein riesiges Transportsystem. Zu ihm gehören Organe wie Herz, Arterien, Venen, Kapillaren und fünf bis sechs Liter Blut. Blut besteht aus Blutplasma und festen Bestandteilen wie den Blutzellen.

Die zelluläre Organisation des Blutes ist an der Übernahme unterschiedlicher Aufgaben durch verschiedene Zellformen des Blutes erkennbar. Die Roten Blutzellen enthalten den roten Blutfarbstoff Hämoglobin und transportieren den Sauerstoff und einen Teil des Kohlenstoffdioxids.

Damit der Organismus Mensch funktioniert, müssen seine Organsysteme gesund sein. Eine gesunde Lebensführung mit fettarmer Ernährung und viel Bewegung trägt wesentlich zur Gesundheit bei. Ein außerordentlich hoher Risikofaktor ist das Rauchen.

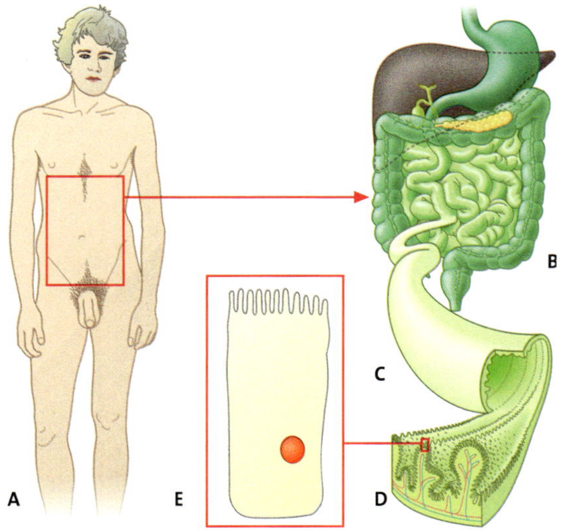

1 Betrachtungsebenen im Verdauungssystem des Menschen

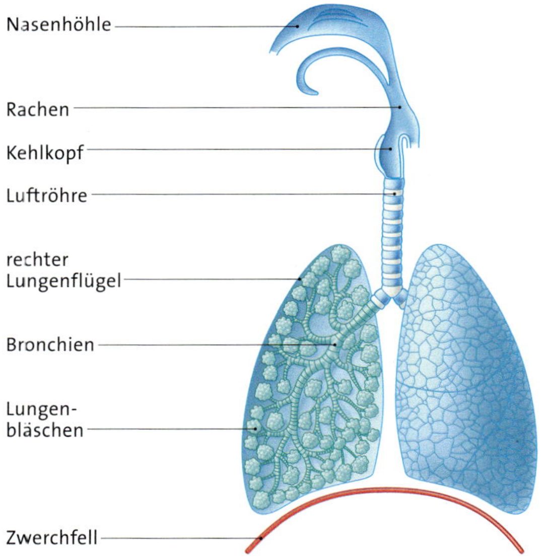

2 Bau des Atmungssystems

Biologisches Prinzip Energieumwandlung

Zellen sind die kleinsten Bausteine der Lebewesen. Deshalb erfüllen sie bestimmte Merkmale des Lebens wie Stoff- und Energiewechsel. Dabei laufen in den Mitochondrien der Zellen Stoffwechselprozesse ab, bei denen Traubenzucker mit Hilfe von Sauerstoff zu Kohlenstoffdioxid und Wasser abgebaut wird. Bei diesen als Zellatmung bezeichneten Reaktionen wird Energie für alle Lebensprozesse des Organismus bereitgestellt.

Biologisches Prinzip Struktur und Funktion

Am Beispiel von Ernährung und Verdauung lässt sich der Zusammenhang zwischen Struktur und Funktion gut verdeutlichen. Mit der Nahrung nimmt der Mensch die drei Nährstoffgruppen Kohlenhydrate, Fette und Eiweißstoffe auf. Außerdem enthält die Nahrung Vitamine, Ballaststoffe, Nährsalze und Wasser. Die harten Zähne zerkleinern im Zusammenwirken mit dem Speichel in der Mundhöhle die aufgenommene Nahrung. Der entstehende Brei gelangt dann durch die Speiseröhre in Magen und Darm. In den Verdauungsflüssigkeiten sind Enzyme enthalten, welche die Nährstoffe zerlegen. Der etwa fünf Meter lange Dünndarm ist im Inneren durch zahlreiche Falten und Zotten strukturiert. So entsteht eine große innere Oberfläche, die dazu dient, die Grundbausteine der verdauten Nährstoffe wie Traubenzucker, Aminosäuren, Glycerin und Fettsäuren schneller ins Blut oder die Lymphe aufzunehmen. Diese Stoffaufnahme über die Darmwand bezeichnet man als Resorption.

Betrachtet man das Blutkreislaufsystem, lassen sich zahlreiche Struktur-Funktions-Zusammenhänge ableiten. So ist das Herz ein kräftiger Hohlmuskel, der sich rhythmisch zusammenzieht und dabei pro Herzschlag etwa 100 Milliliter Blut in den Körperkreislauf pumpt. Auch der Bau der Blutgefäße steht in Zusammenhang mit ihrer Funktion. Das Herz pumpt das Blut mit hohem Druck in die Arterien. Sie haben deshalb dicke Wände. In den Venen ist der Blutdruck dagegen gering. Das Herz saugt einerseits bei seinen Pumpbewegungen Blut aus den Venen an, andrerseits wird die dünnere Venenwand durch danebenliegende Arterien etwas zusammengepresst. Außerdem besitzen Venen sogenannte Venenklappen als Rückschlagventile, sodass das Blut nur in Richtung des Herzens fließen kann. Kapillargefäße dienen dem Stoffaustausch mit dem umliegenden Gewebe. Sie haben besonders dünne Wände. Solche Kapillaren umgeben auch die Lungenbläschen. Hier erfolgt der Gasaustausch bei der Atmung. Durch die Wand der Lungenbläschen gelangt Sauerstoff aus dem Luftraum in das Blut. Den umgekehrten Weg geht Kohlenstoffdioxid. Dabei zeigt sich die Bedeutung der Oberflächenvergrößerung: Über 300 Millionen Lungenbläschen ergeben eine innere Oberfläche von etwa 100 Quadratmetern zum Gasaustausch.

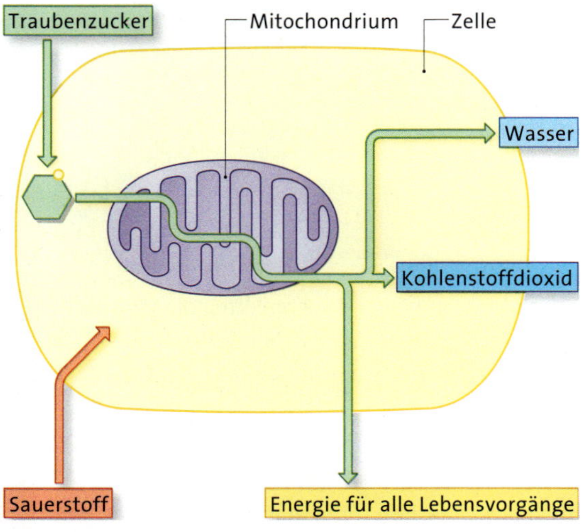

3 Zellstoffwechsel (Schema)

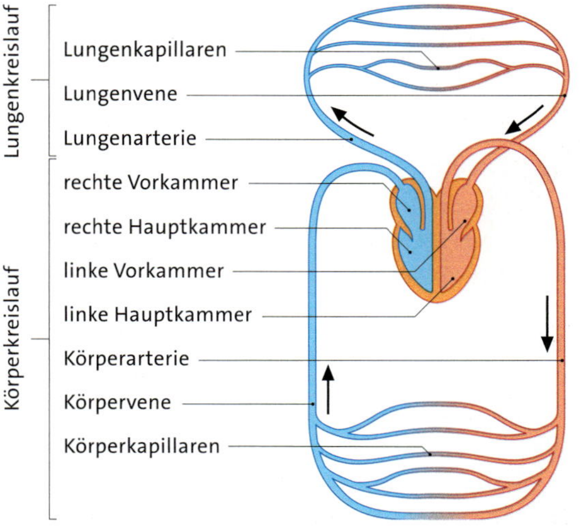

4 Bau des Herz-Kreislaufsystems

Wissen vernetzt Der Körper des Menschen und seine Gesunderhaltung

A1 Verdauungssystem

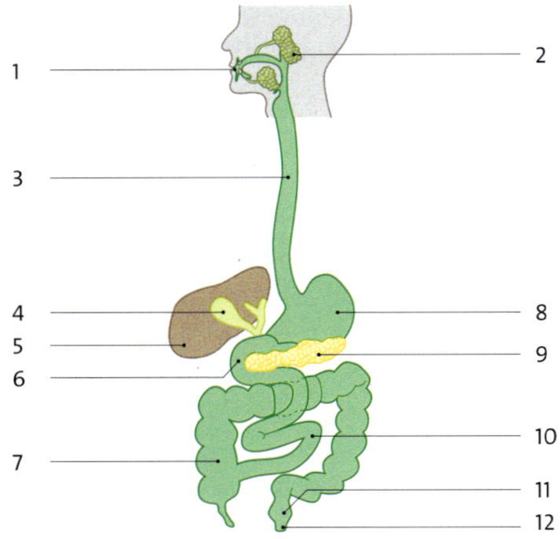

a) Benenne die gekennzeichneten Teile des Verdauungssystems.
b) Gib für 1, 6 und 8 die Aufgaben an.
c) Vergleiche das Verdauungssystem des Menschen mit dem des Kaninchens in der Abbildung unten.

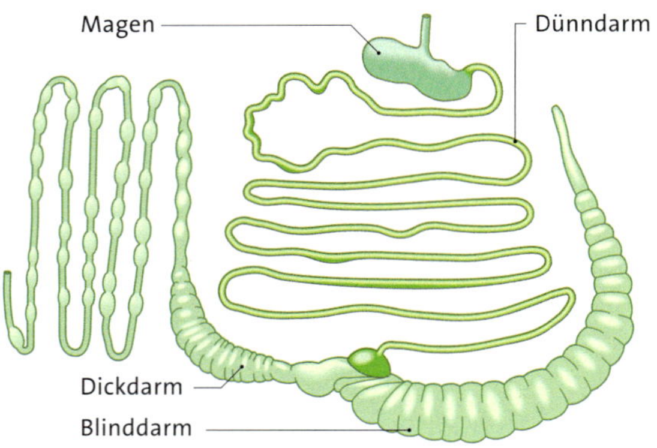

A2 Ernährung

Eine abwechslungsreiche Ernährung für einen erwachsenen Mann sollte täglich etwa 75 g Eiweiß, 90 g Fett, 340 g Kohlenhydrate, Ballaststoffe und wenige Milligramm Vitamine und Mineralstoffe enthalten. Diese Werte sollten nach den jeweiligen Umständen abgewandelt werden. Welche Änderung der Zusammensetzung der Nahrung ist zu empfehlen für
a) einen Büroangestellten mit überwiegend sitzender Tätigkeit;
b) einen körperlich schwer arbeitenden Mann? Erläutere jeweils deinen Vorschlag.

A3 Dünndarmzotten

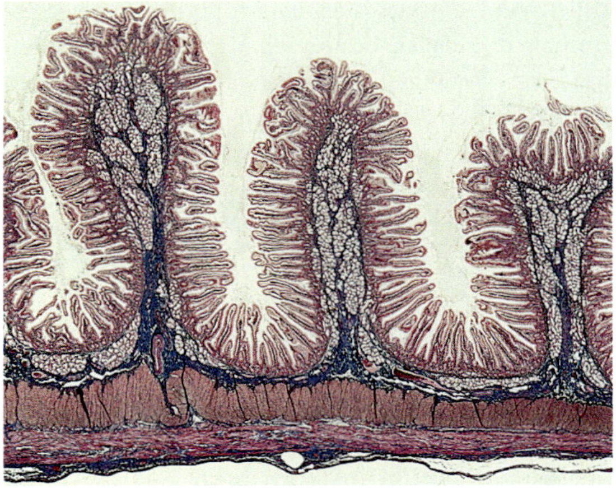

Erläutere mit Hilfe der Abbildung den Zusammenhang zwischen Struktur und Funktion.

A4 Ablauf der Verdauung

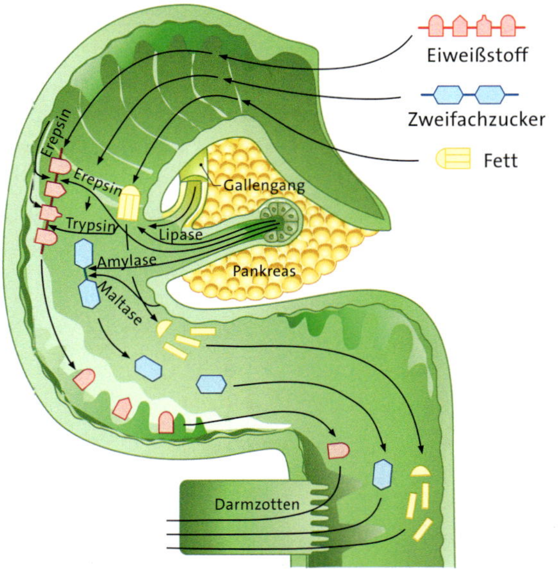

a) Schildere mit Hilfe der Abbildung die Vorgänge, die im Zwölffingerdarm ablaufen.
b) Erläutere anhand der Abbildung den Begriff *Verdauung*.
c) Nenne Folgen, die durch einen Ausfall der Bauchspeicheldrüse eintreten können.
d) Nenne Ursachen für Verdauungsstörungen beim Menschen.

A5 Bau des Herzens

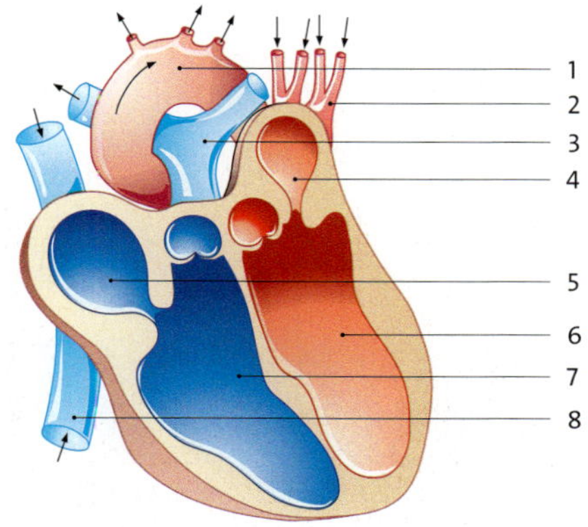

Die schematische Abbildung stellt eine Momentaufnahme des Herzens dar.

a) Ordne den Ziffern die entsprechenden Begriffe zu.
b) Beschreibe die Vorgänge, die in dem abgebildeten Herzen ablaufen. Berücksichtige dabei besonders die Arbeitsweise von Vor- bzw. Hauptkammern und Klappen.
c) Die Wand der linken Herzkammer ist deutlich dicker als die Wand der rechten Herzkammer. Erläutere.

A6 Blut

Das Blut fließt im menschlichen Körper in Blutgefäßen. Suche Fehler in folgenden Aussagen.

a) Arterien transportieren das Blut vom Herzen weg.
b) Kapillaren sind feine Haargefäße.
c) In allen Arterien fließt sauerstoffreiches Blut.
d) Venen transportieren das Blut zum Herzen hin.
e) Venen besitzen Taschenklappen, um den Rückfluss des Blutes zu verhindern.

A7 Blutbestandteile

Ordne den Blutbestandteilen Rote Blutzellen, Weiße Blutzellen, Blutplättchen und Blutplasma die nachfolgend aufgeführten Baumerkmale und Funktionen zu (Mehrfachnennungen sind möglich):
Zellbruchstücke, Hämoglobin, Blutgerinnung, Antikörperbildung, Zellkern, linsenförmig, 90 % Wasser, Sauerstofftransport, ohne feste Form, enthält Fibrinogen, Abwehr von Krankheitserregern, Nährstofftransport, Eiterbildung, Kohlenstoffdioxidtransport.

A8 Arterien können sich verändern

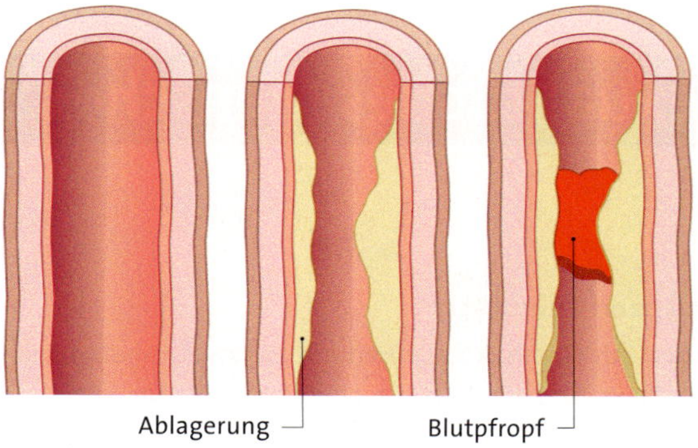

a) Beschreibe den jeweiligen Zustand der Arterie.
b) Nenne je eine Erkrankung, die der Zustand der Arterien in Abbildung B und C auslösen kann.

A9 Bronchien

Die Abbildung zeigt, mikroskopisch vergrößert, die Innenseite einer Bronchie. Erläutere an diesem Beispiel Bau und Funktion des Organs.

A10 Lungenbläschen

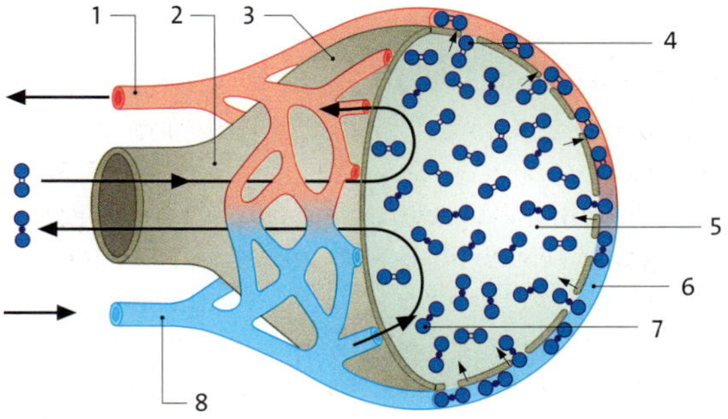

a) Ordne den Ziffern die passenden Begriffe zu.
b) Beschreibe den Weg von Sauerstoff und Kohlenstoffdioxid.

Sexualität des Menschen

Krisenzeit Pubertät?

Notiert auf einem Zettel innerhalb von zwei Minuten alle Begriffe und Probleme, die euch einfallen, wenn ihr diese Überschrift lest.

Versucht dann, mit Hilfe dieser Begriffe eine Mindmap zu erstellen, die Pubertät und ihre Erscheinungen möglichst übersichtlich und genau wiederspiegelt. Arbeitet dabei in Kleingruppen.

Stellt die verschiedenen Ergebnisse vor und diskutiert in der Klasse.

Ist die Verzweiflung dieses jungen Mannes berechtigt? Diskutiert in Gruppen über diese Karikatur.

Mann- und Frau-Schema

Recherchiert, was man unter dem Mann- beziehungsweise Frau-Schema versteht. Stellt die Merkmale in einer Tabelle gegenüber. Sammelt Werbung aus verschiedenen Illustrierten, die mit diesem Schema arbeiten. Bringt Beispiele in die Klasse mit. Was soll beim Betrachter erreicht werden?

Ei- und Spermienzelle im Vergleich

Gestaltet mit Hilfe von Pappe oder Styropor Modelle oder Applikationen einer Eizelle und einer Spermienzelle. Informiert euch dazu im Lehrbuch. Vergleicht beide Zelltypen des Menschen miteinander. Entwickelt ein eigenes Tafelbild und stellt dieses gemeinsam mit den Modellen vor.

»Ein Gespräch mit einer Hamburger Muslimin ...«

special: Frau Amin, ich darf Ihnen nicht die Hand geben?

Amin: Nein, das geht nicht.

special: Das ist doch absurd.

Amin: Das ist mein Glaube, und das ist überhaupt nicht absurd. Zwischen Nichtverheirateten darf es keine Berührung geben.

special: Aber sie hatten doch sicherlich mal einen Freund, den Sie berührt, mit dem Sie geschmust haben.

Amin: Ich war schon mal verliebt. Das war schön. Aber ich habe noch nie geküsst, und ich bin froh darüber. Ich hatte ein Angebot zum Heiraten, und wir haben uns näher kennengelernt – ohne körperlich in Berührung zu kommen; ich habe ihm auch nicht die Hand gegeben. Sex ist nicht nötig, es gibt auch geistige Zärtlichkeit. Und dann haben wir gemerkt, wir passen doch nicht zusammen. Wenn wir nun miteinander geschlafen, kurzfristig Gefühle füreinander entwickelt hätten – furchtbar.

aus: Liebe. Ein Gefühl wird erforscht, Spiegel special 5/1995

Befragt Mitschülerinnen und Mitschüler islamischen Glaubens, wie sich die Beziehung zwischen Mann und Frau im Islam gestaltet. Arbeitet dazu auch mit der Methodenseite 115.

Recherchiert dann zusätzliche Informationen im Internet. Fasst eure Ergebnisse in Form eines kurzen Referates zusammen.

Unangenehme Situationen ...

Simone sitzt mit ihrem Freund auf einer versteckten Parkbank. Er beginnt, sie an der Brust zu streicheln. Sie möchte das nicht, hat aber Angst, ihm das zu sagen. Sie könnte ihn ja verlieren ...

Erzähle die Geschichte weiter.
Wie würdest du dich verhalten?

Verhütung

Befragungen aus dem Jahr 2007 zeigen, dass über 50 Prozent aller Frauen zwischen 20 und 44 Jahren mit der Pille verhüten. 20 Prozent der Befragten ziehen Kondome vor.

Informiere dich über die Wirkungsweise und die Vor- und Nachteile von Kondom und Pille. Berichte. Die Bundeszentrale für gesundheitliche Aufklärung startet regelmäßig neue Kampagnen für die Verwendung von Kondomen. Recherchiere im Internet Beispiele für solche Plakate und bewertet sie.

1 Freundschaft, Liebe und Partnerschaft

Timo ist entsetzt und versteht die Welt nicht mehr. Auf den Unterricht kann er sich kaum noch konzentrieren. Hätte er bloß nicht auf sein Handy mit der alles vernichtenden SMS geschaut. Dort steht emotionslos und knapp, dass Miriam ihre Beziehung mit ihm nach zwei Jahren beendet hat. Dabei liebt Timo Miriam immer noch, er ist sich seiner Gefühle eigentlich ganz sicher. Enttäuschung und Wut steigen in ihm auf. Wie konnte sie nur so feige sein, ihm das nicht einmal ins Gesicht zu sagen?

Vor zwei Jahren hatte alles so schön angefangen. Zuerst waren beide häufig mit ihren Freunden unterwegs. Doch dann wollten sie mehr Zeit miteinander verbringen. Es hatte »gefunkt« und beide waren ineinander verliebt. Der Begriff »Liebe« steht für ein zärtliches schönes Gefühl, das man für einen anderen Menschen empfindet. Kinder lieben ihre Eltern, Geschwister oder Großeltern. Auch für Haustiere kann man tiefe Zuneigung empfinden.

In der **Pubertät** kommt neu hinzu, dass Liebe jetzt etwas mit **Sexualität** zu tun hat. Wer verliebt ist, möchte den anderen anfassen, ihn streicheln, küssen und vielleicht irgendwann sogar mit ihm schlafen. In den ersten Wochen und Monaten der Verliebtheit möchte man vor allem zu zweit sein. Man entdeckt täglich Neues an seinem Partner und hat das Gefühl, auf Wolken zu schweben.

1 Trennung per SMS

Das erste **Verliebtsein** lässt sich auch biologisch beschreiben. Dabei laufen in unserem Körper vielfältige Reaktionen ab. Wir werten zum Beispiel optische Signale aus, die uns wesentliche sexuelle Reize liefern. Aber auch Riechen und Hören beeinflussen unsere sexuelle Wahrnehmung. Millionen Rezeptoren der Haut sind bereit, feinste Berührungen aufzunehmen und das Limbische System im Gehirn bewertet diese Sinneswahrnehmungen. Botenstoffe wie Adrenalin und Dopamin werden freigesetzt, die Durchblutung steigt und das Herz schlägt schneller. Ist ein bestimmtes Maß an Erregung erreicht, produzieren die Geschlechtsdrüsen Sexualhormone und der gesamte

2 Partnerschaft. A Treffen mit Freunden; **B** Zeit zu zweit

Organismus ist hellwach und bereit für eine sexuelle Beziehung.

Trotzdem ist es auch in dieser Zeit wichtig, über die eigenen Erwartungen an den Partner zu reden. Nur so können beide die Einstellungen und Wünsche des anderen kennen lernen und respektieren. Wer etwas tut, nur um den Erwartungen des anderen zu entsprechen, wird unzufrieden und ist von der Beziehung schnell enttäuscht.

Vertrauen und gegenseitige Achtung sind Grundlagen für eine gute Beziehung. Trotzdem ist es völlig normal, wenn es hin und wieder zu Konflikten und manchmal auch zu einem ernsthaften Streit kommt. Man erkennt dann, dass der Partner nicht dem Traumbild entspricht, das man sich von ihm gemacht hat. Lassen sich keine Kompromisse finden und will man nicht mit den Fehlern und Schwächen des anderen leben, zerbrechen viele Beziehungen wieder. Dann ist es hilfreich Freunde oder Freundinnen zu haben, mit denen man über alles reden kann. Auch bei einer Trennung sollten alle Beteiligten darauf achten, sich gegenseitig nicht zu verletzen und fair miteinander umzugehen. In der Entwicklung von Jugendlichen ist es normal, dass Beziehungen geschlossen werden und wieder zerbrechen. Nur so kann man Erfahrungen für spätere Partnerschaften sammeln. Wenn sich ein Paar entschließt, gemeinsam zu leben, müssen viele Gesichtspunkte bedacht werden. Es sollte zum Beispiel geklärt werden, ob das Paar Kinder haben möchte und wie die beruflichen Pläne aussehen.

Befragt man übrigens Paare, die jahrzehntelang miteinander leben, erfährt man, dass gegenseitiges Vertrauen, Zuneigung, Respektieren der persönlichen Freiheit und Treue zum Erfolgsgeheimnis gehören. Viele Entscheidungen wurden miteinander besprochen und gleichberechtigt getroffen.

Die Ansprüche an Partnerschaften sind je nach Religion, Kulturkreis und Zeit recht unterschiedlich und unterliegen teilweise einem starken Wandel. In den sechziger Jahren des letzten Jahrhunderts begannen zum Beispiel in Deutschland solche Veränderungen, die durch die Einführung der »Pille« unterstützt wurden. Die moralischen Normen der Elterngeneration wurden jetzt in Frage gestellt. Die Familie selbst empfanden viele junge Menschen als Brutstätte sexueller und gesellschaftlicher Unterdrückung. Daraufhin gerieten zahlreiche traditionelle Tabus ins Wanken: Das Zusammenleben ohne Trauschein wurde mehr und mehr akzeptiert, ebenso wie häufiger wechselnde Partnerschaften, Sex im Alter und Geschlechtsverkehr bei Jugendlichen. Allerdings ist auch diese Zeit schon längst wieder Geschichte: Neue Forschungen belegen, dass Jugendliche und Erwachsene Treue heute wieder weit mehr schätzen als noch vor 40 Jahren. Hauptargument für die neue Zweisamkeit ist die Sorge um eine gute Partnerschaft und das gemeinsame Wohlergehen.

1 Nenne Eigenschaften, die dir an einem Freund oder einer Freundin wichtig sind.

3 Paarbeziehung. **A** Austausch von Zärtlichkeiten; **B** Auseinandersetzung

2 Grundlagen der Sexualität

2.1 Sexualhormone steuern die Entwicklung

In den ersten Wochen der Entwicklung eines Kindes im Mutterleib lässt sich das Geschlecht rein äußerlich noch nicht erkennen. Erst im zweiten Monat unserer Embryonalphase offenbart sich der »kleine Unterschied«.

Sexualhormone, die in den Geschlechtsdrüsen des Embryos gebildet werden, verursachen die Bildung der **primären Geschlechtsmerkmale:** Bei Jungen entwickeln sich Samenleiter, Penis und Hodensack, bei Mädchen Schamlippen, Scheide, Eileiter und Eierstöcke. Nach dieser Differenzierung legt die Entwicklung der Geschlechtsmerkmale eine lange Pause ein. Erst in der Pubertät, wenn die Geschlechtsreife eintritt, setzt eine stürmische Hormonproduktion ein.

Aus Jungen entwickeln sich Männer und aus Mädchen Frauen. Bei den Jungen prägen sich unter dem Einfluss des männlichen Geschlechtshormons *Testosteron* die **sekundären Geschlechtsmerkmale** aus. Das Gesicht wird kantiger, Muskulatur und Körperbehaarung nehmen zu. Schultern und Brust werden breiter. Neben dem Bartwuchs und der zunehmenden Schambehaarung treten auch eine tiefere Stimme und meist ein starkes Längenwachstum auf. Die Geschlechtsorgane wachsen und werden voll funktionsfähig. Jungen bemerken dies an ihrem ersten Spermienerguss, der meist unbewusst im Schlaf stattfindet. Im Körper eines Jungen werden auch geringe Mengen weiblicher Sexualhormone gebildet. Je geringer ihre Menge ist, desto deutlicher formen sich die typisch männlichen Geschlechtsmerkmale heraus. Neben dem Körper verändert sich auch das Verhalten. Mädchen werden plötzlich mit zunehmendem Interesse betrachtet. Aber auch Unsicherheit, Unzufriedenheit und Streitlust sind typisch für diesen Entwicklungsabschnitt.

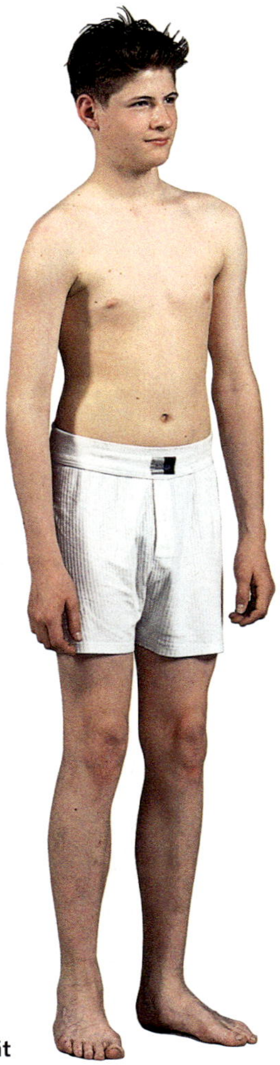

1 **Junge in der Pubertät**

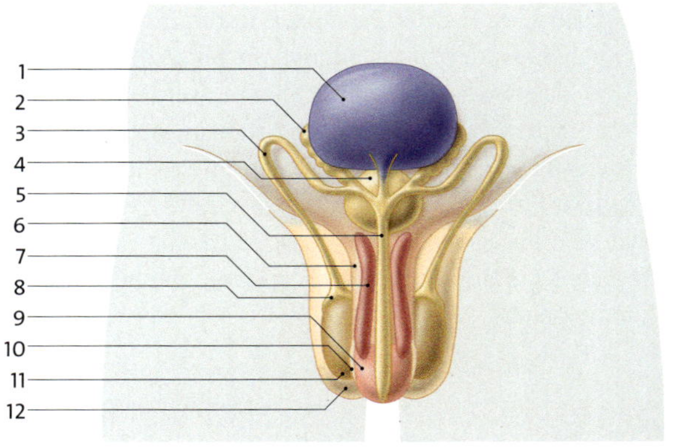

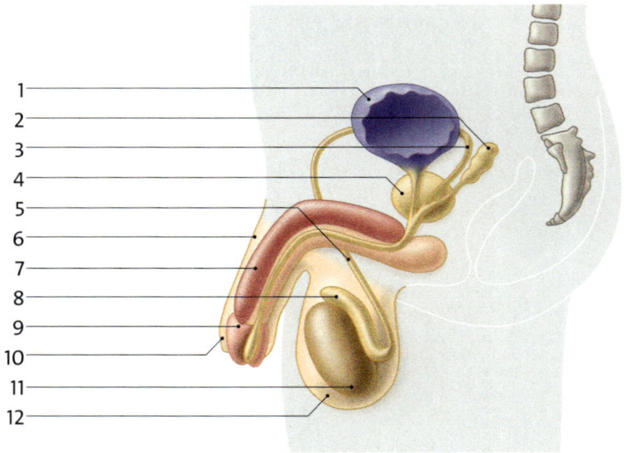

2 **Männliche Geschlechtsorgane** **1** Harnblase; **2** Bläschendrüse; **3** Spermienleiter; **4** Vorsteherdrüse; **5** Harn-Sperma-Röhre; **6** Penis (Glied); **7** Schwellkörper; **8** Nebenhoden; **9** Eichel; **10** Vorhaut; **11** Hoden; **12** Hodensack

Mit Beginn der Pubertät bilden sich auch bei Mädchen unter dem Einfluss weiblicher Geschlechtshormone, der *Östrogene,* sekundäre Geschlechtsmerkmale aus. Zu diesen zählen neben einem starken Körperwachstum, die Entwicklung der Brüste und schmaler Schultern, die Verbreiterung des Beckens und das Wachstum der Schambehaarung. Die Ausprägung dieser Merkmale ist abhängig von den geringen Mengen männlicher Geschlechtshormone, die es im Körper jeder Frau ebenfalls gibt. Je weniger dieser *Androgene* produziert werden, desto deutlicher prägen sich ein breites Becken, weibliche Rundungen durch Fetteinlagerungen in der Unterhaut und eine höhere weibliche Stimme aus. Wenn in den Eierstöcken die erste Eizelle heranreift, kommt es zur Regelblutung, der **Menstruation.** Der Ablauf dieser Regelblutung wird ebenfalls von Hormonen gesteuert. Durch sie werden die weiblichen Geschlechtsdrüsen, die Eierstöcke, angeregt, Eizellen zu bilden.

Die Eierstöcke liegen in Höhe des Blinddarms im Bauchraum und werden von Bindegewebe gehalten. Sie haben etwa die gleiche Größe wie die Hoden beim Mann. Im Gegensatz zu den männlichen Geschlechtsdrüsen, die nach Eintritt der Geschlechtsreife ständig große Mengen neuer Spermienzellen ausbilden, enthalten die beiden Eierstöcke eines Mädchen bereits bei der Geburt einen Vorrat an 300 000 bis 400 000 Zellen, die sich später zu Eizellen weiterentwickeln können. Bei einer geschlechtsreifen Frau reift meist nur eine einzige Eizelle in einem der beiden Eierstöcke pro Monat. Im Alter zwischen 45 und 55 Jahren geht die Produktion weiblicher Geschlechtshormone stark zurück. In diesen Wechseljahren reifen dann keine Eizellen mehr heran. Im Vergleich dazu bleiben Männer ihr Leben lang zeugungsfähig.

Die gesamte Entwicklung in der Pubertät sowie die Bildung der Geschlechtszellen ist eng mit dem Hormonsystem verknüpft. Welche Prozesse laufen dabei genau ab?

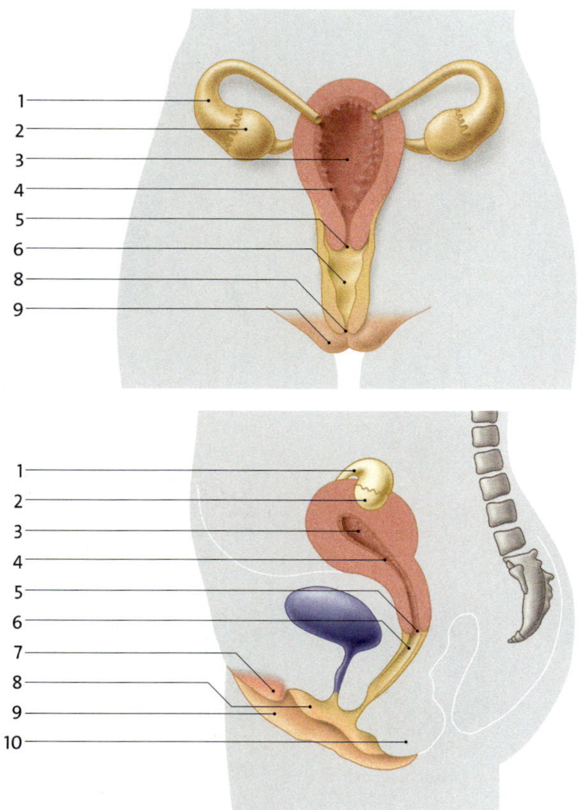

3 Weibliche Geschlechtsorgane **1** Eitrichter und Eileiter; **2** Eierstock; **3** Gebärmutter; **4** Gebärmutterschleimhaut; **5** Muttermund; **6** Scheide; **7** Kitzler; **8** Kleine Schamlippen; **9** Große Schamlippen; **10** Damm

4 Mädchen in der Pubertät

Die oberste Schaltzentrale des gesamten Geschehens ist der Hypothalamus, eine Region im Zwischenhirn. In ihr beginnt eine komplizierte Nachrichtenkette: Sie sendet ein Hormon an die **Hirnanhangsdrüse.** Diese setzt daraufhin im Vier-Stunden-Rhythmus zwei weitere Hormone in die Blutbahn frei. Dabei handelt es sich um das **Luteinisierende Hormon (LH)** und das **Follikelstimulierende Hormon (FSH).** Sie regulieren die Tätigkeit von Hoden und Eierstöcken, wobei der Spiegel im weiblichen Körper zusätzlich im monatlichen Rhythmus schwankt.

Im männlichen Körper steuern LH und FSH die Bildung des Testosterons und der Spermien in den Hoden. Diese sind durch Scheidewände in einzelne Hodenläppchen unterteilt. In ihnen liegen die stark gewundenen Hodenkanälchen. Dort entwickeln sich aus den Vorstufen der Spermien, den Spermienmutterzellen, in etwa zwei Monaten reife Spermien. Die Produktion ist gewaltig: Immerhin werden bei gesunden Männern pro Tag etwa 100 Millionen Spermien gebildet. Das Follikelstimulierende Hormon ist direkt an der Spermienreifung beteiligt. Das Luteinisierende Hormon wirkt auf Zwischenzellen im Bindegewebe des Hodens ein. Sie geben daraufhin Testosteron ab. Auch dies ist ein Hormon, das zur Reifung der Spermien beiträgt. Von den Hoden gelangen die Spermien über die Hodenkanälchen in die Nebenhoden. Dort werden sie bis zum nächsten Spermienerguss gespeichert und reifen nach.

Ein Spermienerguss besteht aus etwa vier Millilitern Flüssigkeit. Darin können sich mehrere Millionen Spermien befinden. Ein voll ausgereiftes Spermium ist beim Menschen etwa 0,05 Millimeter lang. Im ovalen Kopfabschnitt liegt der Zellkern mit der Erbsubstanz. Im Mittelstück befinden sich Mitochondrien, mit deren Hilfe Glucose abgebaut und Energie für die Bewegung freigesetzt wird. Die Bewegung selbst erfolgt durch den Schwanzfaden. Bei geschlechtlicher Erregung versteift sich das Glied, es kommt zur Erektion. Beim Geschlechtsverkehr erfolgt durch die Bewegung des Gliedes in der Scheide eine Reizung, vor allem an der empfindlichen Eichel. Beim Höhepunkt der geschlechtlichen Erregung, dem Orgasmus, kommt es zum Ausstoßen des Spermas, der **Ejakulation.**

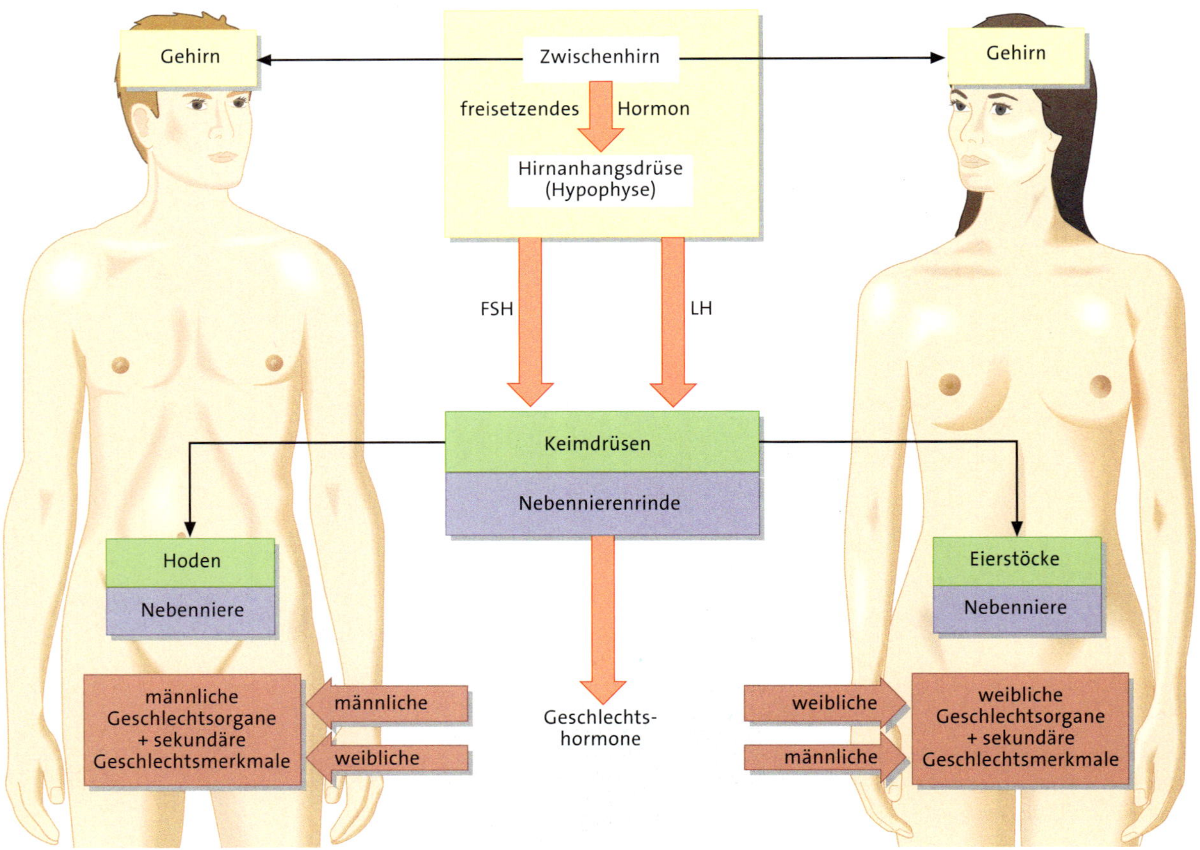

5 **Hormonelle Steuerung der Veränderungen in der Pubertät**

Der Hodensack liegt außerhalb des männlichen Körpers. Hier ist es kühler und genau diese etwas geringeren Temperaturen brauchen Spermien für ihre Entwicklung. Eng anliegende, reibende Kleidung kann die Funktion der Hoden beeinträchtigen. Auch viele andere Dinge schaden den Spermien. Zu ihnen zählen Verletzungen des Hodens, Drogen, Medikamente und Infektionskrankheiten. So kann die Kinderkrankheit Mumps bei Jungen zu einer Hodenentzündungen führen und sie unfruchtbar machen.

In den letzten Jahren haben Wissenschaftler etwa 100 Substanzen identifiziert, die hormonartig wirken oder die Wirkung von Hormonen blockieren. Unter ihnen befinden sich Pestizide, Dioxine, Biphenyle, die als Hydrauliköl und Isolierflüssigkeiten dienen, und Abbauprodukte von Tensiden, die in Putzmitteln und Kosmetika vorkommen. Sie können ähnlich wie Östrogene wirken und zu einer Abnahme der Spermienzahl im Ejakulat, zu Penismissbildungen und Hodenkrebs führen. Auch für Frauen bleibt ein Eingriff in den Hormonhaushalt nicht ohne Folgen: Nachgewiesen wurden bisher Fruchtbarkeitsstörungen und erhöhte Brustkrebsraten.

Bei Frauen kontrollieren die Hormone FSH und LH die Reifung der Geschlechtszellen. Über das Blut gelangt das Follikelstimulierende Hormon in den Eierstock und regt dort die Reifung der Eizellen an. Sie entwickeln sich in einem aus Zellen bestehendem Bläschen, das mit Flüssigkeit gefüllt ist. Man bezeichnet dieses als **Follikel.** Innerhalb der nächsten 14 Tage wandert der Follikel von der Mitte zum Rand des Eierstockes. Dabei reift er und erreicht etwa die Größe einer Erbse. Der reife Follikel platzt und gibt die Eizelle mit etwas Flüssigkeit frei. Bei diesem Eisprung verlässt die reife Eizelle den Eierstock. Sie wird von der Trichteröffnung des Eileiters aufgenommen, die sich dazu über den Eierstock stülpt. Die reife Eizelle ist eine der größten Zellen im menschlichen Körper. Mit einem Durchmesser von 0,1 Millimeter ist sie gerade noch mit dem bloßen Auge als Punkt sichtbar. Eine Eizelle besteht aus dem Zellkern und dem Dotter. Dieser dient der ersten Ernährung des Keims nach der Befruchtung. Die Eizelle ist von einer feinen Hülle und vielen Kranzzellen umgeben. Sie lösen sich im Eileiter in wenigen Stunden auf.

1 Stelle die sekundären Geschlechtsmerkmale von Mann und Frau tabellarisch gegenüber.

2 Berechne, wie viele Eizellen bei einer Frau im Laufe von 35 Jahren zur Reife kommen können.

3 Erkläre die hormonelle Steuerung der Veränderungen in der Pubertät mit Hilfe der Abbildung 5.

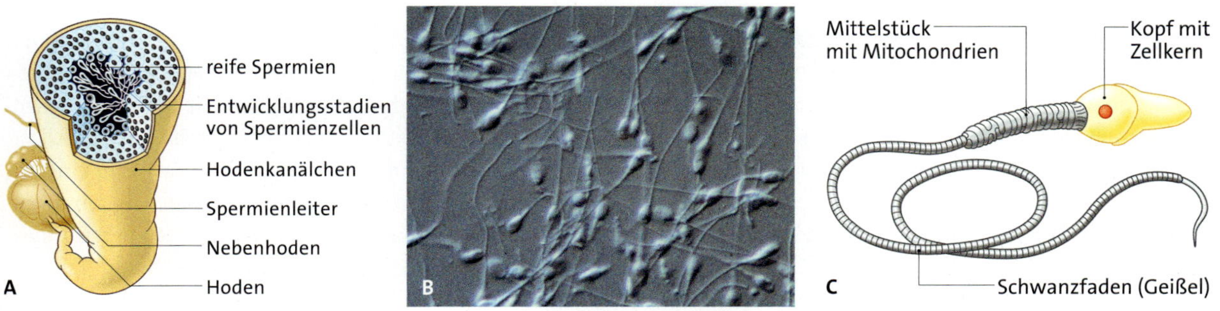

6 Spermienbildung. **A** Hodenkanälchen; **B** Spermien (Mikrofoto); **C** schematischer Bau einer Spermiumzelle

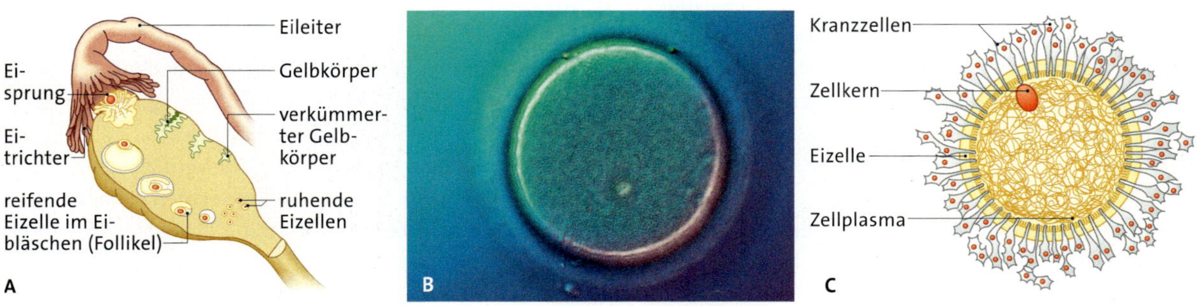

7 Eizellenbildung. **A** Follikelreifung im Eierstock; **B** Eizelle (Mikrofoto); **C** schematischer Bau einer Eizelle

2.2 Der Menstruationszyklus

Ein wesentliches Merkmal des Frauseins ist der monatliche **Zyklus.** Dieser dauert meist 28 Tage und beginnt mit der mehrere Tage anhaltenden Monatsblutung. In der Mitte des Zyklus erfolgt der Eisprung, die **Ovulation.** Wird die reife Eizelle danach nicht befrucht, setzt nach weiteren 14 Tagen die nächste Menstruation ein. Die zahlreichen Vorgänge im Körper der Frau unterliegen dabei der Steuerung durch verschiedene Hormone.

Zunächst gibt die Hypophyse FSH ab. Dieses Hormon bewirkt die Reifung des Follikels in den Eierstöcken. Der Eisprung tritt ein, wenn ein weiteres Hypophysenhormon seine höchste Konzentration erreicht hat. Es ist das Luteinisierende Hormon LH. Beide werden auch Gonadotrope Hormone genannt. Bereits während der Follikelreifung beginnt auch der Eierstock mit der Produktion von Hormonen. Man bezeichnet diese Hormongruppe als **Östrogene.** Das Haupthormon wird als *Östradiol* oder Follikelhormon bezeichnet. Der Name weist darauf hin, dass der Follikel dieses Hormon selbst bildet. Unter seinem Einfluss verdickt sich die Gebärmutterschleimhaut auf das Vierfache ihrer ursprünglichen Größe. Diese Wucherungsphase beginnt etwa mit dem sechsten Zyklustag und endet nach rund zehn Tagen. Östrogene verändern auch den Schleimpfropf im Gebärmutterhalskanal. Normalerweise ist dieser Schleim dick und zähflüssig. Er stellt einen Schutzwall gegen Keime dar, die von außen durch die Scheide eindringen können. Zur Zeit des Eisprunges wird der Schleim dünnflüssiger und durchgängiger. Er kann nun Spermienzellen zur reifen Eizelle durchlassen. Zu diesem Zeitpunkt steigt auch die Körpertemperatur um etwa 0,5 Grad Celsius an.

Nach der Ovulation bildet der übrig gebliebene Rest des Follikels den *Gelbkörper,* der später verkümmert. Auch in diesem Stadium wird wieder ein Hormon gebildet. Das Gelbkörperhormon **Progesteron** verdickt die Gebärmutterschleimhaut weiter und löst die Absonderungsphase aus. In dieser Phase bildet die Gebärmutterschleimhaut Sekrete, die sie zur Aufnahme eines Keimes nach der Befruchtung vorbereiten. Progesteron wirkt auch auf das Zwischenhirn ein und hemmt die Bildung von FSH und LH, so dass zunächst kein weiterer Follikel reifen kann.

Wird die Eizelle nicht befruchtet, bildet sich der Gelbkörper nach einigen Tagen zurück. Es kommt zu einem steilen Abfall der Progesteronproduktion. Dadurch wird die Gebärmutterschleimhaut abgebaut und mit der beginnenden Monatsblutung abgestoßen. Dabei verschwindet natürlich nicht die gesamte Schleimhaut, sondern nur ihre obere Wucherungsschicht. Die Grundzellschicht, die zur späteren Regeneration nötig ist, bleibt bestehen. In dieser Zeit wird der Schleimpfropf, der sonst den Eingang in die Gebärmutter versperrt, aufgelöst. So können Blut und Reste der Schleimhaut ungehindert abfließen. Die Dauer der Blutung beträgt meist drei bis fünf Tage. Blutungen, die länger als eine Woche dauern, gelten nicht mehr als normal. Bei einer Regelblutung gehen nur ganz geringe Blutmengen verloren: zwischen 20 und 100 Milliliter pro Zyklus.

Da der Körper in dieser Zeit kein Progesteron mehr herstellt, hat auch dessen Einfluss auf das Zwischenhirn nachgelassen. Die Rückkopplung entfällt und die Hirnanhangsdrüse produziert wieder vermehrt FSH und LH. So wird die Reifung eines weiteren Follikels angeregt und der Kreislauf beginnt von Neuem.

Wie alle Vorgänge im Körper ist auch der Menstruationszyklus nichts Starres. Zwar dauern die Zyklen in der Regel 28 Tage, aber sie können sich auch leicht verschieben. Die Ursachen für solche Unregelmäßigkeiten sind recht vielfältig: Ferien, Zeitverschiebungen, Stress, Infektionen und die Einnahme von Antibiotika zählen zum Beispiel dazu. Besonders junge Mädchen haben oft einen unregelmäßigen Zyklus. Nur wenn die Zyklusdauer häufig unter 24 oder über 35 Tagen liegt, sollte ein Frauenarzt aufgesucht werden, der die Ursachen abklären kann. Dabei hilft ein selbst geführter Menstruationskalender. In diesen werden Stärke, Dauer und Regelmäßigkeit der Blutungen eingetragen. Bei sehr kurzen Zyklen ist meist die Follikelreifung etwas zu schnell, so dass der Eisprung eher einsetzt. Dies können Frauen auch selbst überprüfen, indem sie jeden Morgen zur selben Zeit ihre Körpertemperatur messen. Diese wäre dann schon um den zehnten Tag und nicht erst zwischen dem 14. und 16. Tag erhöht. Der Arzt kann auch helfen, wenn während der Regelblutung sehr starke Schmerzen auftreten und man sich generell unwohl fühlt.

1 Erstelle eine Tabelle, die die verschiedenen Hormone des weiblichen Zyklus und ihre Wirkung zusammenfasst. Verwende dazu die Abbildung 1.

2 Begründe, warum sich natürliche Verhütungsmethoden nach der Körpertemperatur richten können. Warum sind diese Methoden für junge Frauen weniger geeignet?

3 Stellt Hygieneregeln für die Zeit der Menstruation auf und bewertet diese.

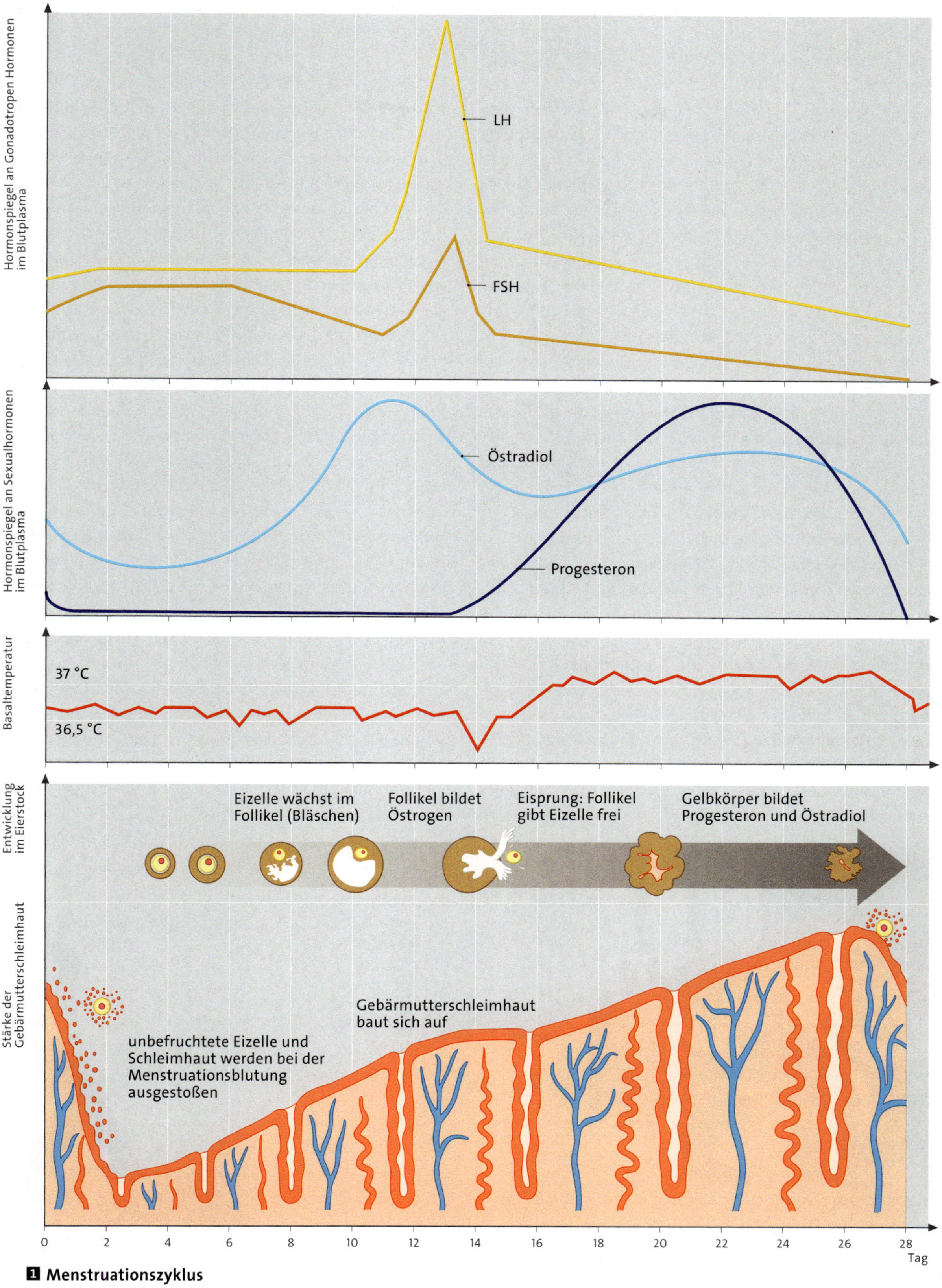

1 Menstruationszyklus

3 Typisch Mann – typisch Frau?

3.1 Geschlechtsunterschiede und Verhalten

In der Werbung findet man häufig ein bestimmtes Bild von Männern und Frauen. Neben geschlechtsneutralen Merkmalen wie Jugendlichkeit, Gesundheit und makelloser Haut werden bewusst weibliche und männliche Reize in den Vordergrund gestellt. So werben zum Beispiel sportliche Männer mit breiten Schultern, muskulösem Körper, schmalen Hüften und kräftigen Beinen nicht nur für Männerparfüms und Unterwäsche, sondern auch für Buttermilch, die meist von Frauen gekauft wird. Auf Autos oder schnellen Motorrädern räkeln sich dagegen hübsche Frauen mit typisch weiblichen Attributen wie schmalen Schultern, ausgeprägter Taille und langen schlanken Beinen. Sollte das Model einmal nicht ganz diesem Schönheitsideal entsprechen, werden die Aufnahmen am Computer bearbeitet: Schon »wachsen« die Beine ein bisschen, die Wangen tauchen sich in zartes Rot oder die Pupillen weiten sich noch etwas. So kann man dem Betrachter eine leichte sexuelle Erregung vorgaukeln. Ist der potenzielle Käufer männlich, wird er auf die dargebotenen sexuellen Reize reagieren und dem Produkt seine Aufmerksamkeit zuwenden.

Entspricht so ein **Männer**- oder **Frauenbild** der Wirklichkeit? Wenn man sich in seinem Freundeskreis umschaut, wird man schnell feststellen, dass dieses Bild eher ein Wunschbild ist. Kaum eine Frau oder ein Mann haben die in der Werbung dargestellten Traumfiguren. Außerdem »schummeln« Zeitschriften und Fernsehserien häufig beim Alter. So ist es kein Wunder, dass die Fünfzehnjährige so fraulich wirkt.

Nicht nur im Hinblick auf das Aussehen gibt es Unterschiede zwischen den Geschlechtern. Zahlreiche Studien, Veröffentlichungen und sogar Filme beschäftigen sich mit dem Verhalten von Frau und Mann. Dabei lassen sich tatsächlich einige Unterschiede in der Körpersprache und in den Interessen feststellen. So interessieren sich zwar Frau und Mann etwa gleich stark für lokale Ereignisse sowie Natur- und Umweltfragen, Differenzen treten jedoch bei der Nutzung moderner Medien, bei Sport und Einkaufen auf. Beobachtet man das Verhalten von Jugendlichen in der Schule, werden auch hier Unterschiede wahrnehmbar. So berühren sich Mädchen und Frauen viel häufiger gegenseitig, als Jungen und Männer dies tun.

Andere Unterschiede wie das verstärkte Redebedürfnis von Frauen lassen sich nicht immer belegen. So gelten Frauen mit 20 000 gesprochenen Worten pro Tag gegenüber Männern mit rund 7000 Worten als kommunikativer. Dass dies ein Vorurteil sein könnte, scheint eine amerikanische Studie mit Studenten aus dem Jahr 2007 zu belegen. Sie kam bei beiden Geschlechtern auf etwa 16 000 Worte pro Tag und konnte den angeblich deutlichen Unterschied zumindest bei dieser Gruppe nicht finden.

Generell ergeben sich Verhaltensunterschiede zwischen den Geschlechtern immer durch genetische und gesellschaftliche Einflüsse. Wer sich so verhält, wie es die Gesellschaft, in der man lebt, von seinem Geschlecht erwartet, wird anerkannt und gelobt. So lernen Kinder schon

1 Typisch Mann?

in früher Kindheit, wie sie sich verhalten sollten und dass Abweichungen nur Schwierigkeiten bringen. Das in unserer Gesellschaft geförderte Jungen- und Männerbild pflegt die Vorstellung von »coolen«, starken und mutigen Jungen. Sie sollen sich durchsetzen können und erfolgreich sein. Allerdings scheinen viele Jungen diesen Erwartungen und dem damit verbundenen Druck nicht gewachsen zu sein. So kann man nachweisen, dass stressabhängige Krankheiten wie Asthma oder Allergien bei Jungen häufiger vorkommen. Sie stellen auch den größeren Teil der Schüler von Förder- und Hauptschulklassen. Sozialforscher haben dieses Phänomen untersucht und sind zu dem Schluss gekommen, dass »das größte Problem der Jungen ist, dass sie keine Probleme haben dürfen.« Daraufhin hat man eine Reihe von Förderprojekten speziell für Jungen ins Leben gerufen.

Aber auch vielen Frauen wird in unserer Gesellschaft immer noch ein bestimmtes Rollenbild aufgezwungen. In der Regel sind sie es, die die Kinder betreuen und dafür auf ihre berufliche Karriere ganz oder teilweise verzichten. So wünschten sich zwar beide Geschlechter bei einer aktuellen Befragung deutlich mehr Frauen in Vorstandsetagen, in der Forschung und auf Regierungsebene, Wunsch und Wirklichkeit klaffen hier jedoch weit auseinander. Es gibt in den Chefetagen der 100 größten deutschen Firmen nur wenige Frauen und der Anteil an Professorinnen liegt immer noch unter zehn Prozent. Anders ausgedrückt: Männer können sich in der Mehrzahl der Fälle ganz auf ihre berufliche Karriere konzentrieren und erobern neun von zehn Spitzenjobs. Die Tatsache, dass nur Frauen Kinder bekommen können, will natürlich keiner bestreiten. Aber bei Betreuung und Erziehung sind Väter ebenso gefragt. In den vergangenen Jahren hat sich hinsichtlich Elterngeld und Erziehungsurlaub Einiges in Deutschland getan. Obwohl es schon positive Ausnahmen gibt, ist das Rollenbild gerade bei der Berufswahl immer noch stark von überholten Vorstellungen geprägt. Schon bei der Fächerwahl werden Mädchen häufig schief angesehen, wenn sie sich für Physik oder Chemie entscheiden. Hier ist es ganz wichtig, dass man herausfindet, welche Interessen man selbst hat. So kann man sich dementsprechend verhalten und den passenden Beruf wählen. Obwohl es immer noch Klischees und Vorurteile gibt, sind die Zeiten, in denen Frauen in Deutschland nicht Schornsteinfeger, Chemiker, Pilot oder Mechatroniker werden konnten, vorbei. Genauso wenig sollte man Männer belächeln, wenn sie Berufswünsche wie Kosmetiker, Kindergärtner oder Grundschullehrer äußern.

1 Sammle Werbeanzeigen, die »typisch männliche« und »typisch weibliche« Beispiele zeigen. Fertige eine Collage an. Erläutere, welche Absichten hinter dieser Werbung stecken.

2 Erkläre mit eigenen Worten, was ein Klischee ist. Erläutere, welche Bilder auf dieser Seite deiner Meinung nach einem Klischee entsprechen.

3 Berichte aus eigener Erfahrung, mit welchen Problemen man rechnen muss, wenn man sich nicht an das gängige Rollenbild hält. Du kannst dazu auch Eltern und Verwandte befragen.

4 Recherchiere nach Programmen und Gesetzen, die Frauen in unserer Gesellschaft fördern. Berichte über zwei Beispiele.

2 **Typisch Frau?**

Aufgaben und Versuche Mädchen und Jungen

V1 Traumpartner

Material: Zeichenkarton; Bleistift

Durchführung: Zeichne ein Haus mit Fundament, zwei Stockwerken, Dach, Türen und Fenstern. Trage dann in alle Teile eine oder zwei Eigenschaften deines zukünftigen Partners ein, die sie oder er unbedingt erfüllen sollen. Sei ehrlich zu dir selbst. Wichtige Dinge stehen im Fundament.

Aufgabe: Vergleiche dein Haus mit dem deiner Mitschülerinnen und Mitschüler. Ihr könnt auch alle Häuser miteinander vergleichen. Gibt es grundlegende Dinge, die häufig eingetragen wurden? Ermittelt, wenn möglich, eine Art Rangliste.

V2 Partnersuche

Schriftsteller, ökon. + zeitl. unabh. (51 Jahre, 1,78 m, 75 kg, 180 PS, 1 Rad, 14 Kochtöp., 6100 Büch., zzt. 24 Gläs. Eingemacht.) s. klu. + schö. Frau, ca. 35, für Liebes-Leben (+Kind?)

Wo ist mein Kuschelbär? Attraktive und feminine Sie, 43 J. jung, sehnt sich nach einer liebevollen Partnerschaft mit einem humorvollen und kultivierten männlichen Wesen. (Akad./Unternehmer, bis 50 J., ab 180 cm), Dein Brief + Foto erreicht mich in ...

Material: Anzeigen zur Heirats- und Partnersuche aus Tageszeitungen, Wochenzeitungen oder dem Internet; Schere; Kopierpapier; Klebstift

Durchführung: Arbeitet in Gruppen zu drei bis vier Schülern. Schneidet pro Schüler je vier ausgewählte Anzeigen, die euch ansprechen, aus und klebt diese auf. Kopiert das Blatt für die anderen Arbeitsgruppen. Vergleicht dann die Anzeigen und findet heraus, welche Erwartungen die Suchenden von ihrem Partner haben und was ihnen für eine gemeinsame Partnerschaft besonders wichtig ist. Wählt die eurer Meinung nach gelungenste Anzeige einer Frau und eines Mannes aus.

Aufgaben:

a) Begründet eure Auswahl und diskutiert in der Klasse.

b) Untersucht, ob es Unterschiede darin gibt, was Frauen bzw. Männer von sich preisgeben.

A3 Körperhaltungen

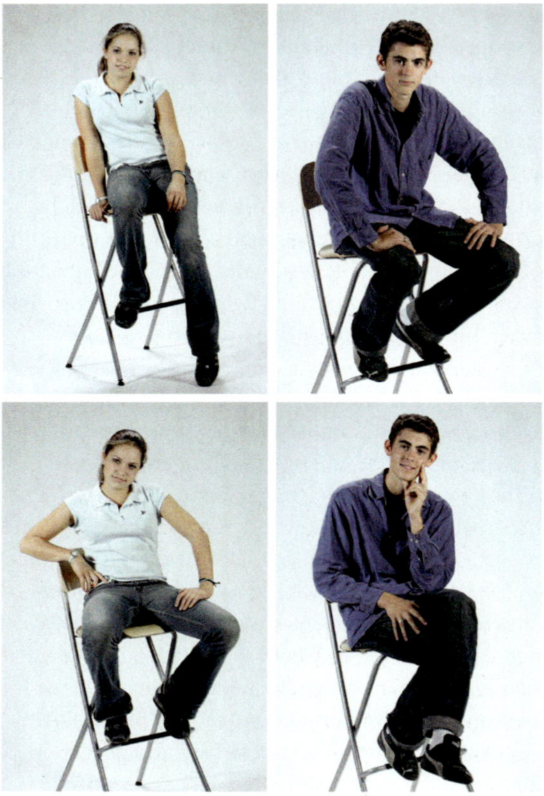

Aufgabe: Betrachte die oben abgebildeten Fotos. Beschreibe sowohl die Bilder als auch die Reaktionen und Gedanken, die sie hervorrufen können.

V4 Jungen und Mädchen sind unterschiedlich

Material: Fragebogen; Schreibzeug

Durchführung: Entwirf einen eigenen Fragebogen, mit dem du herausfinden kannst, welche Spiele Jungen und Mädchen verschiedenen Alters bevorzugen und welche Berufswünsche sie haben. Befrage dann mindestens zehn Testpersonen von sechs bis achtzehn Jahren.

Aufgaben:

a) Werte die Befragungsergebnisse in geeigneter Form aus.

b) Stelle fest, ob es geschlechtstypische Unterschiede gibt.

c) Erläutere, ob sich die Ergebnisse mit zunehmendem Alter verändern.

Methode Durchführung einer Meinungsumfrage

Wenn ihr herausfinden möchtet, ob bestimmte Arbeiten im Haushalt eher von Mädchen und Frauen oder von Jungen und Männern erledigt werden, könnt ihr eine Meinungsumfrage durchführen. Dabei könnt ihr Meinungen mündlich erfragen und die Antworten aufzeichnen oder ihr arbeitet mit einem vorbereiteten **Fragebogen.** So lässt sich zum Beispiel auch ermitteln, ob sich die Erziehungsziele von Eltern unterscheiden, wenn sie eine Tochter oder einen Sohn haben. Dabei geht ihr folgendermaßen vor:

- Überlegt euch, was ihr wissen möchtet. Entwerft dazu einen passenden Fragebogen. Dabei könnt ihr Antworten ankreuzen lassen oder ihr lasst Platz für die Antworten, die ihr bekommt.
- Überlegt euch, wen ihr befragen möchtet und wo ihr die Umfrage durchführt. Beachtet, dass man für größere Umfragen in der Schule die Genehmigung des Schulleiters braucht.
- Es macht mehr Spaß und ist sicherer, wenn ihr die Umfrage in Kleingruppen mit drei bis vier Schülern durchführt. Plant vorher, wer die Fragen stellt und wer die Antworten aufschreibt.
- Wenn ihr Personen ansprecht, begrüßt sie höflich und stellt euch und euren Befragungswunsch vor. Fragt immer, ob euer Gegenüber überhaupt an der Befragung teilnehmen möchte.
- Falls die ausgesuchte Person zustimmt, könnt ihr mit der Befragung beginnen. Notiert sorgfältig alle Antworten. Bedankt euch am Schluss für die Mit Hilfe und verabschiedet euch. Verwendet für jede Befragung einen neuen Fragebogen.
- Bearbeitet anschließend im Klassenzimmer die Fragebögen. Dazu könnt ihr zum Beispiel Strichlisten erstellen. Zählt die Ergebnisse aus und stellt sie zum Beispiel in Form von Tabellen oder Diagrammen in der Klasse vor. Dabei könnt ihr auch passende Computerprogramme nutzen oder eigene Folien erstellen.
- Beachtet bei euren Befragungen, dass man die befragte Person nicht unbewusst beeinflussen darf. Wissenschaftlich exakt sind nur Umfragen, bei denen sehr viele Personen befragt werden. Viele heißt etwa 1000. Denkt also bei eurer Auswertung daran, dass ihr nur eine Stichprobe ermittelt habt und seid vorsichtig mit Verallgemeinerungen.

1 Durchführung einer Umfrage

Erziehungsziele

1. Angaben zur eigenen Person

weiblich ☐ männlich ☐

Zahl der Kinder ☐

Töchter ☐ Söhne ☐

eigenes Alter ☐ 20–30 ☐ 31–40

☐ 41–50 ☐ 51–60 ☐ 61–70

2. Erziehungsziele

Am wichtigsten sind für mich:

1) ______________________

2) ______________________

3) ______________________

Vielen Dank für Ihre Teilnahme!

2 Beispiel für einen Fragebogen

1 Führt eine Umfrage zum Thema »Wer macht was im Haushalt?« oder »Erziehungsziele« durch.

2 Wertet die Ergebnisse aus. Bestimmt die Gesamtzahl aller befragten Personen. Stellt die Ergebnisse in geeigneter Form zum Beispiel durch Kreis- oder Balkendiagramme dar. Erläutert, ob es Unterschiede beziehungsweise Gemeinsamkeiten zwischen den Geschlechtern gibt.

3.2 Formen der Sexualität beim Menschen

Würde man viele verschiedene Menschen nach ihren Vorstellungen zum Begriff »Sexualität« fragen, bekäme man ganz unterschiedliche Antworten. Einige denken an zärtliche Worte, Streicheln, Küssen und Kuscheln, andere sofort an Geschlechtsverkehr, Fremdgehen oder Prostitution. Dass man in unserer Gesellschaft so offen über Sexualität reden kann, war nicht immer so. Noch vor hundert Jahren waren Zärtlichkeiten in der Öffentlichkeit nicht gern gesehen. Nackte Körper zählten ebenso zu den Tabus wie Sex vor der Ehe oder uneheliche Kinder. Dies heißt natürlich nicht, dass es all dies nicht gegeben hätte.

Im Verlauf der Pubertät entwickelt sich das Bedürfnis, einen anderen Menschen zu lieben, und zwar anders als bisher die Eltern oder Freunde. Fühlt man sich dabei vom anderen Geschlecht sexuell angezogen, nennt man das **heterosexuell.** Heterosexualität wird als »normal« empfunden, weil diese Form der Sexualität besonders häufig ist, und weil in solchen Beziehungen die Möglichkeit besteht sich fortzupflanzen. Schon im Kindergarten und Grundschulalter tuscheln Kinder und necken sich gegenseitig, wer wen wohl besonders mag.

Die Formen des Zusammenlebens sind beim Menschen recht vielseitig. So ist in westlichen Kulturen die Einehe, die so genannte Monogamie, bei der ein Mann mit einer Frau zusammenlebt, weit verbreitet. In anderen Kulturen tritt häufig auch Polygynie, so genannte Vielweiberei, auf. Hier lebt ein Mann, der meist einen hohen sozialen Status hat, mit mehreren Frauen zusammen. Vielmännerei, auch Polyandrie genannt, tritt dagegen beim Menschen nur sehr selten auf.

Fühlt man sich vom eigenen Geschlecht gefühlsmäßig und sexuell angezogen, nennt man das **homosexuell.** Als schwul bezeichnen sich homosexuelle Männer, bei Frauen hat sich der Begriff lesbisch durchgesetzt. Gleichgeschlechtliche Liebe ist nicht so selten, wie viele glauben. Immerhin sind fünf bis acht Prozent der Bevölkerung homosexuell. Bisher sind alle Versuche der Wissenschaft gescheitert, eine genaue Ursache für die Entstehung sexueller Neigungen herauszufinden. Sicher ist, dass man Homosexualität nicht einfach erwirbt oder dazu verführt werden kann. Welche Rolle genetische Anlagen und die vorgeburtliche Entwicklung bei der Entstehung sexueller Neigungen genau spielen, wird noch erforscht. Manche Menschen gehen sowohl homosexuelle als auch heterosexuelle Beziehungen ein. Sie tun dies manchmal sogar parallel und bevorzugen beide Geschlechter gleichermaßen. Man spricht dann von **Bisexualität.**

Wenn Jugendliche in der Pubertät entdecken, dass sie Partner desselben Geschlechtes bevorzugen, versuchen sie meist diese Gefühle als falsch abzutun und zu verdrängen. Diese Phase kann mehrere Jahre dauern. Gestehen sie sich selbst ihre Neigungen ein, beginnt die Zeit des »Coming-Out«. Sie ist oft schwierig, weil die Betroffenen häufig zahlreiche Ängste haben. Wie reagiert die Umwelt? Halten meine Freunde zu mir? Was sagen die eigenen Eltern? Leider gibt es noch immer viele Zwänge und Vorurteile. Rückendeckung können neben guten Freunden auch die eigenen Familienmitglieder geben. Informationen, Beratung und Hilfe kann man auch in verschiedenen Beratungsstellen und Kontaktgruppen finden.

Jugendliche, die sich abfällig und diskriminierend über Homosexuelle äußern, sollten sich immer bewusst ma-

1 Formen des Zusammenlebens. **A** Hochzeitspaar; **B** Kenianischer Häuptling mit Frauen und Kindern;

chen, dass keiner mit 14 oder 15 Jahren hundertprozentig weiß, wie er selbst veranlagt ist oder später seine Kinder. Gleichgeschlechtliche Lebensgemeinschaften werden in der Gesellschaft heute besser anerkannt als früher, obwohl sie immer noch gegen alte Vorurteile ankämpfen müssen. So können Homosexuelle vor dem Gesetz eine Lebenspartnerschaft eingehen, sie ist aber der Ehe gesetzlich nicht gleichgestellt.

Neben diesen Formen der Sexualität und des Zusammenlebens gibt es noch eine Reihe sexueller Veranlagungen, die zum Teil in die Grauzone unserer Gesellschaft gehören oder sogar strafbar sind. Zu diesen Veranlagungen zählt der Exhibitionismus. Meist handelt es sich um Männer, die ihre Geschlechtsteile vor fremden Menschen entblößen und dabei sexuelle Erregung empfinden. Solche Handlungen sind strafbar und können besonders jüngere Kinder traumatisieren. Eine weitere krankhafte Veranlagung ist die Pädophilie, verharmlosend als »Kinderliebe« übersetzt. Pädophile wollen ihre Sexualität mit Säuglingen und Kindern ausleben und nutzen häufig das Internet für ihre Kontakte. Dabei handelt es sich eindeutig um sexuellen Missbrauch, der mit Freiheitsstrafen geahndet wird. Harmloser sind dagegen Fetischisten. Sie benötigen bestimmte Gegenstände wie Unterwäsche, Handschuhe, Schuhe mit hohen Absätzen oder andere Kleidungsstücke als Auslöser und Verstärker ihrer sexuellen Lust. Wenn solche Handlungen zwanghafte Züge annehmen und für den Betroffenen oder den Partner zum Problem werden, müssen sie therapeutisch behandelt werden.

1 Betrachte die Abbildungen und beschreibe für einige Beispiele die Formen menschlicher Sexualität.

C Tibetische Frau mit ihren Männern

2 Liebe ist vielfältig

4 Die Entwicklung des Menschen

4.1 Befruchtung und Keimesentwicklung

Geschlechtsverkehr in der Zeit um den Eisprung kann zu einer **Schwangerschaft** führen. Durch die Ejakulation des Mannes werden die Spermienzellen ausgestoßen und schwimmen mit Hilfe ihrer Geißeln durch Scheide und Gebärmutter in den Eileiter der Frau. Sie erreichen dabei Geschwindigkeiten von drei bis fünf Millimetern pro Minute und orientieren sich an chemischen Signalen. Allerdings sterben viele Spermienzellen im sauren Scheidenmilieu bereits vorher ab. Der Orgasmus einer Frau kann durch das Eintauchen des Muttermundes in das Ejakulat diesen Weg etwas verkürzen und wahrscheinlich die Befruchtungschancen erhöhen. Die erste Spermienzelle, die auf die reife Eizelle trifft, durchdringt mit dem Kopf die Zellmembran der Eizelle. Diese wird dann für weitere Spermien undurchlässig. Im Inneren der Eizelle wandern die beiden Zellkerne aufeinander zu und verschmelzen miteinander. Nun ist die **Befruchtung** abgeschlossen und eine befruchtete Eizelle entstanden, die *Zygote*. Dabei kommt es zur Vermischung der Erbanlagen von Vater und Mutter.

Bewegungen von Flimmerhärchen, die den Eileiter auskleiden, treiben die Zygote in Richtung Gebärmutter. Dabei laufen die ersten Teilungen ab. Nach 36 Stunden ist das Zwei-Zell-Stadium erreicht, nach 80 Stunden besteht der Keim aus 16 Zellen.

Wenn der Keim die Gebärmutter erreicht, erkennt man bereits ein blasenförmiges Entwicklungsstadium aus zwei Zellgruppen. Dabei hat der Bläschenkeim eine äußere Zellschicht zum Einnisten in die Gebärmutterschleimhaut und zur Ernährung des Embryos. Die innere Zellgruppe, die von der Seite her in das flüssigkeitsgefüllte Bläschen ragt, bildet später den eigentlichen **Embryo**. Ist die Einnistung am sechsten oder siebenten Tag erfolgt, produziert die Gebärmutterschleimhaut ein Hormon, das den Abbau des Gelbkörpers im Eierstock verhindert. Dadurch wird das Gelbkörperhormon weiter gebildet und die Reifung eines neuen Follikels sowie der Abbau der Gebärmutterschleimhaut werden unterbunden. Das Ausbleiben der Regelblutung ist meist das erste Anzeichen einer Schwangerschaft.

Ab dem achten Tag entsteht zwischen der äußeren Zellschicht und der inneren Zellgruppe ein Hohlraum. In diesem Bereich entwickeln sich die embryonalen Hilfsorgane, die den Embryo schützen und ernähren. So entsteht die *Fruchtblase* mit dem Fruchtwasser als Schutz vor Stößen. Außen wächst eine *Zottenhaut*, die den Kontakt zwischen Keim und mütterlichem Gewebe weiter verstärkt. Erst am 14. Tag ist die Einnistung vollständig abgeschlossen. Es hat sich der Mutterkuchen gebildet. Dieses auch **Plazenta** genannte Organ besteht vor allem aus Blutgefäßen und ist über einen Stiel, aus dem später die **Nabelschnur** wird, mit dem Embryo verbunden. Das mütterliche Blut bleibt vom Blut des heranwachsenden Kindes durch eine dünne Membran getrennt.

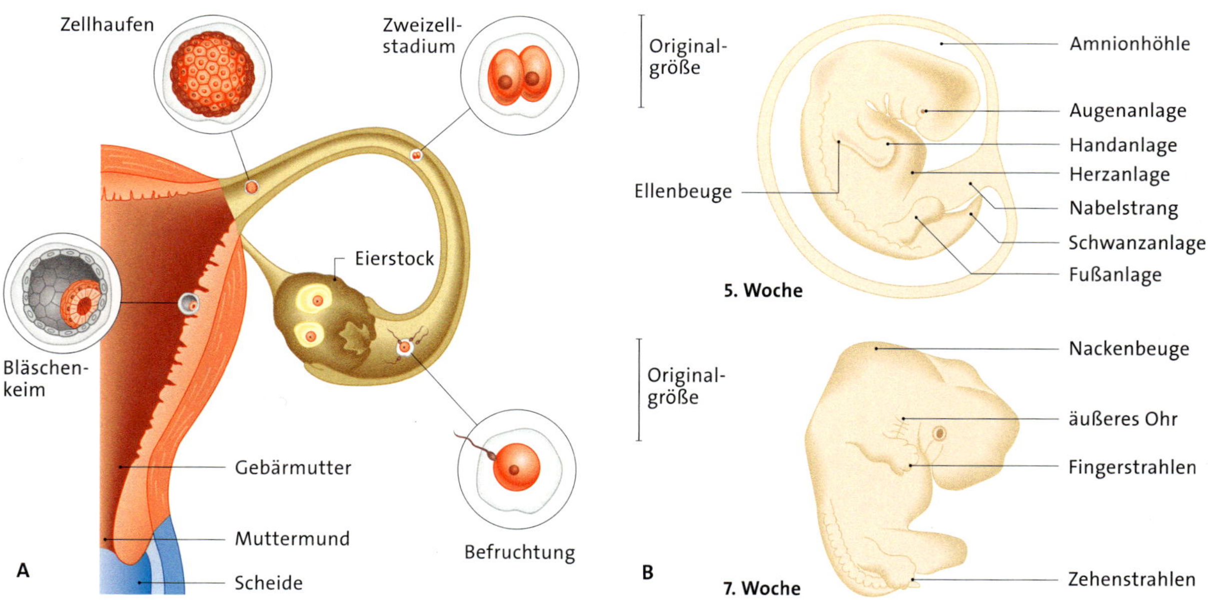

1 Erste Entwicklungsstadien eines Menschen. A Schema; **B** Embryo in der 5. und 7. Woche (Schema)

Durch diese Plazentaschranke kann aber ein Stoffaustausch erfolgen: Der Embryo erhält Nährstoffe und Sauerstoff, seine Stoffwechselprodukte und Kohlenstoffdioxid werden entfernt. Auch für bestimmte Stoffe wie Alkohol, Nikotin und Bestandteile von Medikamenten sowie Drogen ist die Plazentaschranke durchlässig. Sie können den Embryo schädigen. Dadurch erklärt sich auch das Alkohol- und Rauchverbot während einer Schwangerschaft.

Nach abgeschlossener Einnistung bilden sich verschiedene Gewebe aus, aus denen nach und nach die einzelnen Organe entstehen. So entstehen am 20. Tag auf der Rückenseite würfelförmige Gebilde. Aus ihnen bildet sich später die Wirbelsäule mit der zugehörigen Muskulatur. Zur gleichen Zeit ist schon ein einfaches Kreislaufsystem vorhanden. Das Herz schlägt ab der vierten Woche. Eine gegliederte Schwanzanlage ist in dieser Phase noch deutlich zu erkennen, bildet sich jedoch in der weiteren Entwicklung zurück. Ab der fünften Woche wächst infolge der verstärkten Gehirnentwicklung vor allem der Kopf des Embryos. Jetzt beginnt auch die Differenzierung der Extremitäten. Ab der sechsten Woche werden die Fingerstrahlen sichtbar, der Gehörgang wird angelegt und die Netzhaut der Augen bildet sich. Etwa acht Wochen nach der Befruchtung sind alle Organe des Kindes angelegt. Der etwa vier Zentimeter große Keim wird nun als **Fetus** bezeichnet. Am Ende des vierten Monats ist er bereits 16 Zentimeter groß und etwa 150 Gramm schwer. Während des fünften und sechsten Schwangerschaftsmonats reifen die Organe weiter und werden funktionsfähig.

Da auch die Muskulatur immer kräftiger wird, kann die Schwangere nun die Bewegungen ihres Kindes deutlich wahrnehmen. In den letzten zwei Monaten nimmt der Fetus weiter an Größe und Masse zu. Dadurch werden die inneren Organe der Frau stark zusammengedrückt. Dies kann zu Atemnot, Rückenschmerzen und häufigem Harndrang führen. Gegen Ende der etwa 280 tägigen Schwangerschaft wiegt der Fetus zwischen drei und vier Kilogramm und ist etwa 50 Zentimeter groß. Er hat sich mit dem Kopf nach unten gedreht und ist nun zur Geburt bereit.

1 Fortpflanzung ist ein Merkmal aller Lebewesen. Verfasse einen kurzen Lexikoneintrag zur Fortpflanzung des Menschen.

2 Lege eine Tabelle an, in der du die neun Schwangerschaftsmonate und die wichtigsten Entwicklungsschritte beim Menschen einträgst. Nutze dazu auch die Abbildung 2 und recherchiere weiteres Material in Fachbüchern oder dem Internet.

3 Trage Material aus der Zeit deiner eigenen Embryonalentwicklung oder der deiner Geschwister zusammen. Nutze zum Beispiel den Mutterpass oder Ultraschallbilder. Berichte.

4 Erstellt in Gruppenarbeit eine Collage zum Thema »Gesundheit von Mutter und Kind während der Schwangerschaft«. Stellt hier Beispiele für richtiges Verhalten und Gefahren in der Schwangerschaft vor. Denke an Bereiche wie Ernährung, Sport, Medikamente, Reisen, Drogen oder Krankheiten.

Monat	1.	2.	3.	4.	5.	6.	7.	8.	9.	10.
Körpermasse in g	6	12	41	175	500	800	1300	2300	2900	3500
Körperlänge in cm	1	4	9	16	25	30	35	40	45	51
Sexualorgane			- - -	- - -	- - -	- - -	- - -	- - -	- - -	- - -
Niere		- - -	- - -	- - -	- - -	- - -	———	———	———	———
Kopf	- - -	- - -	- - -	- - -	- - -	- - -	———	———	———	———
Lunge		- - -	- - -	- - -	- - -	- - -	———	———	———	———
Leber		- - -	- - -	———	———	———	———	———	———	———
Herz	- - -	- - -	- - -	- - ———	———	———	———	———	———	———
Gehirn		- - -	- - -	- - -	- - -	- - -	- - -	- - -	- - -	- - -
Gliedmaßen	- - -	- - -	- - -	- - -	- - -	———	———	———	———	———
Gesicht			- - -	- - -	- - -	- - -	———	———	———	———

- - - - - - Beginn der Entwicklung und weitere Ausprägung

——— voll entwickelt vorliegende Organe

2 Embryonalentwicklung

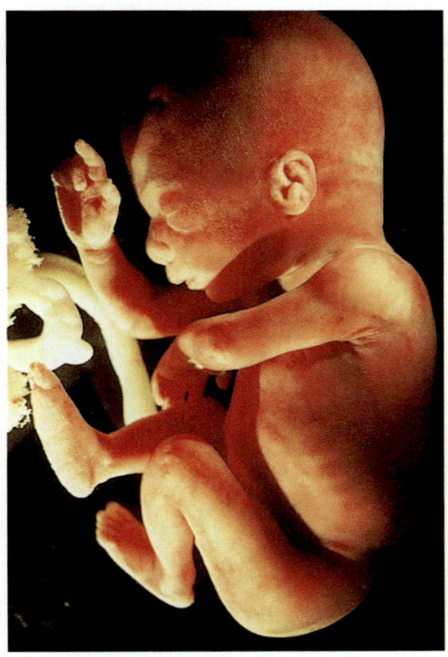

3 Geburtsreifer Fetus

Streifzug durch die Ethik Schwangerschaftsabbruch

Es gibt Frauen, die durch eine ungewollte Schwangerschaft in eine schwierige Lage kommen. Sie wollen oder können ihr Kind aus verschiedenen Gründen nicht austragen und anschließend versorgen. Ein solcher Fall kann zum Beispiel vorliegen, wenn die Frau vergewaltigt und dann schwanger wurde. Es kann auch sein, dass ein Kind die persönliche Lage der Mutter unzumutbar belasten würde, etwa wenn diese selbst noch sehr jung ist. Manchmal kann eine Schwangerschaft sogar die Gesundheit oder das Leben der Mutter bedrohen. In anderen Fällen lässt sich schon zu Beginn einer Schwangerschaft feststellen, dass das Kind so unheilbar krank ist, dass es sich im Mutterleib nicht weiter entwickeln würde oder dass es nach der Geburt an einer unheilbaren schweren Erbkrankheit leiden wird.

In einer solchen oder ähnlichen Situation kann sich die Frau für einen Schwangerschaftsabbruch, eine Abtreibung entscheiden. Nach § 218 des Strafgesetzbuches gelten dabei in Deutschland folgende Bestimmungen: Der Abbruch einer Schwangerschaft ist gesetzwidrig. Trotzdem ist eine Abtreibung unter bestimmten Bedingungen straffrei. Die betroffene Frau muss sich dazu zuerst von ihrem Arzt oder ihrer Ärztin die Schwangerschaft bestätigen lassen. Anschließend muss sie eine anerkannte Beratungsstelle aufsuchen.

In diesem Gespräch werden Möglichkeiten aufgezeigt, sich trotz schwieriger äußerer Umstände für ein Kind zu entscheiden. Aber auch die Folgen eines Abbruchs und das Lebensrecht des ungeborenen Kindes werden dabei diskutiert. Ungeborenes Leben steht unter dem besonderen Schutz des Staates, seine Vernichtung ruft zahlreiche ethische und religiöse Bedenken hervor. Beratungsstellen sollen aber auch konkrete Hilfen und Wege aufzeigen. Sie klären zum Beispiel über Rechtsansprüche und finanzielle Hilfen auf, die Mutter und Kind in der Zukunft entlasten können. Die Beratungsstelle gibt der Schwangeren eine schriftliche Bestätigung über die Durchführung des Beratungsgespräches. Nun steht die Frau vor der schwierigen Entscheidung, ob sie das Kind aufgrund des Beratungsgespräches doch austragen will oder sich entschließt, den Schwangerschaftsabbruch tatsächlich durchzuführen. Entscheidet sie sich für die Abtreibung, muss sie den Nachweis über das Beratungsgespräch ihrem behandelnden Arzt vorlegen. Zu diesem Zeitpunkt darf die Empfängnis nicht länger als 12 Wochen zurückliegen. Bei einem Schwangerschaftsabbruch entfernt der Mediziner unter Narkose den Embryo mit allen embryoanalen Hilfsorganen aus der Gebärmutter. Der Keim stirbt dabei ab. Besteht die Schwangerschaft erst seit sehr kurzer Zeit, kann ein Abbruch auch mit Medikamenten unter ärztlicher Aufsicht durchgeführt werden. Diese sogenannten Abtreibungspillen lösen eine Regelblutung aus und der Keim kann sich gar nicht erst einnisten.

1 Diskutiert, welche Faktoren für die Unterschiede in der Abbildung 2 verantwortlich sein könnten.

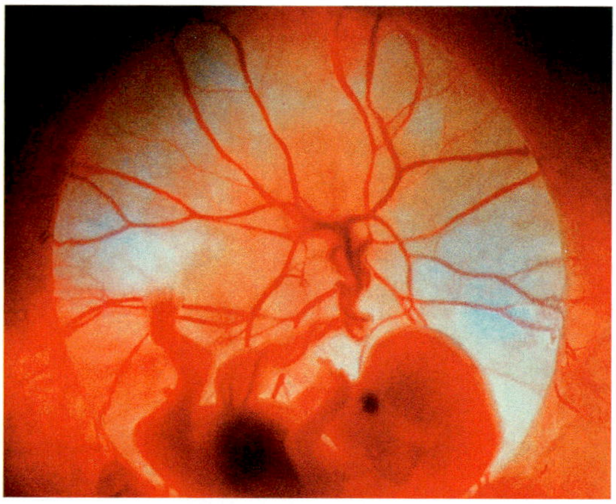

1 Gesunder menschlicher Embryo mit 11 Wochen

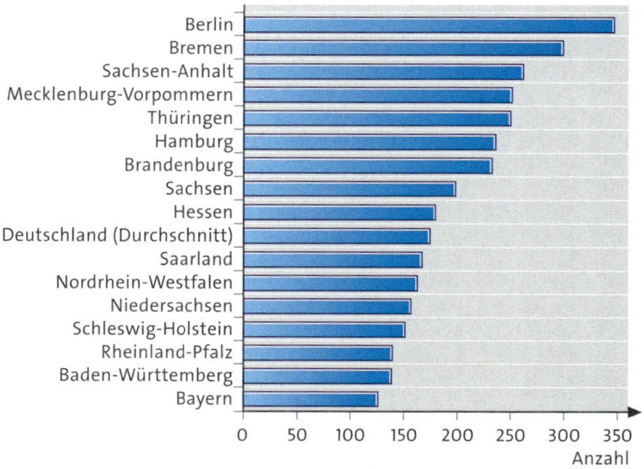

2 Anzahl der Abtreibungen je 1000 Geburten (2010)

Streifzug durch die Medizin — Gesundheit für Mutter und Kind

Wenn eine Frau bemerkt, dass sie schwanger ist, sollte sie einen Frauenarzt aufsuchen. Über regelmäßige Vorsorgeuntersuchungen wird während der gesamten Schwangerschaft die Gesundheit von Mutter und Kind überwacht. Eine schwangere Frau muss aber auch selbst zur Gesundheit ihres Kindes und zu ihrem eigenen Wohlbefinden beitragen.

Ernährung

Während einer Schwangerschaft sollte man sich bewusst gesund ernähren. Viel frisches Obst, Salate und Gemüse decken den Bedarf an Vitaminen und Mineralstoffen. Auch Milch- und Vollkornprodukte sind wichtig. Sie versorgen die Schwangere mit Calcium und Eiweiß. Während der letzten Schwangerschaftsmonate beugen reichlich Ballaststoffe einer Darmträgheit vor. Schwangere haben auch einen erhöhten Bedarf an Eisen. Deshalb gehören Blutuntersuchungen zum Eisengehalt zu den üblichen Vorsorgeuntersuchungen. Der Hb-Wert (Hämoglobin) wird in den Mutterpass eingetragen. Sinkt er unter einen bestimmten Grenzwert, verschreibt der Arzt Tabletten, die den Mineralstoff Eisen enthalten.

Sport

Eine schwangere Frau sollte keine Sportarten ausüben, die mit Stößen und Erschütterungen verbunden sind. Dazu zählen zum Beispiel Reiten, Skiabfahrtslauf oder Tennis. Sie können Fehl- oder Frühgeburten auslösen. Spazieren gehen, Fahrrad fahren oder Schwimmen halten dagegen den Kreislauf in Schwung. Dadurch wird das werdende Kind besonders gut mit Sauerstoff versorgt. Übungen zur Entspannung und zum Rückentraining tragen ebenfalls zum Wohlbefinden bei. Sie bereiten auf die Geburt vor.

Medikamente und Krankheiten

Alle Medikamente, die eine Schwangere einnimmt, müssen mit dem Arzt abgestimmt werden. Dazu gehören auch Arzneimittel, die ohne Rezept erhältlich sind. Schmerzmittel, Schlaftabletten oder Abführmittel könnten das ungeborene Kind schädigen und zu Missbildungen oder Behinderungen führen.

Eine schwangere Frau sollte sich vor Infektionskrankheiten wie Röteln oder Toxoplasmose schützen. Röteln sind während der ersten drei Schwangerschaftsmonate eine ernste Gefahr. Sie können zu Fehlgeburten, Herz-, Ohren- oder Augenschäden führen. Toxoplasmose-Erreger schädigen den Embryo ebenfalls. Sie werden durch Katzenkot oder rohes Fleisch übertragen. Meist hatten die Frauen bereits Kontakt mit dem Erreger und besitzen Antikörper. Der Arzt überprüft deshalb bei einer Blutuntersuchung, ob ausreichend Antikörper gegen beide Erreger vorhanden sind.

Alkohol

Alkohol gelangt über die Plazenta in den Kreislauf des ungeborenen Kindes. Schon geringe Mengen können körperliche und geistige Schäden bei Embryonen hervorrufen, die nicht wieder gutzumachen sind. Deshalb sollten Schwangere möglichst ganz auf Alkohol verzichten.

Rauchen

Nikotin gelangt ebenfalls in den Kreislauf von Mutter und Kind. Dabei verengen sich die Blutgefäße und die Versorgung mit Nährstoffen und Sauerstoff verschlechtert sich. Bereits nach einer Zigarette reagiert das Ungeborene mit deutlich erhöhtem Herzschlag und Unruhe. Starke Raucherinnen neigen häufiger zu Fehl- und Frühgeburten. Die Babys kommen oft mit Untergewicht zur Welt.

Reisen

Eine Schwangere sollte keine anstrengenden Reisen unternehmen. Langes Sitzen, Vibrationen beim Flug, heißes Klima, ungewohnte Speisen und mangelnde Hygiene stellen zusätzliche Risiken dar. Ferien an der See oder im Mittelgebirge sind dagegen zu empfehlen. Man plant sie am besten zwischen dem fünften und siebten Schwangerschaftsmonat.

1 Beschreibe Verhaltensweisen der Mutter, die zur gesunden Entwicklung des werdenden Kindes beitragen.

4.2 Die Geburt

Nach etwa 280 Tagen der Entwicklung im Mutterleib ist das Kind geburtsreif. Schon drei Wochen vor der eigentlichen Geburt verändert es seine Lage. Es liegt nun mit dem Kopf nach unten, eng angelegten Beinen und Armen in der Gebärmutter. Diese senkt sich durch kurze Senkwehen schon tiefer in den Beckenraum.

Der eigentliche Geburtsvorgang kündigt sich durch **Wehen** an. Dabei zieht sich die Muskulatur der Gebärmutter krampfartig zusammen und entspannt sich danach wieder. Nach einem meist unregelmäßigem Beginn kommen die Wehen in Intervallen von etwa 15 Minuten. Dabei wird das Kind in Richtung Gebärmutterhals und Muttermund geschoben, der sich nun schrittweise von wenigen Millimetern auf etwa zehn Zentimeter öffnet. In dieser mehrere Stunden dauernden **Eröffnungsphase** platzt auch die Fruchtblase und das Fruchtwasser läuft durch die Scheide ab.

In der darauffolgenden **Austreibungsphase** werden die Wehen stärker und die Abstände zwischen ihnen verkürzen sich. Durch einige besonders kräftige Presswehen wird das Kind durch den engen Geburtskanal zwischen den Beckenknochen der Mutter in die Scheide gepresst. Diese schwierige Phase kann die Gebärende durch eine bestimmte Atemtechnik und zusätzliches Anspannen der Bauchdecke unterstützen. Sobald der Kopf des Kindes durch die Scheide tritt, ergreift ihn die Hebamme oder der Arzt, um auch den Körper durch eine vorsichtige Drehung aus dem Geburtskanal zu ziehen. Das Kind ist nun geboren und beginnt selbstständig zu atmen. Die Nabelschnur wird abgeklemmt und, nachdem der Säugling sich ausruhen durfte, durchtrennt.

Etwa eine halbe Stunde später folgt die letzte Geburtsphase, die **Nachgeburt.** Hier wird die Plazenta mit der Nabelschnur und den Resten der embryonalen Hilfsorgane ausgestoßen.

Sind bei einer Geburt ernste Komplikationen zu erwarten, zum Beispiel eine ungünstige Lage oder ein Sauerstoffmangel, muss die Geburt durch einen operativen Eingriff erfolgen. Bei einem solchen *Kaiserschnitt* werden Bauchdecke und Gebärmutter unter Narkose geöffnet, um das Kind auf diesem Weg zur Welt zu bringen.

1 Beschreibe den Ablauf einer Geburt.

2 Erkundige dich, welche Untersuchungen gleich nach der Geburt an einem Neugeborenen gemacht werden. Berichte.

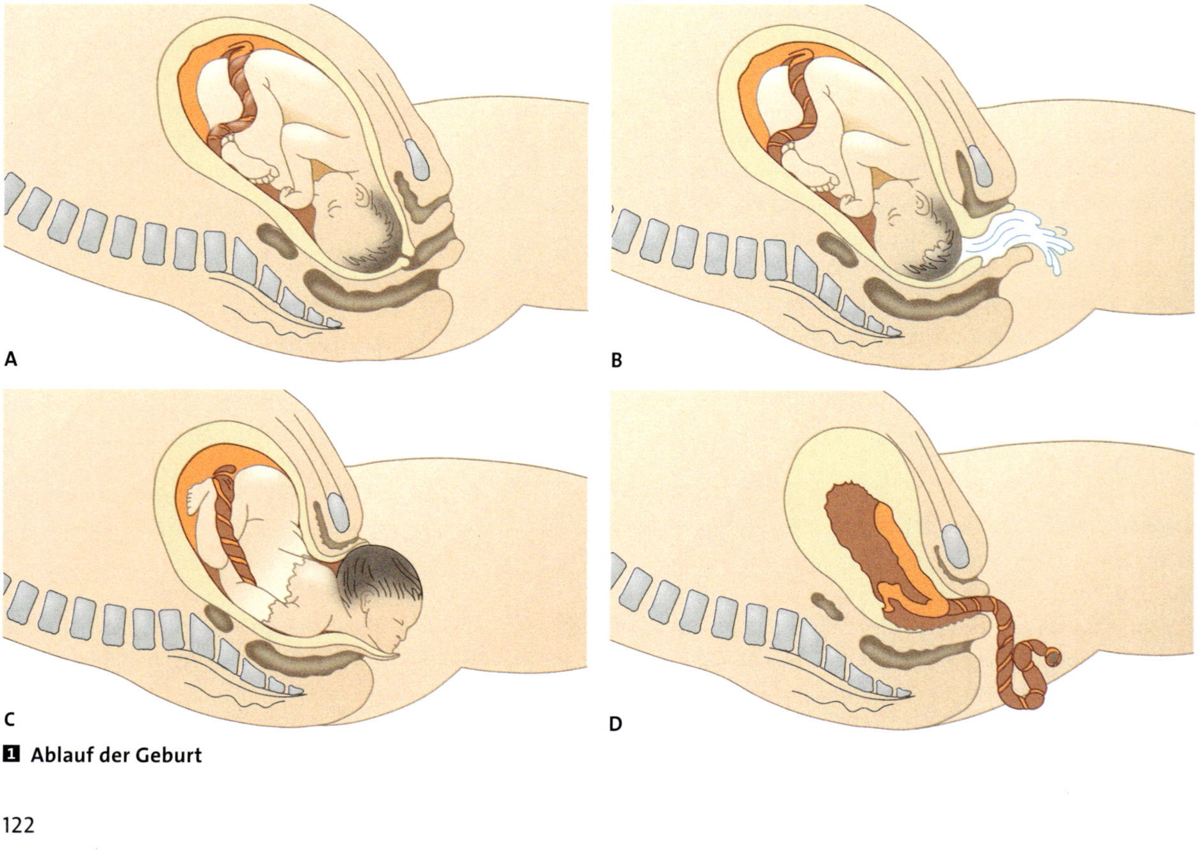

A B C D

1 Ablauf der Geburt

4.3 Vom Säugling zum Kleinkind

Nach der Geburt ist der **Säugling** auf die Fürsorge seiner Eltern angewiesen. Ohne Pflege, Aufmerksamkeit und Zuwendung wäre er nicht lebensfähig. Direkt nach der Geburt verfügt das Baby über einige angeborene Verhaltensweisen, die es nicht erlernen muss. Zu diesen zählen zum Beispiel der Saug- und Greifreflex sowie das Schreien. In den ersten Wochen ernährt die Mutter den Säugling meist durch Stillen mit Muttermilch. Diese liefert alle notwendigen Stoffe für die Entwicklung und das Wachstum. Sie ändert sich sogar in ihrer Zusammensetzung mit dem Älterwerden des Säuglings. Trotzdem genügt es nicht, einen Säugling sauber zu halten und mit Nahrung zu versorgen. Für eine gesunde körperliche und geistige Entwicklung braucht er vor allem feste Bezugspersonen, im Regelfall seine Eltern. Um mit ihnen Kontakt aufzunehmen, haben Säuglinge schon ein erstaunliches Repertoire an Verhaltensweisen: Sie erkennen bereits kurz nach der Geburt die Stimme ihrer Mutter und betrachten aufmerksam Gesichter. Im ersten Monat geben sie bereits gurrende Laute von sich und können Menschen anlächeln. Im zweiten Monat beginnt ein Säugling zu lachen und ab dem vierten Monat wendet er sich Stimmen zu und lacht laut. Eine Trennung von den festen Bezugspersonen kann schwere seelische Entwicklungsstörungen auslösen.

In den ersten Wochen nach der Geburt schläft der Säugling noch viel. Mit zunehmendem Alter werden die Wachphasen jedoch länger und das Kind nimmt seine Umwelt immer aufmerksamer wahr. So kann es zum Beispiel im dritten Monat schon den Kopf in Bauchlage anheben, später auch den Oberkörper auf die Arme stützen. Ab dem fünften Monat drehen sich Säuglinge im Liegen um und mit einem halben Jahr können sie schon ohne Hilfe sitzen. Die motorische Entwicklung erfolgt so rasant, dass Säuglinge nach zehn Monaten mit dem Pinzettengriff greifen und nach einer kurzen Krabbelphase mit elf Monaten schon stehen sowie wenig später die ersten Schritte laufen können.

Auch in der Sprachentwicklung gibt es im ersten Lebensjahr Fortschritte. Dabei spielen die Reifung des Gehirns und die Entwicklung zahlreicher Nervenverbindungen eine große Rolle. Aus zunächst plappernden Lauten und Silben bilden sich erste Worte wie Mama und Papa. Mit etwa neun Monaten verstehen Säuglinge schon etwa 60 Begriffe und mit etwa 24 Monaten können sie selbst rund 50 Wörter sprechen, wobei der Wortschatz dann deutlich zunimmt. In dieser Zeit wird aus dem Säugling ein **Kleinkind,** das mit zwei Jahren ein ausgeprägtes Ich-Bewusstsein ausbildet und erste soziale Kontakte zu Gleichaltrigen, zum Beispiel bei gemeinsamen Spielen, eingeht. Eltern können diese Entwicklungsprozesse unterstützen, wenn sie sich viel Zeit für ihr Kind nehmen, mit ihm spielen und ihm die Umwelt zeigen und erklären.

1 Erstelle eine Tabelle, in der du die Monate des ersten Lebensjahres und die Abschnitte der Kindesentwicklung zusammenfasst. Arbeite mit dem Lehrbuch und mit Fachliteratur oder dem Internet. Wenn es Fotos von dir aus diesen Entwicklungsabschnitten gibt, könntest du damit deine Übersicht ergänzen.

2 Begründe, dass das Stillen für Säuglinge sehr wichtig ist.

1 Verhaltensweisen eines Säuglings. **A** Saugreflex; **B** Greifreflex; **C** erste Schritte

5 Familienplanung und Empfängnisverhütung

Der soziale Wandel hat in den letzten Jahrzehnten in Deutschland nicht nur Bereiche wie Arbeit, Wohnen und Freizeit sondern auch die Lebensformen und die **Familienplanung** stark verändert. Dabei versteht man unter Lebensformen relativ stabile Muster privater Beziehungen, bei denen Menschen entweder allein oder mit anderen zusammen leben. Sie sind zum Beispiel durch die Generationenzusammensetzung, den Familienstand und die Kinderzahl gekennzeichnet. Eine wichtige Voraussetzung für die Familienplanung ist die **Empfängnisverhütung.** Dabei gibt es verschiedene Methoden, die in Frage kommen. Welche Methode für ein Paar die geeignete ist, sollten immer beide Partner gemeinsam entscheiden. Wichtig sind dabei die Sicherheit, die richtige Art der Anwendung und die Gesundheitsverträglichkeit.

Eine Befruchtung ist nur in einem Zeitraum von etwa zehn Tagen in der Mitte eines Menstruationszyklus zur Zeit des Eisprungs möglich. Bei den so genannten *natürlichen Verhütungsmethoden* vermeidet das Paar in dieser Zeit den Geschlechtsverkehr. Um die fruchtbaren Tage relativ sicher zu bestimmen, gibt es unterschiedliche Methoden. Bei einer Variante misst die Frau jeden Morgen ihre Körpertemperatur. Das ist sowohl mit einem digitalen Thermometer oder mit Hilfe eines speziell dafür entwickelten Testgerätes mit Sensor möglich. Wichtig ist, dass der Messwert immer zu gleichen Bedingungen, also vor dem Aufstehen und zu einer festgelegten Zeit, ermittelt wird. Im Display des dazugehörigen Testgerätes lässt sich dann ablesen, ob es sich um einen fruchtbaren oder unfruchtbaren Tag handelt. Bei dieser Temperaturmethode nutzt man die Tatsache aus, dass die Körpertemperatur einer Frau nach dem Eisprung um einige Zehntel Grad ansteigt. Zwischen dem dritten Tag nach dem so bestimmten Eisprung und der nächsten Menstruation ist eine Befruchtung unwahrscheinlich.

Eine andere Variante ist das Testen des Morgenurins auf bestimmte Hormone. Hier gibt es einen kleinen Handmonitor mit passenden Teststäbchen. Das Gerät zeigt wieder die fruchtbaren und unfruchtbaren Tage an. Diese Methode ist zwar wesentlich sicherer, aber auch recht teuer. Natürliche Verhütungsmethoden sind für junge Frauen nur bedingt geeignet, da sich der Zeitpunkt des Eisprungs durch Krankheit, Stress und seelische Einflüsse verschieben kann. Sie helfen jedoch, die fruchtbaren Tage zu bestimmen, wenn eine Schwangerschaft gewollt ist.

Chemische Verhütungsmittel wie Zäpfchen oder Salben sind recht unsicher. Sie werden einige Zeit vor dem Geschlechtsverkehr tief in die Scheide eingeführt. Ihre Wirkstoffe töten Spermienzellen ab oder hemmen ihre Beweglichkeit, sodass sie die Eizelle nicht erreichen können. Wenn man chemische Verhütungsmittel mit einem Kondom oder Diaphragma kombiniert, erhöht sich die Sicherheit deutlich.

Diese Mittel zählen zu den *mechanischen Verhütungsmethoden.* Bei richtiger Anwendung ist das *Kondom* ein relativ sicheres Verhütungsmittel. Es wird über den steifen Penis gestreift und sorgt dafür, dass die Spermien nicht in die Scheide gelangen. Kondome sind leicht zu erhalten und schützen gleichzeitig vor der Ansteckung mit Aids und Geschlechtskrankheiten.

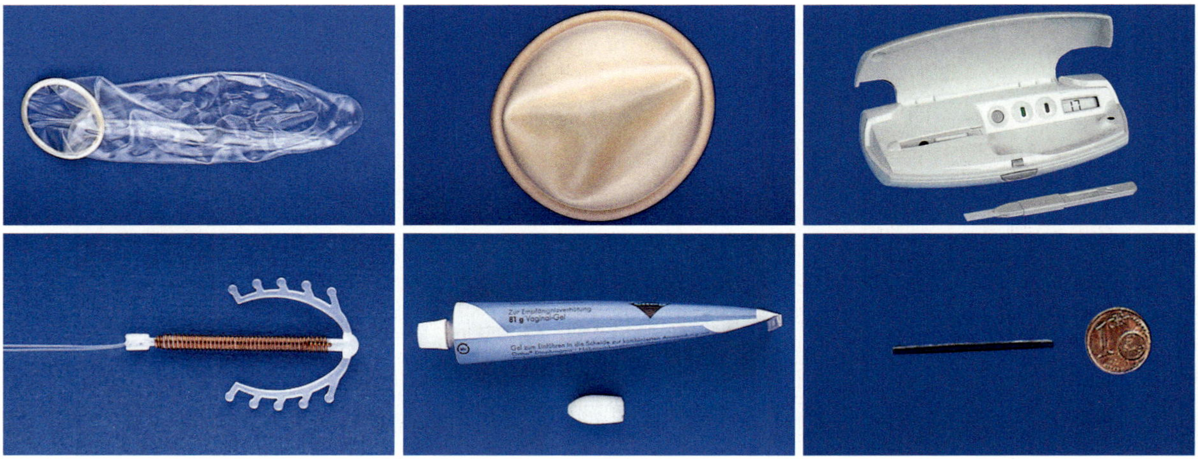

1 Ausgewählte Mittel und Methoden der Empfängnis- und Schwangerschaftsverhütung

Andere mechanische Verhütungsmittel wie das *Diaphragma* oder die *Spirale* bieten diesen Schutz nicht. Das Diaphragma ist eine Gummikappe, bei der Größe und Passform vom Frauenarzt angepasst werden. Das richtige Einsetzen muss geübt werden. Dabei setzt die Frau das Diaphragma für mehrere Stunden so ein, dass es vor der Öffnung der Gebärmutter liegt. Es verhindert dort das Eindringen der Spermienzellen. Ein Diaphragma muss mit chemischen Mitteln kombiniert werden, damit die Sicherheit erhöht wird.

Spiralen sind zum Beispiel aus Kunststoff und einem Metall wie Kupfer. Sie werden vom Frauenarzt angepasst und in die Gebärmutter eingesetzt. Sie verhindern vor allem mechanisch die Einnistung einer befruchteten Eizelle in die Gebärmutterschleimhaut. Außerdem werden kleinste Mengen Kupfer-Ionen abgegeben. Diese Schwermetall-Ionen hemmen den Stoffwechsel von Zellen. Obwohl die Spirale zu den sicheren Verhütungsmethoden zählt und mehrere Jahre wirkt, ist sie nur für erwachsene Frauen geeignet. Zu den möglichen Nebenwirkungen zählen Abstoßungsreaktionen, Blutungen, Entzündungen und das Einwachsen in die Gebärmutterschleimhaut.

Die sicherste und von Frauen am häufigsten angewandte Methode ist die *hormonale Empfängnisverhütung* durch die *Pille*. Die Tabletten müssen regelmäßig eingenommen werden und stellen einen Eingriff in den natürlichen Hormonhaushalt der Frau dar. Sie enthalten eine bestimmte Mischung weiblicher Sexualhormone. Östradiol und Progesteron signalisieren der Hirnanhangsdrüse, dass sie selbst keine Hormone herstellen muss und bewirken so, dass weder eine Eireifung noch ein Eisprung stattfinden kann. Zudem wird die Gebärmutterschleimhaut nicht vollständig aufgebaut, sodass sich auch kein Keim einnisten könnte. *Minipillen* enthalten keine Östrogene. Ihre Einnahme bewirkt, dass sich der Schleimpfropf am Muttermund verdichtet. Er wird für Spermienzellen undurchlässig. Da die Pille ein Medikament ist, muss sie vom Frauenarzt verordnet werden. Oft muss das Präparat noch einmal gewechselt werden, um unerwünschte Nebenwirkungen wie Übelkeit, Durchfall, Gewichtszunahme oder Kopfschmerzen auszuschließen. Ähnlich wie die Pille wirken auch Hormonpräparate, die man einmal für mehrere Monate spritzt oder als kleine Depot-Stäbchen unter der Haut einsetzt. Verhütungsstäbchen bestehen aus weichem Kunststoff und geben regelmäßig kleinere Mengen an Hormonen ab. So ergibt sich ein langfristiger Schutz über drei Jahre und man braucht nicht an die regelmäßige Einnahme eines Präparates zu denken.

Als Methode der Empfängnisverhütung völlig ungeeignet ist der *Coitus interruptus*, das so genannte »Aufpassen«. Hier wird der Penis vor dem Spermienerguss aus der Scheide gezogen. Allerdings können schon vorher einige Spermienzellen abgegeben werden, sodass keine ausreichende Sicherheit besteht.

Man kann sich auch für eine *Sterilisation* entscheiden. Dazu verschließt oder durchtrennt man bei Männern den Spermienleiter und bei Frauen den Eileiter. Diese Methode ist zwar sehr sicher, aber lässt sich nur schwer oder gar nicht wieder rückgängig machen.

1 Erstelle eine Mindmap mit den verschiedenen Methoden der Empfängnisverhütung.

2 Erläutere die Vorteile, Nachteile und Wirkungsweise der Pille.

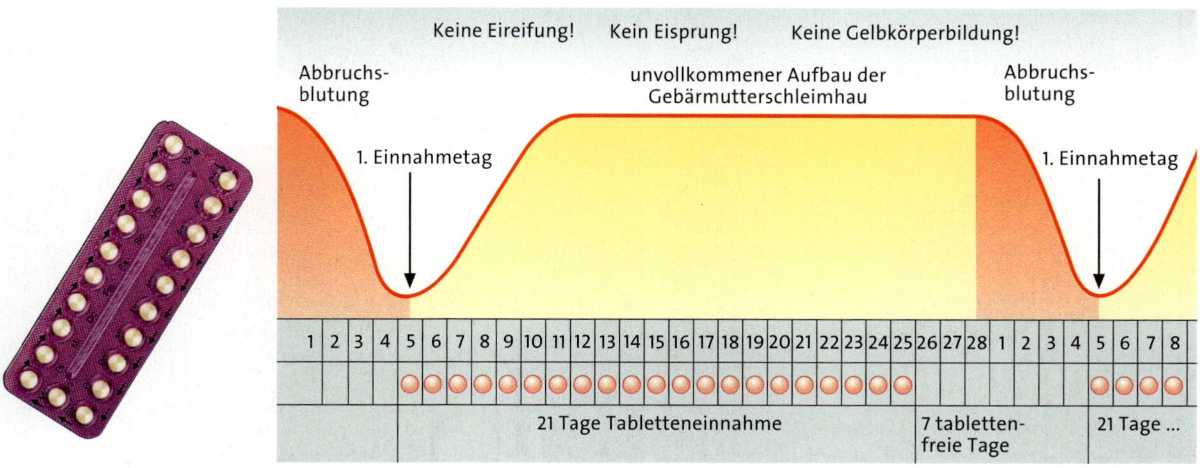

2 **Wirkungsweise des Hormonpräparates Pille**

Zusammenfassung Sexualität des Menschen

Biologisches Prinzip Reproduktion

Reproduktion ist ein Merkmal aller Lebewesen, einschließlich des Menschen. Die Zeit der Geschlechtsreife, die Pubertät, beginnt bei Mädchen mit dem zehnten bis zwölften Lebensjahr, bei Jungen etwas später. Durch die Geschlechtshormone ändern sich Verhaltensweisen sowie körperliche Merkmale: Die sekundären Geschlechtsmerkmale bilden sich aus und die Geschlechtsorgane erreichen ihre volle Funktionsfähigkeit. Nun reifen im Eierstock der Frau Eizellen heran und in den Hoden des Mannes werden Spermienzellen gebildet. Beide Geschlechtszelltypen enthalten in ihren Zellkernen Erbmaterial, das sich bei der Befruchtung vereinigt, sodass mütterliche und väterliche Erbanlagen miteinander kombiniert werden. Diese Form der Reproduktion wird wegen der Bildung von Geschlechtszellen als *geschlechtliche Fortpflanzung* bezeichnet. Beim Menschen findet wie bei allen anderen Säugetieren die Befruchtung im Inneren des weiblichen Körpers statt. Auch die Entwicklung des Embryos und Fetus erfolgt im Mutterleib. Sie ist mit der Geburt beendet.

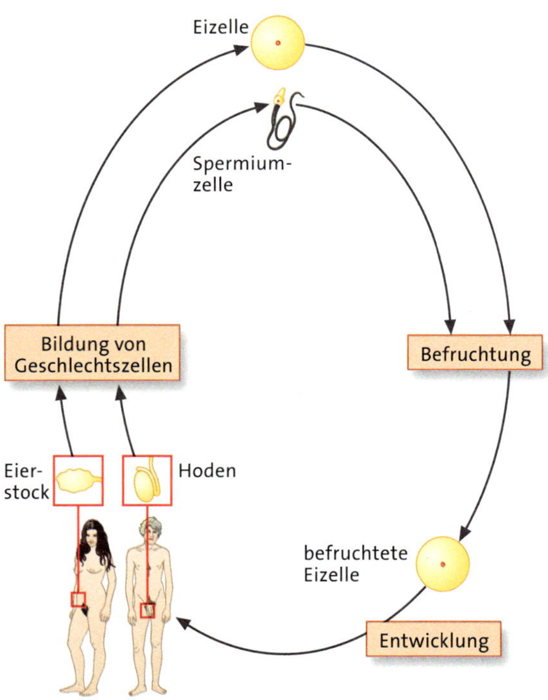

1 Der Mensch pflanzt sich geschlechtlich fort

Biologisches Prinzip Information und Kommunikation

Beim Menschen haben sich Mechanismen herausgebildet, die es ermöglichen, geeignete Partner auszuwählen. So werden oft junge Frauen mit gesunder Haut, runden Brüsten, schmaler Taille und breitem Becken bevorzugt. Bei Männern haben ein muskulöser Körper, breite Schultern, ein kantiges Gesicht und eine tiefe Stimme eine gewisse sexuelle Signalwirkung.

Die Bildung und Reifung der Geschlechtszellen wird durch Hormone gesteuert. Dabei regeln zum Beispiel die Hormone der Hypophyse den *Menstruationszyklus* einer Frau. Während der ersten 14 Tage reift im Eierstock ein Follikel mit der sich entwickelnden Eizelle heran. In der Gebärmutter bildet sich zeitgleich eine dicke Schleimhaut. Um den 14. Tag des Zyklus erfolgt der Eisprung, die Eizelle wird freigesetzt. Der Follikel wandelt sich zum Gelbkörper um, der selbst das Hormon Progesteron bildet. Es sorgt dafür, dass die Schleimhaut mit feinen Blutgefäßen durchzogen wird und hemmt die Ausschüttung der Hypophysenhormone FSH und LH. Falls keine Befruchtung erfolgt, verkümmert der Gelbkörper und die Schleimhaut wird mit der Menstruationsblutung ausgestoßen.

Eine Befruchtung kann durch *Verhütungsmittel* verhindert werden. Dabei werden in Deutschland am häufigsten Pillen zur hormonellen Verhütung angewendet. Manchmal sind Kondome besonders geeignet, da sie nicht nur eine ungewollte Schwangerschaft, sondern auch Infektionen mit Krankheitserregern verhindern.

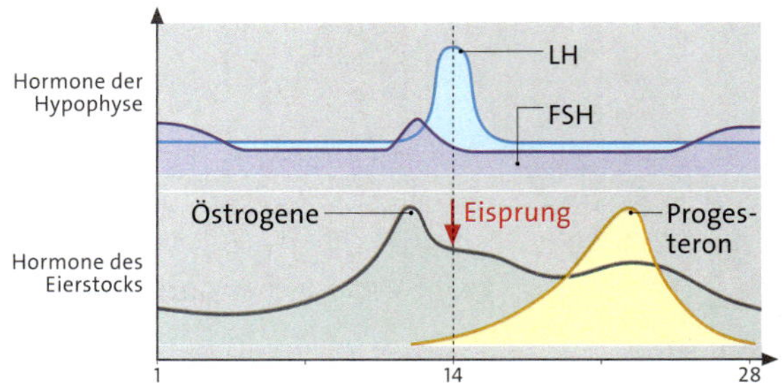

2 Hormonhaushalt im Menstruationszyklus

Wissen vernetzt Sexualität des Menschen

A1 Pubertät

a) Erläutere den Begriff »Pubertät«.

b) Stelle in einer Tabelle auftretende Veränderungen bei Jungen und Mädchen gegenüber. Beachte neben körperlichen Merkmalen auch Verhaltensmerkmale.

c) Erläutere, weshalb gleichaltrige Jugendliche unterschiedlich weit entwickelt sein können.

A2 Geschlechtsorgane

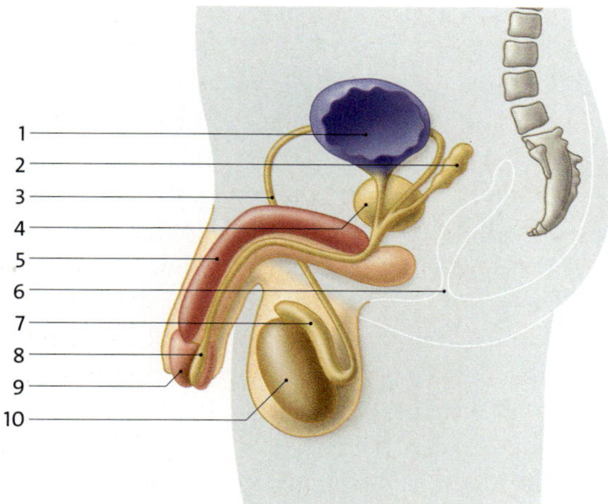

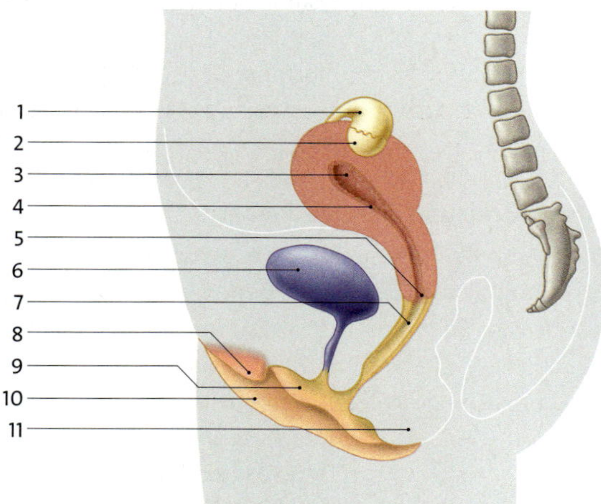

a) Ordne den Ziffern in den beiden Abbildungen die entsprechenden Begriffe zu.

b) Wende auf das männliche Organ 10 und das weibliche Organ 3 das biologische Prinzip Struktur und Funktion an.

A3 Menstruationszyklus

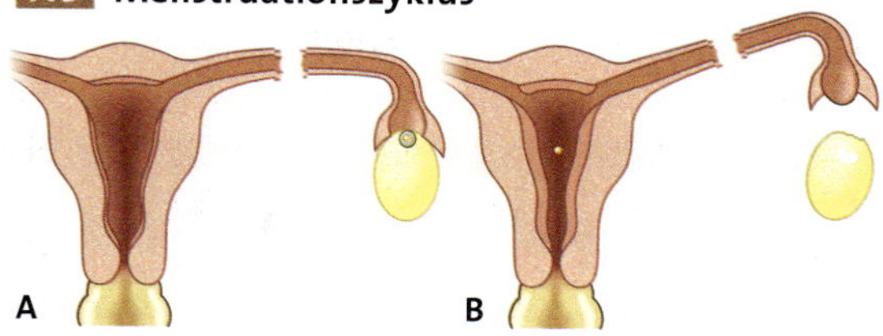

a) Finde passende Bildunterschriften.

b) Beschreibe den Vorgang A. Verwende dabei folgende Begriffe: Eierstock, Eireifung, Follikel, Eizelle, Eileiter.

c) Erläutere den Hormonhaushalt einer Frau in Bezug auf die beiden Hypophysenhorme und die Hormone des Eierstocks während der Phase B.

A4 Verhütung

Die Zuverlässigkeit verschiedener Verhütungsmethoden wird wie folgt angegeben:

Zeitwahlmethode	85 Prozent
Kondom	95 Prozent
Minipille	98 Prozent
Pille	99,9 Prozent

Ordne die Verhütungsmethoden einer bestimmten Gruppe zu und erläutere kurz, wie sie funktionieren.

A5 Hodenkanälchen

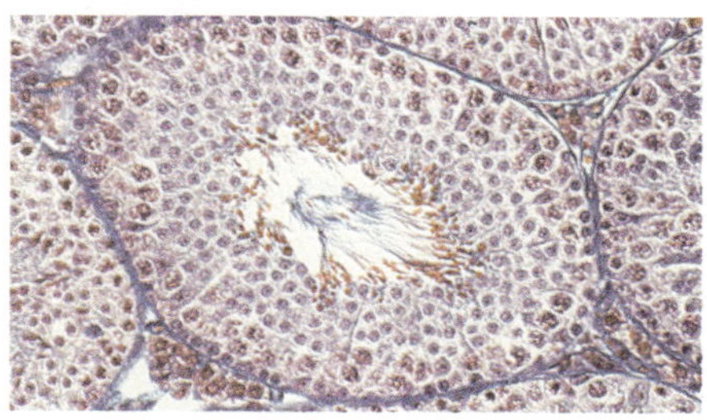

Das Foto zeigt eine mikroskopische Aufnahme aus den Hodenkanälchen eines Mannes. Man erkennt Bindegewebe, Wände aus Stützzellen und Urgeschlechtszellen, aus denen sich später die Spermienzellen entwickeln. Wende die biologischen Prinzipien Zelluläre Organisation sowie Reproduktion auf diesen Sachverhalt an.

Infektionskrankheiten und Immunsystem

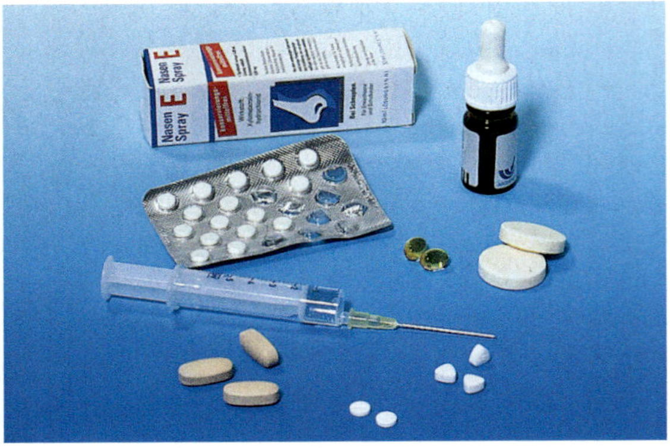

Fragen Sie Ihren Arzt oder Apotheker ...

In Deutschland sind über 8 900 verschiedene Arzneimittel zugelassen. Es gibt Präparate pflanzlicher Herkunft und Medikamente, die chemisch oder biotechnisch hergestellt wurden. Auch in der Darreichungsform unterscheiden sich Medikamente.

Erarbeitet Vorschläge, wie man Medikamente ordnen könnte. Erstellt dazu eine Mindmap.

Analysiert Werbung für Arzneimittel. Für welche Medikamente wird wie geworben?

Untersucht die Hausapotheke in eurer Familie. Kontrolliert die Haltbarkeit der Medikamente und ordnet sie.

Bei leichten Erkrankungen und Beschwerden helfen oft so genannte Hausmittel. Arbeitet in Gruppen und stellt in einer Tabelle jeweils vier solcher »Hausmittel« vor.

Antibiogramm

Recherchiert, was ein Antibiogramm ist.
Beschreibt die Durchführung dieses Verfahrens.

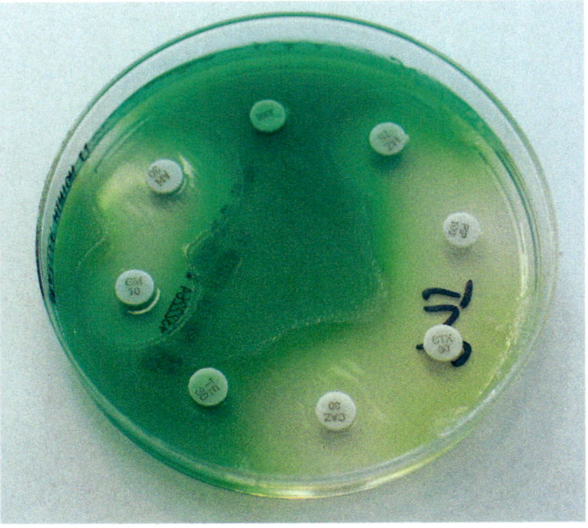

Tigermücke und Dengue-Fieber

Die Asiatische Tigermücke (Aedes albopictus) stammt ursprünglich aus Südostasien. In den letzten Jahrzehnten hat sich das Verbreitungsgebiet dieser Stechmücke beträchtlich erweitert: Seit 1979 ist sie in Afrika, Amerika und Europa eingeschleppt worden. Im September 2007 wurde diese Mücke erstmals auch in Deutschland nachgewiesen. Die Tigermücke ist Überträgerin des lebensgefährlichen Dengue-Fiebers.

Stelle Vermutungen an, welche Ursachen die Erweiterung des Verbreitungsgebietes der Tigermücke haben könnte.

Recherchiere Ursache, Verlauf und Therapie des Dengue-Fiebers.

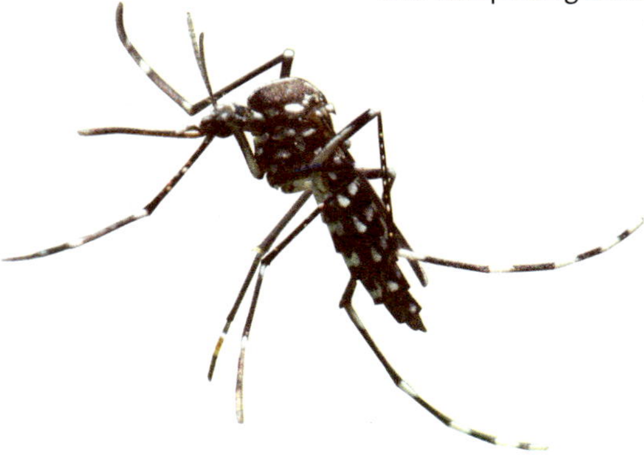

Gewinnung eines Impfstoffes gegen Hepatitis B

Recherchiert Informationen zur Viruserkrankung Hepatitis B. Erstellt einen Steckbrief.

Beschreibt Wege sich vor Hepatitis B zu schützen.

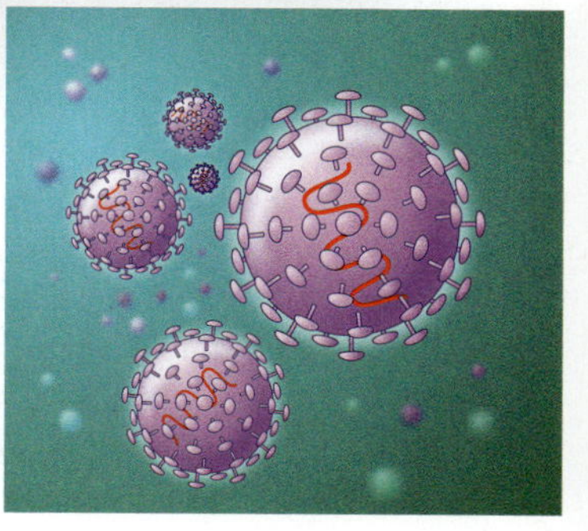

Sind Viren Lebewesen?

Mit der Lungenkrankheit SARS trat 2003 eine neue ansteckende und kaum behandelbare Infektionskrankheit auf. Sie hatte das Potenzial für eine weltweite Ausbreitung. Insgesamt erkrankten mehr als 8000 Menschen in rund 30 Ländern.

Warum konnte sich diese Krankheit so schnell ausbreiten?

Stellt das Modell eines Virus her und überlegt, ob Viren zu den Lebewesen zählen.

Der Schwarze Tod

In Europa gab es in der Vergangenheit mehrere verheerende Pestepidemien. Die Abbildung unten illustriert die Schrecken der Pest.

Informiere dich über die Infektionswege und den Verlauf einer Pesterkrankung. Untersuche, welche der biologischen Zusammenhänge in der Abbildung richtig wiedergegeben sind.

Informiere dich über die Auswirkungen der Pestepidemien. Stelle Verbindungen zum Fach Geschichte her und erstellt eine geeignete Präsentation

1 Der Körper erkennt und bekämpft Infektionskrankheiten

1.1 Bakterielle Infektionskrankheiten

Jeden Sommer häufen sich die Meldungen über Lebensmittelvergiftungen. Besonders betroffen sind Nutzer von Großküchen in Altersheimen, Kindergärten und Krankenhäusern, die mit **Salmonellen** verunreinigtes Essen zu sich genommen haben. Salmonellen sind Bakterien, die sich bei sommerlichen Temperaturen besonders rasch vermehren, sodass sie eine Gesundheitsgefährdung für den Menschen darstellen. Jedes Jahr werden von den Gesundheitsämtern in Deutschland etwa 75 000 Erkrankungen registriert. Kleinkinder und ältere Menschen sind besonders gefährdet. Bei ihnen kann die Krankheit, die auch **Salmonellose** genannt wird, tödlich verlaufen. Die Erreger kommen vor allem in Milchprodukten, Eiern, Muscheln und nicht durchgegartem Geflügel vor. Solche Speisen sollten deshalb gut durchgebraten oder gekocht sein. Die Salmonellen werden nämlich durch die große Hitze abgetötet und verlieren ihre Krankheit auslösende Wirkung.

Der Verlauf einer Salmonellose ist typisch für eine durch Bakterien ausgelöste **Infektionskrankheit.** Die Übertragung in den menschlichen Körper nennt man **Infektion.** Nach dem Verzehr verunreinigter Lebensmittel gelangen Salmonellen in den Dünndarm und vermehren sich dort durch zahlreiche Teilungen. Dabei sondern sie Giftstoffe ab, die **Toxine**. Diese breiten sich über Blut und Lymphe im ganzen Körper aus. Als Folge davon reagiert der Körper mit Durchfall, Erbrechen und Fieber. Diese **Symptome** sind charakteristisch für eine Salmonelleninfektion.

Die Zeit zwischen der Infektion und dem Ausbruch der Krankheit nennt man **Inkubationszeit.** Bei einer Salmonellose dauert sie nur wenige Stunden. Während der Erkrankung ist unser Abwehrsystem, das **Immunsystem,** damit beschäftigt, die Erreger unschädlich zu machen. Dabei kann die Erhöhung der Körpertemperatur in Form von Fieber die körpereigene Abwehr unterstützen.

Der Verlauf und die Dauer der Erkrankung sind vom Gesundheitszustand, vom Alter und vom Zustand des Abwehrsystems abhängig. Besonders gefährdet sind Kleinkinder, bei denen das Abwehrsystem noch nicht voll entwickelt ist, sowie ältere und kranke Menschen mit geschwächtem Immunsystem. In solchen Fällen ist es dringend anzuraten, einen Arzt zu konsultieren. Anhand der Symptome und weiterer Untersuchungsergebnisse ermittelt er die Schwere der Erkrankung und entscheidet über eine passende Behandlungsmethode, die **Therapie.** Bei erfolgreicher Therapie lassen die Krankheitsbeschwerden schließlich nach und die **Genesung** setzt ein.

Außer der Salmonellose gibt es noch andere Infektionskrankheiten. Neben der Aufnahme von bakteriellen Krankheitserregern über die Nahrung kann man sich auch durch Kontakt mit unsauberem Trinkwasser, über offene Wunden, Schleimhäute und sogar über die Atem-

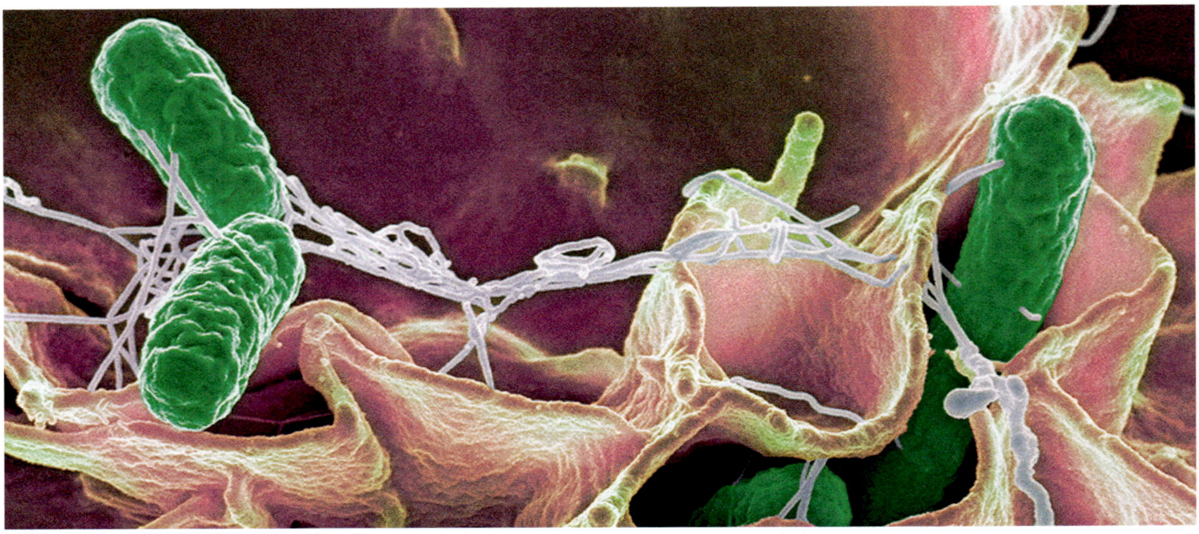

1 Erreger der Salmonellose (grün koloriert) auf einer menschlichen Schleimhaut (elektronenmikroskopische Aufnahme)

luft infizieren. Die Übertragung von Mensch zu Mensch erfolgt dabei oft durch kleine Speicheltröpfchen beim Sprechen, Husten oder Niesen. Diese Art der Ansteckung nennt man **Tröpfcheninfektion.** Sind viele Menschen davon betroffen, entwickelt sich die Krankheit zu einer Seuche oder **Epidemie** (gr. *epi,* über; *demos,* Volk). Breitet sich eine Epidemie weltweit aus, bezeichnet man sie als **Pandemie** (gr. *pan,* alles).

In den vergangenen Jahrhunderten war die Bevölkerung Infektionskrankheiten wie Pest, Typhus und Cholera meist hilflos ausgeliefert. In der zweiten Hälfte des 19. und zu Beginn des 20. Jahrhunderts trat in den rasch wachsenden Städten Europas und Nordamerikas die *Tuberkulose* häufig auf. Eine Ursache dafür war das Zusammenleben von vielen Menschen auf engem Raum unter schlechten hygienischen Bedingungen.

Die Erreger der Tuberkulose werden durch Tröpfcheninfektion verbreitet. Zu den Symptomen der Krankheit gehören Fieber, Schwäche, Müdigkeit, Gewichtsabnahme und ein blutiger Husten. Bei den meisten Erkrankten kommt es zu einer Umkapselung der Krankheitsherde in den Lungen. Diese Kapseln werden auch Tuberkel genannt und gaben der Krankheit ihren Namen. Von offener Tuberkulose spricht man, wenn Gewebe, meist in der Lunge, großräumig zerstört wird. In diesem Stadium ist die Erkrankung höchst ansteckend und führte früher unweigerlich zum Tode. Weil die Erkrankten im Endstadium an zunehmender Auszehrung litten, war die Tuberkulose auch unter dem Namen »Schwindsucht« bekannt.

Im ausgehenden 19. Jahrhundert entwickelte sich ein neuer Zweig der Naturwissenschaften, die *Mikrobiologie.* Mit Hilfe besserer Mikroskope war es möglich geworden, Bakterien genauer zu untersuchen. Dem französischen Chemiker und Biologen Louis PASTEUR gelang es nachzuweisen, dass Mikroorganismen bestimmte Infektionskrankheiten auslösen können. Daraufhin setzte eine fieberhafte Suche nach diesen Erregern ein. Der deutsche Arzt Robert KOCH entwickelte Methoden zur Züchtung von Bakterien auf Nährböden. Für eine Reihe von Krankheiten entdeckte er die Erreger, auch für die Tuberkulose. Im Gewebe von Tuberkulose-Infizierten fand KOCH große Mengen eines leicht gekrümmten stäbchenförmigen Bakteriums, dem er den Namen *Mycobacterium tuberculosis* gab. Doch mit der Entdeckung der Erreger im Jahre 1882 hatte man noch keine wirksamen Behandlungsmöglichkeiten gefunden. Die Zahl der Erkrankten ging erst zurück, nachdem zu Beginn des 20. Jahrhunderts Antibiotika und ein Impfstoff entwickelt wurden. Durch eine flächendeckende Impfung in aller Welt konnte die Tuberkulose eingedämmt werden.

1 Erläutere anhand von Abbildung 2 den Verlauf einer Infektionskrankheit.

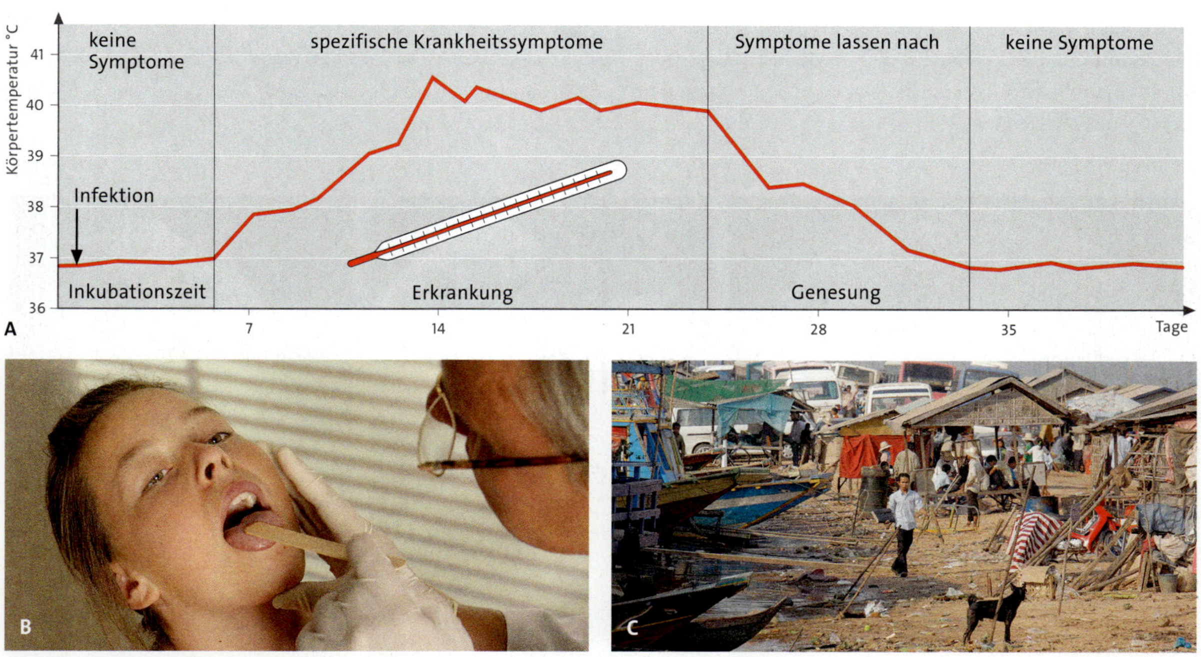

2 Infektionskrankheiten. **A** Typischer Verlauf einer Infektion; **B** Untersuchung; **C** Unzureichende Hygienebedingungen begünstigen die Ausbreitung von Seuchen

1.2 Antibiotika

Im Jahre 1928 machte der schottische Bakteriologe Alexander FLEMING zufällig eine wichtige Entdeckung. Er fand auf einer alten Agarplatte, auf der er Bakterien kultiviert hatte, einen Schimmelpilz. Dabei fiel ihm auf, dass um den Schimmelpilz keine Bakterien wuchsen. Er zog daraus den Schluss, dass der Schimmelpilz einen Stoff in seine Umgebung abgegeben hatte, der das Bakterienwachstum hemmte, vielleicht sogar die Bakterien tötete.

Um die Ursache für diesen Befund zu finden, führte FLEMING weitere Versuche durch. Er bestimmte zunächst den beteiligten Schimmelpilz als Pinselschimmel der Gattung *Penicillium*. Diesen züchtete er in einer Nährlösung. Kamen Bakterien mit dieser Lösung in Kontakt, hörten sie auf sich zu teilen. Somit konnte FLEMING eindeutig nachweisen, dass der Pilz einen Stoff produziert, der die Teilung der Bakterien hemmt. Diesen Stoff nannte er nach dem wissenschaftlichen Namen des Pilzes **Penicillin.** Das erste **Antibiotikum** war gefunden. Leider erwies sich die Gewinnung des Penicillins als sehr schwierig. Erst 1940 gelang es, größere Mengen von Penicillin durch den Einsatz von besseren Nährmedien herzustellen.

Mittlerweile kennt man eine Vielzahl verschiedener bakterieller Antibiotika, die alle eine gemeinsame Eigenschaft haben. Sie schädigen nur die Bakterien und keine anderen Zellen, wie zum Beispiel die Körperzellen des Menschen. Dieses Phänomen beruht auf der einzigartigen chemischen Struktur der bakteriellen Zellwände. So stören manche Antibiotika zum Beispiel nur den Aufbau der Bakterienzellwand. Die Bakterien werden instabil und platzen. Wiederum andere Antibiotika blockieren die Proteinbiosynthese an den Ribosomen der Bakterien. Obwohl Ribosomen auch beim Menschen vorkommen, unterscheiden sie sich hinsichtlich ihrer Größe und der Struktur der beteiligten Proteine. Diese Unterschiede reichen aus, dass Antibiotika sich nur an die bakteriellen Ribosomen anlagern und hier die Proteinbiosynthese hemmen. Neuartige künstlich hergestellte Antibiotika greifen in den Stoffwechsel der Bakterien ein und hemmen hier spezielle Enzyme, sodass die Bakterienzelle verhungert. Diese Antibiotika werden zur Gruppe der antibakteriellen Chemotherapeutika gezählt.

Mit dem Penicillin war es erstmals möglich, bakterielle Infektionskrankheiten schnell und wirksam zu bekämpfen. Doch es gelang nicht, die Infektionserreger durch die Antibiotika endgültig auszurotten. Schon bald traten Bakterienstämme auf, denen die Antibiotika nichts anhaben konnten. Solche Bakterien nennt man **resistent.** Die zunehmende Resistenz von Bakterien zwingt Forscher dazu, immer neue Antibiotika zu entwickeln. Oft werden dabei bereits bekannte Antibiotika chemisch so verändert, dass sie wieder wirksam gegen Bakterien sind.

1 Beschreibe Abbildung 1 und erkläre, wie die Bakterienverteilung auf der Agarplatte zustande kommt.

2 Recherchiere nach weiteren Antibiotika und stelle in einer Tabelle vier unterschiedliche Wirkungsweisen gegenüber.

3 Diskutiert die These vom ständigen Wettlauf zwischen Medizin und Bakterien.
Begründet, warum die häufige Anwendung von Antibiotika dabei eine Rolle spielt.

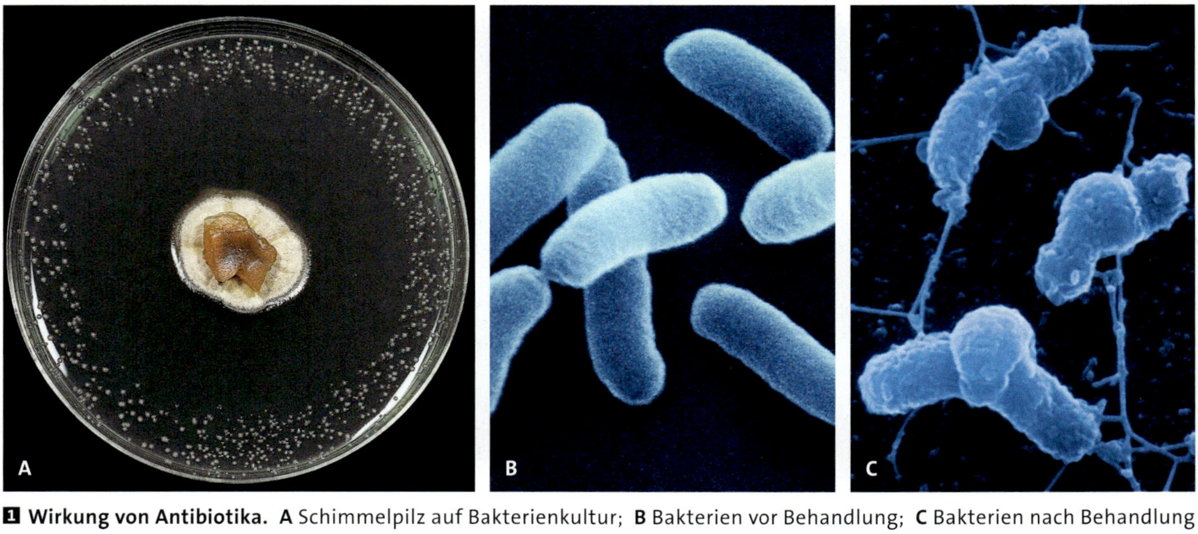

1 Wirkung von Antibiotika. **A** Schimmelpilz auf Bakterienkultur; **B** Bakterien vor Behandlung; **C** Bakterien nach Behandlung

Wissen kompakt Durch Bakterien verursachte Infektionen

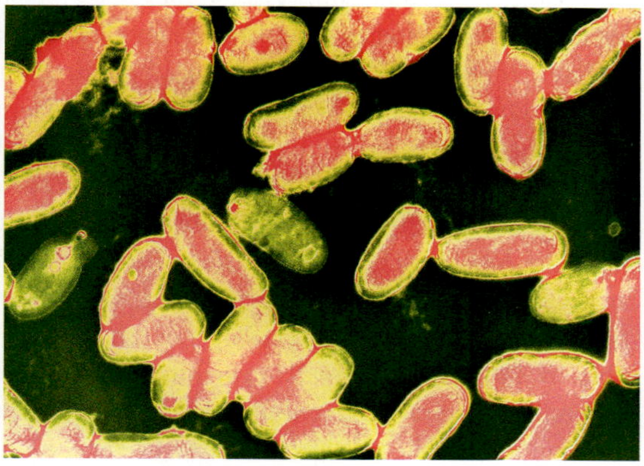

Keuchhusten
Erreger: *Bordetella parapertussis*
Übertragung: Tröpfcheninfektion
Inkubationszeit: bis zu 2 Wochen
Verlauf: anfängliche Symptome wie bei einer Erkältung, später schwere Hustenanfälle mit Atemnot und Erbrechen

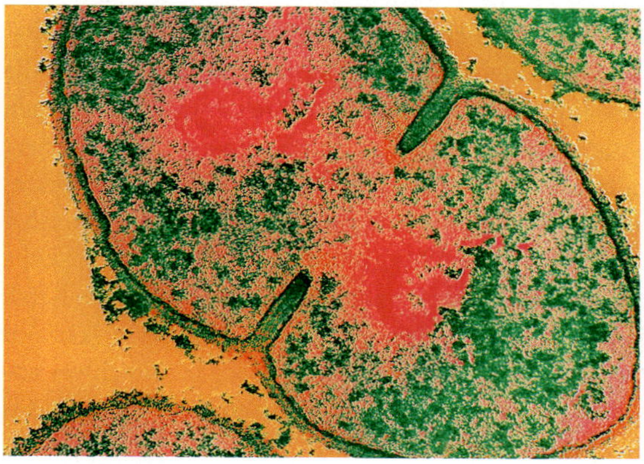

Scharlach
Erreger: *Streptococcus pyogenes*
Übertragung: direkter Körperkontakt
Inkubationszeit: drei bis fünf Tage
Verlauf: Beginn der Krankheit mit Fieber und gerötetem Rachen, später kommt eine Mandelentzündung dazu; Mandeln sind mit gelblichen Flecken belegt; roter Ausschlag breitet sich über den ganzen Körper aus

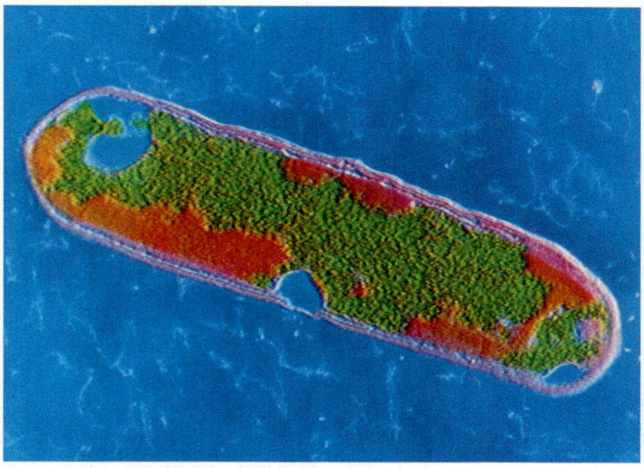

Tetanus
Erreger: *Clostridium tetani*
Übertragung: Tierbisse; Erde, die in offene Wunden gelangt
Inkubationszeit: wenige Tage bis zwei Wochen
Verlauf: Erregertoxin führt zunächst zu Krämpfen der Kiefer- und Zungenmuskulatur; später verkrampft die Rücken- und Rumpfmuskulatur; bei unbehandelten Tetanusinfektionen beträgt die Sterblichkeit etwa 50 %

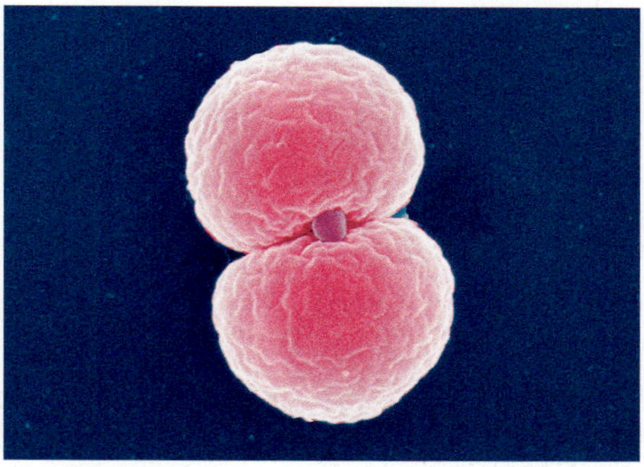

Tripper
Erreger: *Neisseria gonorrhoeae*
Übertragung: ungeschützter Geschlechtsverkehr
Inkubationszeit: zwei bis acht Tage
Verlauf: zu Beginn Schmerzen beim Wasserlassen; eitrige Absonderungen der Harnröhre; bei Nichtbehandlung kann Tripper zu Unfruchtbarkeit führen; besonders gefährlich für Neugeborene, bei denen die Infektion auch während der Geburt erfolgen kann

1 Recherchiere, wie man sich vor den hier vorgestellten Bakterien schützen kann.

2 Recherchiere nach weiteren bakteriellen Infektionskrankheiten und stelle sie in Steckbriefen vor.

1.3 Infektionskrankheiten durch Viren

Husten, Schnupfen, starke Kopf- und Gliederschmerzen, hohes Fieber mit Schüttelfrost und Mattigkeit sind deutliche Symptome einer Grippeerkrankung. Die Inkubationszeit ist viel kürzer als bei einer Erkältung und die ersten Symptome bemerkt man oft schon nach wenigen Stunden. Verursacher der Grippe sind nicht Bakterien, sondern **Viren,** die um ein Vielfaches kleiner als Bakterien sind. Daher wurden sie auch erst im letzten Jahrhundert durch den Einsatz hoch auflösender Mikroskope entdeckt. Durch ihre schnelle Vermehrung und den Befall lebenswichtiger Organe können sie bleibende Schäden verursachen. Die Erkrankung kann sogar tödlich verlaufen. Besonders gefürchtet waren in den vergangenen Jahrhunderten häufig wiederkehrende Grippeepidemien, die unzählige Todesopfer unter der wehrlosen Bevölkerung forderten. Auch die Entdeckung der Antibiotika führte hier zu keinem Erfolg, da Viren keine Zellen sind und infolgedessen auch nicht durch Antibiotika bekämpft werden können. Sie bestehen lediglich aus einer Eiweißhülle, in deren Innern sich die Erbsubstanz befindet. Viren besitzen keinen eigenen Stoffwechsel und können sich auch nicht selbst vermehren. Dazu benötigen sie Zellen von Lebewesen, die **Wirtszellen.** Das Grippevirus befällt meist durch Tröpfcheninfektion die oberen Luftwege und heftet sich hier zunächst an eine Schleimhautzelle an. Danach wird es von einem Membranbläschen, einem *Vesikel*, umschlossen und ins Zellinnere aufgenommen. Dort verschmilzt die äußere Schicht der Eiweißhülle des Virus mit der Vesikelmembran. Die innere Viruskapsel wird freigesetzt und entlässt die Erbsubstanz in die Wirtszelle.

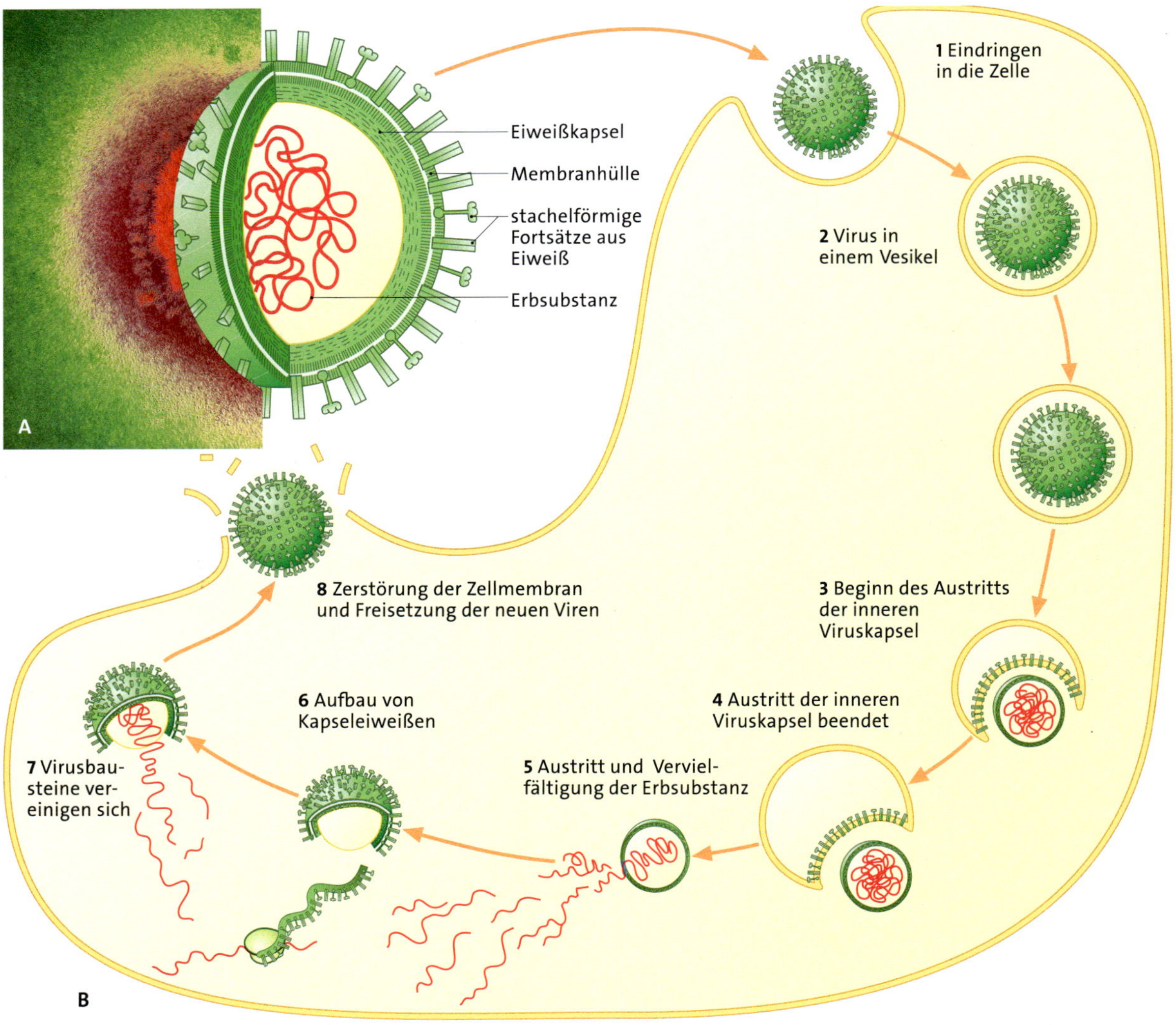

1 Grippe-Virus. A Aufbau; **B** Entwicklung und Vermehrung

Die Erbsubstanz gelangt in den Zellkern und stellt den Stoffwechsel des Zellkerns der Wirtszelle so um, dass in der Zelle nun die Eiweißhülle und die Erbsubstanz des Virus vervielfältigt werden. Die einzelnen Virusbestandteile werden zu fertigen Viren zusammengebaut und sammeln sich an der Zellmembran der Wirtszelle an. Es können also gleichzeitig sehr viele neue Viren entstehen. Die Viren lösen die Zellmembran auf, gelangen ins Freie und befallen neue Wirtszellen. Die Krankheitssymptome wie zum Beispiel Fieberschübe entstehen vor allem durch die Zerstörung vieler Wirtszellen. Eine Bekämpfung der Viren mit Arzneimitteln in ihren Wirtszellen ist bis heute kaum möglich, ohne gleichzeitig den Patienten zu schädigen. Bei Virusinfektionen können meist nur die Symptome gemildert werden, mit der eigentlichen Infektion muss der Körper selbst fertig werden. Den Kampf unseres Immunsystems gegen Grippe-Viren kann man durch eine Grippeschutzimpfung unterstützen. Diese Impfung muss rechtzeitig vor der Infektion vorgenommen und jährlich wiederholt werden.

Da sich die Grippe durch Tröpfcheninfektion ausbreitet, erkranken im Umkreis eines Grippepatienten viele Kontaktpersonen, die wieder weitere Menschen infizieren können. Grippeepidemien wie in den Jahren 1918 bis 1923 hat es immer schon gegeben. Diese bisher schwerste Pandemie wütete in Europa und in anderen Teilen der Welt und wurde *Spanische Grippe* genannt. Weltweit erkrankten etwa 700 Millionen Menschen. Etwa 50 Millionen Menschen starben. *Die Asiatische Grippe* von 1957 bis 1958 und die *Hongkong-Grippe* von 1968 bis 1969 waren die letzten beiden großen Pandemien, der jeweils etwa eine Million Menschen zum Opfer fielen. Was ist nun die Ursache solcher Pandemien und warum ist eine wirkungsvolle Bekämpfung so schwierig?

Unser Abwehrsystem ist in der Lage, auch Viren erfolgreich zu bekämpfen. Erschwert wird die Abwehr jedoch durch die Tatsache, dass Viren häufig ihre Oberfläche verändern. Dadurch können neue Grippe-Viren nach einer überstandenen Grippe erneut denselben Menschen wieder befallen. Der Körper erkennt das Virus dann nicht und es kommt erneut zum Ausbruch der Krankheit. Die Eigenschaft der Viren, ihre Oberfläche ständig zu verändern, erschwert das Bekämpfen der Viren sehr. Auch bei der Herstellung von Impfstoffen muss dies berücksichtigt werden. Der Impfstoff muss jedes Jahr neu auf das zu erwartende Virus eingestellt werden. Eine Grippeschutzimpfung muss daher jährlich wiederholt werden.

Zahlreiche Viruserkrankungen sind bis heute für Tiere und Menschen gleichermaßen gefährlich. Hierzu gehören unter anderem die Vogelgrippe, die Lungenkrankheit SARS, Aids, Hepatitis A und B, gegen die es bis heute keine heilenden Medikamente oder Schutzimpfungen gibt. Dies trifft ebenso auf die als »Killer-Viren« bezeichneten Ebola-, Hanta- und Lassa-Viren zu.

1 Vergleiche Bakterien und Viren und stelle die wichtigsten Merkmale in einer Tabelle gegenüber.

2 Erläutere mit Hilfe der Abbildung 1 die Vermehrung der Viren.

3 Begründe, weshalb Antibiotika bei einer Viruserkrankung nicht helfen.

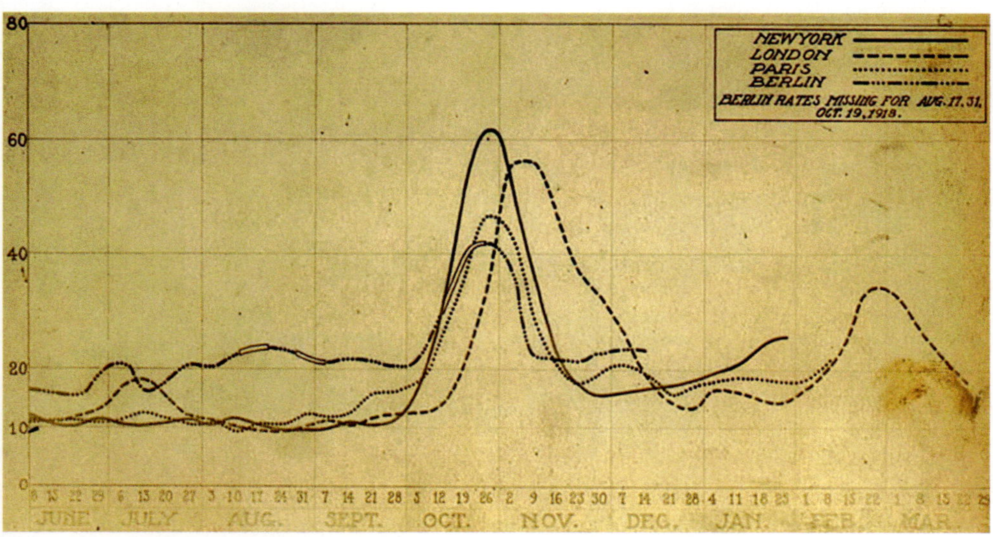

Wöchentliche Todesfälle pro 1000 Einwohner, von 1918 bis 1919 in New York, London, Paris und Berlin.

2 **Grippeepidemien von 1918 bis 1919 (historische Aufzeichnung)**

Wissen kompakt | Durch Viren verursachte Infektionen

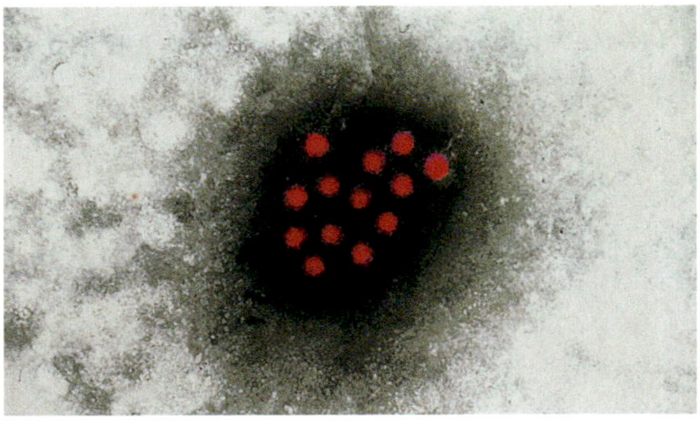

Hepatitis (Gelbsucht)
Erreger: *Hepatovirus*
Übertragung: vor allem verunreinigte Lebensmittel
Inkubationszeit: 2 Wochen bis 2 Monate
Verlauf: Entzündung der Leber; Fieber, Schwäche, Appetitlosigkeit, Erbrechen, Gelbfärbung der Haut; Leber kann Gallenflüssigkeit nicht verarbeiten und Gallenfarbstoff tritt ins Blut über; bei Kindern verläuft diese Erkrankung oft unbemerkt
Besonderheit: man unterscheidet mehrere Formen; Hepatitis B schädigt Leber dauerhaft und kann zu Krebs führen

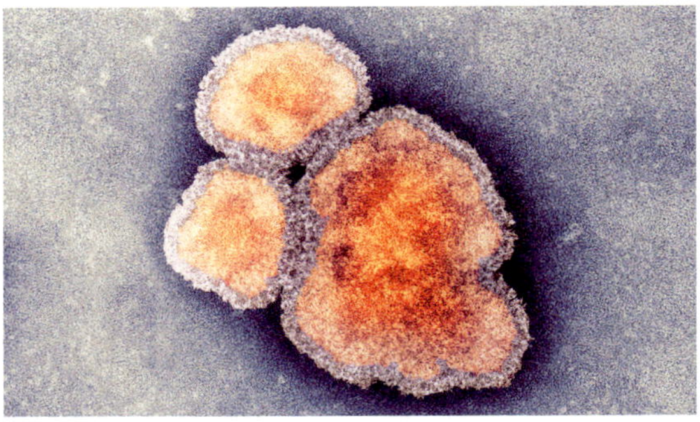

Masern
Erreger: *Morbillivirus*
Übertragung: Tröpfcheninfektion
Inkubationszeit: 1 bis 2 Wochen
Verlauf: hohes Fieber; Schnupfen; Bronchitis; Bildung von grau-weißen Flecken im Rachenraum; später am Körper rote Flecken
Besonderheiten: kann bei Befall der inneren Organe zum Tode führen

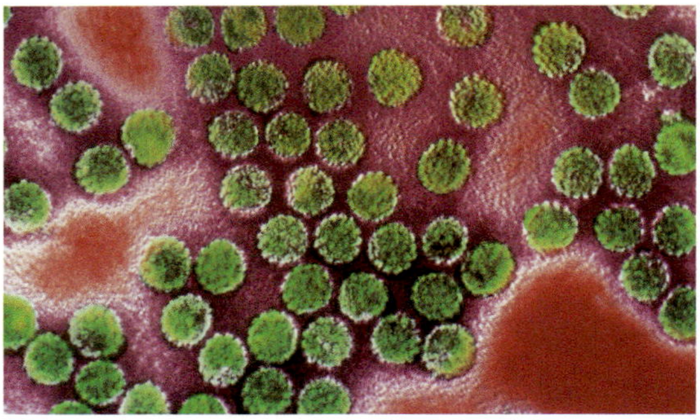

Poliomyelitis (Kinderlähmung)
Erreger: *Poliovirus*
Übertragung: Tröpfchen- oder Schmierinfektion
Inkubationszeit: 1 bis 2 Wochen
Verlauf: Erreger nistet sich in der Darmwand ein; gelangt ins Blut oder Rückenmark; im Rückenmark zerstört er Nervenzellen; Fieber, Erbrechen, Kopf- und Gliederschmerzen; ist die Atemmuskulatur betroffen, tritt der Tod ein
Besonderheiten: Polioviren sind außerhalb des Körpers sehr widerstandsfähig; durch Schutzimpfung starke Abnahme von Poliofällen

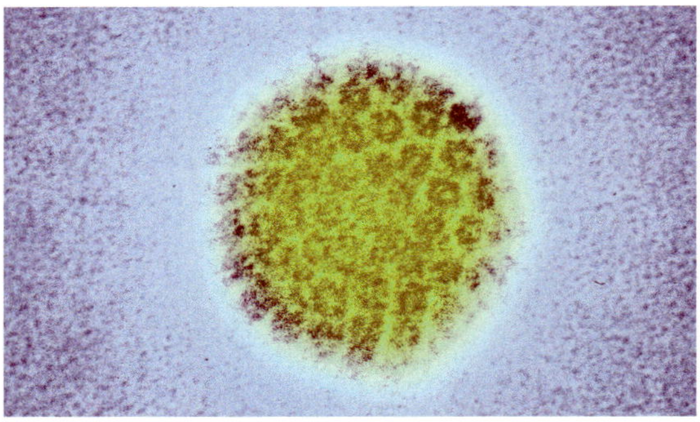

Zervixkarzinom (Gebärmutterhalskrebs)
Erreger: *Papillomvirus*
Übertragung: Schmierinfektion, Geschlechtsverkehr
Inkubationszeit: ein Monat bis mehrere Jahre
Verlauf: Virus schaltet die Wachstumskontrolle der Gebärmutterhalszellen aus, sodass ein Tumor entsteht
Besonderheiten: sehr früh diagnostizierbar bei regelmäßigen Kontrolluntersuchungen; Impfung wird seit kurzem jungen Mädchen empfohlen

1 Erkläre, wie man sich vor den hier dargestellten Viren schützen kann.

2 Recherchiere nach weiteren Virusinfektionen. Erstelle jeweils einen Steckbrief.

Methode Eine wissenschaftliche Entdeckung vorstellen

1. Problem erfassen
Leitfragen helfen ein Thema einzugrenzen und zu strukturieren:
- Wie wurde die Entdeckung gemacht und wie wurde sie weiterentwickelt?
- Was sind die Besonderheiten des Themas?
- Welche Begriffe müssen geklärt werden?

2. Informationen sammeln
Beginne mit deiner Recherche in Schulbüchern. Ergänze diese Informationen mit Hilfe von Fachbüchern und Lexika. Auch das Internet bietet hilfreiche Informationen. Prüfe diese aber auf ihre Qualität und inhaltliche Richtigkeit, bevor du sie verwendest.

3. Material ordnen und auswerten
Ordne zunächst die gesammelten Informationen, zum Beispiel in der Reihenfolge der geschichtlichen Entdeckung. Sortiere die unwichtigen Aspekte aus. Notiere die wichtigen auf einem **Thesenblatt,** das du später auch deinen Zuhörern austeilst. Beachte, dass dein Vortrag den zeitlichen Rahmen von 10 bis 20 Minuten nicht überschreitet.

4. Vortragskärtchen schreiben
Markiere wichtige Begriffe auf deinem Thesenblatt farbig. Ergänze sie, falls nötig, durch Zusatzinformationen oder Erklärungen, die du vortragen möchtest. Notiere diese in einer Spalte am Blattrand. Du erleichterst dir das Vortragen, wenn du den Stichwortzettel auf Vortragskärtchen überträgst.

5. Vortrag ausarbeiten
Um die Aufmerksamkeit deiner Zuhörer zu gewinnen, bietet sich als Einstieg eine Anekdote, eine Karikatur oder eine spannende Geschichte an. Veranschauliche deinen Vortrag mit Medien wie Bildern, Musik, Gegenständen oder Filmausschnitten.

6. Referat ausformulieren
Es ist sinnvoll, wenn du das gesamte Referat einmal schriftlich ausformulierst. Beachte dabei: Formuliere möglichst einfache und kurze Sätze. Vermeide lange Aufzählungen. Achte auf den »roten Faden« und vermeide Gedankensprünge. Plane geeignete Pausen ein, in denen Fragen gestellt werden können oder die Meinung der Zuhörer eingebracht werden kann.

7. Vortrag halten
Übe den Vortrag zu Hause ein, indem du ihn jemandem vorträgst. Überprüfe die technischen Hilfsmittel. Sortiere die Materialien, die du einsetzen möchtest. Sprich beim Vortrag laut und deutlich. Halte Blickkontakt mit dem Publikum. Variiere deine Stimmlage und achte auf richtige Betonung. Gehe an geeigneten Stellen auf Zwischenfragen ein.

8. Die wichtigsten Bewertungskriterien
Wie gut ist der Redner informiert? Können vertiefende Fragen und Rückfragen der Zuhörer beantwortet werden? Sind die Informationen verständlich dagestellt und sachlich richtig gegliedert? Dienten die verwendeten Hilfsmittel der Veranschaulichung? Wurde deutlich und verständlich gesprochen und Kontakt zum Publikum gehalten?

1 Wähle eine Abbildung aus, bearbeite das Thema und präsentiere deine Ergebnisse.

Robert Koch entdeckt das Milzbrandbakterium

Edward Jenner entwickelt die Schutzimpfung

Louis Pasteur erforscht die Konservierung

Pestarzt im Mittelalter

1.4 Malaria wird durch einen Einzeller verursacht

Nach Schätzungen der Weltgesundheitsorganisation *WHO* erkranken jährlich 300 bis 500 Millionen Menschen an Malaria. Bis zu drei Millionen Menschen sterben jedes Jahr an dieser Infektionskrankheit, darunter etwa eine Million Kinder. Am schlimmsten betroffen sind die Menschen in den Ländern Schwarzafrikas, aber auch in den tropischen und subtropischen Regionen Asiens und Lateinamerikas ist die Krankheit weit verbreitet. Auch Touristen, die in diese Länder reisen, können sich infizieren. In Deutschland werden jedes Jahr mehrere hundert Fälle gemeldet.

Erreger der Malaria sind verschiedene Arten von Einzellern der Gattung ***Plasmodium.*** Gelangen sie in den Körper eines Menschen, vermehren sie sich dort massenhaft und zerstören Leberzellen und Rote Blutzellen. Die ersten Symptome einer Erkrankung sind hohes Fieber, das meist in Schüben wiederkehrt, Kopf- und Gliederschmerzen, Schüttelfrost sowie Magen-Darm-Beschwerden. Diese Symptome treten frühestens nach einer Inkubationszeit von ein bis zwei Wochen auf und ähneln denen einer Grippe. Daher wird die Krankheit bei Reisenden, die aus den Tropen zurückgekehrt sind, nicht immer rechtzeitig erkannt – was lebensgefährlich sein kann.

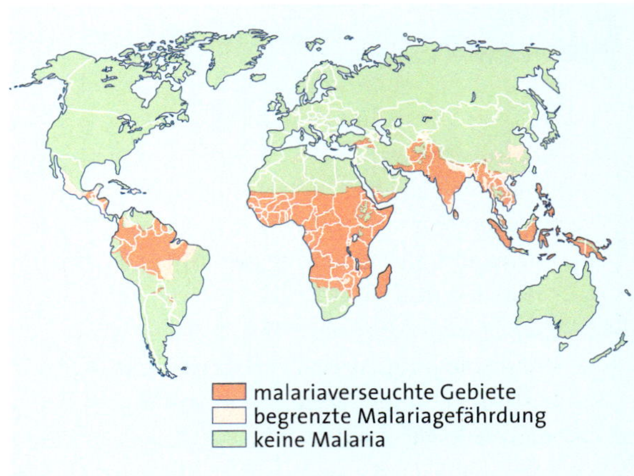

1 Verbreitung der Malaria

Überträger der Malariaerreger sind Stechmücken der Gattung ***Anopheles.*** Weltweit gibt es über 400 Anopheles-Arten und einige davon leben auch in Deutschland. Tatsächlich war auch Deutschland bis zur Mitte des 20. Jahrhunderts Malariagebiet: Im norddeutschen Tiefland war die Krankheit lange unter dem Namen »Marschenfieber« bekannt. Durch das Begradigen von Flüssen, das Trockenlegen von Feuchtgebieten und den Einsatz von Insektiziden wurde die Krankheit in Europa schließlich ausgerottet. Hilfreich war dabei, dass zumindest in Deutschland die

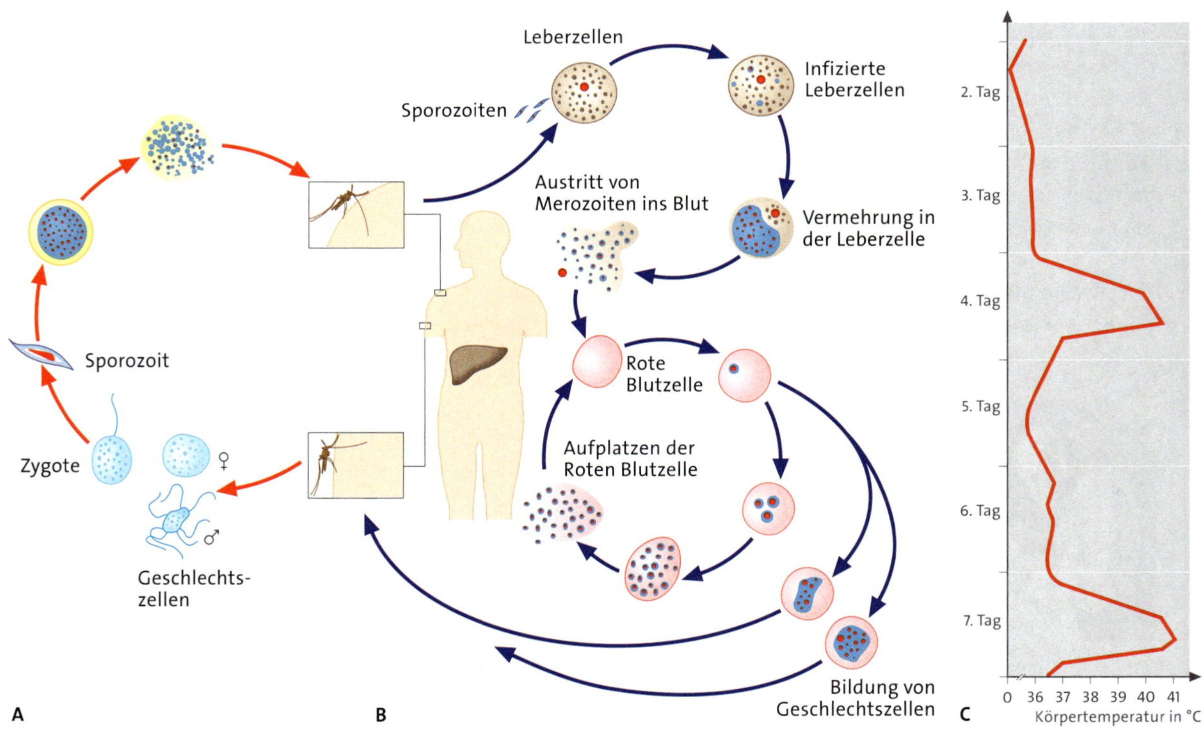

2 Lebenszyklus von Plasmodium. **A** in der Mücke; **B** im Menschen; **C** Fieberkurve

Temperaturen für das Überleben von Plasmodien bislang nicht förderlich waren: Um sich im Darm einer Mücke erfolgreich zu entwickeln, benötigen die verschiedenen *Plasmodium*-Arten nämlich Mindesttemperaturen von 14 bis 16 Grad Celsius.

Wie bei allen Stechmücken saugen nur die weiblichen *Anopheles*-Mücken Blut. Daher sind auch nur sie Überträger der Parasiten. Einige afrikanische *Anopheles*-Arten haben sich jedoch auf den Menschen als Blutlieferanten spezialisiert und sind darum besonders gefährlich. Ebenso wie die gewöhnlichen einheimischen Stechmücken sind auch sie abends und nachts aktiv und suchen gezielt das Innere von menschlichen Behausungen auf. Aus diesen Gründen sollte man in Malariagebieten nach Einbruch der Dunkelheit stets Mücken-Spray benutzen, langärmelige Kleidung tragen und nur unter einem besonders imprägnierten Moskitonetz schlafen.

Eine Besonderheit der Malariaerreger ist, dass sie sich sowohl geschlechtlich als auch ungeschlechtlich fortpflanzen, wobei verschiedene Entwicklungsstadien auftreten. Die geschlechtliche Fortpflanzung, bei der es zur Befruchtung zweier Geschlechtszellen kommt, findet im Körper der Mücke statt. Aus der Zygote entstehen einige Tage später durch ungeschlechtliche Fortpflanzung bis zu 1000 sichelförmige Tochterzellen, die *Sporozoiten* genannt werden. Sie wandern in die Speicheldrüsen der Mücke und können nun bei einem Stich in die Blutbahn des Menschen übertragen werden. Von dort aus dringen sie in die Leberzellen ein, wo sie sich noch einmal durch ungeschlechtliche Fortpflanzung vermehren. Die dabei entstehenden Zellen sind rundlich und werden *Merozoiten* genannt. Sie können weitere Leberzellen oder Rote Blutzellen befallen und sich dort noch weiter vermehren. Aus einigen Merozoiten werden Vorläufer von Geschlechtszellen, die Gametozyten. Gelangen sie bei einem erneuten Stich wieder in eine Mücke, werden aus Ihnen die eigentlichen zur Befruchtung fähigen Gameten oder Geschlechtszellen.

Eine wirksame Impfung gegen Malaria gibt es trotz intensiver Forschung bislang nicht. Bei Reisen in Malariagebiete empfehlen die Gesundheitsbehörden allerdings die Einnahme bestimmter Medikamente, die eine vorbeugende Wirkung haben. Da viele Erreger gegen diese Mittel jedoch unempfindlich geworden sind, wird zusätzlich die Mitnahme weiterer Medikamente zur Notfallbehandlung bei einer Infektion empfohlen. Welche Medikamente zum Einsatz kommen, ist von Land zu Land unterschiedlich. Daher sollte jeder, der in ein malariagefährdetes Gebiet reist, vorher einen Arzt aufsuchen und mit ihm die notwendigen Maßnahmen besprechen.

Plasmodien sind nicht die einzigen Einzeller, die beim Menschen Krankheiten verursachen. Ein naher Verwandter von *Plasmodium*, der weltweit verbreitete Einzeller *Toxoplasma gondii*, ruft beispielsweise **Toxoplasmose** hervor. Bei den meisten Menschen verläuft die Krankheit ohne erkennbare Symptome, aber eine Infektion während der Schwangerschaft kann den Fetus erheblich schädigen. Schwangere werden daher grundsätzlich getestet, ob sie Abwehrstoffe gegen *Toxoplasma* besitzen. Die Infektion erfolgt über Katzenkot oder den Verzehr nicht durchgegarten Fleisches.

Andere gefährliche Einzeller können über verunreinigtes Wasser, Obst oder Gemüse aufgenommen werden. Die vor allem in den Tropen verbreitete Amöbe *Entamoeba histolytica* löst beispielsweise die gefürchtete **Amöbenruhr** aus, eine von schweren Durchfällen begleitete Erkrankung, an der jährlich etwa 40 000 Menschen sterben.

1 Begründe, warum der Schutz vor Mückenstichen zu den wichtigsten Vorbeugemaßnahmen gegen Malaria zählt.

2 Erläutere das biologische Prinzip Reproduktion am Beispiel der Malariaerreger.

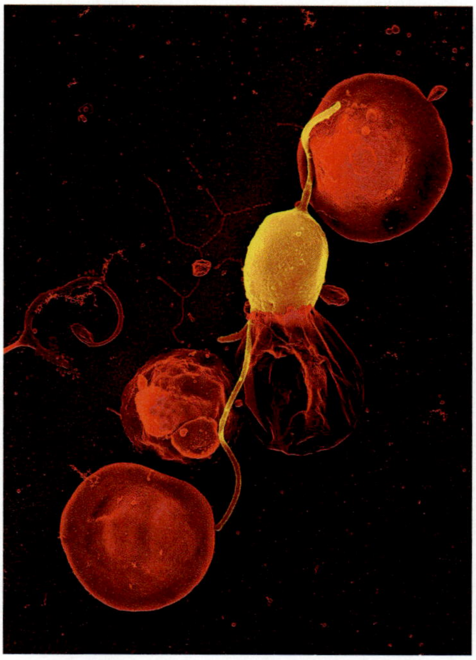

3 **Rote Blutzelle und Malariaerreger (REM-Aufnahme)**

1.5 Das Immunsystem – eine hoch spezialisierte Abwehr

Der menschliche Körper steht in ständigem Kontakt mit Bakterien, Viren und Pilzsporen. Darunter sind auch viele Krankheitserreger. Die meisten von ihnen können jedoch erst gar nicht in den Körper eindringen. Für viele Erreger ist bereits die verhornte Außenschicht der Haut ein unüberwindliches Hindernis. Leichter wäre ein Eindringen durch die Schleimhäute. Diese werden jedoch durch Flüssigkeiten aus Drüsen benetzt. So findet sich in der Tränenflüssigkeit das Enzym *Lysozym*, das Bakterien zerstört.

Einigen Krankheitserregern gelingt es dennoch, diese natürlichen Barrieren zu überwinden. Über die Atemwege und andere Körperöffnungen, durch Wunden oder Insektenstiche gelangen sie in den Körper. Trotzdem kommt es nur selten zum Ausbruch einer Infektionskrankheit, denn der Körper kann sich gegen die Erreger zur Wehr setzen.

Die Abwehr körperfremder Stoffe ist Aufgabe des **Immunsystems.** Dabei handelt es sich um ein komplexes Netzwerk aus Organen, Zellen und Molekülen. Eine zentrale Bedeutung haben die **Weißen Blutzellen.** Sie bewegen sich wie Amöben und verändern dabei ihre Form. Auf diese Weise können sie durch Zellzwischenräume kriechen und die Blutkapillaren verlassen. Sie gelangen dann in die mit **Lymphe** gefüllten Zwischenräume der Gewebe. Diese farblose Flüssigkeit tritt zum Beispiel an Schürfwunden aus und sammelt sich in Druck- oder Brandblasen. Die Weißen Blutzellen umfließen körperfremde Stoffe, auf die sie treffen, nehmen sie auf und verdauen sie. Daher werden sie **Fresszellen** genannt. Sie kommen im gesamten Körper vor, besonders häufig jedoch in den **Lymphknoten,** die in Rumpf und Hals liegen und über **Lymphgefäße** miteinander verbunden sind. Im oberen Brustraum ist das Lymphsystem mit dem Blutkreislauf verbunden.

Fresszellen können ganz unterschiedliche Fremdkörper vernichten, beispielsweise Bakterien und Viren. Weil die Fresszellen nicht auf einen bestimmten Erreger spezialisiert sind, nennt man diesen Abwehrmechanismus die **unspezifische Immunabwehr.**

In manchen Fällen vermehren sich Erreger so schnell, dass die unspezifische Abwehr überfordert ist. Dann kommt ein anderer Mechanismus des Immunsystems ins Spiel, die **spezifische Abwehr.** Daran sind ebenfalls Weiße Blutzellen beteiligt, die **Lymphozyten** genannt werden. Man unterscheidet verschiedene Gruppen dieser Zellen. Die **B-Lymphozyten** reifen im Knochenmark, die **T-Lymphozyten** im Thymus. Dieses lymphatische Organ liegt hinter dem Brustbein. Es ist nur bei Kindern und Jugendlichen voll ausgebildet und wird im Erwachsenenalter langsam zurückgebildet. Wie erfolgt die spezifische Abwehr durch Lymphozyten?

An der Oberfläche von Zellen und Viren befinden sich bestimmte Eiweißstoffe, die als **Antigene** bezeichnet werden. Fresszellen und von Viren infizierte Körperzellen

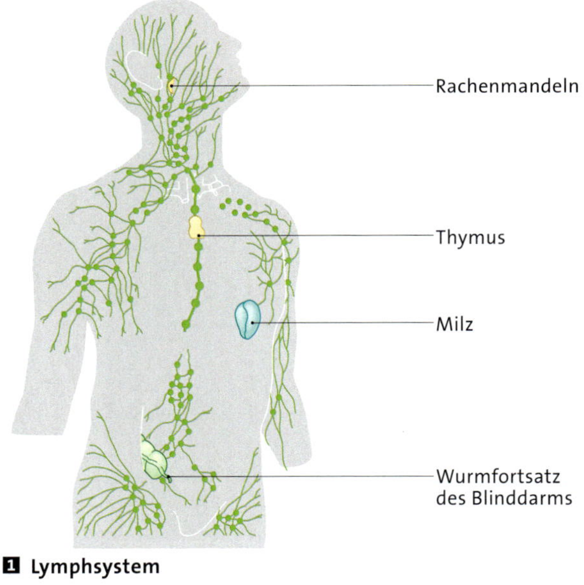

1 Lymphsystem

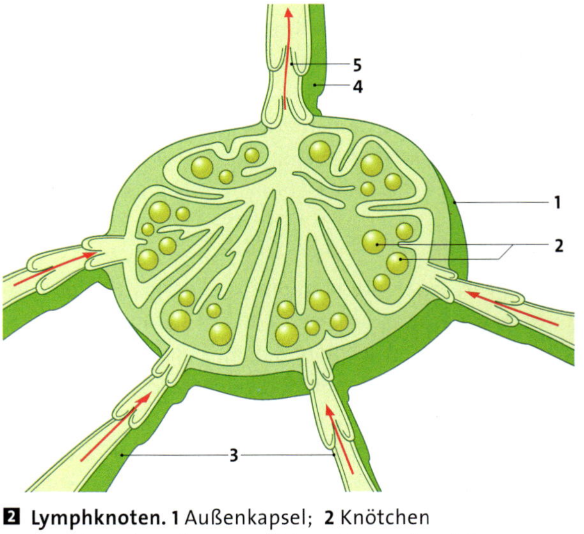

2 Lymphknoten. **1** Außenkapsel; **2** Knötchen mit Weißen Blutzellen; **3** zuführende Lymphgefäße; **4** abführendes Lymphgefäß; **5** Klappe

lagern diese Antigene außen auf der Zellmembran an: Sie »präsentieren« die Antigene. Lymphozyten, die mit den Antigenen in Kontakt kommen, erkennen diese als körperfremd. Daraufhin erzeugt eine Untergruppe der Lymphozyten, die **T-Helferzellen,** Botenstoffe, die von B- und T-Lymphozyten erkannt werden. Bestimmte B-Lymphozyten, die **Plasmazellen,** beginnen sich daraufhin zu vermehren und große Mengen spezifischer **Antikörper** zu produzieren. Dies sind Eiweißstoffe, die sich mit den Antigenen der Krankheitserreger verbinden können. Durch diese **Antigen-Antikörper-Reaktion** werden die Erreger unschädlich gemacht – Bakterien können sich nicht mehr teilen und Viren werden daran gehindert, in Wirtszellen einzudringen. Fresszellen bauen dann die Erreger ab. Zur Abwehr von Virusinfektionen entstehen auch so genannte **Killerzellen.** Diese Untergruppe der T-Lymphozyten erkennt und zerstört von Viren befallene Körperzellen durch bestimmte Enzyme.

Die spezifische Abwehr des Immunsystems braucht eine gewisse Zeit, meist mehrere Tage, bis genügend Antikörper oder Killerzellen gebildet sind, um eine Infektion erfolgreich zu bekämpfen. Manche Krankheiten, zum Beispiel viele Kinderkrankheiten, bekommt man aber nur einmal im Leben. Dies liegt daran, dass die Information über den Aufbau von Antigenen und den dazu passenden Antikörpern langfristig gespeichert werden kann. Dies übernehmen die **Gedächtniszellen,** die ebenfalls zu den Lymphozyten gehören. Erkennen sie Antigene, mit denen das Immunsystem bereits einmal zu tun hatte, können in kurzer Zeit die spezifischen Antikörper oder Killerzellen neu bereitgestellt werden. Der Körper ist gegen diese Art von Erregern **immun** geworden – die Krankheit bricht nicht mehr aus. Bei manchen Erregern verändern sich allerdings die Antigene im Laufe der Zeit so stark, dass die Gedächtniszellen sie nicht mehr erkennen können. Deshalb kann man beispielsweise immer wieder einen Schnupfen bekommen.

1 Nenne die am Immunsystem beteiligten Organe und erläutere die Funktion des Lymphsystems. Nutze dazu die Abbildungen 1 und 2.

2 Erläutere den Unterschied zwischen unspezifischer und spezifischer Abwehr.

3 Beschreibe mit Hilfe der Abbildung 4 den Mechanismus der spezifischen Abwehr.

4 Wende die biologischen Prinzipien zelluläre Organisation sowie Struktur und Funktion auf die Antigen-Antikörper-Reaktion an.

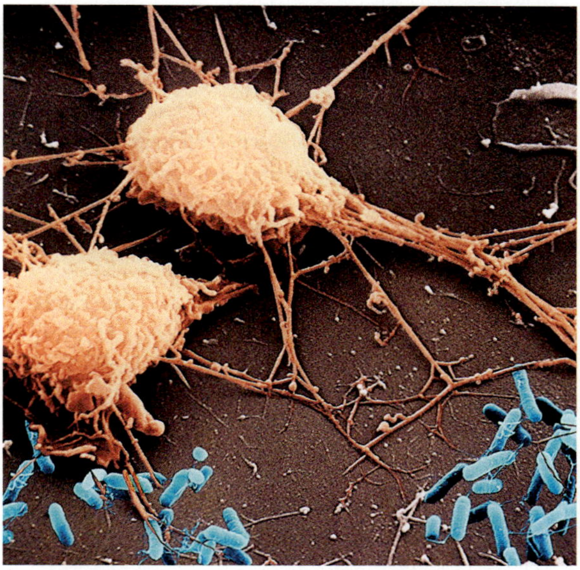

3 Fresszellen (orange) vertilgen Bakterien (blau) (REM-Aufname, koloriert)

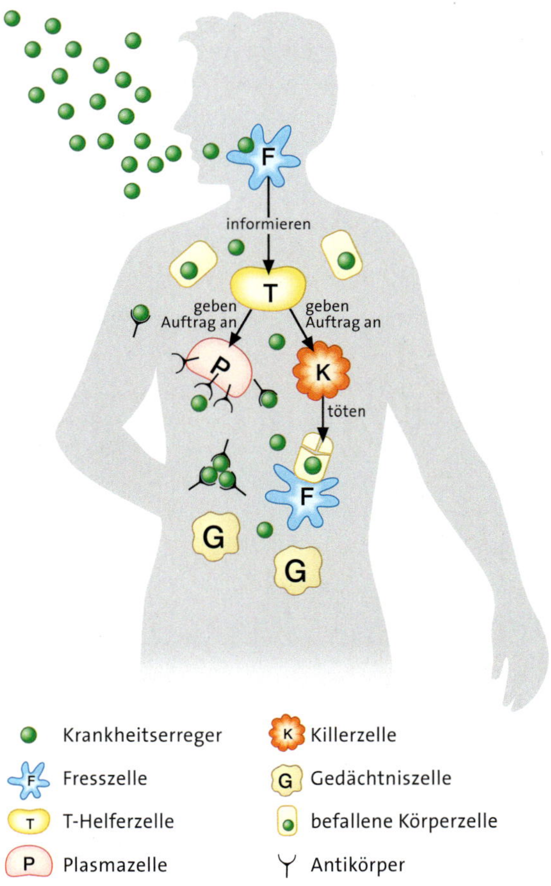

4 Spezifische Immunabwehr

1.6 Aktive und passive Immunisierung

Bis ins 20. Jahrhundert gehörten die Pocken zu den Geißeln der Menschheit. Wer sich angesteckt hatte, bekam zunächst hohes Fieber. Am Körper bildeten sich kleine Pusteln, die Pocken. Überlebende der schweren Virusinfektion behielten für den Rest ihres Lebens entstellende Narben im Gesicht.

Die Pocken waren im 18. Jahrhundert auch in England verbreitet. Dort beobachtete damals der Arzt Edward Jenner, dass die Menschen auf dem Lande nie an Pocken erkrankten, wenn sie früher einmal die viel leichter verlaufenden Kuhpocken gehabt hatten. Diese Krankheit kommt normalerweise bei Rindern vor. Im Mai 1796 wagte Jenner ein Experiment: Er hatte an den Händen einer jungen Magd die typischen Pusteln der Kuhpocken erkannt. Aus einem dieser Bläschen entnahm er etwas Flüssigkeit und impfte damit einen achtjährigen Jungen. Dieser bekam daraufhin leichtes Fieber und einige wenige Pusteln. Bald verschwanden diese Symptome wieder. Anschließend infizierte Jenner den Jungen dann mit Flüssigkeit aus den Pusteln eines Patienten mit menschlichen Pocken. Wie der Arzt erwartet hatte, erkrankte der Junge nicht. Der Kontakt mit den Kuhpocken hatte ihn immun gemacht. Bald setzte sich die Pockenschutzimpfung weltweit durch. Heute gelten die Pocken als ausgerottet. Wie wirkt diese **Schutzimpfung?**

Die Antigene des Kuhpocken-Virus sind ähnlich aufgebaut wie die des menschlichen Pocken-Virus. Wird ein Mensch mit dem Kuhpocken-Erreger geimpft, erzeugt das Immunsystem Antikörper und entsprechende Gedächtniszellen. Diese Immunität ist auch gegen den Erreger der menschlichen Pocken wirksam.

Die Pocken sind allerdings ein Sonderfall. Zu den meisten Erregern von Infektionskrankheiten gibt es keine harmlosen Varianten. Deshalb müssen in der Regel erst Impfstoffe entwickelt werden, bevor eine vorsorgliche Schutzimpfung erfolgen kann. Dazu verändert man die Erreger oder ihre Antigene zunächst so weit, dass sie für den Körper unschädlich werden. Durch die Impfung wird das Immunsystem dann dazu angeregt, Antikörper zu bilden. Wie bei einer tatsächlich überstandenen Infektionskrankheit entstehen auch in diesem Fall Gedächtniszellen. Diese setzen bei einer erneuten Infektion mit dem gleichen Erreger die Antikörperbildung sofort in Gang, sodass die Krankheit nicht zum Ausbruch kommen kann. Weil der Körper die Abwehr gegen die Infektion durch die Schutzimpfung selbst entwickelt, spricht man von einer **aktiven Immunisierung.** Der volle Impfschutz, die *Grundimmunisierung,* wird in vielen Fällen erst nach mehreren Impfungen erreicht. Dies gilt beispielsweise für Impfungen gegen Tetanus oder Hepatitis B. Häufig lässt der Impfschutz im Laufe der Zeit nach, weil die entsprechenden Gedächtniszellen nicht mehr neu gebildet werden.

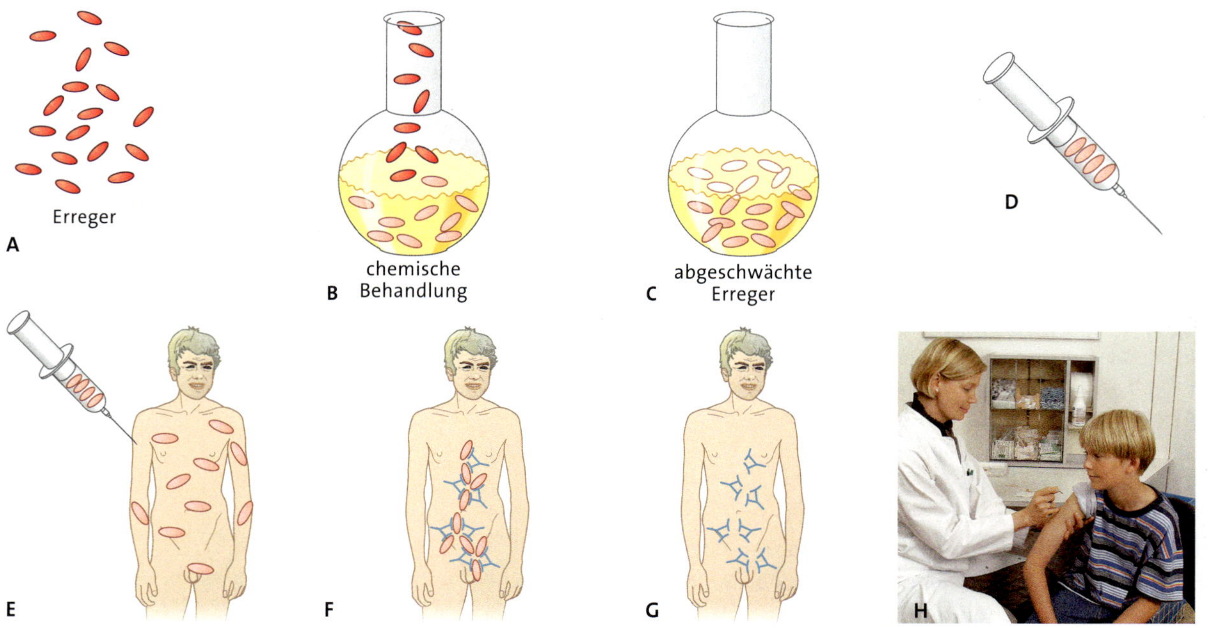

1 Aktive Immunisierung (Schema). A–C Behandlung zur Abschwächung der Erreger; **D** fertiger Impfstoff; **E** Impfung; **F** Bildung von Antikörpern; **G** Bildung von Gedächtniszellen; **H** Schutzimpfung durch den Arzt

Dann sind in bestimmten Abständen *Auffrischimpfungen* erforderlich.

In Deutschland gibt es keinen Impfzwang. Allerdings veröffentlicht die Ständige Impfkommission am Robert-Koch-Institut in Berlin regelmäßig Empfehlungen, welche Bevölkerungsgruppe sich bestimmten Impfungen unterziehen sollte. Diese Empfehlungen passt die Kommission den jeweils aktuellen Gefährdungen immer wieder an. Insbesondere Kinder und Jugendliche werden heute gegen eine Reihe von Infektionskrankheiten vorsorglich geimpft. Damit möglichst wenige Impftermine wahrgenommen werden müssen, verabreicht man oft Kombinationsimpfstoffe, die eine gleichzeitige Immunität gegen mehrere Erkrankungen verleihen, zum Beispiel Masern, Mumps, Röteln. Die erfolgten Impfungen werden in ein international gültiges Dokument eingetragen, den Impfausweis. Ärzte können den Eintragungen unter anderem entnehmen, wann und mit welchem Impfstoff die Immunisierungen durchgeführt wurden. Auf diese Weise lassen sich Mehrfachimpfungen vermeiden und Termine für Auffrischimpfungen einhalten.

Eine besondere Impfung wird Mädchen vor dem ersten Geschlechtsverkehr empfohlen, die *HPV*-Impfung (wirksam gegen Humane Papillom-Viren). Diese Impfung schützt vor Gebärmutterhalskrebs. Weitere Impfungen werden besonders gefährdeten Personengruppen empfohlen. So erhalten zum Beispiel Tierärzte und Förster Impfungen gegen Tollwut. Auch vor Reisen in die Tropen werden bestimmte Impfungen fällig, etwa gegen Typhus, Cholera und Gelbfieber.

Eine besondere Form der Impfung ist die **passive Immunisierung,** die auch Heilimpfung heißt. Sie kann bei Patienten angewandt werden, die sich wegen fehlenden Impfschutzes eine lebensbedrohende Infektionskrankheit zugezogen haben. In diesem Fall kann man ein Serum mit den spezifischen Antikörpern spritzen. Dadurch wird das Immunsystem unterstützt und die Heilung beschleunigt. Die Antikörper gewinnt man meist dadurch, dass man abgeschwächte Erreger in das Blut von Tieren bringt. Später werden die dort gebildeten Antikörper isoliert und daraus ein Heilserum hergestellt.

1 Erläutere anhand von Abbildung 1 das Prinzip der aktiven Immunisierung.

2 Vergleiche die Eintragungen in deinem Impfausweis mit den Empfehlungen in Abbildung 2. Erläutere, warum sich deine Impfungen nicht in allen Punkten mit denen der Empfehlungen decken müssen.

ab 3. Lebensmonat	Diphtherie (1.), Wundstarrkrampf (Tetanus, 1.), Keuchhusten (Pertussis, 1.), Hirnhaut- und Kehlkopfentzündung (1.), Kinderlähmung (Poliomyelitis, 1.), Hepatitis B (1.)
ab 4. Lebensmonat	Diphtherie (2.), Wundstarrkrampf (2.), Keuchhusten (2.), Hirnhaut- und Kehlkopfentzündung (2.), Kinderlähmung (2.), Hepatitis B (2.)
ab 5. Lebensmonat	Diphtherie (3.), Wundstarrkrampf (3.), Hirnhaut- und Kehlkopfentzündung (3.), Keuchhusten (3.), Kinderlähmung (3.), Hepatitis B (3.)
ab 12.–15. Lebensmonat	Diphtherie (4.), Wundstarrkrampf (4.), Keuchhusten (4.), Hirnhaut- und Kehlkopfentzündung (4.), Kinderlähmung (4.), Hepatitis B (4.), Masern, Mumps, Röteln (1.), Windpocken (1.)
ab 16.–24. Lebensmonat	Masern, Mumps, Röteln (2.), Windpocken (2.)
ab 6. Lebensjahr	Diphtherie, Wundstarrkrampf, Keuchhusten (Auffrischimpfungen)
9.–17. Lebensjahr	Diphtherie, Wundstarrkrampf, Keuchhusten, Kinderlähmung, Hepatitis B (Auffrischimpfungen); HPV (Mädchen)

2 Impfkalender für Kinder und Jugendliche (nach Empfehlungen der Ständigen Impfkommission für 2007)

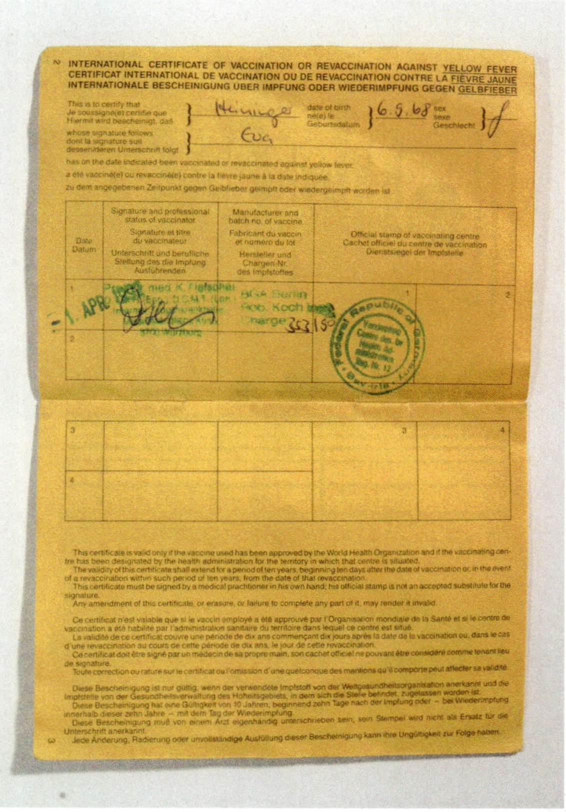

3 Impfausweis

1.7 Allergien – Überreaktionen des Immunsystems

Wenn im Vorfrühling die ersten schönen Tage kommen und Bäume und Sträucher zu blühen beginnen, zieht es die meisten Menschen hinaus ins Freie. Doch manche bleiben lieber zu Hause, denn sie leiden jetzt wieder an *Heuschnupfen:* Sobald sie sich längere Zeit draußen aufhalten, beginnen die Augen zu tränen, die Nase läuft, sie müssen häufig niesen, Kopfschmerzen und Mattigkeit stellen sich ein. In manchen Fällen kommt es auch zu asthmatischen Beschwerden: Atemnot durch Verengung der Bronchien. Bei Kindern und Jugendlichen können diese Symptome so heftig sein, dass die Leistungsfähigkeit in der Schule deutlich herabgesetzt ist.

Heuschnupfen ist eine **Allergie,** die durch den Kontakt mit Pollenkörnern hervorgerufen wird. Während Nicht-Allergiker keine Beschwerden haben, reagiert das Immunsystem bei Allergikern überempfindlich auf diese körperfremden Stoffe. Solche Stoffe, die Allergien auslösen können, werden als **Allergene** bezeichnet. Voraussetzung für die Ausbildung einer Allergie ist eine Phase der **Sensibilisierung.** Dabei kommt es zum Erstkontakt mit den Antigenen des Allergens. B-Lymphozyten teilen sich daraufhin und erzeugen große Mengen spezifischer Antikörper. Bei Nicht-Allergikern sorgen Unterdrücker-Zellen, eine Untergruppe der T-Lymphozyten, dafür, dass die Antikörper nur in geringem Umfang gebildet werden. Diese Regulation der Antikörperproduktion erfolgt bei Allergikern nicht oder nur unzureichend. Die Antikörper überschwemmen dann das Immunsystem und binden sich langfristig an eine besondere Form der Weißen Blutzellen, die **Mastzellen.** Nun ist der Körper sensibilisiert. Erfolgt ein erneuter Kontakt mit dem Allergen, tritt die allergische Reaktion ein: Die Antigene des Allergens verbinden sich mit den Antikörpern auf den Mastzellen. Diese reagieren auf den Allergenkontakt mit der massenhaften Abgabe bestimmter Stoffe, unter denen sich auch der Botenstoff **Histamin** befindet. Histamin verursacht unter anderem die Erweiterung kleiner Blutgefäße und die Entstehung von Entzündungen. Erste Symptome einer allergischen Reaktion durch die Histaminausschüttung sind meist Rötungen, Schwellungen, erhöhte Schleimproduktion sowie ein unangenehmer Juckreiz. Mastzellen und Histamin sind nicht an allen Allergieformen beteiligt. In manchen Fällen kommt es durch andere Fehlfunktionen des Immunsystems zu der allergischen Reaktion.

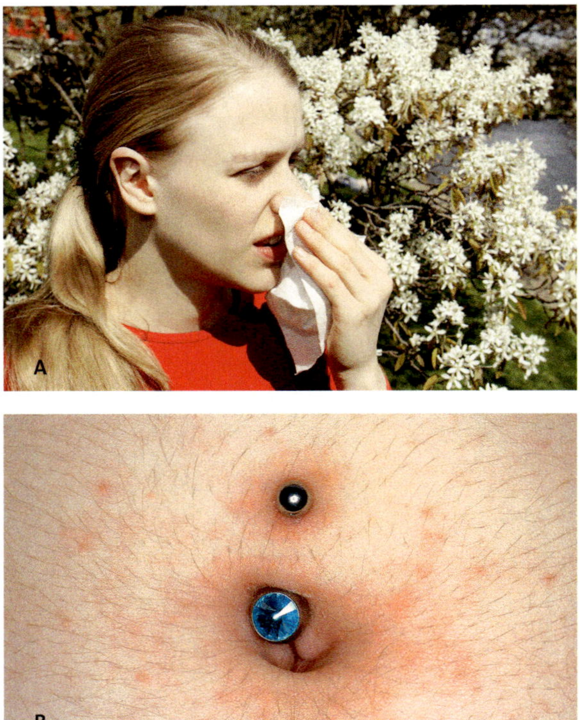

1 Allergische Reaktionen. A Heuschnupfen; **B** Kontaktallergie durch Nickel

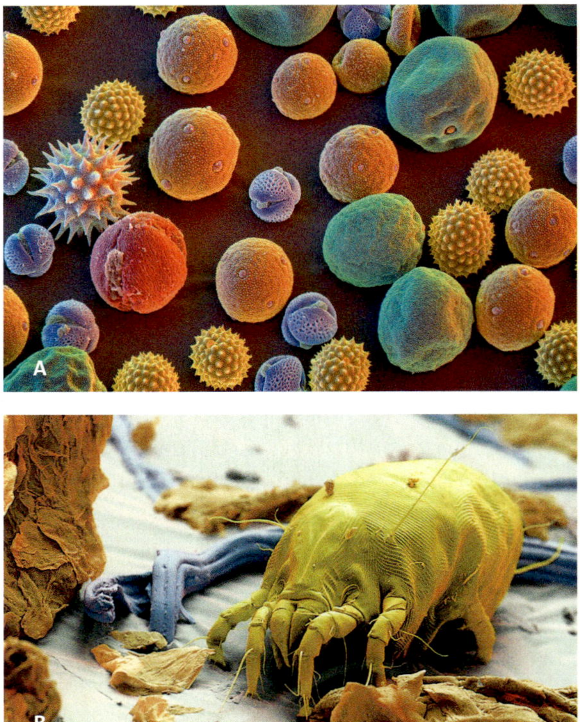

2 Auslöser von Allergien. A Pollenkörner; **B** Hausstaubmilben (elektronenmikroskopische Bilder)

Nicht nur Pollenkörner können allergische Symptome hervorrufen. Viele Menschen leiden an einer *Nahrungsmittelallergie,* die manchmal schon durch bloßen Hautkontakt oder das Einatmen von Nahrungsdüften ausgelöst wird. Weitere Allergieauslöser können Schimmelpilzsporen, Tierhaare, Hausstaubmilben, Insektenstiche, Reinigungsmittel und Medikamente sein. Von einer *Kontaktallergie* spricht man, wenn allergische Hautreaktionen zum Beispiel durch das Tragen von Schmuck, etwa aus Nickel, hervorgerufen werden. Viele allergische Beschwerden verstärken sich bei häufigem Allergenkontakt. In einigen Fällen kann dadurch sogar ein lebensbedrohlicher Schock durch massiven Blutdruckabfall ausgelöst werden.

Nicht jede Allergie ist ohne weiteres auf den Kontakt mit einem bestimmten Allergen zurückzuführen. In solchen Fällen muss ein *Allergietest* beim Hautarzt durchgeführt werden. Dabei wird die Haut mit mehreren in Frage kommenden Allergenen in Kontakt gebracht. Zeigt sich an einer Stelle eine Reaktion, kann man diese dann einem bestimmten Allergen zuordnen.

Manche Allergien lassen sich durch Medikamente unterdrücken. Häufig ist eine solche Behandlung jedoch mit unerwünschten Nebenwirkungen verbunden. Vielfach können Allergiker den Beschwerden entgehen, indem sie den Kontakt mit Allergenen meiden. Bei einer Nahrungsmittelallergie müssen die Betroffenen auf bestimmte Nahrungsmittel verzichten, zum Beispiel Nüsse, Zitrusfrüchte oder Milch. Liegt eine Hausstauballergie vor, die durch die Ausscheidungen kleiner Milben hervorgerufen wird, sollten Teppiche, Vorhänge und Matratzen durch Materialien ersetzt werden, in denen sich diese Tiere nicht einnisten können.

Die Neigung zu allergischen Reaktionen ist mit großer Wahrscheinlichkeit genetisch bedingt. Allerdings ist seit einigen Jahrzehnten eine deutliche Zunahme von Allergieerkrankungen zu beobachten. Dies lässt vermuten, dass auch Umwelteinflüsse sowie veränderte Ernährungsgewohnheiten die Ausbildung von Allergien begünstigen.

1 Erläutere anhand von Abbildung 4 die Entstehung einer allergischen Reaktion.

2 Erläutere, wann Heuschnupfen-Allergiker am stärksten betroffen sind. Nutze dazu den Pollenflugkalender in Abbildung 3.

3 Begründe, warum die Symptome von Heuschnupfen vor allem bei trockenem, sonnigem Wetter auftreten.

4 Eine Methode zur Behandlung von Allergien ist die Hyposensibilisierung. Recherchiere, worin diese Behandlung besteht und bereite einen Kurzvortrag vor.

Pollenart	Jan	Feb	Mär	Apr	Mai	Jun	Jul	Aug	Sep	Okt	Nov	Dez
Hasel		■										
Erle		■	■									
Ulme			■	■								
Weide			■	■								
Birke				■								
Esche				■								
Hainbuche				■								
Pappel				■								
Eiche					■							
Rotbuche					■							
Gräser						■	■					
Wegerich						■	■					
Roggen						■						
Spitzwegerich						■	■					
Linde							■					
Beifuß								■				

3 Pollenflugkalender

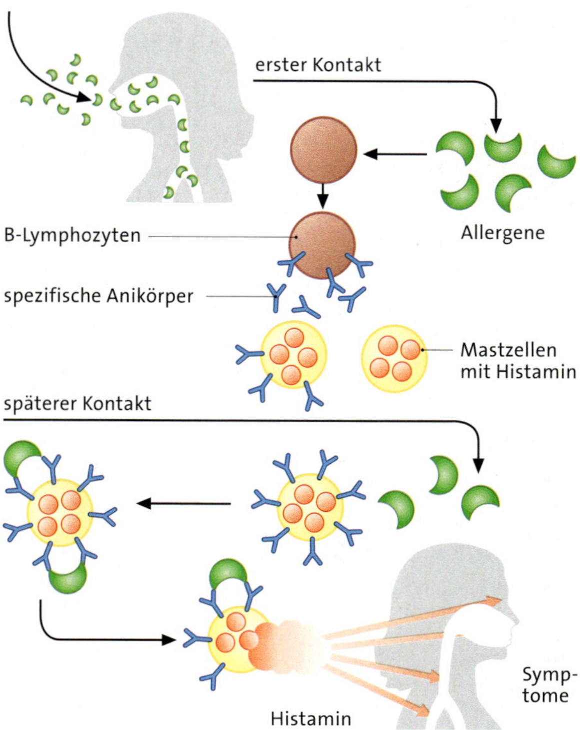

4 Entstehung einer allergischen Reaktion

1.8 Aids

Es gibt kaum eine andere Krankheit, die in der Werbung und in den Medien so präsent ist, wie die Immunschwäche Aids. »Gib Aids keine Chance« ist mittlerweile ein Slogan, der sich eingeprägt hat. Mit diesem Slogan und zahlreichen Werbespots versuchen die Gesundheitsministerien, Krankenkassen und Aids-Selbsthilfegruppen auf das Risiko der Ansteckung und auf das Schicksal der Infizierten hinzuweisen.

Mittlerweile ist in Westeuropa und Nordamerika die Zahl der Neuerkrankungen dank der intensiven Aufklärungsbemühungen in den letzten Jahren zurückgegangen. Dagegen steigt die Zahl in Afrika weiter an. Hier ist die Krankheit mittlerweile völlig außer Kontrolle geraten. Auch in Asien und Osteuropa steigt die Zahl der Aidsinfizierten rapide an. Seit Ausbruch von Aids vor rund 30 Jahren haben sich etwa 60 Millionen Menschen mit dem HI-Virus infiziert und 25 Millionen starben.

Bei Aids handelt es sich um eine virale Infektionskrankheit, die 1981 erstmals in den USA entdeckt wurde. Dort traten zur selben Zeit mehrere Fälle einer ungewöhnlichen Lungenentzündung und einer Krebserkrankung auf. Der Krankheitsverlauf von Aids kann im Einzelfall recht unterschiedlich sein, einige gemeinsame Symptome treten allerdings fast immer auf. Kurz nach der Infektion kommt es zu grippeähnlichen Beschwerden. Erst Monate bis Jahre später schwellen die Lymphknoten an, es kommt zu Fieberanfällen und Pilzinfektionen. Häufig bildet sich eine ansonsten seltene Form von Hautkrebs. Das Immunsystem bricht nun völlig zusammen und Erreger, die dem Körper vorher nichts anhaben konnten, lösen nun verschiedenste Infektionen aus, die letztendlich zum Tode führen. Das Auftreten dieser Infektionen weißt darauf hin, dass der Aids-Erreger das Immunsystem gezielt schwächt. Aus dieser Beobachtung entstand der Name *acquired immune deficiency syndrome* (Aids), erworbene Immunschwäche-Erkrankung.

Weltregionen	HIV-Infizierte	neu Infizierte	Aids-Tote
Nordamerika	1 400 000	55 000	25 000
Lateinamerika	2 000 000	170 000	77 000
Westeuropa	850 000	30 000	13 000
Osteuropa/Zentralasien	1 500 000	110 000	87 000
Nordafrika/Naher Osten	310 000	35 000	20 000
Afrika südl. der Sahara	244 000 000	1 900 000	1 400 000
Ostasien	850 000	75 000	59 000
Süd-/Südostasien	3 800 000	280 000	270 000
Ozeanien	59 000	3 900	2 000

2 Zahl der mit Aids Infizierten weltweit im Jahre 2006

1 Plakat zum Welt-Aids-Tag

Erst 1983 konnte der Erreger der Erkrankung Aids identifiziert werden. Es handelt sich um ein Virus, welches **HIV** genannt wird, abgeleitet von **H**umanes **I**mmunschwäche-**V**irus. Übertragen wird das Virus durch sexuelle Kontakte und Blut. Ein besonders hohes Risiko tragen dabei Personen, die ihre Geschlechtspartner sehr oft wechseln. Die Ansteckungsgefahr kann aber durch die sachgerechte Verwendung von Kondomen deutlich reduziert werden. Mittlerweile wurde ein weiteres HI-Virus, welches Aids auslöst, gefunden. Es wird HIV-2 genannt.

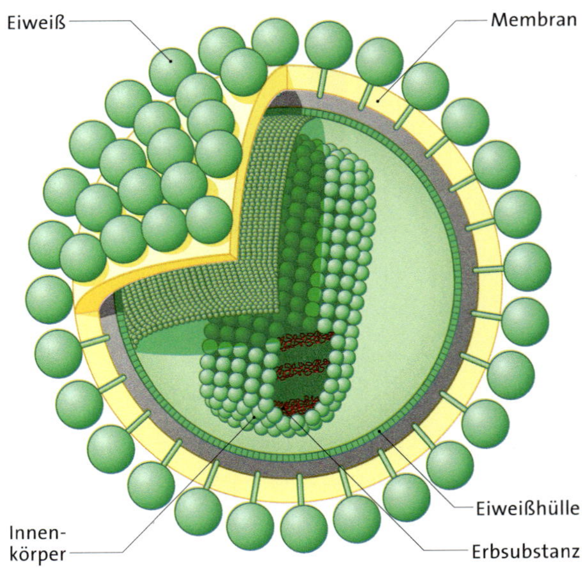

3 Aufbau von HIV

Neben dem ungeschützten Geschlechtsverkehr ist eine Ansteckung mit HIV auch über das Blut möglich. Hier sind Drogenabhängige besonders gefährdet, die dieselbe Injektionsnadel benutzen. Blutkonserven von HIV-Infizierten stellen heute keine Gefahr mehr dar. Denn mittlerweile werden alle Blutkonserven vor ihrer Verwendung auf HIV getestet.

HIV kann sich, wie jedes andere Virus auch, nur in lebenden Zellen vermehren. Dazu dringt es in die Zellen des Immunsystems ein. Hier befällt es die T-Helferzellen, indem es sich an die Oberfläche anlagert. Dann schleust es seine Erbinformation in die Helferzelle ein, wobei die Eiweißhülle des Virus an der Zelloberfläche verbleibt. Die Erbinformation wird nun in die Erbinformation der Helferzelle eingebaut und kann hier jahrelang ruhen. Während dieser Zeit bricht die Krankheit nicht aus, aber der HIV-Infizierte kann den Erreger an andere Menschen zum Beispiel beim Geschlechtsverkehr weitergeben.

Irgendwann wird die Erbinformation von HIV in der T-Helferzelle wieder aktiv. Der Stoffwechsel der Wirtszelle erzeugt nun neue Virusbestandteile, die sich an der Zellmembran zu vollständigen Viren zusammensetzen. Die Viren werden freigesetzt und befallen nun andere Zellen. Die T-Helferzelle stirbt nach der Freisetzung ab.

Das Absterben der T-Helferzellen ist der eigentliche Grund für das Zusammenbrechen des Immunsystems. Es kann keine Infektionen mehr abwehren. Jetzt kommt das volle Krankheitsbild von Aids zum Ausbruch. Der gesamte Krankheitsverlauf von Aids verläuft schubartig. Zwischen unterschiedlich langen Krankheitsschüben treten Phasen auf, in denen sich der Patient besser fühlt und kaum Beschwerden hat.

Da es bis heute noch nicht gelungen ist, HIV wirksam zu bekämpfen, steht am Ende der verschiedenen Krankheitsschübe der Tod. In den letzten Jahren ist es allerdings gelungen, wirksame Medikamente zu entwickeln, die den Tod herauszögern. Da diese Medikamente bislang sehr teuer sind, kommen sie in den Entwicklungsländern kaum zur Anwendung. Mit Hochdruck wird an der Entwicklung eines Impfstoffs gegen HIV gearbeitet. Dies ist allerdings sehr schwierig, weil die HIV-Antigene sich sehr stark verändern.

Im normalen täglichen Umgang mit Aidsinfizierten besteht keine Gefahr, sich anzustecken. Da sich aber das Virus in hohen Konzentrationen im Blut und in der Samenflüssigkeit des Mannes befindet, gilt die Benutzung von Kondomen immer noch als die sicherste Variante, um sich vor einer Infektion zu schützen.

1 Erläutere die Entwicklung von HIV.
2 Beschreibe die Werte in Tabelle 2 und diskutiere sie.
3 Recherchiere nach der nächsten Aids-Beratungsstelle. Stelle die angebotenen Hilfen zusammen.

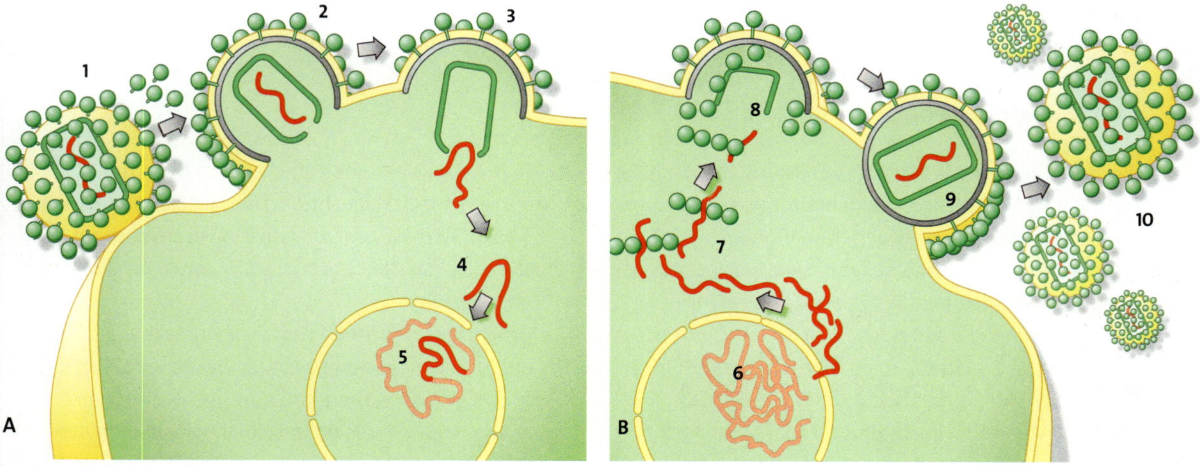

4 Entwicklung von HIV.
A Eindringen in T-Helferzelle und Einschleusen der Erbinformation; **B** Vermehrung und Ausschleusen der neuen Viren

1 HIV heftet sich an die Zellmembran
2 und **3** Freisetzen der Erbsubstanz
4 Erbsubstanz wandert zum Zellkern
5 Einbau der Erbsubstanz ins menschliche Erbgut
6 Vervielfältigen und Freisetzen der Erbsubstanz von HIV
7 Aufbau von HIV-Bausteinen
8 und **9** Zusammenbau der HIV-Bausteine an der Zellmembran
10 Freisetzung neuer Viren

Streifzug durch die Medizin Übertragungswege und Schutz vor HIV-Infektionen

1 Durch das gemeinsame Benutzen von Geschirr, Gläsern und Besteck kann man sich nicht anstecken.

2 Es ist kein Fall bekannt, bei dem Mücken, Hunde, Katzen oder andere Tiere HIV auf den Menschen übertragen haben.

3 In öffentlichen Schwimmbädern, in der Sauna und auf Toiletten ist eine Ansteckung nicht möglich.

4 Körperkontakte wie Umarmungen, Händeschütteln, Küssen und Petting bleiben ohne gesundheitliche Folgen.

7 Bei Erste-Hilfe-Maßnahmen wie der Atemspende wird empfohlen, Masken und Schutzhandschuhe zu benutzen.

8 Wenn eine HIV-infizierte Frau ein Baby bekommt, kann das Kind sich während der Schwangerschaft oder der Geburt oder beim Stillen anstecken.

9 Wenn Drogenabhängige, von denen einer infiziert ist, Spritzen gemeinsam benutzen, ist das Infektionsrisiko hoch. Einmalspritzen verhindern die Ansteckung mit HIV.

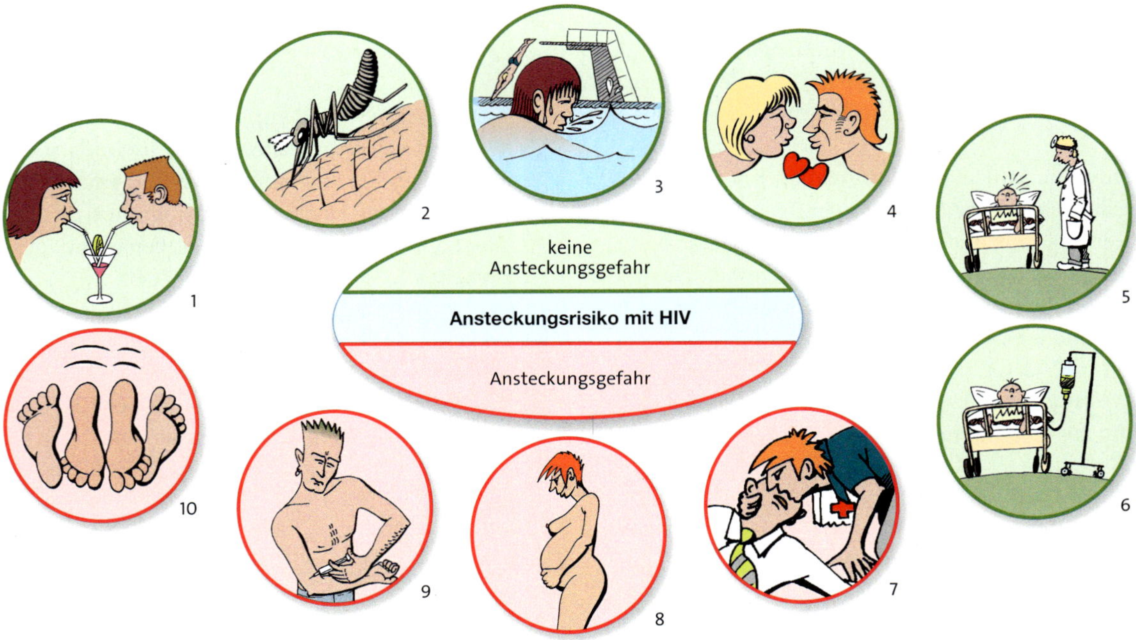

5 Bei der Pflege von HIV-infizierten Menschen besteht kein Ansteckungsrisiko, wenn die vorgeschriebenen Hygienemaßnahmen eingehalten werden.

6 Als die ersten Aids-Fälle bekannt wurden, wusste man noch wenig über die Ansteckungsgefahren. Blutkonserven wurden noch nicht auf HIV untersucht und so erhielten einige Menschen mit dem lebensrettenden Blut auch das tödliche Virus. Manche Menschen steckten sich auch über Medikamente an, die aus Blutbestandteilen gewonnen wurden. Das betraf zum Beispiel Blutgerinnungsfaktoren. Heute kann man davon ausgehen, dass das HIV-Ansteckungsrisiko bei Bluttransfusionen sehr gering ist. Es liegt bei 1 : 2 Millionen.

10 Die meisten Menschen stecken sich beim ungeschützten Geschlechtsverkehr an. Der Analverkehr ist besonders riskant, weil die Darmschleimhaut sehr verletzlich ist. Aber auch beim Oralverkehr kann man sich anstecken.
Der einzige wirksame Schutz vor Ansteckung ist das Kondom, wenn es richtig angewendet wird. Wem die eigene Gesundheit und auch die des Partners wichtig ist, wird sich verantwortungsvoll verhalten und kein Risiko eingehen. Ein offenes Gespräch über das eigene Sexualverhalten und das des Partners schafft Vertrauen und ist eine gute Voraussetzung für die gemeinsame Entscheidung: Wir schützen uns vor Aids.

Methode Auswerten und Erstellen von Diagrammen

Zur **Auswertung** von Diagrammen gehören die *Beschreibung* und die *Erklärung* des dargestellten Sachverhaltes.

Die *Beschreibung* beginnt mit der *Zuordnung der abhängigen und unabhängigen Größe*. An der x-Achse, der Abszisse, wird die unabhängige Größe abgetragen. Die abhängige Größe kannst du an der y-Achse, der Ordinate, ablesen. In unserem Beispiel wird die Anzahl der infektiösen Viren im Plasma in Abhängigkeit von der Zeit dargestellt. Danach wird die *Veränderung der abhängigen Größe* beschrieben. Achte darauf, dass du nicht – wie in einer Bildbeschreibung – den Kurvenverlauf beschreibst, sondern dass du dich stets auf die dargestellte Größe beziehst.

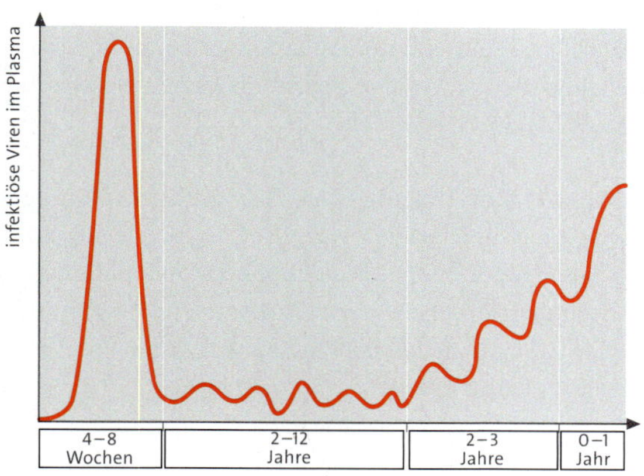

1 Immunreaktion gegen HIV

Anschließend sollte für die beschriebene Veränderung der abhängigen Größe eine wissenschaftliche *Erklärung* gefunden werden. Dabei ist es günstig, die Kurve in charakteristische Abschnitte einzuteilen, abschließend können Beschreibung und Erklärung für jeden Kurvenabschnitt tabellarisch gegenübergestellt werden:

Kurvenabschnitt	Beschreibung	Erklärung
4–8 Wochen	Direkt nach der Infektion steigt die Virenzahl stark an, dann fällt sie auf einen niedrigen Wert ab.	...
2–12 Jahre	Die Virenzahl bleibt niedrig, sie schwankt geringfügig.	...
2–3 Jahre / 0–1 Jahre	Die Virenzahl nimmt deutlich zu.	...

Anhand vorgegebener Werte kannst du am Computer selbst ein Diagramm **erstellen.**

Dabei empfiehlt sich die Nutzung von Microsoft Excel. Hier stellst du die Daten in Tabellenform dar. Nachdem du die Tabelle markiert hast, klickst du die Schaltfläche »Diagrammassistent« an und wählst eine geeignete Diagrammform aus. Der Computer erstellt ein fertiges Diagramm, was du so übernehmen oder mit Hilfe der Diagrammoptionen noch verändern kannst. Soll das Diagramm in einen Text eingefügt werden, musst du es markieren, kopieren (Strg C) und zum Beispiel in Word einfügen (Strg V).

1 Übernimm die links unten stehende Tabelle in deine Biologiemappe und ergänze sie. Nutze dazu den Lehrbuchtext Seite 146/147.

2 Die folgende Tabelle zeigt die Zahl der HIV-Infizierten und der Aids-Toten im Jahre 2005 in verschiedenen Gebieten der Erde.

Weltregionen	HIV-Infizierte	Aids-Tote 2005
Nordamerika	1 200 000	18 000
Lateinamerika	1 800 000	66 000
Westeuropa	720 000	12 000
Osteuropa/ Zentralasien	1 600 000	62 000
Nordafrika/ Naher Osten	510 000	58 000
Afrika südl. der Sahara	25 800 000	2 400 000
Ostasien	870 000	41 000
Süd-/ Südostasien	7 400 000	480 000
Ozeanien	74 000	3 600

a) Erstelle für diese Wertetabelle ein Diagramm. Dabei kannst du auch mit einem Computerprogramm arbeiten.

b) Erkläre die unterschiedliche Zahl der HIV-Infizierten in den verschiedenen Gebieten.

c) In Westeuropa sind im Jahre 2005 ca. 1 % der HIV-Infizierten gestorben, in den afrikanischen Gebieten südlich der Sahara waren es ca. 9 %. Erörtere die Ursachen für diesen Unterschied.

2 Bluttransfusion und Organspenden

Bei Verkehrsunfällen verlieren Verletzte oft so viel Blut, dass sie dafür schnellstens Ersatz brauchen. Auch bei Operationen und zur Behandlung einiger Krankheiten sind Blutübertragungen, auch *Bluttransfusionen* genannt, nötig. Organisationen wie das Rote Kreuz rufen deshalb immer wieder zur Blutspende auf.

Bevor gespendetes Blut für eine Transfusion verwendet werden kann, muss es genau untersucht werden. Denn wenn das Spenderblut nicht zum Empfängerblut passt, verklumpt es und verstopft die Blutkapillaren. Dieser lebensgefährliche Vorgang ist darauf zurückzuführen, dass bei Unverträglichkeit von Spender- und Empfängerblut bestimmte Proteine miteinander reagieren. Außerdem überprüft man die Blutkonserven auf Krankheitserreger wie HIV und Hepatitis.

Nicht nur Blut kann von einem Menschen auf einen anderen im Notfall übertragen werden. Beispielsweise ist die beste Möglichkeit, Menschen mit schwerer Nierenschädigung zu helfen, eine Organspende, also die Übertragung einer gesunden Niere. Nierentransplantationen sind relativ einfache chirurgische Eingriffe mit guten Überlebenschancen. Bis zu 85 % der transplantierten Nieren arbeiten nach einem Jahr einwandfrei, nach fünf Jahren sind es noch 70 %. Außerdem werden heute auch Herz, Leber, Lunge und Bauchspeicheldrüse transplantiert. Die Übertragung anderer Organe wird gegenwärtig noch erforscht. Von großer Bedeutung sind auch Gewebetransplantationen von Augenhornhaut, Gehörknöchelchen, Herzklappen und Knochenmark.

Der größte Teil der Spenderorgane stammt von verstorbenen Menschen. Oft sind es Opfer von Verkehrsunfällen. Die Anzahl der Spenderorgane reicht bei Weitem nicht aus, um den Bedarf zu decken. In der europäischen Transplantationszentrale werden die Daten von den auf ein Organ wartenden Patienten gespeichert. Durch diese länderübergreifende Zusammenarbeit erhöht sich die Chance, geeignete Spender zu finden.

Stimmen die Gewebemerkmale weitgehend überein, ist die Gefahr der Abstoßung des neuen Organs gering. Am besten geeignet sind Organe direkter Blutsverwandter. Jedes körperfremde Organ ruft im Körper des Empfängers Abwehrreaktionen hervor. Deshalb muss das Immunsystem des Patienten durch die Einnahme von Medikamenten blockiert werden. Dadurch erhöht sich allerdings die Anfälligkeit gegenüber Infektionen.

Unter bestimmten Voraussetzungen ist eine Organentnahme auch bei lebenden Spendern erlaubt. Da ein Mensch mit nur einer Niere gut leben kann, ist es in Einzelfällen möglich, einem Elternteil oder einem Geschwister eine Niere zu spenden.

Auch eine Übertragung eines Teils der Leber ist möglich, da die Spenderleber den Verlust durch Nachwachsen ausgleicht. Auch diese teilweise Organtransplantationen sind nur dann erfolgreich durchführbar, wenn eine immunologische Verträglichkeit zwischen den Zellen von Spender und Empfänger besteht.

1 Nach einer Organtransplantation ist der Patient durch die verabreichten Medikamente besonders anfällig gegen Infektionskrankheiten. Erläutere diesen Zusammenhang.

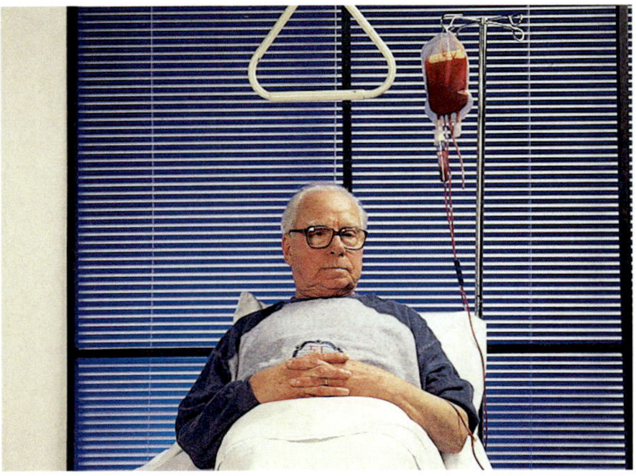

1 Bluttransfusion

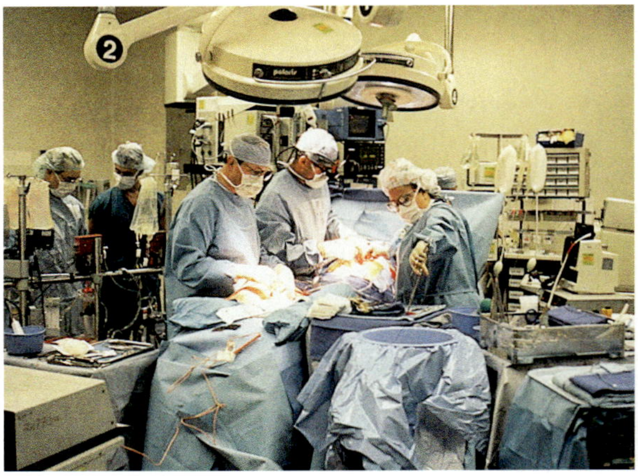

2 Herztransplantation

Streifzug durch die Politik — Wer kann Organspender werden?

In Deutschland warteten im Jahr 2006 rund 12 000 Menschen auf ein Spenderorgan – eine Niere, eine Lunge, ein Herz oder eine Bauchspeicheldrüse. Viele von ihnen warten vergebens auf das lebensrettende Organ, denn nur für etwa jeden dritten Patienten kann ein passendes Organ gefunden werden. Jeden Tag sterben drei Menschen von der Warteliste, denen man durch eine rechtzeitige Organspende hätte helfen können. Obwohl in der Bevölkerung das Thema Organspende nach dem Tod auf eine breite Zustimmung stößt, haben nur relativ wenige Menschen ihre Bereitschaft zur Spende mit Angehörigen diskutiert und in einem Organspendeausweis dokumentiert.

In Deutschland regelt das Transplantationsgesetz von 1997, dass nach dem Tod der Person Organe zu Transplantationszwecken entnommen werden können, wenn der Patient zu Lebzeiten sein Einverständnis dazu gegeben und schriftlich festgelegt hat. Dies sollte derjenige mit dem Organspendeausweis dokumentieren und den Ausweis mit sich führen. Die »erweiterte Zustimmungslösung« sieht außerdem vor, dass beim Fehlen einer schriftlichen Stellungnahme enge Angehörige des Patienten nach dessen Tod gemäß dem mutmaßlichen Willen des Verstorbenen entscheiden, die Organe zur Entnahme freizugeben. Jugendliche können ab dem vollendeten 16. Lebensjahr selbst ihre Bereitschaft zur Organspende erklären, nach dem 14. Lebensjahr ihre Ablehnung dazu dokumentieren. Empfehlenswert ist es, diese Entscheidung mit den Eltern zu besprechen. Das Transplantationsgesetz soll klare gesetzliche Grundlagen schaffen, die Unsicherheiten ausräumen, eine Gleichbehandlung gewährleisten und damit das Vertrauen der Bevölkerung in die Organspende stärken. So ist der von zwei Spezialisten festgestellte Hirntod die medizinische Voraussetzung zur Organspende. Während Herz- und Atemstillstand überwunden werden können, ist der Verlust der Gehirnfunktion endgültig und gilt als sicheres Todeszeichen.

Auch die beiden großen Kirchen Deutschlands haben sich schon 1990 mit den religiösen und ethischen Hintergründen der Organspende befasst. In einer gemeinsamen Erklärung befürworten sie die Organspende, wenn Organhandel ausgeschlossen, die Würde des hirntoten Spenders gewahrt und die Freiwilligkeit bei einer Lebendspende gegeben ist. In der Erklärung heißt es: »Aus christlicher Sicht ist die Bereitschaft zur Organspende nach dem Tod ein Zeichen der Nächstenliebe und Solidarisierung mit Kranken und Behinderten.«

Aufgrund des hohen Bedarfs gibt es eine Art Schwarzmarkt mit Organen, die meist aus Entwicklungsländern stammen. Ein solcher Organhandel ist gesetzlich verboten und alle Beteiligten machen sich dabei strafbar. Eine größere Spendenbereitschaft in unserem Land könnte dazu beitragen, die Wartelisten zu verkürzen und damit den illegalen Organhandel einzudämmen.

1 Informiere dich über die gesetzlichen Regelungen zur Organtransplantation in den Nachbarstaaten Deutschlands.

2 Recherchiere im Internet die Ziele des Vereins »Junge Helden«.

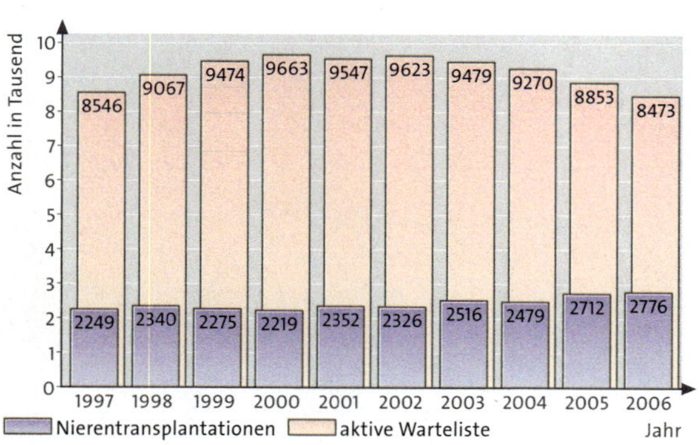

1 **Zahl der Nierentransplantationen im Vergleich zum Bedarf in Deutschland**

2 **Organspendeausweis**

Zusammenfassung Infektionskrankheiten und Immunsystem

Biologisches Prinzip Variabilität

Wegen der großen Vielfalt an Erregern gibt es viele Infektionskrankheiten, die den Menschen betreffen können. Diese Vielfalt ist auch dafür verantwortlich, dass sich viele Erreger nur mit ganz spezifischen Medikamenten bekämpfen lassen. Allerdings sind manche Antibiotika gegen fast alle Bakterien wirksam.

Biologisches Prinzip Information und Kommunikation

Damit das Immunsystem Krankheitserreger abwehren kann, ist es auf Informationen angewiesen. Diese beruhen auf der Basis chemischer Verbindungen.

Bestimmte Leukozyten tasten jede Struktur ab, mit der sie in Kontakt kommen, und erkennen am chemischen Aufbau, ob sie zum eigenen Körper gehört oder körperfremd ist. Körperfremde Strukturen werden als Antigene bezeichnet. Sind sie erkannt worden, wird durch Botenstoffe und direkten Kontakt zwischen verschiedenen Zelltypen des Immunsystems eine Informationskette in Gang gesetzt und dadurch die Abwehr eingeleitet. Dazu gehört die Produktion von Antikörpern, die sich mit Antigenen zum Beispiel auf der Oberfläche von Bakterienzellen verbinden und diese dadurch unschädlich machen. Von Viren befallene Zellen können von der körpereigenen Abwehr ebenfalls erkannt und zerstört werden. Die langfristige Informationsspeicherung über die Struktur von Antigenen und Antikörpern erfolgt in Gedächtniszellen.

Biologisches Prinzip Wechselwirkung zwischen Lebewesen

Die meisten Infektionskrankheiten werden durch Einzeller mit Zellkern, Bakterien oder Viren verursacht. In der Regel nutzt jeder Erreger bestimmte Zellen oder Organe des Wirtes, um sich zu ernähren und fortzupflanzen. So parasitiert der Malaria-Erreger unter anderem in Leber- und Blutzellen des Menschen, Tuberkulose-Bakterien kommen vorwiegend in der Lunge vor, HI-Viren vermehren sich vor allem in T-Helferzellen des Immunsystems.

Durch die Infektion mit einem Erreger kommt es bei den Betroffenen als Wechselwirkung zur Ausbildung der Krankheit. Die Beschwerden sind eine Reaktion auf die Abgabe von Stoffwechselgiften durch den Erreger oder die Zerstörung von Zellen, Geweben und Organen.

Biologisches Prinzip Struktur und Funktion

Die chemische Struktur der Antikörper passt exakt zu einer bestimmten Antigen-Struktur. Bei der Antigen-Antikörper-Reaktion verbinden sich die Antikörper mit den Antigenen und inaktivieren auf diese Weise Krankheitserreger.

Um Impfstoffe herzustellen, müssen Erreger so verändert werden, dass sie keine Erkrankung mehr auslösen können. Die Struktur der Antigene muss jedoch erhalten bleiben, um in den Gedächtniszellen eine aktive Immunisierung aufzubauen.

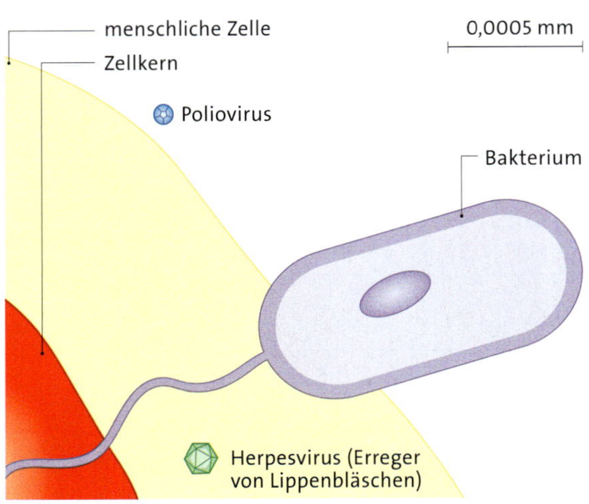

1 Größenvergleich menschliche Zelle – Bakterien – Viren

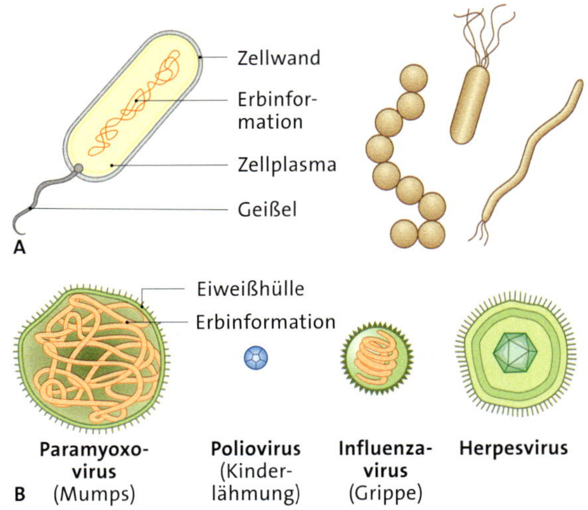

2 Aufbau von Bakterien (A) und Viren (B) im Vergleich

Wissen vernetzt Infektionskrankheiten und Immunsystem

A1 Abwehrreaktion

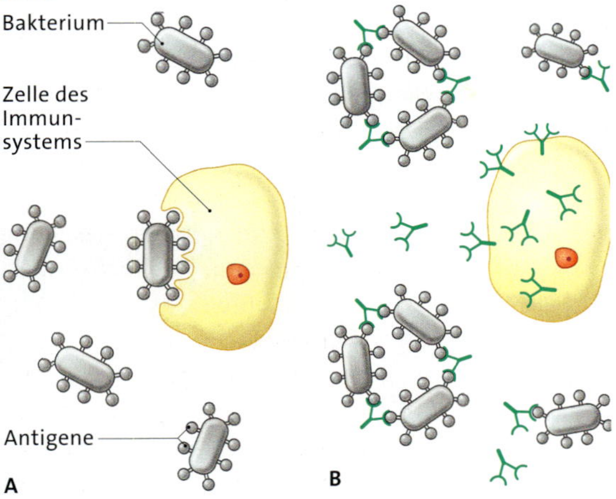

In der Abbildung sind zwei Stadien aus einer Abwehrreaktion des menschlichen Immunsystems dargestellt. Beschreibe die dargestellten Vorgänge und ergänze deine Beschreibung mit den Vorgängen, die zwischen diesen beiden Stadien ablaufen.

A2 Immunisierung

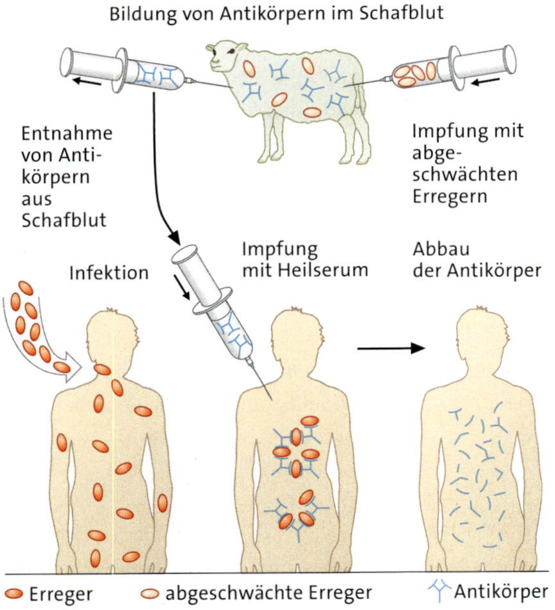

Beschreibe das 1890 von BEHRING entwickelte Verfahren der passiven Immunisierung, vergleiche es mit dem der aktiven Immunisierung und nenne Vor- und Nachteile bei den beiden Verfahren.

A3 Infektionskrankheiten

Krankheiten	Anzahl der Erkrankungen (weltweit)
Malaria	300–500 Millionen
Masern	30 Millionen
Aids	40 Millionen
Tuberkulose	10 Millionen
Kinderlähmung	80 000

Infektionskrankheiten werden durch unterschiedliche Erreger ausgelöst.

a) Nenne für die in der Tabelle aufgeführten Krankheiten jeweils den Erregertyp.

b) Vergleiche den Aufbau eines Bakteriums und eines Virus. Nenne Gemeinsamkeiten und Unterschiede.

c) Erläutere, welche der genannten Krankheiten durch Antibiotika bekämpft werden können.

A4 Viruserkrankung

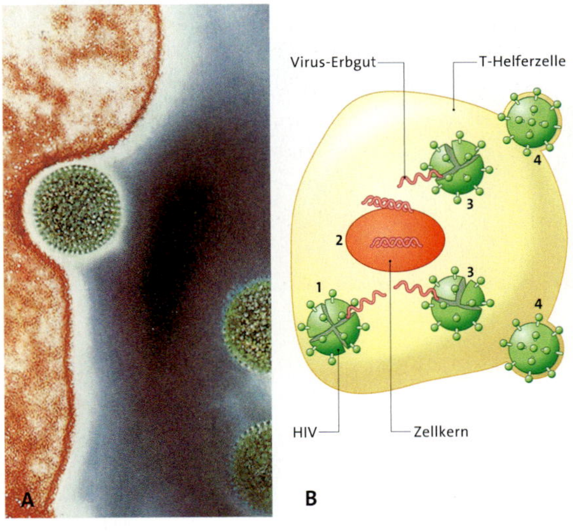

Die beiden Abbildungen zeigen Vorgänge, die sich auf eine schwerwiegende Erkrankung des Menschen beziehen.

a) Erläutere den in Abbildung A gezeigten Sachverhalt.

b) Nenne die Krankheit und ordne den Ziffern in Abbildung B die entsprechenden Begriffe zu.

c) Schildere den Ablauf der Erkrankung und erläutere die einzelnen Krankheitsabschnitte.

Gesundheitsgefährdung durch Drogen

Flatrate-Party

Wegen der äußerst günstigen Preise sind sogenannte Flatrate-Partys bei Jugendlichen sehr beliebt.

Bewertet diese Geschäftsidee aus verschiedenen Blickwinkeln, zum Beispiel Eltern, Ärzte, Polizei.

Spielsucht

Bei der Spielsucht handelt es sich nicht um eine Abhängigkeit von einem bestimmten chemischen Stoff, sondern von einer bestimmten Tätigkeit wie dem Spiel an Spielautomaten oder am Computer. Dabei sind alle Kriterien der psychischen Abhängigkeit und damit der echten Sucht gegeben.

Diskutiert in der Gruppe die Probleme, die für einen Jugendlichen entstehen, der spielsüchtig ist.

Organisiert ein Rollenspiel, in dem ihr sowohl die Probleme des spielsüchtigen Jugendlichen, als auch seines Umfeldes, wie Eltern oder Freundeskreis, darstellen könnt.

Schlafmohn

Der Schlafmohn *(Papaver somniferum)* ist eine Pflanze aus der Familie der Mohngewächse. Ihr Milchsaft wird zur Herstellung von Drogen verwendet.

Recherchiere Herkunft und Geschichte dieser Pflanzenart.

Wirkungen des Alkohols

Der niederländische Maler und Grafiker VAN OSTADE (1610–1685) stellte in vielen, kleinen Ölgemälden vor allem das damalige bäuerliche Leben dar. Dazu gehörten auch Wirtshausszenen.

Erläutere, welche Wirkungen des Alkohols der Maler hier dargestellt hat.

Stelle einen Zusammenhang zwischen der Körpermasse eines Menschen und den Wirkungen von Alkohol her. Begründe diesen Zusammenhang.

Drogentod und Drogenbarone

Viele Drogensüchtige stehen durch ihre Sucht auf der Schattenseite des Lebens und die Sucht treibt sie immer tiefer in die Armut. Die Zahl der Drogentoten in Deutschland hat um 1990 rasant zugenommen und pendelt seit 2003 bei Zahlen knapp unter 1500 pro Jahr. Andrerseits sollen im Jahr 2010 allein in Mexiko 15,6 Milliarden € von Drogenhändlern umgesetzt worden sein. Einer der reichsten Männer der Welt, der kolumbianische Drogenhändler Pablo Escobar, hatte ein geschätztes Einkommen von 1 000 000 US-Dollar – pro Stunde! 1993 ist er im Kugelhagel der Polizei umgekommen.

Diskutiert in eurer Lerngruppe über mögliche Ursachen des Anstiegs an Drogentoten zwischen den Jahren 1988 und 1991.

Führt eine Internet-Recherche zu den wichtigsten Drogenanbaugebieten der Erde durch.

Organisiert mit eurem Biologie-, Geschichts- und Erdkundelehrer ein Team-Teaching zum Thema »Drogenanbaugebiete«. Betrachtet dabei vor allem die politische Stabilität, staatliche Kontrolle und soziale Situation in diesen Gebieten.

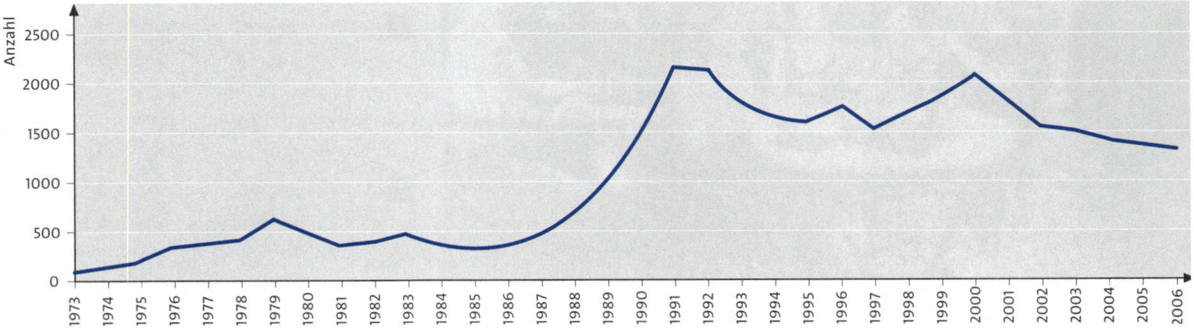

1 Suchtmittel erzielen Abhängigkeit

Auf Partys von Jugendlichen und Erwachsenen werden häufig Alkohol getrunken und Zigaretten geraucht. Viele Menschen sind der Meinung, dass die fröhliche und ausgelassene Stimmung durch Alkohol und Nikotin gefördert wird. Vielen ist jedoch nicht bewusst, dass es sich bei diesen Stoffen um Drogen handelt. Drogen sind Stoffe, die auf Nerven und andere Organe einwirken und dadurch die Wahrnehmungsfähigkeit, Stimmungen und Reaktionen verändern. Manche Drogen erzeugen einen inneren Zwang, eine Sucht, den Stoff immer wieder zu konsumieren.

Der Betroffene hat die Wirkung der Droge als angenehm empfunden und will diese Erfahrung wiederholen. Schließlich wächst das Gefühl, ohne die anregende oder dämpfende Wirkung des Stoffes nicht mehr auskommen zu können. Der Konsument entwickelt den Zwang, immer wieder danach zu greifen und fällt in eine psychische Abhängigkeit. Drogen können auch direkt in den Stoffwechsel eingreifen, der Organismus gewöhnt sich dann meist schnell an die Einnahme. Ohne die Droge reagiert er dann mit unangenehmen, manchmal quälenden Entzugserscheinungen, die nur durch eine erneute Einnahme des Stoffes behoben werden können. In diesem Fall liegt eine physische Abhängigkeit vor. Bei vielen Drogen spielen beide Formen der Abhängigkeit eine gemeinsame Rolle.

Die in Deutschland am meisten verbreitete Droge ist Alkohol. Er ist in unserer Gesellschaft akzeptiert und wird deshalb, genauso wie Nikotin, als legale Droge bezeichnet. Dagegen sind Drogen wie Haschisch, Heroin und Ecstasy in Deutschland illegal.

Es gibt aber auch Süchte, die nicht an Drogen gebunden sind. Man schätzt, dass in Deutschland etwa 100000 Menschen an krankhafter Spielsucht leiden. Besonders Spielautomaten können zu Zwanghaftigkeiten im Verhalten und schließlich zu gesellschaftlicher Isolation und oft auch finanziellen Problemen führen. Selbst Tätigkeiten wie Fernsehen, Putzen und Computerspielen können sich zu einer Sucht entwickeln. Häufig vernachlässigen Abhängige dabei ihre Familie und Freunde. Der Süchtige versucht aus der realen Welt zu fliehen und in eine »Scheinwelt« abzutauchen, wobei sich seine Persönlichkeit völlig verändert.

Die Gründe, weshalb Menschen in eine Sucht geraten, obwohl sie die Gefahren kennen, sind vielfältig. Zum Beispiel probieren Jugendliche in ihrer Clique oft etwas Neues aus. Es ist schwierig, sich dem Gruppenzwang in einer solchen Situation zu entziehen und aus Überzeugung nicht mitzumachen. Nur mit einem gut entwickelten Selbstbewusstsein und Selbstwertgefühl kann man dann diesem Druck standhalten. Manchmal orientieren sich Kinder auch an dem schlechten Vorbild der Erwachsenen, wenn im Elternhaus zum Beispiel leichtfertig mit Alkohol und Tabak umgegangen wird.

Die Aussicht auf einen erfolgreichen Ausstieg aus der Sucht ist am größten, wenn die Betroffenen den festen Wunsch haben »clean« zu werden. Während der körperlichen Entgiftung und der seelischen Entwöhnung brauchen sie ständig intensive Betreuung, um ihren Alltag ohne das Suchtmittel zu meistern. Auch nach einem erfolgreichen Entzug besuchen viele Süchtige weiterhin eine Therapie. Die Gefahr, rückfällig zu werden und erneut mit dem Konsum der Droge zu beginnen, ist sehr groß.

1 Jugendliche auf einer Party

1. Sammelt in der Gruppe Argumente, die für und gegen den Konsum von Tabak und Alkohol sprechen. Wägt in einer Diskussion die Argumente gegeneinander ab.
2. Es spricht nichts dagegen sich gelegentlich mit einem Computerspiel die Zeit zu vertreiben. Überlege dir mögliche Gründe, wie daraus eine Sucht entstehen könnte.

Methode Planung und Gestaltung eines Projektes »Sucht«

Viele Möglichkeiten stehen euch offen, das Projekt »Sucht« zu planen und zu gestalten. Ihr wählt ein Thema und eine passende Arbeitsmethode. Ihr findet euch in einer Arbeitsgruppe. Ihr legt ein Ziel fest, plant Zwischenstopps auf eurem Weg und verteilt Aufgaben. Und los geht's.

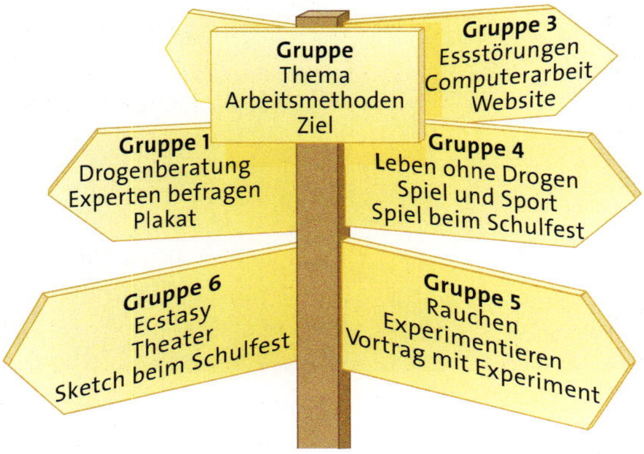

Gruppe 1: Illegale Drogen in unserer Stadt

Illegale Drogen und Drogenkriminalität sind Probleme in vielen Städten und Gemeinden. Die Drogendezernate der Polizei und die Drogenberatungsstellen kennen sich damit aus. Nehmt Kontakt zu Mitarbeiterinnen oder Mitarbeitern einer dieser Stellen auf. Erkundet, welche Drogenprobleme es in eurer Stadt gibt. Wie versucht man, Drogenabhängigen zu helfen? Was sollten junge Menschen tun, um gar nicht erst süchtig zu werden? Tragt der Klasse eure Ergebnisse vor.

Gruppe 2: Selbsthilfegruppen

In Selbsthilfegruppen schließen sich Menschen zusammen, die die gleichen Probleme haben, beispielsweise eine bestimmte Krankheit oder ein Suchtproblem. Sie tauschen Informationen aus und sprechen über ihre Schwierigkeiten. Oft sind es Selbsthilfegruppen, in denen Süchtige Verständnis und echte Hilfen für einen dauerhaften Weg aus ihrer Krise finden.
Vereinbart ein Treffen, zum Beispiel mit einem Mitglied der »Anonymen Alkoholiker«. Bereitet sorgfältig ein Interview vor und zeichnet es auf. Später schreibt ihr die wichtigsten Fragen und Antworten übersichtlich auf und veröffentlicht das Interview auf einem Plakat oder in der Schülerzeitung.

Gruppe 3: Essstörungen

www.bzga.de
www.dhs.de
www.dge.de

Essstörungen wie Magersucht, Esssucht oder Bulimie stellen eine weit verbreitete Form der Sucht dar. Viele Informationen zu diesem Thema findet ihr im Internet. Recherchiert zu Erscheinungsformen, möglichen Ursachen, Gefahren, Therapiemöglichkeiten und Selbsthilfegruppen. Dokumentiert interessante Informationen in einem eigenen Computerdokument auf mehreren vernetzten Seiten. Verlinkt eure Seiten mit den entsprechenden Internetseiten, die ihr als Quellen genutzt habt.

Methode Präsentieren am Computer

Gestaltungskriterien

- Verwende nur wenige Schriftarten – die Schriftgröße beträgt mindestens 16 pt; für Überschriften 36 pt
- Achte auf eine dezente und einheitliche Hintergrundfarbe.
- Wähle einen guten Kontrast zwischen Schriftfarbe und Hintergrund.
- Gliedere logisch und übersichtlich.
- Ein knapper Folientext steigert die Aufmerksamkeit der Zuhörer.
- Veranschauliche mit Bildern und Grafiken.
- Vermeide optische, akustische oder inhaltliche »Ballaststoffe«.
- Verwende Animationseffekte nur sparsam.
- Gestalte die Folienübergänge einheitlich.

Tipps fürs Vortragen

- Sprich deutlich, laut und nicht zu schnell.
- Halte während deiner Präsentation Blickkontakt zum Publikum und gehe auf Reaktionen ein.
- Stelle den Zuhörern das Thema möglichst anschaulich vor.
- Fasse zum Abschluss deiner Präsentation die wichtigsten Informationen zusammen und biete deinem Publikum die Möglichkeit, Fragen zu stellen. Sei offen für eine anschließende Diskussion.

Tipps für die Vorbereitung des Vortrags

- Versieh die Vortragsfolien am PC mit deinem Vortragskommentar im Notizbereich der Folie, drucke sie aus und verwende sie als Handzettel.
- Du erleichterst dir das Vortragen, wenn du wichtige Begriffe auf dem Handzettel unterstreichst. Sie dienen dir als »roter Faden«.
- Versuche die Inhalte durch eigene Erfahrungen oder Erlebnisse zu bereichern.
- Überlege dir sinnvolle Übergänge zwischen den Themenbereichen.
- Bei deiner Präsentation solltest du frei und flüssig sprechen. Übe den Vortrag zuvor ein.
- Um dein Thema zu veranschaulichen, kannst du Anschauungsmaterial wie Modelle mitbringen.

2 Tabak – eine Droge?

Menschen, die eine Zigarette rauchen, sind ein alltäglicher Anblick. Es scheint ein besonderer Genuss mit dem Rauchen verbunden zu sein, schließlich sind es auch beliebte Filmschauspieler oder geachtete Politiker, die sich häufig rauchend präsentieren. Noch vor einigen Jahren versuchte eine aggressive Zigarettenwerbung auf Plakatwänden, in Kinos und in allen Medien neue Käuferschichten zu gewinnen. Besonders oft wurde in der Werbung das Rauchen mit der Sehnsucht nach Abenteuer und Freiheit verknüpft und ein uneingeschränkter Genuss versprochen.

Menschen, die rauchen, bringen sich wissentlich gesundheitlich selber in Gefahr. Heute weiß man, dass Tabak auf keinen Fall harmlos ist. 140.000 Tote jährlich durch Tabakkonsum und zusätzlich 3.300 Tote durch Passivrauchen, bei rund 16 Millionen Rauchern in Deutschland, sollten alarmierend sein. Erst das allgemeine Rauchverbot, zum Beispiel in U-Bahnen, Kneipen und öffentlichen Gebäuden, hat vielfach ein Umdenken bewirkt. Besonders zum Schutz der Jugendlichen wurde bereits 1975 die Tabakwerbung in Rundfunk und Fernsehen sowie 2007 in Zeitungen, Zeitschriften und im Internet verboten.

Viele Menschen, die einmal mit dem Rauchen begonnen haben, können nicht mehr davon lassen. Sie sind abhängig geworden und zeigen viele Anzeichen einer Sucht. Die Suchtwirkung geht vom Nikotin aus. Dieses beeinflusst bestimmte Zentren im Gehirn, der Konsument fühlt sich wohl. Dieses Gefühl lässt jedoch etwa fünfzehn Minuten nach dem Rauchen nach und gibt den Anstoß, eine nächste Zigarette zu rauchen. Aus diesem Grund riefen Maßnahmen, wie die Verringerung der Zigarettenautomaten in Deutschland von 835.000 auf 470.000 innerhalb weniger Jahre sowie das Verbot des Verkaufs von Tabakwaren an Minderjährige, massenhaft Proteste hervor.

Raucher behaupten häufig, jederzeit und selbstständig mit dem Rauchen aufhören zu können. Der Versuch sich vom Nikotin zu entwöhnen wird aber meist misslingen. In Selbsthilfeliteratur werden unterschiedliche Methoden vorgestellt, wie man sich das Rauchen schnell und kostengünstig abgewöhnen kann. Zum Beispiel werden Anwendungen wie Hypnose, Kräuterzigaretten, Nikotinpflaster und Akupunktur genannt. Auch das Rauchen aus einer Wasserpfeife ist keine Lösung, denn dieser Tabakqualm gefährdet ebenfalls die Gesundheit und der hohe Anteil an Nikotin macht genauso süchtig.

Die Tabakentwöhnung ist sehr schwierig, viele Menschen probieren dies immer wieder, vielfach jedoch ohne Erfolg.

1 Viele Drogenabhängige waren von Alkohol und Nikotin abhängig, bevor sie später auf illegale Drogen umgestiegen sind. Beurteile diesen Sachverhalt und ziehe sinnvolle Schlussfolgerungen.

2 Entwirf eine gegliederte Tabelle zu den Inhaltsstoffen von Tabakrauch und deren Wirkungen.

3 Recherchiere im Internet verschiedene Methoden, um mit dem Rauchen aufzuhören. Stelle deine Erkenntnisse in einem kurzen Vortrag zusammen.

1 **Rauchverbot an öffentlichen Plätzen**

2 **Kampagne gegen das Rauchen**

3 Alkohol kann süchtig machen

Alkohol wird über das Verdauungssystem sehr schnell in das Blut aufgenommen und im gesamten Körper verteilt. Er wirkt sich besonders auf die Funktionen des Nervensystems aus, dessen Zellen auf die Weiterleitung und Verarbeitung von Informationen spezialisiert sind. Wenn Alkohol in eine Nervenzelle eindringt, dann wird deren Übertragung von Informationen gestört. Auch die Verarbeitung im Gehirn ist erschwert oder erfolgt fehlerhaft. So kommt es, dass Menschen unter Alkoholeinfluss langsamer reagieren und ihr Verhalten verändern. Verlangsamte Reaktionen können zum Beispiel im Straßenverkehr schlimme Folgen haben. Deshalb gilt in vielen Ländern absolutes Alkoholverbot für Autofahrer.

Die Wirkung des Alkohols lässt nach einiger Zeit wieder nach, weil er von den Zellen im Körper abgebaut wird. Besonders die Zellen der Leber sind am Abbau des Alkohols beteiligt. Nach dem Alkoholabbau bleiben am nächsten Tag Kopfschmerzen, Übelkeit und Händezittern zurück: Ein »Kater« zeigt alle Spätfolgen dieser Vergiftung. Obwohl der Rausch nach ein paar Stunden verflogen ist, geht eine Alkoholvergiftung nicht spurlos vorüber. Bei jedem Alkoholrausch werden viele Tausende Nervenzellen im Gehirn abgetötet und nicht mehr ersetzt. Auch die Leber kann geschädigt werden.

Wird dem Körper regelmäßig und in größeren Mengen Alkohol zugeführt, so gerät der Mensch in eine Abhängigkeit. Eine solche **Sucht** entsteht durch Veränderungen im Gehirn, die nur schwer wieder rückgängig zu machen sind. Alkoholiker können ihre Sucht meist nicht allein überwinden, weil sie ihr Verhalten durch diese Veränderungen nicht mehr selbst bestimmen können. Ihr gesamtes Leben richtet sich nach der Alkoholsucht. Deshalb brauchen diese betroffenen Menschen ärztliche und psychologische Hilfe.

Bei Kindern und Jugendlichen ist die Gefahr von möglichen Schäden durch Alkoholkonsum besonders groß. Das Jugendschutzgesetz verbietet daher den Verkauf und den Ausschank von Bier und Wein an Jugendliche unter 16 Jahren. Hochprozentiger Alkohol, wie zum Beispiel Schnaps, darf erst an Personen ab 18 Jahren verkauft werden.

1 Mache eine Umfrage in deiner Klasse.

a) Bei welcher Gelegenheit wird Alkohol getrunken?

b) Welche Gründe werden für den Alkoholgenuss am häufigsten angegeben?

c) Warum lehnen es einige ab, Alkohol zu trinken?

2 Der ungefähre Promillegehalt im Blut lässt sich nach einer Formel berechnen:

$$\frac{\text{Alkoholmenge in g}}{\text{Körpergewicht in kg}} \cdot K$$

K für Männer: 0,7,
für Frauen: 0,6.
Berechne den Promillewert für einen 80 kg schweren Mann bzw. eine 50 kg schwere Frau, wenn beide drei große Glas Bier und einen Schnaps (insgesamt 65 g Alkohol) trinken.

1 Wochenendparty

4 Verantwortungsvoller Umgang mit Arzneimitteln

»Zu Risiken und Nebenwirkungen lesen Sie die Packungsbeilage oder befragen Sie ihren Arzt oder Apotheker«. Dieser Warnhinweis ist gesetzlich vorgeschrieben für frei käufliche Medikamente. Trotzdem halten sich viele Menschen nicht daran und entwickeln eine Medikamentensucht. Kann denn ein harmloses Schnupfenmittel tatsächlich süchtig machen?

Viele Menschen gehen zu bedenkenlos mit Medikamenten um, bedenkt man, dass es nahezu keine Substanz gibt, die nicht auch zum Suchtmittel werden kann. Die Zahl der Medikamentenabhängigen in Deutschland wird auf bis zu 1,9 Millionen geschätzt, jedoch dürfte die Dunkelziffer erheblich höher liegen. Besonders häufig ist der Missbrauch von kodeinhaltigen Hustenmitteln, Asthmapräparaten und Abführmitteln. Aber auch Beruhigungs-, Schlaf- und Schmerzmittel sowie anregende Präparate und Appetitzügler werden vielfach unkontrolliert eingenommen.

Verlockend klingen die Aussagen der Arzneimittelwerbung, die eine schnelle Beseitigung von Krankheitssymptomen versprechen. Dabei kann man leichte Beschwerden wie Kopfschmerzen oder Erkältungen oft schon durch ausreichend Schlaf, frische Luft, Spaziergänge oder mit Heilkräutern lindern. Auf keinen Fall sollte man sich jedoch bei andauernden Beschwerden selbst behandeln. Ein Arztbesuch ist hier unerlässlich. Nur der Arzt kann die Wirksamkeit der von ihm verordneten Medikamente einschätzen und eventuell notwendige Maßnahmen einleiten.

Bestimmte Medikamente können Krankheitserreger bekämpfen, Fieber senken, Schmerzen lindern oder Schlaf ermöglichen. Kaum jemand denkt aber daran, dass jedes wirksame Medikament auch Nebenwirkungen hat. So trocknen Nasentropfen die Nasenschleimhäute bei häufigem Gebrauch aus. Der Patient versucht nun die jetzt auftretenden Beschwerden durch die weitere Einnahme von Nasentropfen zu beheben. Damit entsteht eine Abhängigkeit, aus der man sich nur schwer wieder lösen kann.

Oft sind es die Erwartungen der Eltern oder die eigenen Leistungsansprüche, die zum Medikamentenmissbrauch führen. Wer regelmäßig zu wenig Schlaf findet oder einen hektischen Lebensstil führt, wird am frühen Morgen häufiger über Müdigkeit oder Kopfschmerzen klagen. Der Griff nach der Tablettenschachtel ist aber keine Lösung. Die Dauereinnahme von Aufputsch-, Schlaf- oder Beruhigungsmitteln führt in wenigen Wochen zu Verhaltensänderungen und Abhängigkeit. Morgens sind Aufputschmittel nötig, um auf die Beine zu kommen, abends dagegen Schlafmittel, um zur Ruhe zu finden – ein Teufelskreis.

Hilfe finden Abhängige bei einem Arzt oder in einer Suchtberatungsstelle. Sie müssen zuvor aber selbst die Einsicht finden, dass sie Hilfe benötigen.

1 Schreibe auf, in welchen Situationen oder bei welchen Gelegenheiten du Medikamente nimmst. Überlege, auf welche du verzichten könntest.

2 Führe eine Befragung ähnlich der in Abbildung 2 durch. Protokolliere die Ergebnisse.

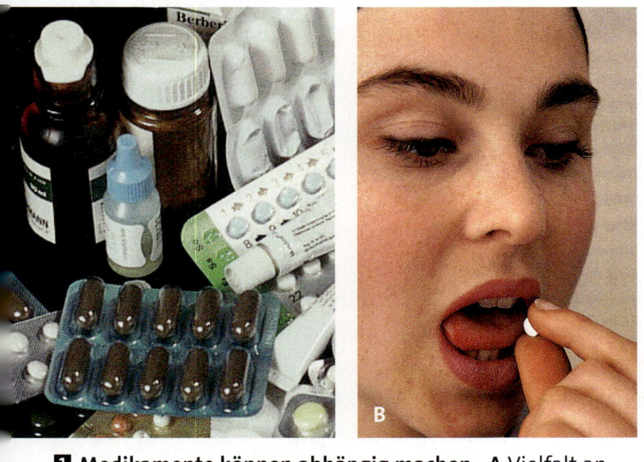

1 Medikamente können abhängig machen. **A** Vielfalt an Medikamenten; **B** verantwortungsvoller Umgang?

Beschwerden	Häufigkeit	Medikamenteneinnahme
Müdigkeit	79 % 69 %	2 % 2 %
Nervosität/ Unruhe	64 % 60 %	2 % 2 %
Kopfschmerzen	73 % 58 %	20 % 12 %
Magenschmerzen	57 % 42 %	6 % 3 %
Kreislaufbeschwerden	51 % 26 %	8 % 2 %

2 Befragungsergebnisse über Beschwerden von jungen Leuten zwischen 12 und 25 Jahren (Auszug)

5 Cannabis – die häufigste Einstiegsdroge

In den Tageszeitungen wäre eine Meldung wie die folgende nur eine Randnotiz: »Die Polizei stellte auf dem Balkon des Studenten einige Blumentöpfe mit Cannabispflanzen sicher. Der Student wollte mit den Pflanzen seinen eigenen Bedarf an Haschisch decken. Der Student gab zur Rechtfertigung an, dass Haschisch viel harmloser sei als Alkohol oder Nikotin.« Was soll man von einer derartigen Aussage halten?

Haschisch und Marihuana, die aus der Cannabispflanze hergestellt werden, gehören zu den illegalen Drogen. Die Cannabispflanze wird auch als Hanfpflanze bezeichnet. Sie kann einige Meter hoch werden und ist einjährig. Die Blätter bestehen aus fünf bis neun fingerförmigen Lappen. Die Blüten sind klein und unscheinbar. Aus den Stängeln können Pflanzenfasern gewonnen werden, die man zu Seilen verarbeiten kann. Das Harz dieser Pflanzen wird als **Haschisch** bezeichnet, die getrockneten Blätter als **Marihuana.** Beide Produkte werden meist geraucht. So wird auch das enthaltene Rauschmittel Tetrahydrocannabinol (THC) aufgenommen. Körperliche Anzeichen sind vergrößerte Pupillen, gerötete Augen und ein beschleunigter Puls.

Im Rauschzustand verändert sich die Wahrnehmungsfähigkeit. Das Zeitgefühl geht verloren und die Aufmerksamkeit wird gestört. Der Betroffene fühlt sich beschwingt, ist aber in Wirklichkeit verwirrt und kann seine Bewegungen nicht mehr steuern. Die Wahnvorstellungen werden als *Halluzinationen* bezeichnet. Trotz der psychischen Veränderungen ist das Bewusstsein nicht getrübt. So kann der Betroffene, wenn er angeschrien wird, plötzlich ganz nüchtern wirken.

Wie sind Haschisch und Marihuana im Vergleich mit Alkohol einzuordnen? Die Giftwirkung von Cannabis ist geringer als bei Alkohol. Außerdem führt Cannabis nicht unmittelbar zur Gewöhnung, die aufgenommene Menge braucht also nicht gesteigert zu werden. Aber während alkoholhaltige Getränke oft nur wegen des Geschmacks getrunken werden, wird Cannabis wegen der Suchtwirkung konsumiert. Deshalb probieren die Konsumenten häufig auch andere Drogen, um deren Suchtwirkung zu testen. Cannabis ist also eine **Einstiegsdroge,** mit der meist eine Rauschmittelsucht begonnen wird. Zwar werden nicht alle Cannabiskonsumenten heroinsüchtig, aber fast alle Heroinsüchtigen haben mit Haschisch oder Marihuana begonnen.

1 Cannabispflanze

Wo kann man Hilfe suchen, wenn eine Freundin oder ein Freund begonnen hat, Cannabis oder auch andere Rauschmittel zu konsumieren? Bei häufigem Gebrauch von Haschisch oder Marihuana treten Persönlichkeitsveränderungen auf wie Antriebsarmut, Gleichgültigkeit gegenüber Elternhaus, Schule und Studium, Nachlassen der Leistungsfähigkeit und des Verantwortungsgefühls. Die Betroffenen selbst sind meist nicht in der Lage oder auch nicht bereit, Hilfe von außerhalb in Anspruch zu nehmen. Diese ist aber unbedingt notwendig. Deshalb sollten die Menschen, die dem Betroffenen nahe stehen, ohne Scheu reagieren. Adressen von **Suchtberatungsstellen** sind sowohl über die Stadt- und Landkreisverwaltungen als auch über die Kirchen, Ärzte oder über das Internet zu erhalten. In vielen Kommunen gibt es **Streetworker,** die als Vertrauenspersonen weiterhelfen, sodass eigentlich niemand, der Hilfe sucht, allein gelassen wird.

1 Cannabis wird oft als Problemdroge bezeichnet. Diskutiert in der Gruppe, aufgrund welcher Sachverhalte dieser Begriff gerechtfertigt ist.

2 Der Hauptwirkstoff in Cannabis-Produkten wird chemisch als THC bezeichnet. Marihuana enthält im Allgemeinen 0,5 bis 2 Prozent THC, Haschisch 2 bis 10 Prozent. Wenn pro Kilogramm Körpergewicht 50 mg THC durch Rauchen aufgenommen werden, entspricht die Wirkung etwa 120 mg THC, die zum Beispiel in Flüssigkeit gelöst getrunken werden. Ziehe aus diesen Angaben Schlussfolgerungen und erläutere.

Wissen kompakt Illegale Drogen

Opiate

Herkunft: Aus dem Milchsaft des Schlafmohns wird Opium gewonnen. Daraus werden Morphium, Codein und Heroin hergestellt.

Anwendung: geraucht, gespritzt, inhaliert; Morphium und Codein werden auch legal als Medikamente verwendet

Wirkung: zuerst starkes Glücksgefühl, dann beruhigend, einschläfernd, schmerzstillend; erzeugt Gleichgültigkeit gegenüber Alltagsproblemen

Risiken: schnell eintretende seelische und körperliche Abhängigkeit; Infektionsgefahr durch unsaubere Spritzen mit Hepatitis (Leberentzündung) und HIV (Aids); vielfältige körperliche Schäden, Gefahr der kriminellen Handlungen zur Geldbeschaffung

Kokain

Herkunft: giftiges Alkaloid, wird aus Blättern der südamerikanischen Kokapflanze gewonnen

Anwendung: Verwendung bei religiösen Zeremonien bereits im Inkareich (Zerstörung im 16. Jh. durch die spanischen Eroberer); auch heute noch werden von den Indios die Blätter ohne Blattrippen gekaut; Kokain ist ein weißes Pulver, das aus den Blättern chemisch herausgelöst wird; Aufnahme vielfach durch Einziehen in die Nase mit Hilfe eines Röhrchens (»Schnupfen«)

Wirkung: Unterdrückung des Hunger- und Durstgefühls; Erhöhung der körperlichen und geistigen Leistungsfähigkeit; Hochgefühl; Steigerung der Kreativität, deshalb bei Künstlern recht beliebt

Risiken: außerordentlich hohe Suchtgefahr; im Rauschzustand Halluzinationen, danach Depressionen mit Selbstmordgefahr; Zerstörung der Nasenscheidewand durch das Schnupfen; körperlicher Zerfall; Verwahrlosung

Designer-Drogen

Herkunft: ausschließlich künstlich im Labor hergestellt

Anwendung: meist geschluckt in Pillenform

Wirkung: Glücksgefühl; erhöhte Kontaktbereitschaft; Harmoniegefühl mit der Umwelt; fehlende Müdigkeit; intensiveres Erleben; Appetitverlust; Unruhe; Harndrang

Risiken: seelische Abhängigkeit; Halluzinationen; Erbrechen; Kreislaufversagen; Austrocknung des Körpers; bleibende Nervosität; Schädigung des Gehirns; psychische Krankheiten

1 Eine künstliche Droge ist Methadon, das als Heroinersatzstoff bezeichnet wird. Recherchiere im Internet und in der Literatur, weshalb die ärztliche Verschreibung von Methadon zur Behandlung von Heroinabhängigkeit umstritten ist.

2 Nach einem körperlichen Entzug ist es für viele Drogensüchtige schwer, wieder ein »normales« Leben zu führen. Diskutiert in der Gruppe die Probleme, die sich in Schule und Beruf oder mit ehemaligen Freunden ergeben.

3 Morphin, der Hauptwirkstoff des Milchsaftes des Schlafmohns, wird in vielen Ländern legal als Medikament genutzt. Recherchiere, welche medizinischen Indikationen dafür vorliegen müssen.

6 Schutz vor Drogen durch Persönlichkeitsstärkung

Wieso werden Menschen drogenabhängig? Jeder weiß, dass Drogen Körper und Geist zerstören. Trotzdem nimmt die Zahl der Drogenabhängigen ständig zu. Dies gilt nicht nur für die Großstädte, sondern längst hat das Drogenproblem auch ländliche Gebiete und alle Bevölkerungsschichten erreicht.

Manchmal wird als Ursache einer Drogenabhängigkeit das Überhandnehmen persönlicher Probleme gesehen. Der Betroffene sucht in den Drogen eine Lösung seiner Schwierigkeiten, aber dies kann nicht gelingen, denn die Drogen gaukeln Glück, Entspannung und Zufriedenheit in einer Scheinwelt vor. Deshalb geraten viele Drogenabhängige in Schwierigkeiten mit ihrer Familie. Von ihrem bisherigen Freundeskreis werden sie abgelehnt, dazu kommen Probleme am Arbeitsplatz oder in der Schule.

Weil Drogen keine Konflikte lösen, sondern die Probleme nur weiter verstärken, spricht man von der Suchtspirale.

Die Befreiung aus einer Drogenabhängigkeit ist sehr schwer. Deshalb ist es notwendig, das Abgleiten von gefährdeten Menschen in die Sucht zu verhindern. So versucht man in den Schulen, durch Drogenpräventionsprogramme und durch geeignete Projekte nicht nur Informationen über Drogen zu vermitteln, sondern auch richtiges Verhalten in Gefahrensituationen einzuüben. Nur wer sich der Gefahren bewusst ist, gerät nicht leichtfertig in die Falle. Leider bewirken Warnungen und Aufklärung recht wenig. Fachleute sagen, dass das Schlüsselalter für den Rauschgift-Einstieg bei etwa 12 bis 16 Jahren liegt, und dass die entsprechende Schlüsseldroge Haschisch sei. Als Wegbereiter muss man das Rauchen und das Trinken von Alkohol ansehen, wobei besonders bei Mädchen noch der Medikamentenmissbrauch dazukommt. Mit diesen Verhaltensweisen wird oft bereits zu Hause – vielleicht sogar mit Wissen der Eltern – der Einstieg in die Drogenszene vorbereitet.

Eine sinnvolle Vorbeugung sollte zum Beispiel einem Zwölfjährigen bewusst machen, dass er nicht dann ein ganzer Kerl ist, wenn er raucht, sondern wenn er nicht raucht. Dies erfordert eine gezielte Stärkung der Persönlichkeit. Die Kinder und Jugendlichen müssen eine positive Einstellung zu sich selbst und zu ihrer Umwelt finden. Familie und Freundeskreis haben dabei eine wichtige Aufgabe, denn sie sind Ansprechpartner. Mit der Familie und Freunden kann man über vieles reden. Auch in der Schule gibt es Vertrauenspersonen, bei denen Jugendliche Hilfe finden können.

Das notwendige Selbstbewusstsein kann sich jedes Mädchen und jeder Junge selbst aneignen. In Sportvereinen und Jugendgruppen, aber auch in Cliquen, die sich zwanglos zusammengefunden haben, werden soziale Kontakte gefördert. Hier lernen junge Menschen, dass jeder Einzelne in der Gesellschaft eine wichtige Rolle spielt.

1 Diskutiert, weshalb Computerspiele oft von Psychologen als nachteilig für die Persönlichkeitsentwicklung angesehen werden.

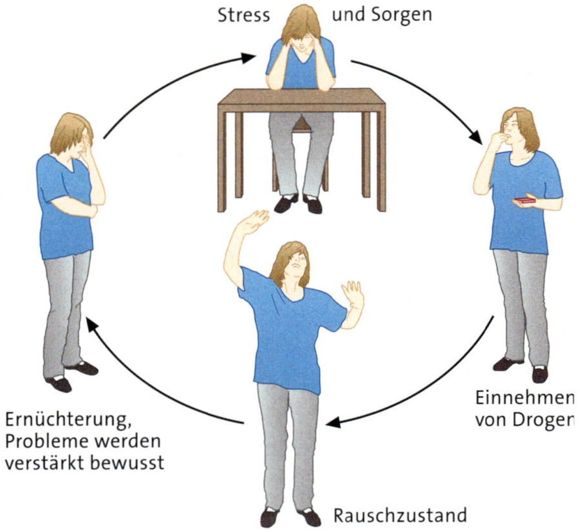

1 Suchtspirale

2 Plakat gegen Drogenmissbrauch: »Keine Macht den Drogen«

Zusammenfassung Gesundheitsgefährdung durch Drogen

Kennzeichen von Sucht

Manche Menschen sind von bestimmten Stoffen so sehr abhängig, dass sie sich nicht mehr davon lösen können. Dieses Verhalten wird als Sucht bezeichnet.

Psychisch abhängig sind Menschen, die nur dann entspannt oder ruhig, heiter oder ausgeglichen sind, wenn sie eine bestimmt Droge eingenommen haben. Diese Menschen streben danach, den angenehmen Zustand erneut herzustellen. Schließlich kommen sie ohne die Wirkung der Droge nicht mehr aus. Kokain, Nikotin, LSD und Cannabisprodukte zeigen eine solche Wirkung.

Bei einer körperlichen Abhängigkeit hat sich der Körper so an den Stoff gewöhnt, dass die Droge wie Nahrung benötigt wird. Zu diesen Drogen gehören unter anderem Opiate wie Heroin oder Morphium und Kokain. Beim Absetzen des Suchtmittels treten Entzugserscheinungen auf wie Erbrechen oder heftige Gliederschmerzen. Die Beschwerden verschwinden, wenn die Droge erneut eingenommen wird. Der Süchtige kann den unangenehmen Erscheinungen nur entgehen, indem er sich die Droge verschafft.

Drogen sind Stoffe, die auf Nerven und Organe einwirken und dadurch Wahrnehmungsfähigkeit, Stimmungen und Reaktionen verändern.

In Selbsthilfegruppen oder bei Drogenberatungsstellen kann man Antworten auf wichtige Fragen oder Unterstützung bei Drogenproblemen finden.

Legale und illegale Drogen

Alkohol, Nikotin und bestimmte Medikamente sind trotz ihrer vielfachen physischen und psychischen Wirkungen gesetzlich erlaubt. Nur bestimmte Vorschriften bezüglich des Alters sind aus Gründen des Jugendschutzes zu beachten. Diese Stoffe gelten als legale Drogen. Das hat aber nicht zu bedeuten, dass sie ungefährlich sind. Die Zahl der Abhängigen, Drogenkranken und Drogentoten ist sogar bei diesen legalen Drogen wesentlich höher als bei illegalen Drogen.

Heroin, Kokain, LSD, Ecstasy und Cannabisprodukte wie Haschisch und Marihuana sind illegale Drogen. Herstellung, Kauf und Verkauf stehen unter Strafe.

Häufig werden Missbrauch und drohende Abhängigkeit nur per Zufall und damit in der Regel zu spät erkannt. Oft schöpfen Eltern, Lehrer oder Arbeitskollegen zwar einen Verdacht, reagieren jedoch nicht oder sind hilflos. Dabei wäre es außerordentlich wichtig, bereits bei beginnendem Drogenkonsum schnell professionelle Hilfe in Anspruch zu nehmen.

Andere Suchtformen

Es gibt auch Süchte, die an keinen Stoff gebunden sind, das Verhalten des betroffenen Menschen aber verändern. Dazu gehören die Spielsucht, die Computersucht und Arbeitssucht.

1 Gruppendruck

2 Computersucht bei Kindern

Wissen vernetzt Gesundheitsgefährdung durch Drogen

A1 Komasaufen

Im Jahr 2008 mussten in Deutschland 109.300 Menschen wegen einer Alkoholvergiftung ins Krankenhaus eingeliefert werden. Besonders bedenklich ist die hohe Zahl an Jugendlichen, die oft in kürzester Zeit große Mengen an alkoholischen Getränken zu sich nehmen.

a) Nenne Motive, die Jugendliche zum Alkoholmissbrauch veranlassen könnten.

b) Beschreibe möglichen Schäden, die durch Alkoholmissbrauch entstehen können.

c) Überlege, durch welche Maßnahmen der Alkoholmissbrauch unter Jugendlichen eingeschränkt werden könnte.

A2 Schwangerschaft und Alkohol

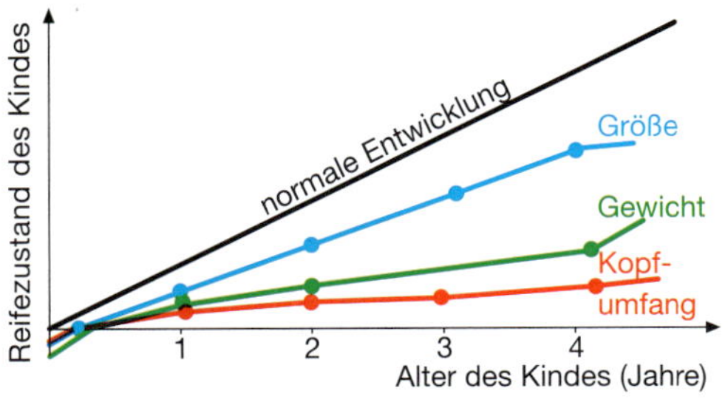

Nach dem offiziellen Drogenbericht der deutschen Bundesregierung kommen jedes Jahr etwa 10.000 Kinder mit zum Teil schweren körperlichen oder geistigen Behinderungen zur Welt, weil ihre Mütter während der Schwangerschaft Alkohol getrunken haben.

Interpretiere die Grafik und nenne mögliche Ursachen für die hier festgestellten Wirkungen von Alkohol auf die Kinder.

A3 Giftstoffe im Tabakrauch

Unter Hauptstromrauch versteht man den Rauch, der durch das Ziehen an der Zigarette entsteht, eingeatmet und dann wieder ausgeatmet wird. Der Nebenstromrauch ist der Rauch, der sich zwischen den einzelnen Zügen, durch das Glimmen der Zigarette, bildet.

Haupt- und Nebenstromrauch enthalten die gleichen giftigen Inhaltsstoffe, jedoch in unterschiedlichen Mengen. Der Nebenstromrauch entsteht nämlich bei einer niedrigeren Temperatur, wobei die Verbrennungsprozesse teilweise unvollständig ablaufen. Experimente mit Ratten haben gezeigt, dass der Nebenstromrauch etwa viermal giftiger wirkt als der Hauptstromrauch.

Bei der Herstellung von Zigaretten werden bis zu 600 Substanzen zugefügt. Zu diesen Stoffen gehören Ammoniak, Zucker, Menthol, Trockenfrüchte, Lakritze, Ahornsirup, Melasse, Spirituosen und Kakao.

a) Nenne einige Giftstoffe, die im Tabakrauch enthalten sind und erläutere ihre Wirkung auf den Menschen.

b) Begründe die besonders hohe Giftigkeit des Nebenstromrauchs. Ziehe sinnvolle Schlussfolgerungen für das Rauchen in geschlossenen Räumen.

c) Stelle Vermutungen an, weshalb den Zigaretten beispielsweise Zucker oder Kakao zugefügt werden.

A4 Kokain und Crack

Bald nach seiner um 1860 erfolgten Entdeckung verwendete man Kokain als Arzneimittel gegen Schmerzen. Die gefährliche Wirkung als Rauschdroge war damals noch nicht bekannt. Vor allem wurde die stimmungsverbessernde und anregende Wirkung dieses Stoffes geschätzt. Zahlreiche Getränke wurden deshalb mit Kokain zubereitet. Die erste Rezeptur von Coca-Cola aus dem Jahr 1886 enthielt in einem Liter etwa 0,25 Gramm Kokain. 1906 wurde das Kokain im Coca-Cola durch Koffein ersetzt.

a) Erläutere, weshalb Kokain zum Beispiel in Künstlerkreisen und in Stressberufen beliebt ist.

b) Crack wird aus Kokain hergestellt. Durch Reaktion mit Natriumhydrogencarbonat (»Natron«) entsteht eine Droge, die in Pfeifen geraucht werden kann. Formuliere und begründe eine Hypothese, weshalb Crack schneller wirkt als Kokain.

A5 Alkopops

Alkopops sind alkoholhaltige Süßgetränke, die vor allem Jugendliche ansprechen. Der Name leitet sich aus »Alkohol« und dem englischen Wort »pop« für Softdrink ab. Durch Mischung mit süßer Limonade wird der etwas bittere Geschmack des beigemengten Wodkas oder Whiskeys überdeckt. Der Alkoholgehalt beträgt meist 5,5 Prozent, ist also etwas höher als in den meisten Biersorten. Die üblichen Alkopopflaschen enthalten 350 Milliliter.

a) Die Getränkehersteller versuchen, viele unterschiedliche Alkopops auf den Markt zu bringen. Bewerte diese Anstrengungen.

b) Der Verkauf von Alkopops an Jugendliche unter 18 Jahren ist gesetzlich verboten, da sie Spirituosen enthalten. Untersuchungen haben jedoch ergeben, dass 50 % der Alkopops von Kindern und Jugendlichen getrunken werden. Nimm dazu Stellung und schlage Maßnahmen vor, um diesen Missbrauch einzudämmen.

c) Ein Mädchen mit 40 kg Körpergewicht trinkt zwei Alkopops. Berechne den ungefähren Blutalkoholgehalt (Alkoholabbau in der Leber nicht mitgerechnet).

A6 Esssucht

Manche Menschen empfinden in Stress- und Belastungssituationen Heißhunger. Sie müssen unbedingt essen, erst dann stellt sich ein Gefühl der Ruhe und Entspannung ein. Sie nehmen so auf Dauer zu viel Nahrung zu sich und werden schließlich übergewichtig. Die hieraus entstehenden Frustrationen bekämpfen sie wiederum durch übermäßiges Essen.

a) Begründe, weshalb hier von einer »Sucht« gesprochen wird. Vergleiche die Esssucht mit einer Drogensucht.

b) Man nennt die im Text beschriebene Situation eine Suchtspirale oder auch einen Teufelskreis. Stelle diesen in einem beschrifteten Schema dar.

A7 Persönlichkeitsstärkung

Zu dem in der Abbildung gezeigten Sprung gehört ziemlicher Mut. Einfach losspringen und hoffen, dass die Anderen einen auffangen – das ist nicht einfach.

a) Fühle dich in die Rolle des »Springers« als auch eines »Fängers« hinein und beschreibe deine Gefühle.

b) In Selbsthilfegruppen bei Suchterkrankungen, aber auch in Seminarveranstaltungen zum Beispiel für Führungskräfte werden ähnliche Experimente durchgeführt. Erläutere deren Bedeutung.

Wir wenden die biologischen Prinzipien auf den Menschen an

Um die Vielfalt biologischer Phänomene zu ordnen und zu strukturieren, wendet man biologische Prinzipien an. Mit ihrer Hilfe können die Sachverhalte leichter verstanden und besser im Gedächtnis behalten werden.

Biologisches Prinzip Energieumwandlung

Bei der Zellatmung wird Traubenzucker abgebaut. Die in diesem Nährstoff gebundene Energie wird dabei freigesetzt und verfügbar gemacht. Alle Zellen greifen auf sie zurück.

Biologisches Prinzip Variabilität

Die Weltbevölkerung beträgt 2011 etwa 7 Milliarden Menschen und wächst ständig weiter. Alle diese Menschen zeigen – mit Ausnahme von eineiigen Zwillingen – mehr oder weniger verschiedene Merkmale, wie Haarfarbe, Hautfarbe, Form des Gesichts oder Körpergröße. Die Unterschiede beruhen auf der Wirkung von Erbanlagen.

Biologisches Prinzip Zelluläre Organisation

Der menschliche Körper besteht aus vielen Billionen Zellen. Alle Organe sind aus Zellen aufgebaut. Form und Aufbau der einzelnen Zellen stehen in Zusammenhang zu ihren Aufgaben. So sind zum Beispiel Nervenzellen mit langen Fortsätzen ausgerüstet die miteinander über Synapsen in Kontakt stehen. Die Funktion dieser Zellen ist die Weiterleitung von Informationen.

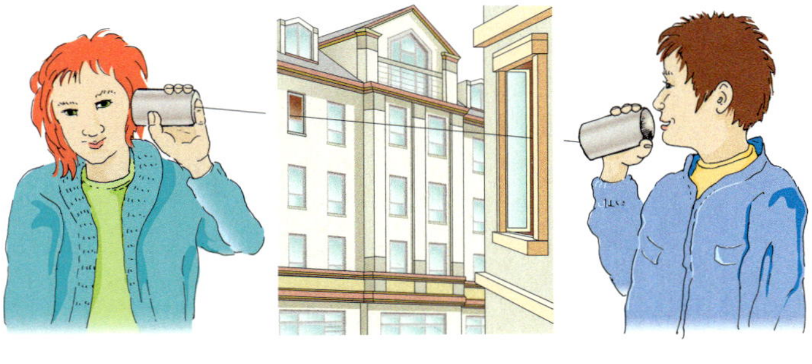

Biologisches Prinzip Information und Kommunikation

Menschen verständigen sich untereinander durch vielerlei Signale wie zum Beispiel Berührungen, Gesten oder Laute. Etwa durch Reden, Lachen, Singen und Tanzen werden die zwischenmenschlichen Beziehungen gefestigt. Es werden Informationen zwischen den Gruppenmitgliedern ausgetauscht beziehungsweise Signale von einem Sender zu einem Empfänger übertragen. Aber auch die Aufnahme von Reizen durch Sinnesorgane und die Verarbeitung im Gehirn werden durch das biologische Prinzip Information und Kommunikation strukturiert.

Biologisches Prinzip Struktur und Funktion

Das Gebiss des Menschen ist ein »Allesesser-Gebiss«. Die Form der Zähne entspricht ihren jeweiligen Aufgaben. Die vordersten Zähne sind die Schneidezähne. Sie haben eine scharfe Oberkante und schneiden damit Stücke von der Nahrung ab. Die spitzen Eckzähne halten die Nahrung fest. Die Aufgabe des Zermahlens und Zerreibens der Nahrung erfüllen die Backenzähne mit ihren breiten Kauflächen. Der Bau des Gebisses (= Struktur) steht also in Zusammenhang mit seiner Aufgabe (= Funktion).

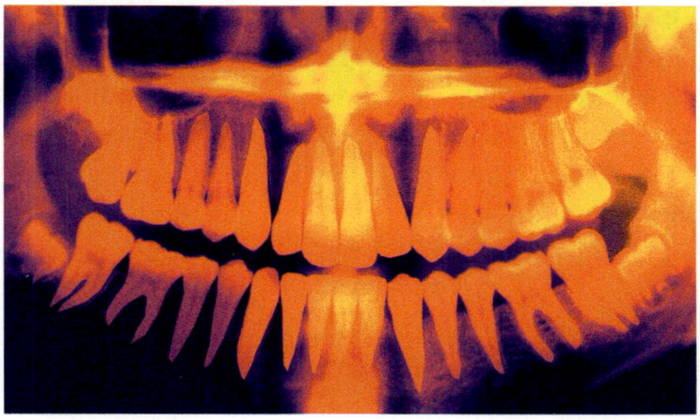

Biologisches Prinzip Angepasstheit

Das Herz eines durchtrainierten Sportlers ist deutlich größer ausgebildet wie bei einem Nichtsportler. Dies betrifft nicht nur das Herzvolumen, sondern auch die Dicke der Herzwand. Durch den erhöhten Druck kann die Muskulatur des Körpers besser mit Sauerstoff versorgt werden. Auch das Volumen der Lungen wird durch ausgiebiges Training deutlich vergrößert. Die Organleistung wird entsprechend den Anforderungen gesteigert.

Biologisches Prinzip Reproduktion

Menschen gehören biologisch zu den Säugetieren. Auch ein menschlicher Embryo entwickelt sich im Körper der Mutter und wird über die Nabelschnur ernährt. Nach der Geburt erhält der Säugling Milch aus den Milchdrüsen der Mutter.

Biologisches Prinzip Wechselwirkung zwischen Lebewesen

Viele Menschen übernehmen Verantwortung für ein Haustier. Der Kontakt zwischen Mensch und Tier bringt für beide Partner Vorteile. Solche Beziehungen sind ein Beispiel für die Vielfalt von möglichen Wechselwirkungen zwischen Menschen und anderen Lebewesen ihrer Umwelt.

Gefahrensymbole und Sicherheitshinweise

Manche der im Buch beschriebenen Versuche sind mit einer Sicherheitsleiste versehen, die mit Hilfe von sieben Symbolkästen Hinweise zu möglichen Gefahren und zur Entsorgung gibt.

Die ersten Symbole enthalten die Gefahrensymbole der verwendeten Stoffe. Dann folgen Hinweise auf Sicherheitsvorkehrungen beim Durchführen von Versuchen: Das Symbol »Abzug« bedeutet, dass der Versuch unter dem Abzug durchgeführt werden muss. Man erkennt außerdem, ob Schutzbrillen zu tragen sind. Die letzten Kästchen beschreiben die korrekte Entsorgung.

Wegen möglicher Gefahren sind beim Ausführen von Versuchen besondere Sicherheitshinweise zu beachten:

1. Schülerinnen und Schüler dürfen Geräte und Chemikalien nicht ohne Genehmigung berühren. Die Anlagen für elektrische Geräte, Gas und Wasser dürfen nur nach Aufforderung eingeschaltet werden.
2. In Experimentierräumen darf weder gegessen noch getrunken werden.
3. Versuchsvorschriften und Hinweise müssen genau befolgt werden. Die Geräte müssen in sicherem Abstand von der Tischkante standfest aufgebaut werden. Der Versuch darf erst dann durchgeführt werden, wenn dazu aufgefordert wurde.
4. Werden Schutzbrillen oder Schutzhandschuhe ausgehändigt, so müssen sie beim Experimentieren getragen werden.
5. Geschmacks- und Geruchsproben dürfen nur dann vorgenommen werden, wenn die Lehrerin oder der Lehrer dazu auffordern. Chemikalien sollen nicht mit den Händen berührt werden.
6. Chemikalien dürfen nicht in Gefäße umgefüllt werden, die nicht eindeutig und dauerhaft beschriftet sind. Auf keinen Fall dürfen Gefäße benutzt werden, die üblicherweise zur Aufnahme von Speisen und Getränken bestimmt sind.
7. Die Haare sind so zu tragen, dass sie nicht in die Brennerflamme geraten können.
8. Der Arbeitsplatz muss stets sauber gehalten werden. Nach Beendigung des Versuchs sind die Geräte zu reinigen.
9. Chemikalienreste müssen vorschriftsmäßig entsorgt werden.

explosionsgefährlich

entzündbar

brandfördernd

ätzend

akute toxizität

reizend

gesundheitsschädlich

Gesundheitsgefahr

umweltgefährlich

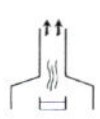
Versuch unter dem Abzug oder in einer geschlossenen Apparatur durchführen

Schutzbrille tragen

Schutzhandschuhe tragen

Behälter 1 Säuren und Laugen

Behälter 2 giftige anorganische Stoffe

Behälter 3 halogenfreie organische Stoffe

Behälter 4 halogenhaltige organische Stoffe

Abfallbehälter
Stoff kann im Hausmüll entsorgt werden

Ausguss
Stoff kann in der Kanalisation entsorgt werden

H- / P-Sätze

H 302 Gesundheitsschädlich bei Verschlucken.

H341 Kann vermutlich genetische Defekte verursachen

H 361 Kann vermutlich die Fruchtbarkeit beeinträchtigen oder das Kind im Mutterleib schädigen.

H 412 Schädlich für Wasserorganismen mit langfristiger Wirkung.

P 273 Freisetzung in die Umwelt vermeiden.

P 281 Vorgeschriebene persönliche Schutzausrüstung verwenden.

Stoffliste

Gefahrstoff	Symbole zum sicheren Umgang	Gefahren, Hinweise und Sicherheitsratschläge
Bariumhydroxidlösung		H 302
Salzsäure (1 %)		1)
Universalindikator		1)
Methylenblau		H 302
Phloroglucin-Salzsäure-Lösung		H 341, 361 P 281
Iod-Kaliumiodid-Lösung		H 412 P 273
Stärke		1)
Waschbenzin		*
Pepsinlösung		*
Ochsengalle		*
Pankreatinlösung		*
Sodalösung		*
Eisenwolle		*

Haftungsausschluss: Trotz sorgfältiger Recherche bei der Deklarierung der Chemikalien ist es möglich, dass bei der Zusammenstellung der Liste Fehler aufgetreten sind. Aus diesem Grund übernimmt der Verlag für die Deklarierung der Chemikalien keine Haftung.

* : Herstellerangaben beachten

1) : keine Gefahrstoffdeklarierung

Register

Grüne Seitenzahlen weisen auf ausführliche Behandlung im Text hin; f. = die folgende Seite; ff. = die folgenden Seiten.

Bildquellen

Umschlag: (Pollenkorn): visuals unlimited, Hollis (Scientifica); Umschlag (Makrophage): Okapia, Frankfurt (Manfred P. Kage); 8.1: Deutsches Museum, München; 8.2: Boerhaave Museum, Leiden; 9.1: Okapia, Frankfurt (J.C. Révy/ISM); 9.2: Focus, Hamburg (Dr. Tony Brain & David Parker/SPL); 9.3: SeaTops, Karlsruhe; 10.1: Liselotte Lüddecke, Hannover; 10.2A: Optisches Museum der Ernst-Abbe-Stiftung, Jena; 10.3: Picture-Alliance, Frankfurt (KPA/HIP/Ann Ronan Picture Library); 11.2a-b, 11.2d-e: Deutsches Museum, München; 11.2f: Picture-Alliance, Frankfurt (Klett GmbH); 11.2g-j: Deutsches Museum, München; 14.1A: Xeniel-Dia, Stuttgart; 15.2A1: mauritiusimages, Mittenwald (Grafica); 15.2A2: Focus, Hamburg (Dr. Jeremy Burgess: SPL/Agentur Focus); 15.2B1: Okapia, Frankfurt (Nigel Cattlin/Holt Studios); 15.2B2: Institut für Fasertechnik Bremen e.V.(Tanja Slootmaker); 15.2C1: Wildlife, Hamburg (J. Kosten); 15.2C2: Okapia, Frankfurt (Dr. Frieder Sauer); 16.1A: Xeniel-Dia, Stuttgart (Michler); 16.2A1: Johannes Lieder, Ludwigsburg; 16.2B1: Dr. Manfred Keil, Neckargemünd; 18.1A: Rolf Wellinghorst, Quakenbrück; 19.V3: Karly, München; 21.A6: Prof. Dr. Ulrich Kull, Stuttgart; 22.1: TV-yesterday, München (Wolfgang Maria Weber); 22.1A-B: Karly, München; 24.2: Prof. Dr. Norbert Grotjohann, Bielefeld; 25.4B: aus: H. G.Schlegel, Allgemeine Mikrobiologie. Georg Thieme Verlag KG, Stuttgart, Abb. 12.2; 25.5A: Picture-Alliance, Frankfurt (Klett); 25.5B: Straßburger: Lehrbuch der Botanik, Spektrum Akademischer Verlag, Heidelberg, 33. Auflage, Abb. 2.1.148C); 26.1A: Karly, München (Prof. Wanner); 26.1B: StockFood, München (FoodPhotography); 26.1C: A1PIX – YourPhoto Today, Taufkirchen (HSC); 26.2A: Focus, Hamburg (Andrew Syred/SPL); 26.2B: Westend61, München (Creativ Studio Heinemann); 26.2C: bildagentur-online, Burgkunstadt (TH-Foto); 28.1: Focus, Hamburg (SPL/Agentur Focus); 32.1B: Karly, München; 34.1A: bildagentur-online, Burgkunstadt (Chromorange); 35,3A: Blickwinkel, Witten (Hecker/Sauer); 35.2A: Juniors Bildarchiv, Ruhpolding; 36.2: Imme Freundner-Huneke, Neckargemünd(mit freundlicher Genehmigung Kompohum, Bammental); 36.3A: H.-U.Wolf, Steinheim; 36.3B: Imme Freundner-Huneke, Neckargemünd (mit freundlicher Genehmigung Kompohum, Bammental); 43.1A: Wildlife, Hamburg (D.Harms); 43.1B: Arco Images, Lünen (Otmar Diez); 43.1C: Wildlife, Hamburg (D.Harms); 43.1D: i.m.a., Berlin; 43.1E: Okapia, Frankfurt (Nigel Cattlin/Holt Studios); 43.1F: Wolfgang Filser, Augsburg; 43.1G: Okapia, Frankfurt (TH Foto/Tschanz-Hofmann); 43.1H: ANDIA, Pacé (Duffour); 43.1I: Arco Images, Lünen (R. Philips); 43.1J: Wildlife, Hamburg (O.Diez); 43.1K: Okapia, Frankfurt (Harald Lange); 43.1L: Naturbildportal, Hannover (Manfred Ruckszio); 43.1M: StockFood, München (DinodiaPhoto Library); 43.1N: Okapia, Frankfurt (Hans Reinhard); 44.1A: Prof. Dr. Wilhelm Weber, Reutlingen; 44.2A: Okapia, Frankfurt (K.Porter/NAS); 46.2B: Ernst Klett Verlag, Stuttgart (A. Jung); 49: TopicMedia Service, Ottobrunn (Wisniewski); 49.A1a: Deutsches Museum, München; 50.1: VisualsUnlimited, Hollis (Ralph Hutchings); 50.2A-C: Hans Tegen, Hambühren; 51.1: Okapia, Frankfurt (Mark D. Phillips/NAS); 51.2: Hans Tegen, Hambühren; 52.1A-C: Peter Feigenbutz, Radolfzell; 54.V1, 54.V2: Minkus Images, Isernhagen; 55.A7: Hans Tegen, Hambühren; 55.V4, 55.V6: Minkus Images, Isernhagen; 60.1: Visum, Hamburg (Alfred Buellesbach); 62.1: Minkus Images, Isernhagen; 66.1: Focus, Hamburg (SPL/Agentur Focus); 67.1: medicalpicture, Köln; 67.2: Okapia, Frankfurt (LSF/OSF); 70.1: aidinfodienst, Bonn; 73.1: Focus, Hamburg (Peter Menzel); 78.V2a, 78.V2b: Hans Tegen, Hambühren; 80.2: Okapia, Frankfurt (Manfred & Christina Kage); 81.3: Döhring, Uetze; 81.4: Focus, Hamburg (Dr. Arthur Tucker/SPL); 81.5: Okapia, Frankfurt (A. Glauberman/ScienceSource); 83.A1a: Minkus Images, Isernhagen; 84.1: DRK, Bonn; 84.2: Okapia, Frankfurt (Harald Theissen); 85.3A, 85.4A: Minkus Images, Isernhagen; 85.4B: mauritiusimages, Mittenwald (Phototake); 85.4C: mauritiusimages, Mittenwald (Phototake); 90.1A: Johannes Lieder, Ludwigsburg; 90.1B, 90.1C: Xeniel-Dia, Stuttgart (Michler); 91.2: mauritiusimages, Mittenwald (Phototake); 91.3: Okapia, Frankfurt (Hank Morgan/Science Source); 91.4: Picture-Alliance, Frankfurt (GaetanBally/Keystone); 93.1A-C: Andreas Thesing, Rottweil; 93.1D: Focus, Hamburg (Meckes, Ottawa); 94.A1: DRK, Bonn (DRK-Blutspendedienst West); 94.A4a, 94.A4b: Hans Tegen, Hambühren; 94.V6: bildagentur-online, Burgkunstadt(Chromorange-Märzinger); 95.A5a: mauritiusimages, Mittenwald (Photo Researchers); 95.A5b: mauritiusimages, Mittenwald (Photo Researchers); 97.2a: Michael Fabian, Hannover; 97.2b: TopicMedia Service, Ottobrunn (Braun);97.2c: Okapia, Frankfurt (Photri Inc.); 97.2d: Mauritius images, Mittenwald (Filser); 100.A3: Johannes Lieder, Ludwigsburg; 101.A9: Focus, Hamburg (eyeofscience); 102.1: varioimages, Bonn; 103.1, 103.2: Minkus Images, Isernhagen; 103.3: Bundeszentrale für gesundheitliche Aufklärung (BZgA), Köln; 104.1: Presse und Bilderdienst Thomas Wieck, Völklingen; 104.2A: varioimages, Bonn; 104.2B: Fotex, Hamburg (BE & W); 105.3A: Schapowalow, Hamburg (Brand X); 105.3B: Michael Fabian, Hannover; 106.1, 107.4: Minkus Images, Isernhagen; 109.6B: Karly, München (Prof. Wanner); 109.7B: Okapia, Frankfurt (Jim Frazier/MantisWildlife Films/OSF); 112.1A: Deutsche Bundesbank, Frankfurt; 112.1C: mauritiusimages, Mittenwald (Cusp); 113.2A: Juniors Bildarchiv, Ruhpolding; 113.2C: Picture-Alliance, Frankfurt (ZB/Jan Woitas); 114.A3a-d: Minkus Images, Isernhagen; 115.1: H.-U.Wolf, Steinheim; 116.1A: Zoonar.com, Hamburg (Robert Kneschke); 116.1B: Focus, Hamburg (Ales Webb/Magnum Photos); 117.1C: Thomas L. Kelly, Frankfurt; 119.3: Okapia, Frankfurt (Derek Bromhall/OSF); 120.1: Focus, Hamburg (Edelmann/SPL); 123.1A: mauritiusimages, Mittenwald (Guenther); 123.1B: adpic Bildagentur, Bonn (V. Thoermer); 123.1C: mauritiusimages, Mittenwald (Workbookstock); 124.1a-b: Minkus Images, Isernhagen; 124.1c: P. Schuchardt, Göttingen; 124.1d-e: Minkus Images, Isernhagen; 124.1f: Dr. Christoph Randler; 125.2A: Minkus Images, Isernhagen; 127.A5: Johannes Lieder, Ludwigsburg; 128.1: Manfred Simper, Wennigsen; 128.2: Klaus Rose, Iserlohn; 128.3: Okapia, Frankfurt (Natures Images/Photo Researchers); 129.1: A1PIX - YourPhoto Today, Taufkirchen (PHN); 129.2: Max-Planck-Institut für biophysikalische Chemie, Göttingen (Brockmann/Max-Planck-Institutefor Dynamics andSelf-Organization, Göttingen); 130.1: Focus, Hamburg (NIAID/CDC/SPL); 131.2B: Matthias Stolt, Hamburg; 131.2C: Jochen Eckel, Berlin; 132.1A: Dr. Thomas Huk, Braunschweig; 132.1B-C: Kage, Lauterstein; 133.1: Focus, Hamburg (A. B. Dowsett/SPL); 133.2: Focus, Hamburg (Dr. Kari Lounatmaa/SPL); 133.3: Focus, Hamburg (CNRI/SPL); 133.4: Focus, Hamburg (Dr. Gary Gaugler/SPL); 134.1A: Focus, Hamburg (NIBSC/SPL); 135.2: Museum ofHealth&Medicine, Washington; 136.1: Okapia, Frankfurt (Green); 136.2: Focus, Hamburg (Hazel Appleton, CentreforInfections/HealthProtection Agency/SPL); 136.3: mauritiusimages, Mittenwald (Phototake); 136.4: A1PIX - YourPhoto Today, Taufkirchen (PHN); 137.1: Sanofi-Aventis Deutschland, Frankfurt; 137.2: Bridgeman, Berlin; 137.3: Picture-Alliance, Frankfurt (dpa); 137.4: akg-images, Berlin; 139.3: Focus, Hamburg (Volker Brinkmann/SPL); 141.1: Kage, Lauterstein (Meckes); 142.1H: Michael Fabian, Hannover; 143.3: Fotoagentur Frank Boxler, Lauf-Simonshofen; 144.1A: Keystone, Hamburg (Jochen Zick); 144.1B: Okapia, Frankfurt (Dr. med. J. P. Müller); 144.2A: Focus, Hamburg (David Scharf/SPL); 144.2B: Focus, Hamburg (eyeofscience); 146.1: Bundeszentrale für gesundheitliche Aufklärung (BZgA), Köln; 150.1: Okapia, Frankfurt (Claude Cortier); 150.2: Okapia, Frankfurt (Campbell/Arnold); 151.2: Keystone, Hamburg (Volkmar Schulz); 153.A4: Bayer AG, Leverkusen (Gelderblom); 154.1: Focus, Hamburg (Pascal Amos Rest); 154.2: JohnPowell, Wimbledon; 154.3: TopicMedia Service, Ottobrunn (Kuch); 155.1: wikipedia.org; 156.1: Minkus Images, Isernhagen; 157.1, 157.2, 157.3, 158.1: Michael Fabian, Hannover; 158.2: bildagentur-online, Burgkunstadt; 158.3: TruePixel, Krefeld (Achim Meissner); 159.1: Picture-Alliance, Frankfurt; 159.2: toonpool.com, Berlin (Andreas Pruestel); 160.1: Dr. Müller, Libbenichen; 161.1A: TopicMedia Service, Ottobrunn (Heitmann); 161.1B: TopicMedia Service, Ottobrunn (Lindenburger); 162.1: Okapia, Frankfurt (Ernst Schacke/Naturbild); 163.1: action press, Hamburg; 163.2: Okapia, Frankfurt (Günter Kiepke/Naturbild); 163.3: bildagentur-online, Burgkunstadt(D.Ewing); 163.4: Joker, Bonn (Erol Gurian); 164.2: imago, Berlin (Rüdiger Wölk); 165.1: Visum, Hamburg (Olaf Meinhardt); 165.2: bildmaschine.de, Berlin (fotobegsteiger.com); 166.A1: Picture-Alliance, Frankfurt (Polfoto/Ricky John Molloy); 167.A5: Keystone, Hamburg (Volkmar Schulz); 167.A6: Corbis, Düsseldorf (ImageZoo); 167.A7: Minkus Images, Isernhagen; 168.1: MTV Kronberg, Archiv; 169.1: Avenue Images, Hamburg (FRESH!); 169.2: Preuß Hilden

Es war nicht in allen Fällen möglich, die Inhaber der Bildrechte ausfindig zu machen und um Abdruckgenehmigung zu bitten. Berechtigte Ansprüche werden selbstverständlich im Rahmen der üblichen Konditionen abgegolten.